电子信息前沿技术丛书

IP Access Network

IP接入网

◎雷维礼　马立香　彭美娥　杨　宁　吴　凡　编著

清華大學出版社
北京

内 容 简 介

IP 接入网是全 IP 化通信网络的重要构成。IP 接入网技术是当前全 IP 通信网络发展与建设的重点，在全球广受重视。

本书系统性地介绍 IP 接入网技术。全书内容由 4 篇(11 章)组成，重点介绍 IP 接入网总体标准 ITU-T Y.1231 和基于三平面架构的参考模型，接入控制系统与协议，各种有线接入技术和无线接入技术。

本书以系统架构和参考模型为纲，基于技术标准和标准系列的分析来讨论接入网技术，标准协议介绍和协议背景分析并重，致力于知识获取、技能提高和技术理念培养。

本书可作为通信工程、网络工程、物联网工程等相关专业的高年级学生或研究生的专业课教材，也可供网络通信领域的高校教师、科研人员和技术人员参考。

图书在版编目(CIP)数据

IP 接入网/雷维礼等编著. —北京：清华大学出版社，2019 (2020.8重印)
(电子信息前沿技术丛书)
ISBN 978-7-302-51516-6

Ⅰ. ①I…　Ⅱ. ①雷…　Ⅲ. ①宽带通信系统—接入网—通信技术　Ⅳ. ①TN915.6

中国版本图书馆 CIP 数据核字(2018)第 255786 号

责任编辑：文　怡
封面设计：台禹微
责任校对：李建庄
责任印制：丛怀宇

出版发行：清华大学出版社
　　网　　址：http://www.tup.com.cn，http://www.wqbook.com
　　地　　址：北京清华大学学研大厦 A 座　　**邮　　编**：100084
　　社 总 机：010-62770175　　**邮　　购**：010-62786544
　　投稿与读者服务：010-62776969，c-service@tup.tsinghua.edu.cn
　　质量反馈：010-62772015，zhiliang@tup.tsinghua.edu.cn
　　课件下载：http://www.tup.com.cn，010-83470236
印 装 者：北京鑫海金澳胶印有限公司
经　　销：全国新华书店
开　　本：185mm×260mm　　**印　张**：22.25　　**字　　数**：545 千字
版　　次：2019 年 1 月第 1 版　　**印　　次**：2020 年 8 月第 3 次印刷
定　　价：69.00 元

产品编号：056156-01

前言

FOREWORD

多年以前阅读一本名著的前言，一直令人难以忘怀。前言中开门见山地写道：一本书总是有一个前言，前言虽然总是置于全书的最前面，通常却是完成于全书的最后，它或是用来解释一本书的创作目的，或是用于……。在全书完成之际写前言，以说明本书编写的特点及目的开始，应当是有益的。

编写特点

第一个特点是强调整体性，强调总体标准和系统架构。本书以 ITU-T Y.1231——IP 接入网的总体标准为纲，认识新兴的 IP 接入网与传统的电信接入网的本质区别，构造 IP 接入网的系统架构，提出基于传送、控制、管理等三大平面的 IP 接入网参考模型。这一切都是希望从一开始就使读者能够具有掌控全局的高度，并以全局性的观点贯穿始终掌握 IP 接入网的关键技术。以总体标准为纲，提纲挈领，可以使本书结构更为清晰，描述全面而简洁，知识组织的系统性更强。

第二个特点是全面强调技术标准的重要性。很多人都相信一流的企业做标准，在学习专业课程中尽早接触标准，是十分有益的。本书各章都介绍相应的技术标准，包括标准系列与标准发展。观察标准发展之路有助于认清技术的演变，有助于选择跟进有价值的技术，当然也有助于在今后的研究工作中自觉地、深入地参与标准制定活动。

第三个特点是分析认识技术细节背后的支撑理念。本书在相应的章节中适当地包括一些深入的议题，例如 802.3 标准中的载波一致性准则和 802.11 标准中的信道掌控理念。提供对这些议题的辨识，希望读者能在网络协议的枯燥文本中，得到更为深刻的认识；在知识获取和能力提高的过程中，受到更为深刻的、能够伴随一生的启迪。

第四个特点是内容涵盖主流的有/无线接入技术及应用系统。不仅分析各种接入技术原理，而且分析与运营网络一致的典型的综合接入应用系统，具有很强的针对性和实用性。希望能够理论结合实际，培养技术和工程应用能力。

授业解惑固然必要，传道更是根本。录先贤之言，愿与诸君共勉。

内容安排

本书的内容组织为 4 篇，共 11 章。

第一篇包括第 1、2 章。第 1 章主要讨论接入网的演进，可以视为全书的绪论。第 2 章介绍一些重要的预备知识，包括数字传输、网络系统结构与参考模型以及 MAC 协议基础。

第二篇包括第 3～5 章。第 3 章讨论基于传送、控制、管理三平面的 IP 接入网架构。使用三平面概念描述 IP 接入网可以更简洁、更清晰，理解也更为准确、容易。在 IP 接入网中引入三平面系统架构，是本书一个重要的基本观点。第 4 章讨论 IP 接入网的接入控制架构。接入控制是 IP 接入网与电信接入网的重大差别，也是 IP 接入网的技术关键。第 5 章讨论一系列 IP 接入控制协议。多个控制协议相互协同实现完整的用户接入控制功能。

第三篇包括第 6～9 章，主要讨论基于有线介质传输的接入技术，包括以太网接入技术、光纤接入技术、电话铜线接入技术和 HFC 接入技术。

第四篇包括第 10、11 章，主要讨论各种无线接入技术，包括无线局域接入技术和无线广域接入技术。

本书内容较多，作为教材使用时，建议课程为 48 学时，也可简化部分内容适合 32 学时的教学。

编写与致谢

本书由雷维礼、马立香主编，设计全书内容架构，把控全书整体内容；由雷维礼教授、马立香副教授、彭美娥副教授、杨宁副教授和吴凡副教授通力合作，共同编写完成。经彭美娥副教授核对，雷维礼教授和马立香副教授统一全书风格并最终完成定稿。

本书曾以书名《接入网技术》于 2006 年出版。十多年来，接入网技术迅速演变，在长期教学研究中，我们提出并完善了 IP 接入网系统架构及其参考模型，更新、补充了近 10 年的技术发展资料，终于完成本书。

接入网涉及面广、技术发展快，IP 接入网正在蓬勃兴起并对接入网带来全面而深刻的影响。本书疏漏和不当之处在所难免，诚恳希望各位读者不吝指正。

若有对本书的建议或有意愿开设接入网课程，请联系：wllei@uestc.edu.cn，lixiangma@uestc.edu.cn，mepeng@uestc.edu.cn。

编　者

2018 年 11 月

目录

CONTENTS

第四篇 无线接入技术

第一篇　背景与基础

本篇包括了第1、2两章，主要讨论IP接入网演变的背景，以及本书需要的一些预备知识，是全书的开篇。

第1章主要讨论接入网的演进：接入网的形成与发展，接入网的IP演变进程，以及IP接入网助推了泛通信网络的IP化大潮。

讨论IP接入网的发展史有助于理解和前瞻泛通信网络的IP化大潮。

以史为鉴，可以知兴替。

第2章主要讨论一些必要的预备知识，包括数字传输的几个基本概念、网络系统结构与参考模型概要，以及MAC协议基础。

考虑到本书读者的专业背景各异，在数字通信、网络架构模型等方面适当地概要说明应当是有益的。后继章节将会多次使用这些基本概念，基础扎实将有助于理解准确。

若在这些领域基础已然不错，当然可以跳过相应的内容。

第1章

接入网的IP化演进

接入网诞生40多年来，历经多次发展机遇和转型，近年来泛通信网络的IP化大潮强力推动接入网演进为IP接入网。

本书第1章主要讨论：

- 接入网的诞生和形成。
- 泛通信网络的IP化演进对接入网架构的深刻影响。
- IP化的接入网，本质是什么。

IP接入网是如何构成的，IP接入网在通信网络中的地位如何，这是IP接入网的基本问题，也正是本章讨论的主要内容。

1.1　接入网的诞生

术语“最后一公里”(last mile)起源于电信网络。当年，这只是一个小众化的专业术语，即使在通信行业中也不广为知晓。如今，术语“最后一公里”已经广泛流行，不但用于通信网络技术领域，甚至广泛借用于社会活动领域。

电信网络的接入段被形象地称为“最后一公里”，这在当年仅是指电话网接入端局连接到用户终端的各种线缆及其附属(通常也是无源)设施。通常把电话网中的这些线缆设施称为用户线(subscriber line)或本地环路(local loop)等。长期以来，这些用户线只是电话网接入用户的专用设施，在相当长的一段时期内甚至成了附属于某些特定电话交换机并由设备制造商自行定义的专用设施。这种封闭的情况增加了维护的复杂性，增加了网络建设和升级的代价，阻碍了技术的进步。

从20世纪70年代中后期开始，电信运营商和国际通信标准化组织为了改变电话网接入段的技术封闭性进行了不懈的努力。1975年和1978年，在苏格兰格拉斯哥举行了两次CCITT(International Telegraph & Telephone Consultative Committee，国际电报电话咨询委员会)研讨会。英国著名的电信运营商BT(Britain Telecommunication，英国电信)在第一次会议上首次提出接入网的组网概念以降低接入段线路投资。在第二次会议上正式肯定这种组网方式，命名为“接入网组网”技术并编入会议论文集——《电信网技术》。其间于

1976—1977 年在曼彻斯特、苏格兰、伦敦地区进行了组网的可行性试验和推广应用。1978 年 BT 向 CCITT 正式提出接入网的组网概念并得到认同，1979 年 CCITT 以 RSC (Remote Subscriber Concentrator，远端用户集线器)命名这类设备并做出了框架性描述。

接入网正式诞生。

接入网的初期发展并不顺利。20 世纪 80 年代后期 ITU-T(国际电联一电信标准部，是 CCITT 的继承者)开始着手制定接入网的接口规范——V1～V5 系列建议，并进一步对接入网进行更为准确的界定。V1～V4 接口并未得到很好的应用，V5 接口虽然应用得要好一些，但由于 V5 接口是独立于厂商的开放性接口，推广 V5 接口将会打破电信设备制造商的专有技术垄断并直接威胁到制造商的利益，加之通信技术的进展尚不足以推动设备和网络的升级换代，窄带接口 V5 的推广也不是十分顺利。20 世纪 90 年代以来，电信技术的快速发展和电信市场的开放冲击了电信业的技术保守和市场垄断。新运营商进入电信市场，必须也应该可能采用新技术手段以尽可能地降低地面线路的投资风险。ITU-T 制定了接入网的宽带接口标准——VB5 系列建议，制定了接入网的总体标准——ITU-T G. 902—1995。随着 VB5 宽带接入技术得以应用和 G. 902 标准的实施，接入网不再是某种型号程控交换机的附属设施，它正在摆脱电话网的约束，为广义的通信网络服务，成为一个完整的、相对独立的、可以提供多种类型接入服务的重要网络成分，成为现代通信网络的两大基本构件(核心网、接入网)之一。

1.2 泛通信网络 IP 化

20 世纪 90 年代中后期，互联网的成功对电信网络带来巨大冲击，产生了 NII/GII (National Information Infrastructure、Global Information Infrastructure，国家信息基础设施/全球信息基础设施)概念，ITU-T 也将 GII 概念和 IP 技术引入电信网络，开始制定 Y 系列建议。ITU-T 的 Y 系列建议顺应并推进了泛通信网络的 IP 化变革。

计算机网络是泛通信网络 IP 化演进的先行者，产生了意义深远的 TCP/IP 协议，产生了影响巨大的国际互联网。

电信网络特别是移动通信网络近十年来的 IP 化转型成绩斐然。3GPP 是一个成立于 1998 年的标准化机构，致力于 GSM 到 UMTS(WCDMA)、4G(LTE)的演化。3GPP 的长期演进(LTE)移动通信网络从电路交换网络转型为分组交换网络，包括全 IP 核心网(CN)和 IP 化的无线接入网(RAN)。全 IP 的 CN 和 RAN 提供端到端的 IP 传送，有力支撑了电信级的 IP 电话(VoLTE)。IP 传送、IP 承载和全面的 IP 业务，使得 4G/5G 通信实现了“彻头彻尾、彻里彻外”的 IP 改造，也就是实现了全面的 IP 化。

电视网络也正在跟上 IP 化的步伐。IPTV 技术正在强力推广并迅速占领市场。

其他信息通信领域也开始紧跟 IP 化的潮流，例如安防领域中的视频监控系统也已经实现了全 IP 化。从一体化的 IP 摄像头到视频是通过云存储实现了 IP 端到端，全程的 IP 传送更是成熟的 IP 技术。

泛通信网络(信息通信技术，ICT)领域的 IP 化大潮已是势不可挡。

必须注意的是，泛通信网络 IP 化不仅提供了 IP 传送和 IP 承载，而且大大简化了通信网络的系统架构。传统通信网络——例如 PSTN——采用了逐层汇聚、逐层控制的系统架构，架构复杂、开销沉重。IP化通信网络的系统架构仅由核心网（CN）和接入网（AN）两层构成，简洁而高效。在简化网络架构的同时，接入网的地位也得以显著提升。

1.3　IP化的接入网

ITU-T于2000年12月发布了IP接入网的总体标准ITU-T Y.1231—2000。随着泛通信网络IP化的深刻变革，IP接入网进入了快速发展期。

Y.1231建议从总体上定义了IP接入网。按照总体标准的惯例，Y.1231建议为IP接入网构造了系统架构，定义了三大基本功能，提出了系统功能性的参考模型。系统架构、基本功能和参考模型是Y.1231建议的基本要素，也是IP接入网的第一个重点。

Y.1231建议定义的IP接入网的三大功能是IP传送功能、接入控制功能和系统管理功能。接入网是否具有接入控制功能是Y.1231建议有别于G.902建议的重大区别。IP接入网的第二个重点是IP用户的接入控制功能，包括接入控制系统架构、参考模型和一系列接入控制协议。

Y.1231建议列举了多种实现IP传送功能的接入技术，在IP接入技术领域，性能更高、使用更方便、成本更低的接入技术不断涌现，用户的支持日益广泛。多种得到广泛应用的接入传送技术是IP接入网的第三个重点。

总体标准、接入控制、接入传送三者，既是IP接入网的核心技术，也是本书的重点。

1.4　参考文献

[1]　3GPP：R8/R9/R10/R11.

第2章

预 备 知 识

IP 接入网涉及 ICT(信息通信技术)领域的众多基础,其中包括通信系统和网络协议架构方面的基础知识。某些涉及通信系统的基本知识十分重要,然而并不为广大读者熟悉。本章介绍 IP 接入网中需要使用的一些重要的基础知识,不同专业背景的读者可学习或复习所需的基础知识,以利于准确理解本书讨论的内容。

本章讨论的主要内容包括:

- 数字传输信道基础。
- 网络架构和参考模型。
- MAC 技术基础。

2.1 数字传输基础

近年来接入网技术的发展综合运用了多种新技术,其中涉及物理传输的接入网新技术,大量使用了通信新技术,特别是数字通信技术。新技术的使用在不增加甚至减少带宽占用的条件下,极大提高了传输能力。

本节概要介绍数字通信信道涉及的一些基础知识,主要包括信息论基础和通信原理中的若干重要的、但经常引起混淆的基础概念,为准确理解数字传输技术提供正确的理论基础支撑。

2.1.1 香农信道定理

信息论是通信系统最基本的理论支撑。香农信道定理是信息论的三大基本定理之一,表述了信道容量受限的本征因素。信息论中的信道是通信传输系统的抽象表示。香农信道定理深刻揭示了通信系统传输能力受限的基本因素。

香农信道容量定理可以表示为

$$C = W \times \log_2(1 + S/N) \tag{2-1}$$

其中,

C:信道容量,基本单位是 b/s(比特/秒)。

W：信道带宽，基本单位是 Hz(赫兹)。

S/N：信道的信噪功率比，单位是 dB(分贝)。

信道容量表述了信道传输能力可能达到的极限值。信道容量的基本单位“比特/秒”，以往的文献中通常写为“bit/s”(中文文献)或“bps”(英文文献)，近年来中英文文献中更多统一使用“b/s”，使得表达更为简洁而一致。信道容量的导出单位，常用的有 kb/s、Mb/s、Gb/s 等。信道带宽是指信号传输占用的带宽，带宽的导出单位，常用的有 kHz、MHz、GHz 等。

应当注意的是，香农定理中的对数以 2 为底时，信道容量单位才会是“b/s”。这种表示法最适用于二进制通信系统。由于当前的数字通信系统基本是二进制系统，所以这种表述几乎成为唯一的实用表示。

由香农信道定理可以得出如下结论。

(1) 信道容量受限于两个因素：信道带宽和信道信噪比。提高传输环境的信噪比或增加信号的带宽占用都可以增加信道容量。

(2) 当信道中噪声功率无穷趋于 0 时，信道容量 C 可以趋于无穷大。这就意味着理想的窄带无干扰信道，理论上的信道容量也可以趋于无穷大。

(3) 信噪比一定时，增加带宽可以增加信道容量。但存在高斯白噪声(例如实际通信系统的背景噪声)时，信噪比不可能无限制提高，带宽占用增加的同时会造成信噪比下降。定理的推理指出，若信道的功率谱密度为一常数(例如存在高斯白噪声)时，即使无限增大信道带宽，信道容量仍然是有限的。

(4) 信道容量一定时，带宽 W 与信噪比 S/N 两个因子的作用可以互换，即减小带宽的同时提高信噪比，仍然可以维持原来的信道容量。实际工程中，W 与 S/N 协调增大才是提高信道容量的合理措施。

香农信道定理对通信系统具有重大的理论指导意义。定理揭示了信道传输的最大吞吐能力，即信道传输速率的极限。虽然并未指出达到这个极限的具体方法，但指出信道传输时可能达到的最大数据率，使得技术努力可能达到的预期指标明确化，这对技术发展的前景预期是十分重要的。

长期以来，香农定理指出的信道容量仅仅是一个高不可及的理论极限。然而，长期的不懈努力已经取得了令人瞩目的发展，当前的通信系统传输技术发展已经相当逼近这个极限传输速率。

香农信道定理不仅应当被视为一个抽象的数学公式，而且应当被视为正确理解通信系统的基本理论。香农定理揭示了信道的基本物理参数与传输可能达到最高性能之间本质关系，不仅阐明了信道容量受限的本质，也揭示了信道传输能力提高的两大基本途径。

2.1.2　带宽还是速率

香农定理表明，信道传输能力受限的第一个因素是信号传输时占用的带宽。占用更大的带宽可以提供更高的传输速率。带宽和速率虽有关联，然而是两个本质上不同的概念。但是，在讨论数字传输系统时，经常可见混用了传输速率与传输带宽的情况。

香农定理清晰地指出并严格区分了带宽与传输速率这两个基本概念：带宽是传输中占用物理传输介质的一种资源份额，而速率是数据传输时具有或可能达到的吞吐能力，是通信系统传输性能的基本指标。在香农信道定理中，带宽的常用单位是 Hz、MHz 和 GHz，而传输速率的常用单位(在二进制通信系统中)是 b/s、Mb/s 和 Gb/s。讨论物理介质(如双绞线、光纤)时使用传输可用的或占用的带宽(或者等价的,波长窗口宽度)。讨论数字传输系统(如 SDH、以太网、WLAN)时,更为关注的则是使用某种技术在物理介质上可以达到的最大传输速率。

速率与带宽的区别,在有些场合中混用并不会造成理解的混乱,但在某些场合的随意使用则会造成混乱。例如讨论以太网,声称传统以太网的"带宽"是 10MHz、千兆位光纤以太网的"带宽"是 1000MHz 等,并不会造成重大的混乱,因为我们通常并不讨论这些以太网在物理介质上传输到底占用多少赫兹的带宽。但是,在某些场合混用带宽与速率会造成重大的混乱。例如,讨论 IEEE 802.11 无线局域网的物理层规范就应当严格区分速率与带宽。802.11n 标准指出,在使用 20MHz 带宽的无线信道时,单流传输可以达到的最高速率为 72.2Mb/s,在使用 40MHz 带宽的无线信道时,单流传输可以达到的最高速率为 150Mb/s。在这种场景中,不能正确区分带宽与速率会造成讨论的混乱。

正确使用术语"带宽"与"速率"是一种良好的习惯。

2.1.3 奈奎斯特准则

1. 波特率与数据率

计算机终端发出的原始二进制数据通常都是最简单的单极性非归零码。单极性非归零码的直流成分相当大,接收端检测数据位必需的同步信息却严重不足,非常不适合信道传输。通常应当使用调制等信道编码手段,将原始数据变成一种适合传输的信道码。原始数据调制的基本概念是将数据承载于合适信道的载波信号上,转换为信道码传输。载波信号参数(例如幅度、频率或相位)之一或多个周期性的随承载数据而变化,这种载波信号通常称为"符号"或"码元"。码元的传输速率称为码元速率或者码率,单位为码元/秒。码率单位定义为"波特"(Baud),简记为"Bd",码元速率因此称为"波特率"。

应当注意区分码元速率与数据速率。码元速率是信道上传输符号变化的速率,单位是波特,数据速率是源数据产生的速率,单位是比特/秒,也称数据率。早期系统用简单技术实现,数据率与波特率二者数值相同,数据率常称为波特率。近年来系统技术越来越复杂,数据率越来越高于波特率,继续称数据率为波特率就很不妥当了。

2. 带限信道的最高码元速率

香农信道定理表明,增加对带宽的占用就可以提高通信系统的最大吞吐能力,然而香农定理并未指出如何充分利用物理信道提供的带宽。

奈奎斯特准则指出了信道带宽占用与码元速率极限的关系,即指出了信道传输波特率与数据传输比特率之间的基本关系。

奈奎斯特准则一指出,理想低通信道的最高码元速率是信道带宽的 2 倍($2W$),即每赫兹带宽的理想低通信道上的最高码元传输速率是每秒 2 个码元。超过此极限则会产生前后码元间的串扰(码间串扰),导致系统接收时无法正确识别码元。

奈奎斯特准则二指出,理想带通信道的最高码元速率与信道带宽,其数值相同($1W$),即每赫兹带宽的带通信道的最高码元传输速率是每秒 1 个码元。

应当注意,奈奎斯特准则是在理想状态下推导出的,实际系统中的最高码率并不能达到奈奎斯特极限值。寻找优化的传输码元波形使传输系统尽可能接近最高码元速率,是通信系统设计的一个重要课题。

典型例子是 V.34(调制解调器协议)标准,V.34 协议被认为是充分利用了 PSTN 网络的潜力。在 PSTN 网络(即传统的电话交换网)中,信道带宽为 3400Hz－300Hz,即 3100Hz,V.34 调解器的实用码元速率仅为 2400Bd,离 $2W$ 极限(6200Bd)相差甚远。

2.1.4 高阶调制技术

上一小节概要说明了采用高码元速率可以提高信道的数据传输率。除此以外,提高每个码元承载数据单元的位数(即采用多进制调制技术)也可以提高信道数据传输率。

1. 多进制数字调制

奈奎斯特准则推出数据传输率极限的前提都是采用二进制数字调制技术,即以每个码元承载一位数据为前提。若采用多进制调制技术,让每个码元承载多位数据,则理想低通信道的最高数据传输率可以提高为:

$$C = 2W\log_2 M \tag{2-2}$$

式中,W 是理想低通信道的带宽(单位 Hz),M 表示采用 M 进制调制,C 表示最大数据传输率(单位 b/s)。

通常,M 都选为 2 的整数次幂。若定义 $M=2^N$,则 M 进制调制也经常称为 N 阶调制。因此式(2-2)也可表述为:采用 N 阶调制技术可将信道的数据速率提高到码元速率的 N 倍。

奈奎斯特准则并未指出有噪信道上的调制阶数的限制,这种限制可由香农信道定理给出。

从纠错码基本理论可知,在表示调制矢量端点的星座图(信号空间分布状态图)中,星座图上信号点之间的最小距离决定了此调制技术的噪声容限。调制阶数越高,信号点间的最小距离越小,系统的噪声容限越低。因此,高阶调制系统可以获得高的数据率,是以只能正常工作在低信噪比环境为代价的,系统的高传输能力和高抗干扰能力是不可以兼得的。

常见调制技术的阶数如下所示。

BPSK:1

QPSK:2

16QAM:4

64QAM:6

256QAM:8

1024QAM:10

实际上,调制阶数表征了调制星座图中的点数:N 阶调制意味着星座图中有 2^N 个调制点,系统的最高传输率因此可以达到波特率的 N 倍。

2. 高阶调制与前向纠错

高阶调制可以成倍提高系统的最大传输率,但同时也同比降低了系统的噪声容限。噪声容限的下降意味着系统抗干扰能力的下降和传输误码率的上升,为了降低传输误码率以适应系统的 ARQ 技术的环境,传统上,高阶调制技术使用较少。

近年来,由于更为有效的强纠错算法的发现和实现算法的 DSP 计算能力成倍提高,FEC(前向纠错)技术的应用日趋成熟。采用强纠错的 FEC 算法可以纠正系统传输残留的误码率。因此适当提高调制阶数并配以合适的强纠错，已经成为当前优选的技术组合。

当前广泛应用的通信系统中，高阶调制（如 256QAM 甚至 1024QAM）和强纠错（如 RS 或 LDPC）技术的结合，极大提高了通信系统的最大传输速率。

3. 频谱利用率

通信系统的频谱占用以及频谱利用效率是通信系统重要的基础指标。

系统的频谱利用率的定义为：

$$频谱利用率 = 传输能力 / 带宽占用 \tag{2-3}$$

注意：频谱利用率的单位记为 bps/Hz，比记为 b/s · Hz 或 b/s/Hz 更为妥当。

频谱利用率表征了通信系统利用频谱的效率，也就是占用单位 Hz 的带宽可以提供多少 b/s 的传输能力。

通信系统追求的是低资源占用与高能力提供。由式(2-3)可知，这意味着通信系统追求的指标是传输能力(b/s)高和带宽占用(Hz)低。从这个意义上讲，通信系统追求的指标是窄带占用而非宽带占用。

2.2 系统架构与参考模型

网络技术的核心和灵魂是网络协议，面对繁杂而烦琐的网络协议，最佳的描述方法是从良好定义的系统架构开始构造，最佳的学习方法也是从掌握系统架构开始梳理关键技术，进而逐步深入重要的细节。本节将介绍广泛用于各种通信网络系统架构的基本概念，以及系统架构核心内容简洁直观的图形表述——参考模型。

本节主要讨论：

- 系统架构基本概念。
- OSI 系统架构。
- 802 系统架构。

2.2.1 系统架构基本概念

究竟什么是协议系统架构，这是讨论系统架构首先应当了解的问题。关于系统的系统架构有很多说法，其中，言简意赅的表述可见于 IEEE 802.3 标准。802.3 标准在开始的章节中声明："Architecture: emphasizing the logical divisions of the system and how they fit together"，即系统架构强调的是系统的逻辑划分及其协同。

可见，在网络领域影响极大的 802.3 标准认为，系统架构是讨论系统功能构成的基本结构及其相互配合关系。术语 architecture 的中文译名有多个：体系结构、系统架构、系统结构、架构等。本书将主要使用"架构"这一术语。

按照这个观点，网络的系统架构就是对网络协议在功能上进行逻辑划分，并概述各功能部件之间的交互与配合。

坚持用系统架构的观点理解繁杂的技术规范，经常可以画龙点睛，一通百通，是一种高屋建瓴的优良学习方法。

系统架构是一个纲，纲举目张。

2.2.2 OSI系统架构

ISO/OSI的开创性工作为泛通信网络(广泛的通信网络)开启了新一代的网络系统架构。OSI的基本概念和基本模型是泛通信网络系统架构的共同基础,泛通信网络(包括计算机网、电信网、广播电视网)的系统架构都逐渐接纳了OSI的基本概念和基本模型。

ISO/OSI是指国际标准化组织(ISO)在开放系统互连(Open System Interconnection,OSI)领域制定的一系列标准,其中最基本的标准是ISO 7498。7498标准先后有两个正式版本。

- ISO 7498—1984 OSI Basic Reference Model。
- ISO/IEC 7498.1—1994 OSI Basic Reference Model:The Basic Model。

ISO 7498标准于20世纪80年代初期开始制定,标准的第一个正式版本颁布于1984年,对泛通信网络的系统架构带来了深刻而全面的影响。

经过了10年的磨砺,20世纪90年代又对OSI标准系列进行了大规模的修订和扩充。ISO 7498标准也大大扩充了安全、系统管理等内容,并将标准文本划分为4部分,分别规范OSI基本参考模型中的基本模型、安全体系、命名与编址、管理框架等4部分内容。继承ISO 7498—1984版本中主要内容的是ISO 7498.1标准。

OSI基本模型是针对网络需要相互连通的开放系统,系统架构是最基本的然而也是最核心的内容。

在很多文献中,OSI基本模型(OSI/BM)都被称为OSI基本参考模型(OSI/BRM)。

1. OSI模型中的基本概念

OSI参考模型高度抽象十分复杂,然而其基本点,在本质上却是相当单纯的。本小节归纳OSI模型的一些基本要点,作为进一步讨论的基础。

OSI基本模型的最基本要点包括:

1) 层次性模型

开放系统根据功能从逻辑上划分为7个有序层,形成了著名的OSI七层模型。每一层执行不同的功能,相邻的上下层之间是提供服务与使用服务的关系。

2) 服务与协议

服务与协议是OSI模型最基本的概念。服务是一个开放系统内相邻层实体之间功能的提供与使用,而协议是两个开放系统中的对等实体之间的信息交互。

每一层中的实体使用下一层实体提供的服务,通过与对等实体的协议交互,向上一层实体提供增强了的服务。

相当多的早期技术并未使用服务的概念,但随着网络的系统结构越来越复杂,定义服务并区分服务与协议是十分重要的。

(1) 服务访问点。

服务是在服务访问点(SAP)上通过原语交互实现的。服务访问点用服务访问点地址(SAP地址)标识。为某些重要的服务用户固定分配的保留地址是“众所周知”的,使用特定的SAP地址来标识特定的服务用户是经常使用的有效机制。

(2) 数据单元。

信息以数据单元(Data Unit)的形式在实体之间转移,最基本的数据单元是协议数据单元(PDU)和服务数据单元(SDU)。

SDU 用于邻接实体之间的服务交互,PDU 用于对等实体之间的协议交互。

邻接实体间的 SDU 逐层递交形成了 OSI 的物理通信。对等实体使用下层服务构成的 PDU 逻辑交互形成了 OSI 的虚拟通信。

在 OSI 定义中,信息是以数据单元的形式在实体之间转移,这强烈地意味着 OSI 定义中讨论的开放系统是基于分组的通信(Packet Based Communications)系统。

2. 七层模型

OSI 参考模型(通常指基本参考模型,BRM)基于图形表现系统架构的核心元素,是系统架构简洁直观的全局视图。

ISO 7498 标准中,最著名的内容就是 OSI 的基本参考模型(OSI/BRM),并被广泛称为七层模型。OSI 基本参考模型如图 2-1 所示。

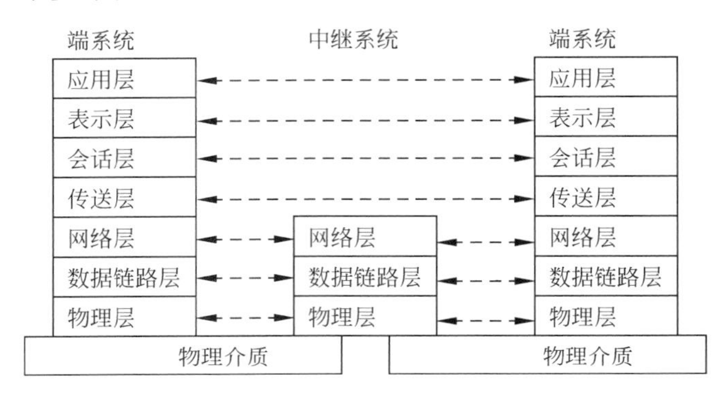

图 2-1 OSI/BRM 示意图

OSI 的七层模型将开放系统划分为 7 个层次,从高到低分别是:

- 应用(A)层,Application layer。
- 表示(P)层,Presentation layer。
- 会话(S)层,Session layer。
- 传送(T)层,Transport layer。

注意: 传送(T)层在等同 ISO 7498.1 的中国国标中译为"运输层"。

- 网络(N)层,Network layer。
- 数据链路(DL)层,Data Link layer。
- 物理(Ph)层,Physical layer。

图中的虚线表示对等层实体之间的虚拟通信。

在 OSI 模型中,开放系统分为端系统和中继系统两大类型。

1) 端系统

端系统(End System,ES)是信息转移的端节点——信源或信宿,典型的端系统是联网的计算机。

2) 中继系统

中继系统(Relay System 或 Intermediate Systems,RS 或 IS)是信息转移途中的转发设施,典型的中继系统是交换机和路由器。

3. 服务与协议

七层模型是一个严格得近乎苛刻的有序层次性模型。各层中的实体可以使用、只能使用并且必须使用相邻下层实体提供的服务。服务用户和服务提供者通过相邻层界面上的服务访问点(Service Access Point,SAP)上的原语(Primitive)进行交互。一个 SAP 一次只能与相邻层中的一对实体相连(Attach)。SAP 与相邻层实体的关系如图 2-2 所示。

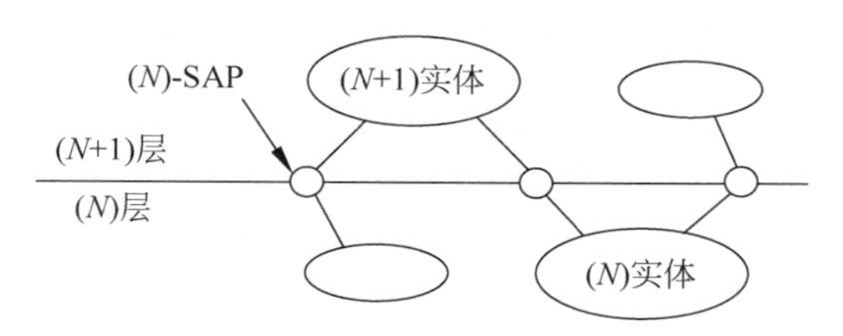

图 2-2 实体与服务访问点

服务访问点地址(SAP 地址)标识了与某个服务用户相连的一个特定的服务访问点,采用专用的 SAP 地址来标识特定服务用户实体是一种常用的有效机制。

按照 OSI 的观点,各层都通过 SAP 点为相邻上层的实体提供服务,各个 SAP 点使用不同的地址作为唯一标识。使用同一服务的相邻上层实体可以只有一个也可以有多个,一个上层实体通常使用一个 SAP 点,但也可以同时使用多个 SAP 点。地址可以根据上下层实体的每次连接动态分配,也可以预先固定分配一些“保留地址”以实现 SAP 与上下层实体的静态绑定。TCP/UDP 协议中的“保留端口”实际上就是这种保留地址的著名例子。人们已经习惯于利用这些“众所周知”的端口号来标识特定的应用,例如 TCP 的端口 20/21 一般用于 FTP 协议。

服务原语通常简称原语,是服务用户与其服务提供者之间交互的一种独立于具体实现的抽象表示。原语的具体实现可以是软件进程之间的参数交换,也可以是硬件电路之间的信号通知。原语可以分为请求(Request)、指示(Indication)、响应(Response)、证实(Confirm)4 种类型。

协议是指对等实体之间交互的规则和格式(语法和语义)。

在 OSI 参考模型中,服务与协议是两个重要的基本概念。相邻层实体之间通过服务进行物理通信,而在对等实体之间通过协议进行虚拟通信,如图 2-1 虚线所示。

一个实体使用下层提供的服务,通过对等实体间的协议,为上层实体提供增强了的服务,这就是 OSI 参考模型的基本点。

在 ISO/OSI 标准的版本升级(从 ISO 7498—1984 升级到 ISO 7498.1—1994)中,OSI 参考模型引入了通信模式(Modes of Communication)的概念。数据传输可以是连接模式(Connection-Mode,CM)和无连接模式(Connectionless-Mode,CL)。因此,服务既可以是连接式服务,也可以是无连接式的服务。

连接模式的数据转移需要建立连接并在连接环境中传送数据,而无连接模式传送数据无须连接环境。连接模式传输系统开销大但通信性能可能更好,无连接模式系统开销小,通信性能不是太高然而健壮性可能更好。

4. 数据单元

信息是以数据单元的形式在实体之间传送。数据单元的基本类型是协议数据单元

(PDU)与服务数据单元(SDU)。PDU 用于对等实体之间的协议交互,而 SDU 用于相邻实体之间的原语交互。

由于 OSI 关注于系统之间相互开放的部分,所以新版标准(ISO 7498.1—1994)中取消了定义主要是具有本地含义(即,系统内部无须对外开放的部分)的接口数据单元。

数据单元通常具有特定的结构并且具有复杂的映射关系。例如,PDU 通常由 PCI(协议控制信息)和 UD(用户数据)两部分组成,并作为 SDU 下传到 SAP。相邻层中的数据单元映射如图 2-3 所示。

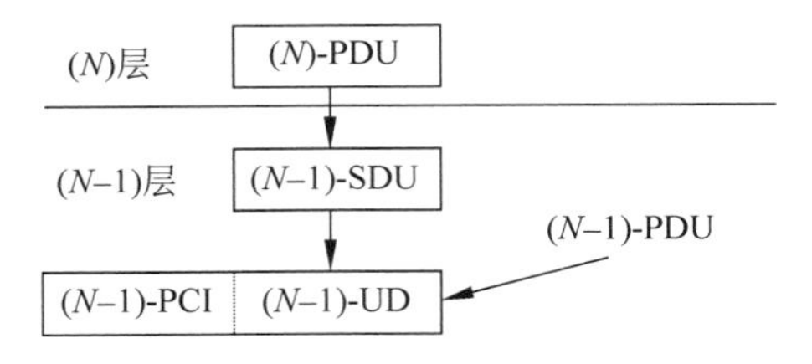

图 2-3　相邻层数据单元的映射

在各种具体技术的文献中,PCI 通常称为协议头部或简称为头部(head)。

5. *逐层封装*

层次模型与数据单元的结合,产生了数据单元的封装与拆封的概念。典型的例子是 TCP/IP 协议族的逐层封装,如图 2-4 所示。

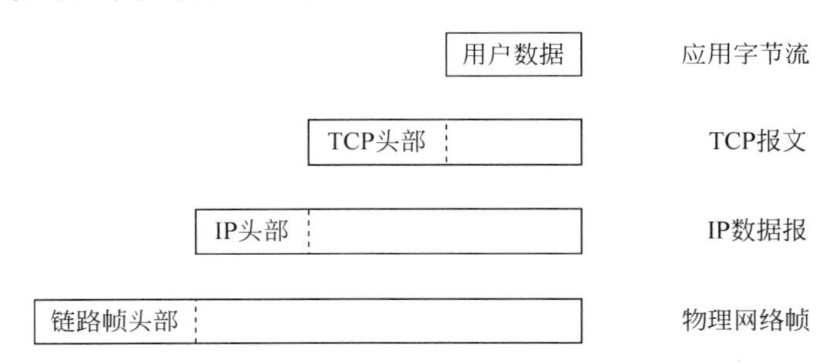

图 2-4　TCP/IP 中的协议数据单元

数据沿物理通信的方向逐层向下传递并逐层加封头部,直到通过物理介质传输到对端系统。对端系统逐层向上传递并逐层拆封。于是,各层虚拟通信交换的 PDU 就形成逐层加封和逐层拆封的机制。

2.2.3　802 网络系统架构

1. *802 系统架构*

IEEE 802 标准强调并制定了统一的系统架构。

以 IEEE 802.3 标准为例。802.3 标准强调以系统架构观点组织标准的全部内容,并在标准开始的章节中,就单独列出小节专门讨论系统架构观点的重要性,概要描述了系统架构和实现,以及按照系统架构组织标准内容的两大基本优点。802.3 根据系统架构观点组织标准的内容,使技术总体清晰而全面,技术规范细节的表述灵活,这对内容纷杂繁多的以太网标准制定至关重要。

虽然 802.3 标准始终坚持以系统架构为纲，但从标准的第一份草案（IEEE draft 802.3—1983）开始，标准制定期已经长达 30 余年。30 年来，随着对系统架构认识的深化，标准中的相关内容也随之更新。802.3 标准坚持以架构为纲，不仅支持了 802.3 标准本身的顺利发展，而且对 802 标准系列都发生了深刻影响，特别重要的是有力推动了网络 IP 化进程。

802.3 标准的系统架构将在后面专门的以太网接入一章讨论。本小节主要讨论 IEEE 802 网络总体标准中系统架构的内容。

2. 802 参考模型

802 参考模型基于 OSI 七层模型构造，简洁直观地概述了 802 网络系统架构的核心内容。802 参考模型如图 2-5 所示。

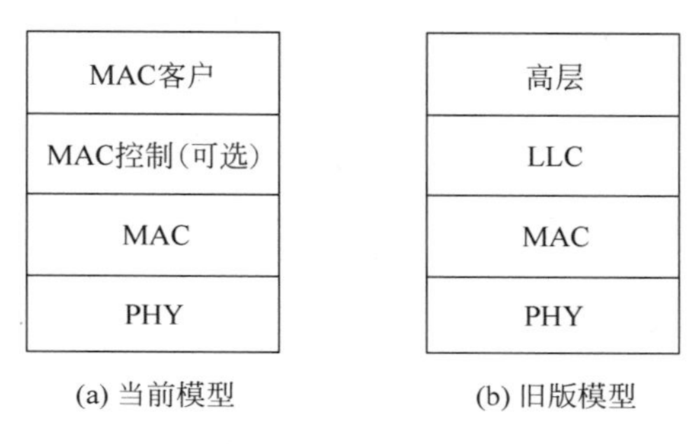

图 2-5 802 参考模型

图 2-5(a)是 802 标准中当前的参考模型。这个模型的最底层是 PHY(物理)层，其上是 MAC(介质接入控制)子层，再上是 MAC 控制子层和 MAC 客户(层)。除 MAC 控制子层外，各层或子层都是为其邻接上层提供服务，即 PHY 为 MAC 提供服务，MAC 为 MAC 客户提供服务。

MAC 控制子层是一个较为特殊的可选子层，插在 MAC 客户与 MAC 子层之间而并不为上下两个子层感知。在通常的讨论中可以忽略 MAC 控制子层(MAC 控制子层位于控制平面，通常不在传送平面中讨论)，即简化模型仅包括 MAC、PHY 两层，MAC 直接为 MAC 客户提供服务。

各层中的活动元素称为实体。在 802 模型中，MAC 层有唯一的 MAC 实体，而 PHY 层中有多个 PHY 实体，例如 10BASE-T、100BASE-TX、1000BASE-T、802.11g、802.11n、802.11ac 等实体，每一个实体分别由相应的物理层规范描述。图 2-5(a)的模型中并未列举众多的 PHY 实体，这样并不妨碍模型的完整性，同时可使模型更为简洁。

IP 协议实体是当前模型中最重要的 MAC 客户。LLC 实体等仍然可以作为 MAC 客户以便保持标准的继承性。

802 标准的当前模型是从 1998 年逐渐演进而成的。1998 年以前旧标准中的参考模型如图 2-5(b)所示。新旧版参考模型的最大差别是：旧版模型中 LLC 数据单元是 MAC 服务的唯一承载，MAC PDU 能够承载、只能承载并且必须承载 LLC PDU，完全不能直接承载 IP 分组；当前模型可以承载各种 MAC 客户数据，特别是可以简洁高效地承载 IP 分组。

MAC 能否直接承载 IP 分组十分重要。后面章节的讨论表明，若一直沿用旧版模型将会给 802 标准成为 LAN/MAN 领域的主导性标准带来灭顶之灾。

2.2.4 MAC 技术概要

在 LAN 发展初期，局域网技术都是共享物理介质传输能力的技术。为了避免传输之间的相互干扰，多个站点同时接入共享介质必须有一个接入控制的机制，使多站点接入有序并且有效。介质接入控制（Medium Access Control，MAC）协议就是专门执行这一机制的协议，并在 802 模型中专门为 MAC 协议划分出了一个 MAC 子层。

接入网技术的发展得益于局域网技术很多，重要的一点就是采用了多种多样的 MAC 技术，以降低单个用户接入的传输介质成本。

MAC 层最基本的功能是控制用户的接入并形成 MAC 数据单元。

MAC 层的基本功能是在两个站点的 MAC 客户之间执行基于分组（Packet-based）的、无连接模式的数据转移功能。转移的分组通常称为 MAC 帧（MAC frame），或者简称帧。

1. 接入控制概要

MAC 层的核心技术是介质接入控制技术，控制的核心是“由谁控制”与“如何控制”两个根本性问题。

根据控制者的不同，MAC 协议可以采取中心协调（也称集中仲裁）与分布协调（也称分布仲裁）两种方式。

中心协调的优点是：

- 控制逻辑简单。由一个仲裁者独自决策，一般站点执行命令，相对而言都比较简单。
- 单点决策不易产生冲突。
- 易于在中心点提供多种 QoS 控制功能，例如优先级、安全性、资源分配等。

分布协调的优点是：

- 系统不存在单点故障，不会因某一点不工作而引起全网瘫痪。
- 不易产生系统瓶颈，所有站点负载较为平均。

显然，这两种协调方式的优缺点是正好相反的，在不同的场合两者各有其长处。

根据如何为多个接入者分配共享信道，可以将 MAC 协议分为同步接入协议和异步接入协议两大类。同步接入协议广泛用于电路交换网络中，通常称为多路复用协议，典型的有频分复用（FDM）和时分复用（TDM）技术。FDM/TDM 技术为各个接入者静态分配一定的信道容量。异步接入协议又称随机接入协议，广泛用于分组交换网络中。协议的协调机制响应接入者的随机请求，动态为之分配信道容量。

随机接入协议可以进一步分为三种类型：轮转、预约和争用。这三种协议类型在接入网中都有应用，下面分别予以讨论。

2. 轮转

轮转（Round Robin）型协议将信道的接入权划分为时间片，各个站点轮流得到一定的时间片控制权，站点得到控制权后方可向共享信道发送数据。站点数据发送完毕或控制权到期，则将控制权传递到下一站点。协调机制可以采用集中式也可以采用分布式，轮询是集中仲裁的典型例子，而令牌传递则是分布协调的典型例子。

轮转型信道接入协议在重载环境中的公平性可以做得比较好，但是在轻载环境中的接入时延和控制开销都会比较大。

3. 预约

预约(Reservation)型协议特别适合于长时延信道。长时延信道上的申请和分配都不可能及时送达,因此采用预先约定的机制是合理的。站点的预约申请得到批准后,方能在分配的时隙中向共享信道发送数据。卫星数据网是采用预约型接入协议的最好例子。预约型协议的协调机制可以是集中式也可以是分布式,分布式预约协议理论分析相当精彩但实现颇难,集中控制机制简单而易于理解,在接入技术中得到很好的应用。

4. 争用

争用(Contention)型协议是局域网中最常用的 MAC 协议。站点的数据发送需求具有猝发性,请求的时间是随机的,容量也是随机的,面对这种环境,争用型协议是有效的。初看起来,争用型协议似乎杂乱无章,但是大量的深入研究揭示了协议的有效性。争用型接入的协调机制通常是分布式的。

争用型信道接入协议在轻载环境中的接入时延会比较小,但是在重载环境下接入冲突会急剧增多甚至信道可能产生拥塞。

在 IEEE 802 标准中,应用最为广泛的 802.3 和 802.11 网络中采用的 CSMA 协议族是典型的争用型接入协议。

5. MAC 地址

MAC 地址是 MAC 子层系统架构的一个重要内容。MAC 地址的基本内容主要包括两个问题:地址含义和地址格式。

1) MAC 地址含义

802 标准中的 MAC 地址用以标识 MAC 实体,共享信道上每一个站点都应当有一个全网唯一的 MAC 地址作为站点 MAC 实体的基本标识。共享信道上的站点在进行 MAC 协议交互时使用 MAC 地址标识自身的 MAC 实体,在站点交互的 MAC 帧中填入源 MAC 地址和目的 MAC 地址,源 MAC 地址用以通告帧的发送者而目的 MAC 地址用以通告帧的接收者。

由于局域网中的每一个站点都是通过该站点的局域网物理接口(经常被称为网卡接口)联入局域网,这个网卡的物理地址就是一个天然的唯一标识。所以,站点的 MAC 地址通常使用网卡的物理地址充当 MAC 地址的默认值,并在系统初始化期间赋值。

注意:MAC 地址是一个逻辑地址而不是物理地址。通常 MAC 地址与局域网接口物理地址的值相同,但并不意味着 MAC 地址就是物理地址。在虚拟网络和虚拟接口广为应用的今天,同一物理接口可能会具有不同的 MAC 地址,物理地址和逻辑地址的差异开始在终端用户面前明确显现。

2) MAC 地址格式

IEEE 802—2001 中定义了 802 网络 MAC 地址的通用格式。地址长度可以是 16 位或 48 位两种格式,当今的 MAC 地址几乎都只使用 48 位的格式。48 位的 MAC 地址也可以认为是由 6 个八位组(Octet)组成的。

在讨论 MAC 地址格式时容易混淆的是地址的表示法,因为两个标准化机构——IEEE 和 IETF——的文献中使用了不同的表示方法:十六进制表示法(Hexadecimal representation)和比特反转表示法(Bit-reversed representation)。阅读文献时应当细加分辨。

48位MAC地址在线路上最先传输的两位(高八位组的最低位与次低位)分别是I/G位与U/L位。

I/G位是单目地址/组(Individual/Group)地址位。I/G位置0/置1分别表示单目传送和组传送。I/G位置0,则表示对单一目的地址传送,或简称单目传送。I/G位置1,则表示同时对多个目的地址传送,简称为多目传送或组传送。作为目的地址时,I/G位置0或置1均可;作为源地址时,I/G位只能置0。MAC地址置48位全1时特别规定为广播地址。

U/L位是全球地址/本地管理地址(Universally/Locally administered)位。U/L位置0/置1分别表示全球定义的地址与本地定义的地址。U/L位通常置0,表示此MAC地址是由全球监管机构规定的,是全球唯一的MAC地址。如果U/L位置1,则意味着此MAC地址是由本地的网络管理员自行定义的,通常这是为了特定策略需要,当然此时的MAC地址不能保证其全球唯一性。

就像IP地址对IP网络的意义一样,MAC地址对局域网十分重要。

2.3 小结

本节基于基本理论认识泛通信系统的若干基本概念,概要说明了网络系统架构的若干基础知识,列举MAC的技术基础。

从基本理论和基础知识入手,逐步深入接入网技术,是循序渐进学习的好方法。

古人云:“学问之道,全要在本原处透彻,未发处得力”。基于基本理论,提纲挈领、正本清源,巩固基本认识,是学习和研究的好方法,乃是做学问之道。

2.4 参考文献

[1] 李晓峰. 通信原理. 2版. 北京:清华大学出版社,2014. *
[2] ISO/IEC 7498.1—1994——OSI Basic Reference Model: The Basic Model.

* 实际上,任何一本大学本科《通信原理》教材均可奠定基础。

第二篇　IP接入网架构

本篇包括了第3、4、5三章，主要讨论IP接入网的系统架构，以及IP接入的控制架构和控制协议，是IP接入控制架构的核心内容。

第3章讨论IP接入网的三平面架构。在IP接入网中引入三平面系统架构，是本书一个重要的基本观点。网络界的三平面(传送平面、控制平面和管理平面)网络架构在2000年前后形成，用以描述复杂的新一代网络。使用三平面概念，对IP接入网的描述更为简洁清晰，理解更为准确容易。

第4章讨论IP接入网的控制架构，也就是IP接入网在控制平面的功能模块及其协同。接入控制是IP接入网与电信接入网的重大差别，也是IP接入网的技术关键。后继章节中讨论的各种接入技术，主要涉及在传送平面的功能及其实现技术。管理功能协调传送功能和控制功能，完成IP接入的任务。

第5章讨论接入控制协议，讨论一系列IP接入控制协议。通常由多个控制协议相互配合达成完整的控制功能，支持传送功能完成用户接入的任务。

本篇的内容是IP接入网的核心内容，十分重要，在阅读全书的过程中逐次加深，进而深入理解。

接入网系统架构

本章讨论 IP 接入网的系统架构，引入三平面架构的观点剖析接入网的总体标准，解析总体标准中体现的 IP 接入网基本功能及其系统结构。总体标准是一个标准系列的总纲领，接入网总体标准是统领接入网一系列标准的最高等级规范。本章内容主要包括：

- 总体标准和系统结构的背景知识。
- 以三平面架构分析 IP 接入网的系统功能及其基本模型。
- 剖析电信接入网总体标准 ITU-T G. 902。
- 剖析 IP 接入网总体标准 ITU-T Y. 1231。

3.1 背景

本章主要讨论接入网的总体标准。通过对总体标准的分析讨论，初步认识 IP 接入网的基本功能与系统架构，为进一步学习 IP 接入网的全面知识提供系统性的坚实基础。

总体标准是一个纲领性的文件，位于一个标准系列中的最高等级，布局整个标准系列的全局。总体标准统领整个标准系列，从最高层次认识通信系统，概念表述全面而抽象。

理解总体标准，掌握接入网的基本功能与系统架构，既是学习的重点也是学习的难点。本节讨论以下几个问题，为认识总体标准提供必要的背景知识。

- 什么是总体标准。
- 总体标准的作用是什么。
- 接入网的总体标准有哪些。
- 制定接入网标准主要的标准化机构。

总体标准是规范系统级基本功能与架构的标准。系统架构定义系统功能性的逻辑划分及划分之间的协同。在一个系统中，各个功能性的逻辑实体相互配合、协调一致，共同完成系统功能。总体标准并不具体定义各个功能实体的技术细节，也不定义实体间的接口细节。实体和接口的具体规范由系列标准中较低层次的其他标准定义。

总体标准从最高层次整体规范了系统，是对一个通信系统标准的“顶层设计”。总体标准是一个总纲领，统领并制约系列中的其他标准。总体标准就像是一个大型工程的总体规划，虽然规划并不是工程的具体设计，但是工程设计必须在总体规划的指导和制约下进行。

深入学习接入网技术时应当牢记：总体是一个纲，纲举目张。总体标准是顶层，在顶层指导下理解系统中的各个构件，有助于深刻理解构件的功能及其地位，准确认识构件间的接口及其协同。这样的学习，有助于系统的融会贯通，避免知识点的支离破碎。

接入网的总体标准主要有两个“建议”：ITU G. 902—1995 和 ITU Y. 1231—2000。G. 902 是 1995 年制定的第一代的接入网总体规范，总结接入网 20 余年的发展，从电信运营商的观点出发制定了该标准。因此，G. 902—1995 通常被称为电信接入网总体标准。Y. 1231 建议是 2000 年制定的接入网总体的第二代标准，定义了 IP 接入网的基本功能与系统架构，通常被称为 IP 接入网总体标准。随着各类通信网络都趋于 IP 化的演进，Y. 1231 标准对接入网的 IP 化越来越凸显重要意义。

IP 接入网使用了广泛的技术，涉及多个标准和标准化机构。IP 接入网涉及 OSI 模型中的网络层、MAC 层和物理层，相应层次的技术标准分别由不同的标准化机构制定。

ITU-T Rec. 由 ITU-TSS(国际电信联盟、电信标准部)制定，ITU-T 是电信界的国际标准化机构。ITU 制定的标准都称之为建议(Recommendation)，虽然名为“建议”然而都是全球电信界都遵循的最高级别国际标准。接入网的总体标准 G. 902 和 Y. 1231 就是典型的 ITU-T“建议”。

IP 接入网中运用了多种 MAC 技术，这些 LAN/MAN(局域网与城域网)的 MAC 技术主要执行 IEEE 802 标准。IEEE 802 标准由 IEEE(美国电气电子工程师协会)802 委员会制定，由 IEEE 核准颁发。

IP 接入网当然涉及 IP 技术。有关 TCP/IP 的权威标准是众所周知的 RFC 文档，由互联网界著名的 IETF 制定颁发。

ITU-T“建议”、IEEE 802 标准和 IETF 的 RFC 文档是 IP 接入网技术的最重要的标准技术文档。

3.2 IP 接入网的三平面系统架构

随着现代信息通信技术(Information & Communication Technology，ICT)的高速发展，信息通信网络越来越复杂，描述和理解网络技术机制越来越困难。为了梳理和分析复杂的技术机制，进入 21 世纪以来，ICT 领域开始启用三平面系统架构来规范描述网络架构。

ITU-T Y. 1231 建议定义了 IP 接入网的三大功能及其基本特征。Y. 1231 描述简约但前瞻性十分强，因此理解其深刻的内在意义十分不易。本书引入在新一代网络中已成主流的三平面网络架构，用以诠释总体标准 Y. 1231 的核心内容，构建 IP 接入网的三平面架构，在相应平面重新描述接入网的三大功能并建立三大功能的基本模型。

IP 接入网的三平面架构与 Y. 1231 总体标准在本质上是一致的，但架构描述更为清晰，功能定位更为准确，参考模型更易于理解。

本书将 IP 接入网的三平面架构贯穿全书。提纲挈领，展开 IP 接入网的全部内容，使 IP 接入网涉及的繁杂内容更清晰、更易于理解。

3.2.1 新一代网络的三平面架构

进入 21 世纪以来,新一代通信网络中开始引入三平面架构,使新一代网络的复杂架构可以表述得更加简洁、更加清晰。

20 世纪末期,在多个网络标准中开始出现控制平面的概念,并称以前的功能基本上都是位于数据平面或用户平面。控制平面的引入,强化了管控能力的定义,提供了网络控制功能独立于网络基本业务功能的独立性。IETF 在 MPLS 标准文档中开始使用控制平面的概念;21 世纪初期,ITU-T 的多个总体标准中开始全面引入三平面架构;IEEE 802 标准也开始使用数据/管理/控制平面的概念。进入 21 世纪以来,网络总体标准向三平面系统架构演进的趋势日益明显。

新一代网络系统中,采用传送、管理、控制三平面系统架构渐成主流,三平面架构形成了层面清晰的网络系统级模型,可使复杂网络的参考模型简洁、清晰,易于理解、易于使用。

在新一代网络的总体标准中,ITU-T Y. 1304 和 Y. 2011 建议明确了三大平面的定义并全面用之于系统架构,具有很高的借鉴价值。

ITU-T G. 8080/Y. 1304:《ASON 系统架构》(*Architecture for ASON*)颁布于 2001 年 11 月。ASON(Automatically Switched Optical Network,自动交换光网络)是 21 世纪的新一代光通信网络,是 NGN 体系中的一种重要物理网络。在 ASON 中使用传送、管理、控制三平面构建了 ASON 的系统架构,三平面的定义简化如下。

- 传送平面(Transport plane):提供用户信息在不同位置间的转移。特定情况下也可转移某些控制信息或网管信息。
- 管理平面(Management plane):执行系统管理功能并协调所有平面。系统管理实体对传送和控制平面在五大管理功能域执行系统管理。五大功能域是性能管理(Performance management)、故障管理(Fault management)、配置管理(Configuration management)、记账管理(Accounting management)和安全管理(Security management)。
- 控制平面(Control plane):执行呼叫控制和连接控制功能。通过信令(控制协议)建立和释放连接,并可从故障中恢复连接。

ITU-T Y. 2011:《NGN 一般原理与参考模型》(*General principles and general reference model for NGN*)颁布于 2004 年 10 月,使用数据平面、管理平面、控制平面的概念,规范了 NGN(Next Generation Network,下一代网络)一般性的原理与通用的参考模型。

- 数据平面(Data plane):用于数据转移的一组功能。
- 管理平面(Management plane):用于实体管理的一组功能。
- 控制平面(Control plane):用于控制实体运行的一组功能。

分析 Y. 1304—2001 和 Y. 2011—2004 可以看出,虽然二者的功能架构均基于三大平面的概念,但细节有所差别。

Y. 1304 是一种物理网络(ASON)的规范而 Y. 2011 是一种逻辑网络(NGN)的规范,因此 Y. 1304 的定义具体而利于实施,而 Y. 2011 的定义更为抽象、概括力更强。

三大平面的名称中,“管理平面”和“控制平面”几乎用于所有标准,但是最基本的平面,不同的标准使用了“数据平面”“传送平面”“用户平面”等不同的术语。

本书提出的IP接入网模型使用术语“传送平面”，可以更好地衔接IP接入网的传送功能。

3.2.2 传送功能架构

传送功能(TF)位于传送平面，IP接入网的传送架构可以用图3-1表示。

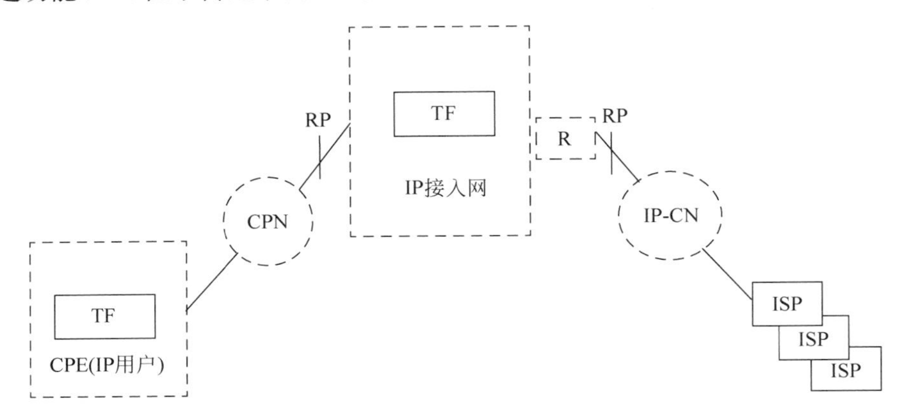

图3-1 IP接入网传送架构

传送功能是所有接入网的基本功能。IP接入网的基本功能也是在IP用户和IP服务者之间建立全局性的IP端接，基于IP连通实现多种业务承载的传送能力。IP接入的传送功能在跨接全局的IP端接中提供IP用户本地段的支持。

图3-1的传送架构与IP网络一般架构(见以后的小节)在本质上是一致的，差别仅是为了突出核心网的等级而放置于系统架构的最高层次。这是因为传送功能就是接入网最基本的功能，就是IP协议的一个典型实例。IP接入网的传送功能源自Y.1231(Fig. 1a：IP网络一般架构)，表述是IP网络最基本的功能性架构，IP接入的传送功能当然应当与之保持一致。

图3-1中的R表示默认网关，典型的是IP路由器。IP协议定义，驻留于CPE中的IP用户是一个端系统，分组发送的基本规则就是将IP分组发送到默认网关。默认网关是一个中继系统，由IP网络服务商负责默认网关之后的路由和远端系统(IP服务者)的连通。

可以看出，IP接入网的传送功能设计就是要构建CPE与R之间的IP连通性，支持全程IP端接。

根据Y.1231建议，CPN也可以归入IP接入网之中。

3.2.3 系统管理架构

系统管理功能(MF)位于管理平面，可以用图3-2表示。

系统管理功能通常就是SNMP网管功能，系统管理模型实质上就是SNMP参考模型。进一步的讨论请参考描述SNMP协议的有关资料。

3.2.4 接入控制架构

接入控制(AF)功能位于控制平面，是Y.1231建议的新增功能，也是IP接入网的特色

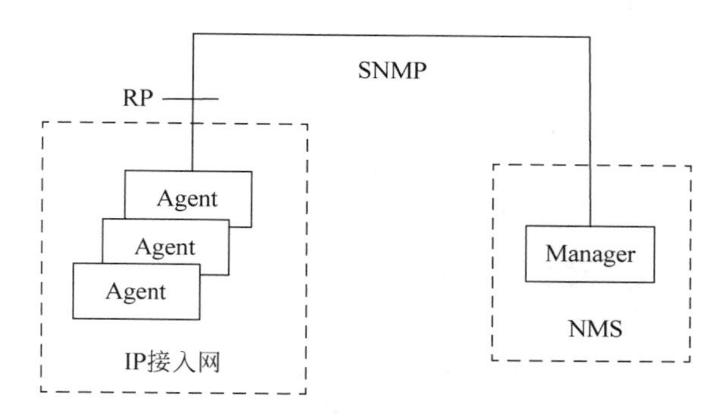

图 3-2 IP 接入网系统管理架构

功能。IP 接入网的接入控制架构如图 3-3 所示。

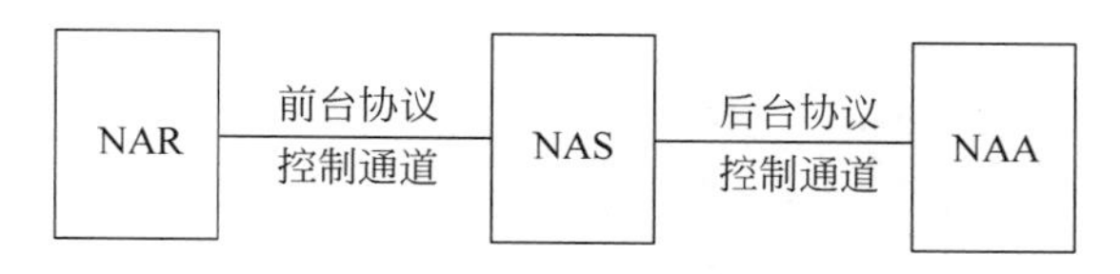

图 3-3 IP 接入网接入控制架构

接入控制架构中的三个功能实体分别是 NAR(Network Access Requestor)、NAS(Network Access Server)和 NAA(Network Access Authority)。这个三实体(申请者/服务者/授权者)模型可以简称为"RSA 模型"。

RSA 模型中的三个实体形成一个三层结构，与 B/S(浏览器/Web 服务器)应用模式中广泛使用的三层架构具有相似性。

这个模型表明：R 实体(接入用户)面对的是一个前后台协同接入控制服务系统，S 实体是前台服务器，而 A 实体是后台服务器，前后台协同为用户提供友好方便、同时安全规范的接入控制服务。

接入控制功能的主体是以认证/授权为中心的 AAA(Authentication, Authorization and Accounting)服务。在 AAA 服务的基础上还可提供地址分配与转换、QoS、安全等多种服务。

AF 对 TF 的控制可在接入前端实施也可在接入后端实施，Y. 1231 建议为此在 TF 和 AF 之间使用两条连线予以强调。由于接入控制功能十分重要，在实际部署中，AF 既可以部署在接入网中，运营商也可能部署在城域网甚至核心网中。

3.3 G.902 建议

ITU-T G. 902 建议是关于接入网的第一个总体标准，对接入网的形成具有关键性的奠基作用，意义十分重大。

本节讨论 G. 902 定义的接入网(简称为 G. 902 接入网，在不引起混淆时也直接称为接入网)的基本概念和主要功能,并分析 G. 902 建议的得失和 G. 902 接入网的利弊。

3.3.1 概述

G. 902 建议由 ITU-T SG13 编制并于 1995 年 11 月被批准,是 ITU-T 关于接入网的第一个总体标准。G. 902 从接入网的系统架构与功能、接入类型、管理与业务节点等方面规范了接入网,从系统功能层面定义了接入网的框架。

G. 902 建议定义严格、描述抽象,在较高层次的"系统功能"上描述接入网。G. 902 建议中的接入网定义和接入网系统架构,都是从功能的角度认识系统、定义系统,希望能全面统领进一步的接入网系列标准。

G. 902 建议的基本内容如下。

- 接入网基本定义。
- 接入网的界定与接口。
- 接入网的功能与系统架构。

G. 902 建议还讨论了接入网支持的接入类型、传送承载能力及对其需求、与系统架构相关的业务节点、与业务节点有关的管理概念和管理需求、接入网的运行和控制等内容。

G. 902 建议仅是一个总体标准,其目的是为进一步的相关工作提供系统级的框架。进一步的系列标准可能包括业务节点和业务节点接口、用户网络接口、接入网内部接口、接入类型和接入承载能力需求的定义,以及具体的接入网,等等。

例如具体定义接入网接口的系列标准就包括:

- G. 964—1994,V5. 1 窄带接口。
- G. 965—1995,V5. 2 窄带接口。
- G. 967. 1—1998,VB5. 1 宽带接口。
- G. 967. 2—1999,VB5. 2 宽带接口。

应当注意的是,G. 902 的准备时间是在 1995 年以前。当年,互联网远未达到今日的辉煌,互联网技术的理念、框架还远未深入影响通信技术界,泛通信网络的 IP 化演进还仅仅是少数人的议题。由 ITU/SG13(国际电联 13 研究组)负责制定的 G. 902 建议强烈地受到传统电信技术的影响,传统的电信技术体系是电信网络的主体也是 G. 902 技术思路的主体。因此,G. 902 定义的接入网,包括接入网的功能架构、接入类型、接口规范等,更多地适应了电信网络当年的需求,业务节点(SN)就是电信运营商的抽象表述,电信运营商的利益在电信标准中得以充分体现。所以当 IP 接入网的总体标准 Y. 1231 问世以后,人们将 G. 902 建议称为"电信接入网总体标准"。

3.3.2 接入网的定义

作为总体标准,G. 902 建议引入了一系列基本定义,这些重要的定义指导并约束接入网的全系列标准。这些基本定义包括:

- 接入网。
- 接入承载能力。
- 业务节点和业务节点接口。
- 用户网络接口。

- 多归属与多主局。

这些定义大多相当抽象，是进一步制定接入网系列标准的基础。准确理解接入网的基本定义显然是理解接入网系列标准的基础。但是，与所有技术标准文档一样，ITU 标准中的定义通常都十分复杂而难以理解，G. 902 建议的描述高度抽象化，使得这些定义的理解更为不易。

本小节讨论 G. 902 建议中的"第一个"定义：接入网定义，首先因为这是接入网最基本的定义，其次通过对接入网第一定义的解读可以初步感受标准文档中定义理解的难度。

G. 902 建议中的接入网定义是：

Access Network (AN): An implementation comprising those entities (such as cable plant, transmission facilities, etc.) which provide the required transport bearer capabilities for the provision of telecommunications services between a Service Node Interface (SNI) and each of the associated User-Network Interfaces (UNIs). An Access Network can be configured and managed through a Q3 interface. In principle there is no restriction on the types and the number of UNIs and SNIs which an Access Network may implement. The access network does not interpret (user) signalling.

这个定义的直译如下：

接入网(Access Network，AN)是由一系列实体(诸如线缆装置、传输设施等)组成的为在一个业务节点接口(SNI)和每一个与之相关联的用户网络接口(UNI)之间提供电信业务提供所需的承载传送能力的一个实现。接入网可以经由 Q3 接口进行配置和管理。接入网可以实现的 UNI 和 SNI 的类型和数量原则上没有限制。接入网不解释用户信令。

这个中文定义是相当费解的。不过，仔细分析这个定义可以看出 AN 的基本特点包括：

- 接入网是由线缆装置、传输设施等实体构成的一个实现(物理系统)。
- 接入网提供承载电信业务的传送能力。
- 电信业务是在 SNI 和每一个与之关联的 UNI 之间提供的。
- 接入网可以经由 Q3 接口进行配置和管理。
- 接入网不解释用户信令。

这个接入网定义的抽象性高，概括能力强，如果不是后来受到互联网技术的冲击，应该有可能具有非常深刻的指导意义。但是，在通信网络 IP 化演进大潮的冲击下，G. 902 定义的接入网暴露了不少弱点，特别是以下一些特点给 G. 902 接入网带来了难以克服的系统性弊病。

- AN 的传送能力是在 UNI 和 SNI 之间提供的。也就是说，接入网用户不能直接察觉到 SN 之后的各种实体，例如 SN 后台的核心网以及可以提供的更多类型的服务。
- 在 UNI 与 SNI 之间建立静态关联之后，AN 才为接入用户传送业务承载。这种静态关联对用户自主选择不同的业务极为困难甚至是不可能的。
- UNI 与 SNI 的关联只能由 SN 指配，AN 或接入网用户对此几乎没有控制能力。G. 902 建议甚至为此强调 AN 不解释用户信令，表示出一种对电信运营商的业务监管高度坚持和对运营商利益的过度保护。

这些仅仅是对 AN 定义的初步解读，后面的小节中将会对 G. 902 建议的利弊进行更进一步的分析。

3.3.3 接入网的界定与接口

G.902 建议定义的接入网由 SNI、UNI、Q3 三个接口界定，如图 3-4 所示。图 3-4(a)是 G.902 建议中的原图(Fig.1)，图 3-4(b)则突出 AN 的中心地位，对原图进行适当的调整。

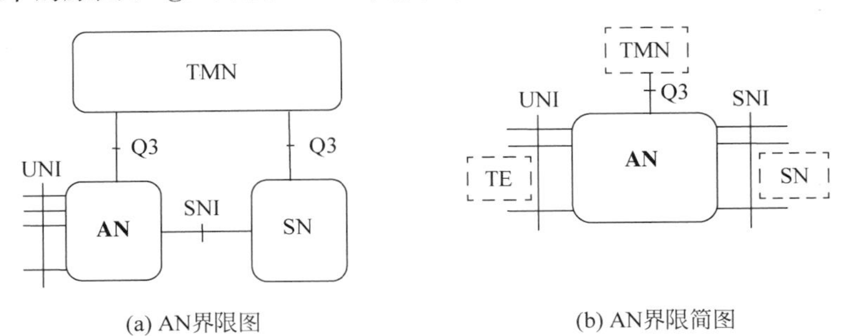

(a) AN界限图　　(b) AN界限简图

AN：接入网　　UNI：用户网络接口　　TE：电信（业务）终端
SN：业务节点　　SNI：业务节点接口
TMN：电信管理网　　Q3：Q3接口

图 3-4　接入网的界定

这是接入网最基本也是最重要的一个系统架构图。由图 3-4(a)和图 3-4(b)都可以清楚地看出：三个接口 UNI、SNI、Q3 界定了 AN 的边界，AN 通过这三个接口分别连接到不同的外部实体。UNI 和 SNI 分别连接 AN 之外的用户终端和业务节点，AN 连通 SNI 和 UNI，传送 SNI 和与之关联了的 UNI 之间的电信业务承载。

一个 AN 可以与多个 SN 相连，这样一个 AN 既可以接入多个分别支持特定业务的 SN，也可以接入多个支持相同业务的 SN。必须注意：UNI 与 SN 的关联是静态的，即关联的确立是通过与相关 SN 的指配功能来完成的，对 SN 接入承载能力的分配也是通过指配功能来完成的。

接入网的主要接口有三类，即用户网络接口 UNI、业务节点接口 SNI 和 Q3 管理接口，这三类接口是电信接入网系列标准中的重点内容。但是，由于这些定义带有浓厚的传统电信网络的特点，IP 接入网的接口并不采用这些定义，所以本书仅简介这三类接口。

1. *用户网络接口*

用户网络接口 UNI 是用户和接入网之间的接口，用户终端通过 UNI 接入 AN。UNI 可以分为单一 UNI 和共享 UNI。单一 UNI 的例子包括 PSTN 和 ISDN 中的各类用户接口。但是 PSTN 中的 UNI 和用户信令并没有得到广泛应用，因而通常各个国家采用自己的规定。共享 UNI 的典型例子是 ATM 接口。当用户接口是 ATM 接口时，这个 UNI 可支持多个逻辑接入，每一个逻辑接入通过一个 SNI 连接到不同的 SN。这样，ATM 接口就成为一个共享 UNI，通过这个共享 UNI 可以接入多个 SN。

2. *业务节点接口*

业务节点接口 SNI 是 AN 与业务节点 SN 之间的接口，是 SN 通过 AN 向用户提供电信业务的接口。

SN 可能有多种类型，包括特定业务的业务节点和模块化业务节点。

特定业务的业务节点是只支持一种特定业务的业务节点，例如：

- 单一本地交换机，支持 PSTN、N-ISDN、B-ISDN、分组数据等多种业务。
- 单一专线租赁业务节点，基于电路方式、ATM 方式等。
- 提供数字视音频按需点播的业务节点。

模块化业务节点是一个业务节点可以支持多种业务，例如 ATM 多业务节点。

具体的 SNI 规范在与 G. 902 相关的其他 ITU 建议中定义，其中最重要的接口如下。

- V5 窄带接口系列
  - ➢ V5. 1：2Mb/s，G. 964—1994。
  - ➢ V5. 2：2～16 个 2Mb/s，G. 965—1995。
- VB5 宽带接口
  - ➢ VB5. 1：ATM 接口，2～622Mb/s，固定接口速率，G. 967. 1—1998。
  - ➢ VB5. 2：ATM 接口，2～622Mb/s，可通过指配改变接口速率，G. 967. 2—1999。

3. Q3 接口

AN 需要标准化的管理接口，G. 902 定义使用 Q3 接口，使得电信管理网 TMN 可以对 AN 进行配置和管理。

G. 902 建议未考虑其他网管接口例如 SNMP 接口。在泛通信网络 IP 化大潮冲击下，没有预留 SNMP 网管接口是 G. 902 的一大弱点。

3. 3. 4　接入网的功能架构

ITU-T G. 902 建议的标题《接入网的功能架构与相关功能》（*Access Network functional architecture and related functions*）清楚表明：G. 902 建议是从功能角度认识并构建接入网。由于系统架构就是强调系统的功能划分及其协同，所以，接入网功能性系统结构、接入网功能架构、接入网系统架构、接入网架构，这几个术语并无重大的本质差别。

G. 902 建议从功能上描述接入网，定义了接入网功能性的系统架构和总体模型，也列举了相应的一些具体功能。G. 902 定义的接入网架构如图 3-5 所示。

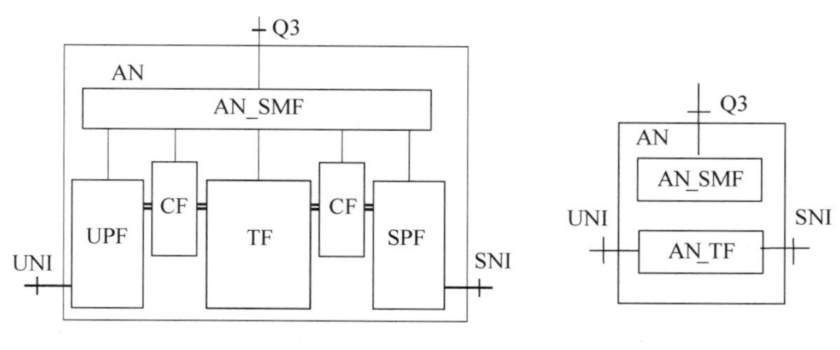

图 3-5　接入网系统架构

图 3-5(a)取自 G. 902 建议(Example of functional architecture of an Access Network, Fig. 3/G. 902)。在这个图中,接入网的功能模型划分为 5 种功能组: UPF、SPF、CF、TF 和 AN_SMF。其中的 UPF 是用户端口功能,将特定 UNI 的要求与 CF 和 AN-SMF 相适配; SPF 是业务端口功能,将特定 SNI 的要求适配公共承载以便送交 CF 处理; CF 是核心功能,将用户端口承载或业务端口的承载与公共传送承载适配; TF 是传送功能,在 AN 的不同位置之间为传送提供通道和传输介质; AN-SMF 是 AN 的系统管理功能,协调各功能的指配、操作和维护。

深入理解 Fig. 3/G. 902 的附录说明可以看出: UPF-CF-TF-CF-SPF 模块串联,构成了接入网中的用户承载和用户信令通道,使得接入网能够提供电信业务承载的传送功能。G. 902 将接入网的传送功能划分在 4 类模块中实现,实际上是打上了当年(20 世纪 90 年代)的技术发展烙印,现在看来是完全没有必要的。

合并 Fig. 3/G. 902 中的 UPF-CF-TF-CF-SPF 模块串为 AN_TF(接入网的传送功能)就得到图 3-5(b)。这个接入网系统架构图简化了 G. 902 中的原图,突出了接入网的基本功能。

图 3-5(b)表明: 电信接入网的两大基本功能是传送功能与系统管理功能。AN_TF(接入网传送功能)提供 UNI-SNI 之间的、传送用户数据(包括电信业务承载和用户信令)的能力; AN_SMF(接入网系统管理功能)提供接入网的系统管理能力,使网络管理者透过 Q3 接口、经由 TMN 对接入网实施系统级管理。

观察图 3-5(b)可以看出,这一系统架构并不具备用户接入的控制能力。这一特点导致了 AN 对 SN 的依赖,显著降低了 AN 的独立性。

值得注意的是,图 3-4 和图 3-5 都是对接入网进行系统级描述。在图 3-4 中,接入网被看成一个"黑箱",划定系统边界就可以界定接入网,并不需要描述系统的内部结构。在图 3-5 中,接入网被看成一个"白箱",描述系统内部的功能模块及其相互配合,就可以定义接入网的系统架构。这种"黑箱理论"和"白箱理论"是系统工程中常见的两种系统表示法,两种表述相结合可使系统描述更为全面。

3.3.5 小结

ITU-T G. 902 建议开创了接入网时代,对接入网的发展具有十分重要的意义。

G. 902 是接入网历史上第一个总体标准,第一次确立了接入网的系统架构,是接入网发展中重要的理论依据。G. 902 使接入网得以作为一个独立网络形式出现,接入网从此开始向相对独立、完整的网络发展。

G. 902 以系统功能的观点定义了接入网。

分析系统外部的关联,G. 902 用三个接口界定了接入网的边界: UNI、SNI 和 Q3 接口。UNI 是用户进入 AN 的接口,SNI 是电信业务提供的接口,Q3 是系统级管理的接口。

分析系统内部的模块,G. 902 定义了接入网的两大功能组: AN_TF 和 AN_SMF,也可以分别简称为 TF 和 SMF 功能组。TF 是接入网最基本的传送功能,在 UNI 和 SNI 之间提供承载业务的传送能力; SMF 是接入网的系统管理功能,网络管理者可以通过 TMN 实施系统级管理的能力。

进一步深入 G. 902 的细节可以看出,G. 902 接入网的传送能力只能在一个 SNI 和与之关联的一个 UNI 之间提供，这种关联由 SN 使用静态指配建立；G. 902 规定 UNI 只能连接到特定 SNI 而不能直接“看到”CN(核心网)，更不能跨越 CN 连到任意的业务提供者；业务关联不能动态切换，这一特性称为接入网不具备交换功能。接入网不解释用户信令并据此切换到不同的业务。

由上述内容可以看出，G. 902 定义的接入网最基本的特征包括：

- G. 902 定义的接入网传送能力是在 UNI 和 SNI 之间提供。
- 传送能力在 UNI 与 SNI 之间建立关联的基础上提供。这种关联是一种静态关联，由 SN 指配建立，AN 或接入用户对此均无控制能力。
- G. 902 强调：AN 不解释用户信令。
- 接入网的系统管理透过 Q3 接口执行。这种管理通常是 SN 的网络运维者使用 TMN 施行。

G. 902 接入网的弱点包括：

- UNI 只能与 SNI 建立关联。由于 SN 实质上是运营商电信业务实例的一种抽象表示，这也就意味着接入用户被绑定在特定运营商的特定业务，失去了对服务提供商的选择自由，也不可以直接面对核心网提供的多种强大的服务。
- UNI 与 SNI 的关联只能由 SN 静态指配。接入网和接入用户均不具备接入控制能力。
- 接入网的系统管理只能通过 Q3 接口进行，完全没有对使用 SNMP 网管协议预留接口。

G. 902 建议的基本特点表现出对电信运营商利益的过度保护，采用的技术表述也过多带有当年流行的电信技术(例如，ATM)烙印。因此，G. 902 接入网常被称为“电信接入网”。在泛通信网络 IP 化演进大潮的席卷下，G. 902 接入网暴露出一些不合潮流的系统性局限。

泛通信网络的 IP 化大潮促使 IP 接入网的大发展，也催生了 IP 接入网的总体标准，这就是 ITU-T Y. 1231 建议。

3.4　Y. 1231 建议

ITU-T Y. 1231 建议是 IP 接入网的总体标准，在泛通信网络 IP 化浪潮中产生并强有力地推动了电信网络的 IP 化进程。Y. 1231 建议不但对 IP 接入网具有指导性意义，而且对接入网架构的 IP 化变革产生了深刻影响。

本节讨论 Y. 1231 定义的 IP 接入网(简称为 Y. 1231 接入网，在不引起混淆时也直接称之为接入网)的基本概念和主要功能，将 Y. 1231 接入网与 G. 902 接入网对比，以加深对接入网 IP 化演进的技术变革的理解。

3.4.1　概述

ITU-T 的 Y 系列建议是在通信网络 IP 化演进的前夜诞生的。

20 世纪 90 年代国际互联网取得了巨大的成功，IP 技术开始深入信息通信技术(ICT)的各个领域。ICT 领域开始热情高涨地议论 GII(Global Information Infrastructure)和 NII (National Information Infrastructure)的建设，通信技术界也开始考虑以 IP 为主的网络分组化支撑下一代网络。

ITU 的态度也开始发生重大转变。ITU 预见到 IP 技术将会在未来通信领域起到变革性的作用，及时启动了 ITU 技术重心全面的迁移过程。

ITU 成立了多协议和 IP 网络及其互通研究组，负责基于 IP 技术的系列标准研究，研究包括 IP 网络架构，基于 IP 技术对传统电信网络进行综合，新一代网络向用户提供综合业务。

ITU 在这些研究的基础上提出了 Y 系列建议，提出"基于 IP 的全球信息基础设施"，高瞻远瞩地建议基于 IP 技术开始定义未来的 GII。重要的 Y 系列建议包括：

- Y. 100—1998，General overview of GII。
- Y. 1001—2000，IP Framework。
- Y. 1231—2000，IP Access Network Architecture。
- Y. 1304—2001，Architecture for the ASON。
- Y. 2001—2004，General overview of NGN。

ITU-T Y. 1231 建议高层次地提出了 IP 接入网的定义、系统功能、系统架构与参考模型。

本节主要讨论 Y. 1231 接入网的基本定义、边界界定与内部架构，以及 Y. 1231 建议涉及的其他一些重要内容。

值得注意的是，Y. 1231 与 G. 902 两个建议文档的风格差别颇大。G. 902 文档是一种典型的传统电信标准风格，细致而烦琐，理解颇为艰深；Y. 1231 文档则是典型的 RFC 文档风格，寥寥数语，简洁而不简单。Y. 1231 建议的核心内容只不过三五页，但是，在泛通信网络 IP 化大潮的背景下很值得深入研读。

3.4.2 IP 接入网定义

Y. 1231 建议定义了 IP 接入网和 IP 核心网。

Y. 1231 建议中的 IP 接入网(IP access network)定义是：

An implementation comprising network entities to provide the required access capabilities between an "IP user" and an "IP service provider" for the provision of IP services. "IP user" and "IP service provider" are logical entities which terminate the IP layer and/or IP related functions, and may also include lower layer functions.

这个定义可以直译为：

IP 接入网由网络实体组成的一个实现，为"IP 用户"和"IP 服务者"之间的 IP 服务提供所需的接入能力。"IP 用户"和"IP 服务者"均是逻辑实体，它们端接 IP 层以及 IP 相关功能，并可包括相应的低层功能。

理解 Y. 1231 接入网定义时应当注意：

- "IP 用户"和"IP 服务者"都是逻辑实体而非物理实体，实体的相应代表是用户接入端的 IP 实体和服务器端的 IP 实体。
- 这两个端实体通常不仅包括 IP 层，还包括与之相关的 MAC 层和物理层。
- 接入网提供从"IP 用户"到远端"IP 服务者"的全程接入能力。

对比 G. 902 和 Y. 1231 可以看出，两者的接入网定义差异颇大。

- G. 902 接入网通常只需提供 UNI 和 SNI 之间的比特传送能力，Y. 1231 接入网则需在用户与服务者之间建立 IP 连通性并提供分组传送能力。
- 因此，G. 902 接入网只需考虑物理层功能而 Y. 1231 接入网则须考虑从 IP 层到物理层的协议栈。
- G. 902 接入网中的关联只需在 UNI 和 SNI 之间建立，这通常是近程关联，而 Y. 1231 接入网中的 IP 连通性通常是一种跨越核心网的端到端的远程关联。

Y. 1231 接入网与 G. 902 接入网的定义差异是最基本的本质差异，这种本质差异决定了两种接入网的一系列特征差别。

IP 核心网(IP core network)在 Y. 1231 中的定义是：

IP 核心网是 IP 服务提供商的网络，可包括一个或多个 IP 服务商。通常认为 Y. 1231 中定义的 IP 核心网是一连串 ISP 网络的一种逻辑表示。

Y. 1231 建议中提出了多个术语，其中的基础术语包括 CPN/CPE 和 AAA。

CPN/CPE(Customer Premises Network、Customer Premises Equipment)是用户驻地网与用户驻地设备。Y. 1231 建议使用这两个概念扩展了接入用户的概念，使得接入网不仅可以接入单台设备而且可以接入一个网络(CPN)中的多种终端设备(CPE)。

AAA 是认证、授权和记账三大功能的缩写，是 IP 接入控制的核心功能。

3.4.3　接入网在 IP 网络中的地位

分析 IP 网络的通用架构有助于厘清 Y. 1231 接入网面对的外部环境，准确认识 IP 接入网的边界与接口。Y. 1231 通过 IP 网络系统结构的一般性表述，认定 IP 接入网在其中的地位并据此界定 IP 接入网。图 3-6(源自 Fig. 1a/Y. 1231)表述了 IP 网络的一般系统结构，可以清晰表达 IP 接入网在 IP 网络环境中的地位，并可以据此分析 IP 接入网的边界与接口。

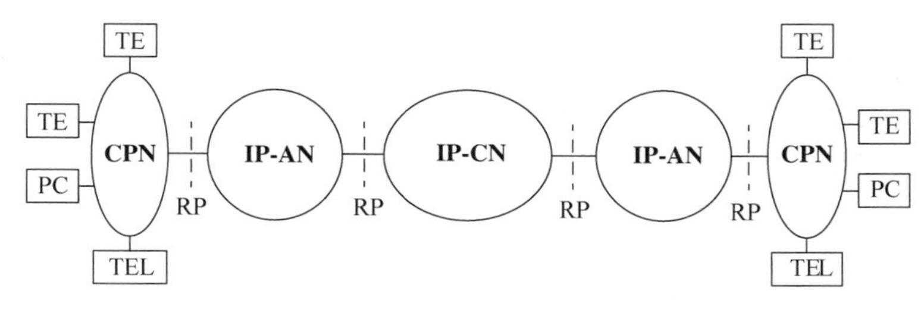

图 3-6　IP 网络的一般架构

图 3-6 描述了 IP 网络的通用架构，明晰了 IP 接入网在一般 IP 网络中的地位，进一步明确了 IP 接入网面对的环境。分析图 3-6 可以看出：

- IP-AN 通过 RP 连接 CPN 与 IP-CN。
- IP-AN 在 IP 用户和 IP 服务者之间建立 IP 端接，提供用户实体与服务者实体之间的分组传送能力。

- IP 用户和 IP 服务者在分组传送中地位平等，用户与服务者之间通常使用 C/S 模式并不影响分组传送的对称双向能力。
- IP-AN 连通 CPN 和 IP-CN，便于用户直接面对核心网，可以高度灵活地使用核心网的强大功能。

从后文的分析可知，图 3-6 实际上主要是在传送层面描述 IP 接入网，并没有涉及 IP 接入网的管理层面与控制层面。

3.4.4 接入网系统架构

系统架构着重于系统的功能模块及其协同，系统的接口以及与外部系统的关系。图 3-7 源自 Fig. 2/Y. 1231，使用典型案例完整地描述了 Y. 1231 接入网的功能架构、接入网接口以及关联的外部系统。

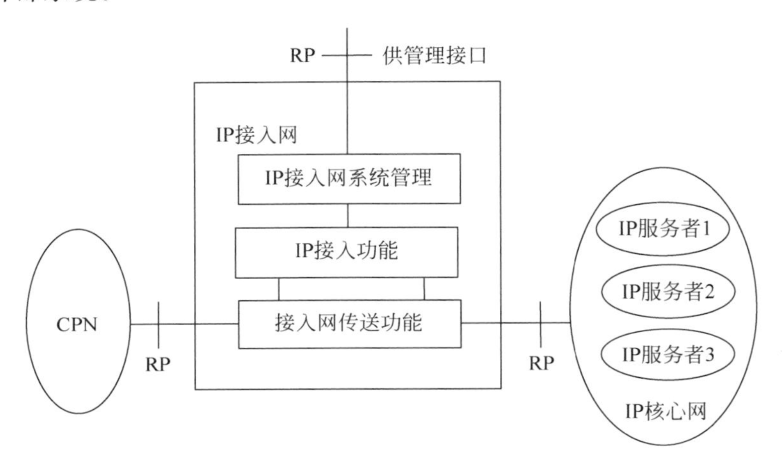

图 3-7 IP 接入网典型架构

从图 3-7 可以看出，Y. 1231 接入网的系统架构包括传送、系统管理、接入控制三大功能模块；接入网通过逻辑接口 RP 连接外部网络 CPN 与 IP 核心网，RP 也是系统管理用接口。

Y. 1231 系统架构中的传送、管理、接入控制模块分别是完成 Y. 1231 接入网的传送、系统管理和 IP 接入控制三大功能的功能性实体，缩写为 TF、AF、SMF，在不同的上下文中可以分别表示三大功能，也可以表示实现三大功能的模块。

传送功能（TF）提供承载用户业务的传送能力。Y. 1231 与 G. 902 建议中的 TF 功能大体相当，都是在用户与服务提供者之间传送业务承载。但是，两者的传送功能有两点重大差别：传送关联的距离和协议层次。

接入网在接入用户与服务提供者之间建立传送业务承载的关联。Y. 1231 接入网的传送关联建立在 IP 用户（可以通过 CPN）与 IP 核心网之间，用户直接连到核心网为接入用户提供了灵活的业务选择。应当注意，在图 3-7（与 Fig. 2/Y. 1231 一致）中"IP 服务者"画在"IP 核心网"的框中，这并不表示 IP 服务者在 IP 核心网之中而是表述服务者位于核心网的"背后"，结合图 3-6（Fig. 1a/Y. 1231）就可得到正确的理解。G. 902 接入网的传送关联通过 UNI 和 SNI 两个接口，建立在用户与 SN 之间，这种关联由 SN 静态指配，很难被攻破，系统稳定性因而得以提高不少。

Y. 1231 中的业务承载是在 IP 用户与 IP 服务者之间的 IP 分组传送，涉及网络层(IP 层)以及相应的以下各层。因而在讨论 IP 接入时，都应当包括接入用户的协议栈。与之不同的是，G. 902 中的业务承载只涉及用户与业务节点之间的比特传送，只需讨论物理层的特性即可。从 G. 902 所在的系列标准定义的系列接口，包括窄带接口 V5. 1/V5. 2 和宽带接口 VB5. 1/VB5. 2，都可以看出 G. 902 系列的接口标准只包括物理层的相关内容。

以上两个特征还形成了一个重大差别：Y. 1231 传送能力与特定业务无关，而 G. 902 传送能力与特定业务相关。Y. 1231 接入使用 IP 协议，与生俱来就是为 IP 之上的多种业务服务，这就是著名的"IP over Everything"；而 G. 902 接入则是为特定业务而设计，为 SN(特定运营商的特定业务)服务，这就是广为人知的"电信接入网与特定运营商的绑定"。

系统管理功能(SMF)可以简称为管理功能。SMF 在传统的五大管理功能域上提供系统管理能力。五大管理功能域是配置管理、故障管理、性能管理、安全管理和记账管理，在 ISO/OSI 和 TMN 中均有定义，用以全面规范泛通信网络的系统管理能力。Y. 1231-SMF 全面涉及五大管理功能域，而 G. 902-SMF 则不涉及记账功能。在电信网络中，系统默认记账功能是 SN(即电信运营商)的核心业务，而非电信接入网的功能。

配置管理功能包括对设备和软件的管理。设备管理必须持续监视接入网的逻辑表示以及与具体实现之间的映射，这包括对现场可替代单元的管理。对于这些部件，均可以实施配置管理、故障管理和性能管理。软件管理包括软件下载、版本管理、软件故障检测和恢复机制。安全管理近年来发展很快，开始形成一个相对独立的大领域。

IP 接入功能(AF)对用户接入实施控制，也简称为控制功能。接入控制功能是 Y. 1231 对接入网新增加的功能，G. 902 接入网没有与之相当的定义。Y. 1231 建议表示，AF 可以由接入网中的单一实体完成，也可以由多个实体分布协同完成。或许就是希望表示 AF 的多实体特性，在 Fig. 2/Y. 1231 中 TF 与 AF 模块之间的关系由双连线表示。

Y. 1231-AF 实施接入网用户的准入控制，典型功能是：

- 准入控制，包括接入认证与授权。
- 接入期信息收集与记账。
- IP 服务者动态选择。
- IP 地址分配与地址转换(NAT)。
- QoS 控制、加密等。

接入控制功能中最基本也是最重要的功能是认证、授权和记账功能，即著名的 AAA (Authentication, Authorization and Accounting)功能。AAA 功能执行用户接入时的身份认证，认证通过后授权用户的上网权限，随之对用户的网络资源使用进行记账，以备今后的计费、审计之需。AAA 功能是本书第 4 章的主要讨论内容。

值得注意的是，Y. 1231-AF 实体不仅实现了接入网对用户的接入控制功能，同时也可以接受用户的请求并采取相应的控制措施。因此，Y. 1231 接入网可以解释用户信令，这也是 Y. 1231 接入网与 G. 902 接入网的重大的功能差别。

由上可见，Y. 1231 中的 IP 接入功能是对用户接入实施接入控制的功能，这在 G. 902 中是没有的，这是 Y. 1231 对接入网系统功能的重要发展。可以认为，就面对用户的功能而言，G. 902 接入网只为用户接入提供了基本的业务承载传送能力，而 Y. 1231 接入网则为用户接入提供了业务承载传送能力和接入控制能力。Y. 1231 在接入网功能架构中加入接入控制功能，为接入网的独立运营提供了有力的基础支撑，IP 接入功能是 Y. 1231 接入网与 G. 902 接入网在功能结构上的最大区别。

Y. 1231 建议统一使用 RP(Reference Point，参考点)作为接入网与外部互连的逻辑接口，而不像 G. 902 建议中分别定义 UNI、SNI 和 Q3 三种接口，这是 Y. 1231 接入网与 G. 902 接入网的一大差别。G. 902 的策略是在相应的系列标准中逐一定义所需的所有接口，例如，G. 967. 1—1998 定义 VB5. 1 接口、G. 967. 2—1999 定义 VB5. 2 接口等。Y. 1231 建议的策略则是使用单一的逻辑接口 RP，这可使 Y. 1231 接入网的接口表述更单一而表示能力更强。Y. 1231 建议认为，逻辑接口 RP 可以映射到 IP 网络中的任何物理接口，因此 Y. 1231 建议中的 RP 实质上表述了 IP 协议可以支持的所有网络接口。典型的各种网络接口，包括 ATM、HFC、xDSL、PSTN/ISDN，都可以用逻辑接口 RP 表示。Y. 1231 接入网使用逻辑接口 RP 就可以完全适应 IP 网络的不断发展，同时又大大减轻了标准制定的重复工作量。

3. 4. 5 驻地网

在传统的电信网络中，接入网是将很多用户通过各自的 UNI 分别接入业务节点，这种 UNI 通常只支持一个逻辑用户端口功能(单一 UNI)。共享 UNI 可以支持多个逻辑用户端口功能，但通常是使用一个多功能终端实现，而不是用一个网络连接多个用户来实现。所以在 G. 902 建议中只是讨论到 UNI 为止。

随着智能小区、宽带小区等概念的兴起，人们发现接入网面临的不再是单个的用户而是通过小区联网的用户。这种覆盖用户驻地小区的网络称为 CPN(用户驻地网)。随着计算机网络中的园区网日益普及，接入网的系统架构中应该有驻地网的位置。

Y. 1231 建议考虑了用户驻地网。由于驻地网概念的引入，接入网的一个用户接口(RP)不仅能接入单一用户，而且能接入连接了多个用户的一个网络 CPN。Y. 1231 建议中引入的这种概念和网络结构将会在接入网的发展中产生重要影响。

目前驻地网的形式、技术、结构都还未定型。有人称驻地网为“附加一公里”(additional mile)，有人在大力推进“家庭网络”(Home network)。从 Y. 1231 建议的系统架构来看，接入网的用户可以是驻地网，也可以是家庭网络。

在技术和需求的相互促进下，在一个家庭内组建网络的技术不断出现。一大批以 Home 命名的技术，如 HomePNA、HomePlug、HomeRF 集正在出现，这些技术正在不断发展，竞争性地进入家庭网络。无线接入技术也不甘落后，WLAN、WPAN、传感器网等更是发展迅速。驻地网、家庭网将具有美好的未来。

3. 4. 6 IP 接入网的协议栈

Y. 1231 建议中以相当篇幅列举了 IP 接入网中若干典型的接入方式的案例。这些举例简洁而丰富，概括了 IP 接入的参考模型和协议栈，对 IP 接入的协议架构具有重要意义。典型的接入案例是 IP over Ethernet 和 PPPoE，其中的重要内容是接入控制技术，我们将在今后的章节中深入讨论这些典型接入案例。

Y. 1231 建议花费了相当篇幅讨论以太接入中的 LLC 协议。在 21 世纪之初，这是一个相当重要的议题。20 世纪 80 年代以来，以太网技术发展之初一直有两个标准：Ethernet Ⅱ

和 IEEE 802.3—1985。两者的基本区别是帧结构和上层数据的承载能力：Ethernet Ⅱ帧结构具有 type 字段因而可以封装多种数据，而 IEEE 802.3—1985 的帧结构没有 type 字段因而只能封装 LLC 数据。因此，Ethernet Ⅱ 帧可以直接承载 IP 分组而 802.3 帧必须借助 LLC-PDU 才可以间接承载 IP 分组。面对不可阻挡的 IP 化的大趋势，IEEE 802.3 工作组从 1998 年开始改进 802.3 帧结构，使之可以直接承载 IP 分组。LLC 协议边缘化早已成为业界的共识，IP over Ethernet 和 IP over 802.3 的议题已经无须在 IP 接入网中细致分析了。802 网络(包括 802.3 和 802.11)的承载能力将在后继章节中进一步讨论。

3.4.7　IP 接入网的三平面架构

Y.1231 建议为 IP 接入网增添了 IP 接入功能，IP 接入网的传送、控制、管理三大功能基本架构具有开创性意义。由于 Y.1231 建议颁布于 2000 年，建议中大量反映了 20 世纪 90 年代后期互联网大发展的技术思路，未能在系统架构层次确切反映进入 21 世纪以来新形成的对网络架构认识的新观点。

Y.1231 中增添接入控制功能，形成了传送、管理、控制三大功能模块并存的 IP 接入系统架构。三大功能的格局使 IP 接入网的系统架构更为完备同时更为复杂，Y.1231 并没有清晰地描述三大功能之间的关系。接入控制是新一代接入网的重要功能，Y.1231 提出了典型的功能需求例子，却没有提出相应的参考模型，甚至没有描述该功能模块与任何外部系统之间的关系。

本书在 Y.1231 建议的基础上引入 Y.1304 中的三平面架构，拓展图 3-7 所示的 IP 接入网系统架构，构造一个层面更清晰、界定更全面的 IP 接入网三平面架构。使用这一架构在相应平面讨论 IP 接入网功能并针对三大功能分别建模，可以得到 IP 接入网的简洁而全面的传送、管理和控制模型。

三平面架构拓展 IP 接入网的基本点是：三功能、三平面、三模型。

三功能是指 IP 接入的三平面架构具有与 Y.1231 相同的传送、系统管理、IP 接入三大功能。三大功能可以简写为 TF、SMF 和 AF。

三平面是指网络架构可以分为传送平面、管理平面和控制平面三大平面。三大平面均是逻辑平面。

在这一架构中，传送、系统管理、接入控制三大功能分别位于传送平面、管理平面和控制平面，不同的平面着重于描述接入网的不同功能。

三模型是指在三平面中针对三功能分别建模。在不同的功能层面分别建模，使模型简洁、清晰，可以表达得更全面、更深入。

三功能、三平面、三模型一一对应。三个平面相互独立，三个功能模型及其外部连接各不相同。

IP 接入网三平面系统架构如图 3-8 所示。

从整体上看，IP 接入网的三平面架构(图 3-8)与 Y.1231 架构(图 3-4)的明显差别是：

- 三平面架构增加了 NAA 系统与接入网 AF 连接，并作为接入控制系统中的后台服务端。
- 接入网外部接口仍然统一使用逻辑接口 RP，但不同的功能表述了不同的通道：传送功能是传送通道，系统管理功能是管理通道，接入控制功能是控制通道。三个通

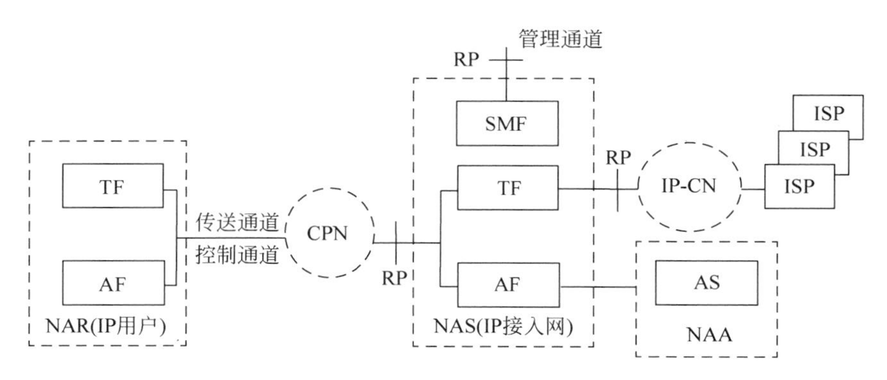

图 3-8 IP 接入网三平面系统架构

道均是逻辑通道而并非一定是独立的物理通道，典型环境中，传送通道和控制通道通常共享同一物理通道。

- 三平面架构不使用单线或双线表示三大功能之间的控制关系。TF、SMF 和 AF 之间的关联相当复杂，宜于在相应平面的相应功能中进一步讨论。
- 三平面架构引入了相互独立的三大平面，这是两个架构的本质不同。三个独立平面的引入便于深入而简洁地描述功能、分析关联、建立模型。

三平面架构是一个整合模型，模型已经较为复杂，不便于更深入的分析和建模，通常仅用于功能之间的关联（例如传送通道与控制通道的物理实现与逻辑独立）表示和整体分析。进一步的分析适宜于分平面进行。

IP 接入网的三大功能特性差异相当大，系统架构的差异相应也很大。

传送功能使用 IP 协议，工作于无连接模式，承载 IP 之上的多种业务。建立 IP 用户到 IP 服务者之间的连通性，端到端的全程连通不仅穿越接入网，还可能穿越驻地网和核心网，甚至还可能包括城域网。

系统管理功能通常使用 TCP/IP 协议族中的 SNMP 协议，SNMP 协议连通 NMS（网管工作站）中的 Manager 实体和被管设备中的 Agent 实体，通常运行于逐次的请求/响应的方式。

接入控制功能通常通过前后台控制协议的协同实现，最主要的功能是称之为 AAA 的认证、授权和记账。若认为准入是一种连接，则接入控制工作于连接模式，连接的三阶段分别是：准入建立、受限于准入许可的运行和准入撤销。

在一个统一的模型中表示差异颇大的三个功能是一件费力不讨好的任务：模型相当复杂，而且难于理解、难于使用。

接入网架构引入三个相对独立的功能平面为进一步深入三大功能及其建模提供了一个清晰而简洁的解决方案。

3.4.8 小结

本小节总结 Y. 1231 接入网的要点，并与 G. 902 接入网进行对比。

Y. 1231 建议定义的接入网要点是：

- 接入网边界由逻辑接口 RP 界定，最重要的三个 RP 分别连到 CPN 与 CN，以及系统管理实体。

- 接入网在 CPN 和 CN 之间提供分组传送能力(TF),并支撑跨越 CPN 和 CN 的 IP 用户和 IP 服务者之间的 IP 端接。
- 接入网具有系统管理功能(SMF),网络管理者通过 RP 接口进入,可在五大管理功能域上对接入网实施网络管理。
- 接入网的 IP 接入功能(AF)对用户实施准入控制,并可解释用户信令。

简言之,就功能架构而言,Y. 1231 接入网具有传送、系统管理和接入控制等三大系统级功能,与外部互连均使用单一的 RP 逻辑接口。IP 接入网直接连通 CPN 和 IP-CN,并为这两个网络上的 IP 用户和 IP 服务者之间的 IP 端接提供接入段服务。

比较是一种重要的认识方法。通过比较,不仅可以认识两类接入网的优缺点,更重要的是可以深化对接入网的认识。比较 Y. 1231 接入网和 G. 902 接入网,可以看出:

- 两者外部关联大体相当,都是连接到用户端、网络端和系统管理端。不同的是,G. 902 使用 UNI、SNI 和 Q3 三种接口分别外连外部系统,而 Y. 1231 统一使用逻辑接口 RP 表述三种外连。
- G. 902 的传送能力是比特传送,只在 UNI 和 SNI 之间提供,用户被绑定到特定运营商。Y. 1231 的传送能力是分组传送,用户的业务承载直达 CN,并可动态选择 IP 服务者。
- Y. 1231 的管理功能在五大管理功能域上提供全面支持,而 G. 902 认为记账功能是 SN 的核心业务,在接入网的管理功能中不予支持。
- Y. 1231 接入网具有接入控制功能,可以实施用户的准入控制,也可解释用户信令。

Y. 1231 接入网的这些特性大大增加了接入网的灵活性,用户对此十分欢迎。但是这种灵活性给接入网的稳定运行和安全防范带来了重大挑战。

3.5 小结

本章讨论 IP 接入网的总体标准与系统架构。重点内容如下。

- 总体标准和系统架构是什么,有什么作用。
- IP 接入网的三平面系统架构。
- ITU-T G. 902:接入网的第一个总体标准。
- ITU-T Y. 1231:IP 接入网的总体标准。
- 接入控制系统 RSA 参考模型。

IP 接入网三平面架构的建立和接入控制的 RSA 模型的引入,可以对系统架构的讨论更深入,理解更容易。构造 RSA 模型用于 IP 接入控制,使功能、实体、协议和接口得以一致表述。

总体标准主要讨论系统功能与系统架构,是任何一个网络系统的核心。以总体架构为纲,可以纲举目张,解读全局条理分明。

G. 902 建议第一次完整定义了接入网。G. 902 定义的接入网边界接口 UNI、SNI、Q3 影响了一大批接入网技术。

Y. 1231 建议开创了 IP 接入网,其行文十分简洁,但其重要性毋庸置疑。Y. 1231 新增的接入控制功能提升了接入网功能的完备性。与 G. 902 相比，Y. 1231 极具优势。

引入新一代网络中已成主流的三平面架构，本书建立了 IP 接入网基于三大平面的系统架构，可使 IP 接入网的功能和模型更为清晰、更有条理。这个三平面系统架构是全书内容的一个总纲。

3.6 参考文献

[1] ITU-T G. 902—1995：Framework recommendation on functional AN，Architecture and functions，access types，management and service node aspects.

[2] ITU-T Y. 1231—2000：IP access network architecture.

[3] ITU-T G. 8080/Y. 1304—2001：Architecture for the ASON.

第4章

接入控制系统架构

本章讨论 IP 接入网的接入控制系统架构，主要包括：

- 接入控制功能。
- 接入控制系统的发展。
- 接入控制模型。
- 典型接入控制系统，如 PPPoE 与 802.1X。

系统架构勾画了接入控制系统的轮廓，从总体上指引以后各章。

4.1 概述

按照三平面架构的观点，接入控制系统就是 IP 接入网在控制平面实现 IP 接入控制功能的系统。

理解 IP 接入网三平面架构的要点是：三功能、三平面、三模型。

三功能是指 IP 接入网具有三大基本功能：传送功能、系统管理功能和 IP 接入功能。三平面是指三功能分别位于传送平面、管理平面和控制平面。三模型则是三功能在相应平面各自具有不同的参考模型。

采用三平面架构可以使系统结构更清晰、参考模型更简洁、实例分析更规范。

讨论接入控制架构时对三平面的关注程度是不一样的。

控制平面是接入控制架构重点关注的对象，关注内容主要是：功能细分、参考模型、关键技术、典型应用等。传送平面仅仅是偶有讨论，例如讨论传送通道与控制通道的独立性等。管理平面则基本不涉及，因为接入网的系统管理通常仅涉及各台被管设备，与典型 IP 网络系统管理相比并无大的差别。

本书提出了 RSA 模型作为接入控制参考模型，这个统一模型是接入控制系统架构最重要的基础。以 RSA 模型作为接入控制的顶层描述，可以使各个接入控制协议和典型应用系统的分析简洁而清晰。

以系统架构为指导具体分析各个接入控制协议。在系统架构和协议分析的基础上，本书将讨论当前主流的两大认证体系：PPPoE 和 802.1X 接入控制系统，并在相关章节中结合典型应用案例进行分析。

4.2 接入控制系统功能

接入控制系统的功能从以 AAA 为核心近年来发展到全面接入控制，包括了 QoS 保障、安全关联、地址分配与转换等功能。

AAA 是 Authentication（认证）、Authorization（授权）与 Accounting（记账）的缩写，是接入控制中的常用术语。

认证是确认用户接入时声称的身份，授权是根据认证结果授予用户接入的相应权限，记账则是记录用户对网络资源的使用情况，为下一步的计费、审计等过程服务。

应当注意不要混淆：记账、计费、缴付费这几个概念。

记账（Accounting）是接入控制的基本内容，用以记录接入期中用户的资源占用。资源占用记录既为计费服务，也可以为审计、性能调优等服务。

计费（Billing）则是计算客户应缴费用，涉及资源占用记录、费率、费用减免等。缴费（payment）则涉及交费方式、付费记录、欠缴与催缴，甚至包括客户优惠与消费积分等。计费与缴费通常归入运营商的营销系统，并可能与强大的 CRM（客户关系管理）系统相连接。

本书不对计费和缴费功能作进一步讨论。

AAA 是接入控制的基本功能，近来也在不断地增强和丰富中。例如，有人在 AAA 的基础上增加审计（Audit）和监管（Administration）功能，扩展 AAA 为 5A 系统。

审计是详细记录用户接入的关键活动和对重要资源的使用，为事后的安全分析提供细节更丰富的用户上网活动记录。

监管是指接入控制的核心目的是监管，需要以监管为中心，全面组织对用户接入的监督管理。

用户接入的 QoS（Quality of Services，服务质量）是指与用户业务需求相关的网络性能，包括 QoS 申请、分类以及 QoS 保障技术。

接入网中的 QoS 涉及接入段的 QoS 传递与 QoS 保证，即传递用户对 QoS 的需求并在接入段提供用户的 QoS 需求保障。

用户接入的安全关联包括数据信息的安全传送和网络资源的访问限制。数据信息安全包括认证信息和授权信息安全性和高层数据信息的安全性。资源访问限制包括网络资源和服务资源，访问控制结合 AAA 中的授权机制共同实现。

安全关联还可包括记录用户行为以便安全审计、用户侧与网络侧的双向认证等。

4.3 接入控制系统发展

本小节讨论接入控制系统的发展，主要内容如下。

- 接入控制系统部署模式的演变。
- 控制协议以及系统架构的演变。

部署模式的演变受制于需求与技术，需求牵引、技术推动，有力促进了接入控制系统的发展。

4.3.1　部署模式的演变

接入控制系统的部署模式，经历了集中模式、分散模式、集中分布模式的发展历程。

1. 集中模式

集中部署模式如图4-1所示，特点是在整个接入网的管理域中只使用一个NAS(接入服务器)，所有用户都接入同一个NAS。这个NAS面对所有接入用户，这种NAS既提供接入控制服务也提供接入授权服务。

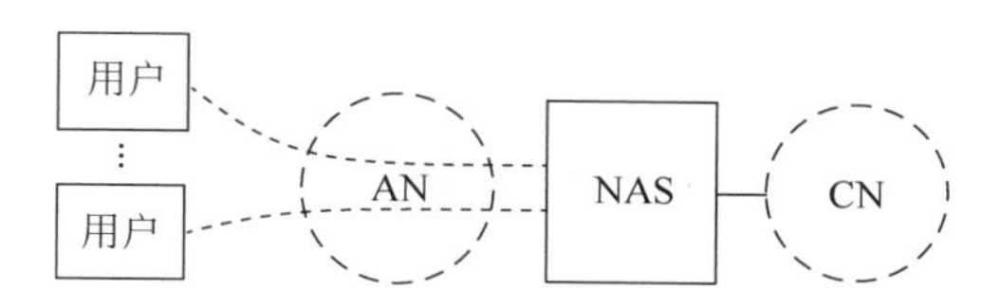

图4-1　接入控制集中部署模式

集中模式适用于早期的接入控制系统。这些早期系统通常是小型系统，用户数不多，使用强度也不高。一个NAS就可以满足并发数量不多的接入用户，也能满足这些用户并不算大的数据吞吐率。

随着互联网的高速发展，IP接入用户的数量和业务量都急剧上升，集中部署模式也越来越不能满足接入网的系统控制需求。

2. 分散模式

分散部署模式如图4-2所示，特点是在接入网的一个管理域中部署多个NAS，用户就近接入各自分区的NAS，这些NAS不能相互感知也不能相互协调。

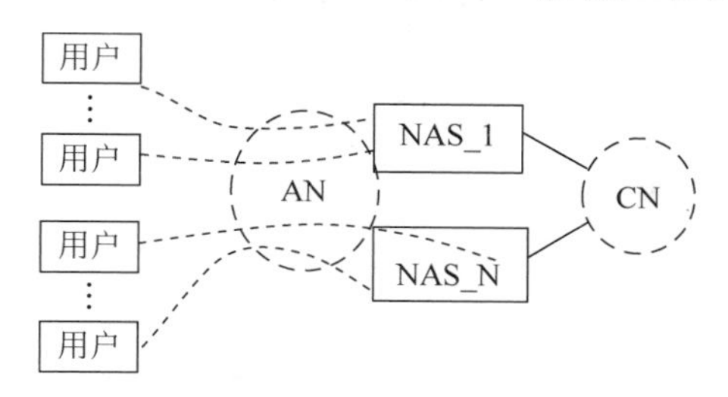

图4-2　接入控制分散部署模式

分散模式可以认为是集中模式应急性的简单扩展。分散模式沿用集中模式中的NAS，这种NAS既提供接入控制也提供接入授权服务，多个NAS之间既不感知也无相互协调能力。

分散部署模式实质上仅仅是一种过渡的模式。面对IP接入用户急剧增加，使用集中模式中的NAS就可立即“扩容”满足上网用户数量的激增。

一个管理域中的多个NAS不能相互感知并相互协调带来了一系列缺点，首先是用户被绑定在特定NAS，用户只能通过与之绑定的特定NAS上网而不能任意选择接入位置，即使是同一管理域内也不可以。其次是管理域的中心控制能力相对较弱，接入控制权实际上由各个NAS拥有，各个NAS因此被称为接入控制分中心。

3. 集中分布式

集中分布部署模式如图4-3所示，特点是在一个管理域中部署多个直接面对接入用户的 NAS 提供接入控制前台服务，部署一个 NAA(授权服务器)为多个 NAS 提供统一的授权服务。

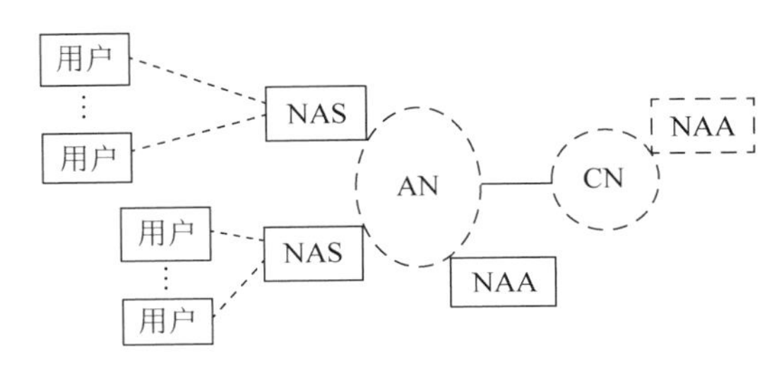

图 4-3　接入控制集中分布部署模式

集中分布部署模式是当前接入网的主流接入控制模式。集中分布式部署的基本特征是接入认证的控制设备(NAS)接近用户分布式部署，而对认证实施授权的设备(NAA)则远离用户集中部署。NAS 直接面对用户执行认证应答、规范格式、实施准入控制等功能。NAA 位于远离用户的数据中心执行认证请求的审查与历史数据的复核，最终核准用户入网申请的授权。

从用户端看，NAS 是用户入网的前台服务器，NAA 是支撑前台的后台服务器，前后台服务协同完成用户准入的全部任务。这种前后台协同服务模式在大型信息服务系统中(例如银行储蓄、机票订购等)应用十分成功，是现代化服务系统的主流架构。

4.3.2　控制协议的发展

部署模式的演变表面上是接入网外观的改变，其内在改变是接入控制设备功能的改变，而设备功能改变的技术支撑则是接入控制协议的改变。控制协议的演变支持了部署模式的改变，协议与模式的改变成就了接入控制架构的演变。

早期的集中模式和分散模式使用的 NAS 都是认证/授权合一，而且不具备与其他 NAS 相互感知和相互协调的能力。在这种 NAS 环境中，用户与 NAS 之间运行单一的接入认证协议。典型协议是内嵌在 PPP 传送协议之中的 PAP 和 CHAP 认证协议，通常包括认证应答、密钥交互、授权与准入等全套功能，其他协议无须也不能参与接入认证过程。

当前的集中分布式部署使用多个分散部署的 NAS 与一个中心部署的 NAA。NAS 直接面对用户，执行认证应答、认证参数交换、准入控制实施等前台功能。NAA 则执行认证交互包括认证算法的确认、用户身份认定与接入授权等后台功能。前后台协同工作，完成接入认证的全过程。

集中分布式接入控制不再使用单一认证协议，而是使用前台协议和后台协议两类协议。用户与 NAS 之间运行的是前台协议，当前主流的前台协议是 PPPoE 和 802.1X，虽然具有不同的表面外壳，但是两个协议内含的认证核心都是 EAP 协议。NAS 与 NAA 之间运行的是后台协议，典型的后台协议是 Radius 和 Diameter 协议。前后台协议协同工作完成接入认证全过程。

因此，接入控制结构的发展是部署模式变化的需求牵引和控制协议演变的技术推动带来的整体性变革。

电信运营商的接入控制系统是历史最长、功能最强、系统结构最完整的接入控制系统，典型的系统包括早期的拨号接入控制系统，近期的 ADSL 接入控制系统和宽带接入服务器(BAS)系统，在后续章节将有进一步的讨论。

4.4 接入控制系统模型

接入控制系统的前后台服务模式造就了新一代的接入控制模型。IP 接入网接入控制功能的建模是 IP 接入的重要基础，当前的接入控制协议，包括前台协议和后台协议都为此建立了各自的模型。由于发展起源和关注重点并不一样，这些模型虽然都使用了相同的基本框架和机制，却存在或多或少的差别，常常对深入学习和联合应用造成困惑。为此，本书提出 IP 接入控制系统的 RSA 模型，用于表述各个接入控制协议特别是接入控制协议的协同，使得系统级的讨论简洁而清晰。

RSA 模型是 IP 接入控制的基本参考模型，如图 4-4 所示。RSA 模型是一个三实体模型，三实体是 NAR(网络接入申请者)、NAS(网络接入服务者)和 NAA(网络接入授权者)，三实体分别由前台信道和后台信道连通。应当注意，实体(Entity)是 OSI/BRM 中的一个基本概念，是一个功能性的逻辑概念而非某一个具体的物理设备。

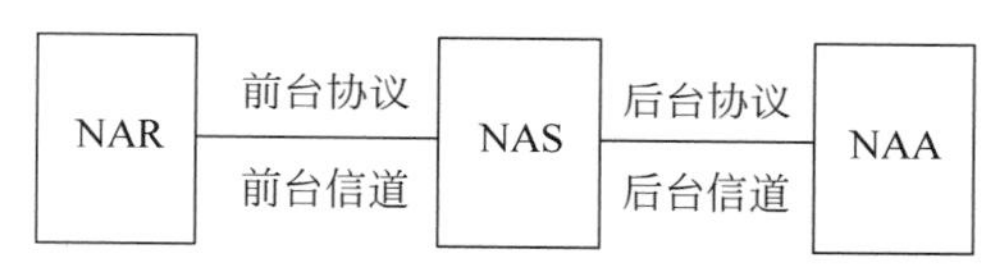

NAR: Network Access Requestor
NAS: Network Access Server
NAA: Network Access Authority

图 4-4 接入控制 RSA 模型

RSA 模型位于 IP 接入网的控制平面，提供接入控制功能。RSA 模型的接入控制机制是前后台协同提供的服务，对接入用户而言，NAS 是前台服务器而 NAA 是后台服务器，NAS 直接面对接入用户，而 NAA 则为 NAS 提供强大的后台支撑。

4.4.1 信息通道

RSA 模型中的信息通道(本质上就是通信信道)互连三大实体成一个协同工作的整体，功能相当重要，构成也很复杂，有些问题需要进一步讨论。

1. L2 信道和 L3 信道

在 RSA 模型中的信道是 L2 信道还是 L3 信道，是值得深入分析的一个问题。

前台信道通常是短距离的 L2 信道。直接面对用户的 L2 信道便于采集用户的细节数据(例如 MAC 地址甚至物理地址)，便于实施精细化控制。后台信道通常是距离可以很长的 L3 信道。长距离的 L3 信道便于接入网运营商部署的接入控制大集中，可以在控制中心提供强大的接入控制能力并方便集中管控。当然，小型接入网中的后台信道也可以距离不长。

2. 信道的独立性

多个信道之间的独立性是值得分析的另一个问题。

IP 接入网的三平面架构中，三大平面均有各自的信道，并通常分别称为数据通道、管理通道和控制通道。从基本概念而言,三个信道位于相互独立的三平面因而随之相互独立。但是,实际上信道相互独立的程度具有多样化的呈现。

信道的独立性与接入控制协议有很大的关系。

分析接入控制协议的发展可以看出,信道的独立性与接入控制协议的演进相关:早期协议中的信道独立性较弱,后期协议中的信道独立性逐渐增强。

PPPoE 是一种早期的接入控制协议,可以认为是源于 PPP 协议(1989 年)并强化了认证功能,协议中的数据通道和控制通道经常混用,信道的独立性很弱。

IEEE 802.1X 则是一种后期的接入控制协议,标准首次发布时间是 2001 年。802.1X 是 802 网络的普适接入控制协议,协议中的信道独立性强,数据通道与控制通道分别端接于不同的逻辑端口,业务承载数据和控制数据也在各自的逻辑通道中运行。

4.4.2 NAS 模型

NAS 是 RSA 模型中的一个关键实体,既是通过前后台信道连通 NAR 与 NAA 成一体的中间实体,又是执行并协同前后台协议完成接入控制功能的中间实体。表示 NAS 的内部功能,特别是协议协同功能的 NAS 模型如图 4-5 所示。

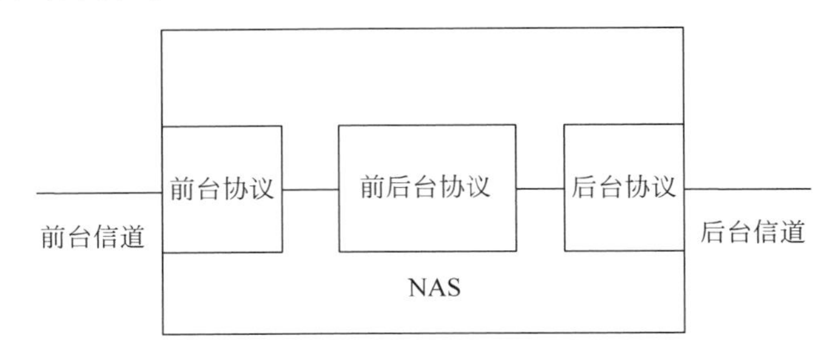

图 4-5 NAS 模型

图 4-5 的 NAS 模型是一个前后台服务器协同工作的模型。NAS 同时连接前台协议与后台协议,是 RSA 模型中前后台协议协同的关键实体。NAS 直接面对 NAR 然而不是单独提供接入控制服务,NAA 为 NAS 提供强大的后台支撑,前后台服务器协作、共同完成对用户的接入控制。

从 NAS 模型图可以看出:NAS 面临前台协议和后台协议两个环境并是实现协议协同的关键实体。

NAS 面临前台协议和后台协议两个环境:NAS 通过前台协议与 NAR 交互,通过后台协议与 NAA 交互。前后台协议的协同在 NAS 中实现,NAS 模型表示了前后台协议的协同关系。

与 NAS 连通的前后台协议通常都是采用 C/S 模式,但 NAS 在协议中的角色却全然不同。

前台协议在 NAR 与 NAS 之间运行。在前台协议中,NAS 是服务器端而 NAR 是客户端,NAS 响应 NAR 的请求提供接入控制服务。典型的前台协议是 PPPoE 和 IEEE 802.1X。

后台协议在 NAS 与 NAA 之间运行。在后台协议中 NAS 是客户端而 NAA 是服务器端，NAA 响应 NAS 的请求提供认证过程的接入授权服务。典型的后台协议是 Radius 协议。

NAS 中的接入授权分为本地授权和远端授权两种模式。一般而言，NAS 和 NAA 是两个独立的逻辑实体，若两者位于同一物理设备则形成本地授权，若两者位于不同的物理设备则形成远端授权。

NAS 设备的授权位置与部署模式密切相关。使用本地授权的 NAS 可用于集中部署和分散部署。集中分布式部署时必须使用具有远端授权的 NAS 设备，这种模式才可以部署多个抵近用户的 NAS，为用户接入提供精细化的控制，在运控中心集中部署一个 NAA 为多个 NAS 提供远程授权服务。

在接入控制系统的发展过程中，后期的接入控制协议均支持 NAS 和 NAA 的逻辑独立，并可在不同的设备中实现。这种模式的协议和设备非常适合于大型的、多接入点的接入控制系统。

4.5　接入控制协议环境

接入控制系统完整的协议环境包括前台协议和后台协议，以及前后台协议的协同。

前台协议是 NAS 与 NAR 之间的协议，当前前台协议的核心已经演变成 EAP（可扩展认证协议）。EAP 协议的扩展性十分好，内核可扩展、外壳多封装。EAP 的外壳封装典型的是 PPPoE 和 802.1X 协议，可以适应多样化的接入环境。EAP 内核可以承载几乎所有的认证算法，例如 TLS、TTLS、GTC、SIM 等。

主流前台协议 PPPoE 和 802.1X 内嵌的核心均是 EAP，两者本质上就是 EAP over PPPoE 和 EAP over 802.1X。

后台协议是 NAS 与 NAA 间的协议，当前主流的后台协议是 Radius 和 Diameter 协议。

前后台协议的协同，早期并未予以足够的关注，近年来日益认识到协议协同的重要性和复杂性，随之出现了一系列重要的标准化文档，例如：

- RFC 3579—2003：RADIUS Support For EAP。
- RFC 3580—2003：IEEE 802.1X RADIUS Usage Guidelines。

值得注意的是，EAP 已经成为前台协议的核心，前后台协议协同实质上就是 EAP 与 RADIUS 的协同。EAP 协议的演进改变了认证的世界。

4.6　小结

本章从系统架构上讨论接入控制系统，包括：

- 系统概念。
- 系统功能。
- 系统结构的发展。
- 参考模型。
- 典型协议环境。

接入控制系统实现 IP 接入网三大功能之一的 IP 接入功能，位于 IP 接入网的控制平面。

接入控制的 RSA 模型，由 NAR、NAS、NAA 三个逻辑实体分别完成网络接入的申请、服务和授权功能。

近代接入控制系统的关键技术是前后台协议协同，协同功能主要在 NAS 中实现。

当前，两种典型接入控制协议是 PPPoE 和 802.1X 协议，实质上仅仅是前台协议的外壳，内核都是 EAP 协议。PPPoE 接入控制和 802.1X 接入控制具有差别很大的特点，受到不同的接入网运营者的偏爱。

后台协议主要是 Radius 协议。

本章的系统架构讨论有助于理解众多接入控制协议的地位与作用，可以为下一章深入讨论接入控制协议的内部机制奠定坚实的基础。

4.7 参考文献

[1] ITU-T Y. 1231—2000：IP access network architecture.

[2] ITU-T G. 902—1995：Framework recommendation on functional access. networks(AN) Architecture and functions，access types，management and service node aspects.

第5章

接入控制协议

在IP接入网的发展过程中，伴随着接入承载技术的不断进步以及日益增加的接入控制需求，出现了多样化的接入控制协议。这些协议协调运行共同完成接入控制功能，实现对用户接入的全面控制。

本章将主要讨论以下接入控制协议的主要标准、功能特点、协议数据单元以及协议运行。

- EAP。
- PPPoE。
- 802.1X。
- RADIUS。
- Diameter。

5.1 概述

接入控制协议是一系列协同完成接入控制功能的协议，IP接入网的RSA控制模型将接入控制协议分为前台协议和后台协议两大类，如图5-1所示。

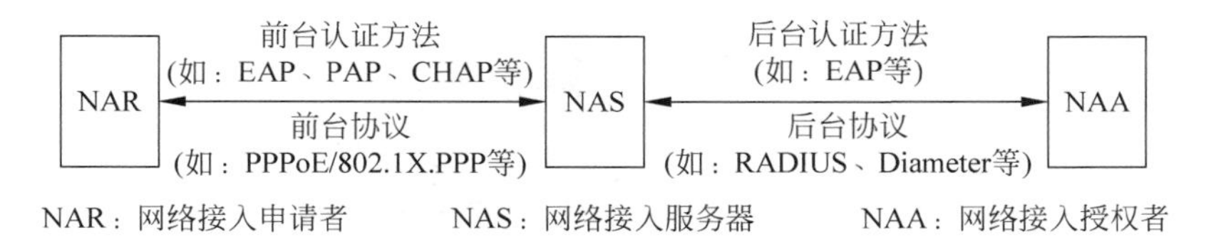

图5-1 接入控制协议分类

- 前台协议：运行在NAR和NAS之间的数据链路层协议，用来承载并传送用户接入控制数据。早期拨号上网系统使用的是PPP协议，该协议同时还传送用户业务数据。当前应用最广泛的前台协议主要是传统的电信运营商在ADSL接入中开始使用的PPPoE(PPP over Ethernet，以太网上的PPP协议)，以及近年来在802网络(包括802.3和802.11)接入中逐渐常用的802.1X协议。

- 后台协议：运行在 NAS 和 NAA 之间的应用层协议，与前台协议协同运行，实现对用户的认证、授权和记账管理等功能，通常称为 AAA 管理。目前应用最广泛的后台协议是 RADIUS(Remote Authentication Dial In User Service，拨号用户远程认证服务)协议。新出现的 Diameter 协议改进了 RADIUS 的一些不足，希望能取代 RADIUS 协议。
- 认证方法：这类协议通常并不独立使用，而是应用于前台协议和后台协议中，采用特定认证算法，例如 MD5、OTP(One-Time Password，一次性口令)、GTC(Generic Token Card，通用令牌卡)等建立用户接入的安全关联，实现用户接入认证信息(包括用户名、密码、加密方法等)的安全交互操作。近年来，几乎所有的认证算法都是封装在 EAP(Extensible Authentication Protocol，可扩展认证协议)中传递。EAP 协议形成了前台 PPPoE 协议和 802.1X 协议的认证核心，也是前台与后台 RADIUS/Diameter 协议协同的实现基础。

5.2 EAP 协议

不同于与特定认证算法捆绑的早期认证协议，EAP 协议是一个支持多种认证算法、可扩展性很强的认证框架协议。EAP 协议将其可以支持的特定认证算法都称为"认证方法"(Authentication Method)。

本节介绍 EAP 协议标准的发展过程，并基于 RFC3748 重点讨论 EAP 协议的功能特点、系统模型、分组格式、支持的认证方法类型和协议运行。

5.2.1 协议概述

EAP 协议是一个可以支持多种认证方法的认证框架协议。之所以称为认证框架协议，是因为 EAP 协议并不依赖单一的认证方法，而是提供对多种认证方法的选择，并以统一格式实现封装与传递。

EAP 协议架构的优点之一就是灵活性很强，可以很好地支持 RSA 模型。NAA 可以执行部分或所有认证方法，NAR 通过 EAP 协议来选择确定使用何种认证方法，NAS 只是在 NAR 和 NAA 之间透传(透明传送)这些认证方法，不需要为了支持每一种新的认证方法而不断更新 NAS。

另外，EAP 协议是一个对等(peer-to-peer)协议，也就是说 EAP 允许进行双向相互认证。例如，EAP-TLS 协议(EAP-Transport Layer Security，EAP-安全传送层)是一个客户/服务器协议(RFC5216)，其客户和服务器分别具有不同的数字证书，因此在 IP 接入网中使用该协议时，不仅网络方需要认证接入用户的合法性，接入用户也需要认证网络方的合法性。

在 IP 接入网中，EAP 可以直接承载在数据链路层的接入控制前台协议上，也可以承载在应用层的接入控制后台协议(如 RAIUS 和 Diameter 协议)上。在前台协议中，EAP 早已被广泛应用在使用 PPP 协议的交换线路或拨号线路连接的主机与路由器上，近年来更是广泛用于 802 网络中。IEEE 802 有线介质上的 EAP 封装定义在 IEEE 802.1X 标准中，IEEE 无线局域网上的 EAP 封装则定义在 IEEE 802.11i 标准增补中。

EAP 有自己的重复分组删除和重传机制，但分组的有序性则必须依赖于低层链路保证。EAP 自身不支持分组分段(Fragmentation)与重组(Reassembly)，而是由 EAP 认证方法提供。

5.2.2 协议标准

EAP 协议最初发布于 1998 年 3 月的 RFC2284 中，是前台协议 PPP 的可选认证子协议，因此被称为“PPP-EAP”协议。其功能是将 PPP 链路建立阶段的认证方法选择延迟到 PPP 协议可选的认证阶段，即在 PPP 链路建立阶段的 LCP(Link Control Protocol，链路控制协议)链路协商过程中将 PPP 认证阶段使用的认证协议指定为支持多种认证方法的 EAP 协议，而不是 PAP 或 CHAP 这类仅执行某一特定认证方法的认证协议。进入 PPP 认证阶段后，通过 EAP 协议交互获取更多的信息之后才选择确定具体使用的认证方法。

1999 年 10 月发布在 RFC2716 中支持双向互认证、完整性保护的加密套接字协商及密钥交换的 EAP-TLS 协议，与 RFC2284 一样都仍是 PPP 协议的附属协议。但随着 2001 年的 IEEE 802.1X 标准的推出，EAP 开始广泛应用于 IEEE 802 网络的前台协议中。

2004 年 6 月发布的 RFC3748 是 EAP 协议的推荐标准，该标准取代了 RFC2284，明确定义了 EAP 分层模型，以及该模型在接入控制系统中的典型应用。从 RFC3748 开始，EAP 完全脱离了 PPP，有了全新的架构、模型和更合理的定义，成为一个独立而完整的协议。

在 RFC3784 的基础上，IETF 陆续发布了一系列 EAP 认证方法协议，其中还包括一些针对 3G 移动网络的协议。截至 2015 年，在 IANA 注册的 EAP 认证方法协议已达 50 多种。

此外，2003 年 9 月发布的 RFC3579 在接入控制系统的后台协议 RADIUS 中增加了对 EAP 的支持，同月发布的 RFC3580 详细描述了采用 EAP 的前台协议 802.1X 与后台协议 RADIUS 之间的密切协同使用指南。2005 年 8 月发布的 RFC4072 将 EAP 在后台协议中的应用从 RADIUS 协议扩展到了 Diameter 协议。

2008 年 8 月发布的 RFC5247 定义了 EAP 密钥管理框架以增强其安全性；RFC5296 则定义了 EAP 重认证协议(EAP Re-authentication Protocol，ERP)以加强其移动切换能力，于 2012 年 7 月被 RFC6696 替代。

EAP 已经成为接入控制系统中实现与后台协议协同的前台协议核心。

5.2.3 协议分层模型

EAP 协议使用术语“EAP 对等端”(EAP Peer)和“EAP 认证者”(EAP Authenticator)描述协议的对端实体，使用术语“认证服务器”(Authentication Server)描述可以与“EAP 认证者”协同工作的后台服务器。对应于 RSA 模型，EAP 对等端即为 NAR，EAP 认证者即为 NAS，认证服务器即为 NAA。

图 5-2 是两级架构的 EAP 协议分层模型，RFC3748 中将其称为多路复用模型(multiplexing Model)，它只是一个概念模型，在实现中并不要求完全遵循。

图 5-3 是三级架构的 EAP 协议分层模型，即使用了支持多种认证方式的后台认证服务器，如 RADIUS 服务器。此时 EAP 认证者仅用来转发用户与后台认证服务器之间的认证信息，并根据后台服务器的接受或拒绝响应确定认证结果。

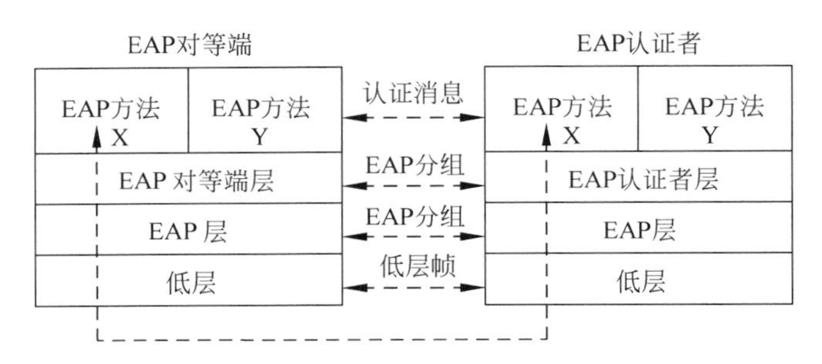

图 5-2 EAP 多路复用模型

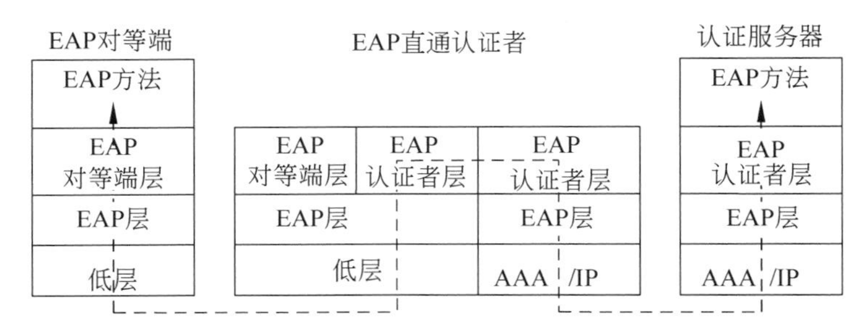

图 5-3 EAP 直通认证者

RFC3748 将三级架构中的 EAP 认证者称为“直通认证者”(Pass-through Authenticator),虽然 EAP 直通认证者的分层模型中有 EAP 对等端层,但是所有 EAP 相关的 RFC 都没有定义其功能及相关操作,目前实际采用的 EAP 直通模型如图 5-4 所示。

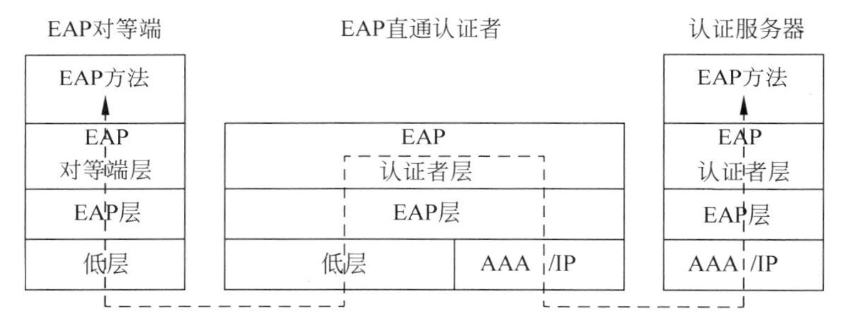

图 5-4 EAP 直通模型

- 低层(lower layer)——负责收发 EAP 对等端和认证者间封装 EAP 分组的帧。该层协议可以是 IP 接入网中的 PPP、IEEE 802.1X、IEEE 802.11、IEEE 802.16e 等数据链路层协议,或者是一些 VPN 隧道协议(例如 IKEv2/UDP、ISAKMP/TCP)。EAP 协议只要求低层提供有序性保证,而无需其他可靠性与安全性保证。
- EAP 层(EAP layer)——经由低层收发 EAP 分组,实现分组的重复性检测和重传,将 EAP 报文递交给 EAP 对等端和认证者层,并接收来自 EAP 对等端和认证者层的 EAP 报文。
- EAP 对等端/认证者层(EAP peer and authenticator layer)——EAP 层根据 EAP 分组中的代码(code)字段值,将收到的 EAP 请求(code=1)、成功(code=3)或失败(code=4)分组送至 EAP 对等端层,将 EAP 响应(code=2)分组送至 EAP 认证者

层。通常在含有 NAR 功能实体的接入用户设备中实现 EAP 对等端层，例如图 5-2、图 5-3 和图 5-4 中的 EAP 对等端；在含有 NAS 和 NAA 两个功能实体的独立型接入服务器设备中实现 EAP 认证者层，例如图 5-2 中的 EAP 认证者，以及图 5-3、图 5-4 中的 EAP 直通认证者和认证服务器。进行双向认证的双方则要同时实现 EAP 对等端层和 EAP 认证者层。

- EAP 方法层(EAP method layer)——实现多种认证算法，经由 EAP 对等端和认证者层收发认证消息，并提供 EAP 分组分段和重组功能。EAP 分组的最小 MTU 值为 1020 字节。在三级架构的 EAP 直通模型中，EAP 方法层也可以实现在 EAP 直通认证者上，此时可通过配置选择通过后台认证服务器上的 EAP 方法层进行远程认证，或通过 EAP 直通认证者上的 EAP 层进行本地认证。

5.2.4　分组格式

EAP 对等端和 EAP 认证者之间交互的 EAP 分组格式如图 5-5 所示。

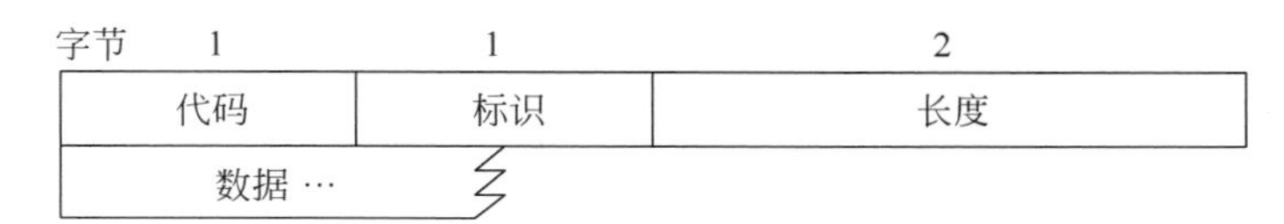

图 5-5　EAP 分组格式

1. 代码(Code)

该字段为 1 字节长，表示 EAP 分组类型，RFC3748 定义了表 5-1 所示的 4 种分组类型代码值。

表 5-1　EAP 分组类型

代　码　值	分 组 类 型
1	Request(请求)
2	Response(响应)
3	Success(成功)
4	Failure(失败)

2. 标识(Identifier)

该字段为 1 字节长，用来匹配请求与响应分组。初始标识值为一个随机值，由 EAP 认证者产生，随新请求分组的发送递增，重传请求分组的标识值不变。

3. 长度(Length)

该字段为 2 字节长，表示包括代码、标识、长度和数据字段在内的 EAP 分组总长度。长度字段的最大值为 1020 字节。

4. 数据(Data)

该字段为 0 或多字节长。EAP 成功/失败分组没有数据字段，EAP 请求/响应分组的数据字段则由 1 字节的类型域(Type)和若干字节的类型数据域(Type-Data)构成。

在 IANA 注册的 EAP 请求/响应分组数据字段的类型值如表 5-2 所示(https://www.iana.org/assignments/eap-numbers)，从类型值 4 开始即为 EAP 支持的各种认证方法。

表 5-2 EAP请求/响应分组的类型

类 型 值	类 型	注册文档或注册人
0	保留	
1	Identity	RFC3748
2	Notification	RFC3748
3	Nak	RFC3748
4	MD5-Challenge	RFC3748
5	One-Time Password(OTP)	RFC3748
6	Generic Token Card(GTC)	RFC3748
7	已分配	RFC3748
8	已分配	RFC3748
9	RSA Public Key Authentication	William Whelan
10	DSS Unilateral	William Nace
11	KEA	William Nace
12	KEA-VALIDATE	William Nace
13	EAP-TLS	RFC5216
14	Defender Token (AXENT)	Michael Rosselli
15	RSA Security SecureID EAP	Magnus Nyström
16	Arcot Systems EAP	Rob Jerdonek
17	EAP-Cisco Wireless	Stuart Norman
18	GSM Subscriber Identity Modules(EAP-SIM)	RFC4186
19	SRP-SHA1	James Carlson
20	未分配	
21	EAP-TTLS	RFC5281
22	Remote Access Service	Steven Fields
23	EAP-AKA Authentication	RFC4187
24	EAP-3Com Wireless	Albert Young
25	PEAP	Ashwin Palekar
26	MS-EAP-Authentication	Ashwin Palekar
27	Mutual Authentication w/Key Exchange(MAKE)	Romain Berrendonner
28	CRYPTOCard	Stephen M. Webb
29	EAP-MSCHAP-V2	Darran Potter
30	DynamID	Pascal Merlin
31	Rob EAP	Sana Ullah
32	Protected One-Time Password	RFC4793
33	MS-Authentication-TLV	Ashwin Palekar
34	SentriNET	Joe Kelleher
35	EAP-Actiontec Wireless	Victor Chang
36	Cogent Systems Biometrics Authentication EAP	John Xiong
37	AirFortress EAP	Richard Hibbard
38	EAP-HTTP Digest	Oliver K. Tavakoli
39	SecureSuite EAP	Matt Clements
40	DeviceConnect EAP	David Pitard
41	EAP-SPEKE	Don Zick

续表

类 型 值	类 型	注册文档或注册人
42	EAP-MOBAC	Tom Rixom
43	EAP-FAST	RFC4851
44	ZoneLabs EAP (ZLXEAP)	Darrin Bogue
45	EAP-Link	Don Zick
46	EAP-PAX	T. Charles Clancy
47	EAP-PSK	RFC4764
48	EAP-SAKE	RFC4763
49	EAP-IKEv2	RFC5106
50	EAP-AKA'	RFC5448
51	EAP-GPSK	RFC5433
52	EAP-pwd	RFC5931
53	EAP-EKE Version 1	RFC6124
54	EAP Method Type for PT-EAP	RFC7171
55	TEAP	RFC7170
56～253	未分配	
254	为扩展类型保留	RFC3748
255	实验用	RFC3748
256～4 294 967 295	未分配	

下面简要介绍类型值 1～3 的主要功能。

1) 类型值 1(Identity,身份标识)

类型值 1 用于查询 EAP 对等端的身份。通常,EAP 认证者发送的第一个请求分组即为该类型。在与用户交互的情况下,类型值 1 的 EAP 请求分组的类型数据域中还可以包含一条用于提示 EAP 对等端的可选显示消息。EAP 对等端收到类型值 1 的 EAP 请求分组时,需回应类型值 1 的 EAP 响应分组。

由于类型值 1 的 EAP 请求和响应分组都是明文发送的,易被攻击者窃取甚至修改或假冒身份标识,所以最好每种 EAP 方法都有一种身份标识交互机制,以支持针对每个分组的认证、完整性、防重放攻击以及机密性。当 EAP 对等端被配置成只接受具有保护身份标识交互机制的认证方法时,EAP 对等端在收到类型值 1 的 EAP 请求时,可以回应一个简缩的身份标识响应,例如省略对等端用户名部分的网络接入标识符(Network Access Identifier,NAI)。NAI 语法格式在 RFC2486 中定义为:用户名@区域。

当 EAP 对等端提供的身份标识无效或认证失败时,EAP 认证者应重发身份标识请求。RFC3748 中建议在终止认证之前至少重发 3 次身份标识请求。

2) 类型值 2(Notification,通知)

类型值 2 用于 EAP 认证者在认证结束之前随时向 EAP 对等端传达可显示的消息,例如有期限的口令即将到期、认证失败警告等。

收到类型值 2 的 EAP 请求分组的 EAP 对等端必须回应类型值 2 的 EAP 响应分组。如果使用的 EAP 认证方法禁止使用类型值 2 的通知消息,收到通知请求分组的 EAP 对等端则不做任何响应。

3）类型值 3（Nak，否定确认）

类型值 3 仅用于 EAP 响应分组中。当收到的 EAP 请求分组中的认证方法不可接受时，EAP 对等端回应类型值 3 的 EAP 响应分组，该分组中包含一个或多个 EAP 对等端可接受的其他认证方法类型（如图 5-6 所示）。

字节 1	1	1	1
代码=2	标识	长度=7	
类型=3	5(OTP)	6(GTC)	

图 5-6 可接受 OTP 和 GTC 两种认证方法的 EAP 对等端回应的 Nak 响应分组

如果 EAP 否定确认响应分组中的认证方法类型值为 0（如图 5-7 所示），则表示发送该分组的 EAP 对等端没有其他可接受的认证方法，此时 EAP 认证者将不再发送其他请求。

字节 1	1	2
代码=2	标识	长度=6
类型=3	0	

图 5-7 没有其他认证方法可接受的 EAP 对等端回应的 Nak 响应分组

5.2.5 协议运行

RFC3748 定义了 EAP 对等端和 EAP 认证者之间的协议运行采用普遍的请求/响应模式，由 EAP 认证者首先向 EAP 对等端发送请求，并仅当收到对上一次请求的有效响应后才能向 EAP 对等端发送新的请求。因此，EAP 协议也是一个典型的“停—等”式协议。

图 5-8 显示了 EAP 对等端和认证者之间的协议交互过程。EAP 认证者首先向对等端发出一个身份标识类型的 EAP 请求分组，在收到对等端回应的身份标识类型的 EAP 响应分组后，即由认证者发送一个特定认证方法的 EAP 请求分组来开始进行具体的认证过程。当通过若干次特定认证方法的请求/响应交互完成认证后，EAP 认证者将向 EAP 对等端发送表明认证结果的 EAP 成功或失败分组。

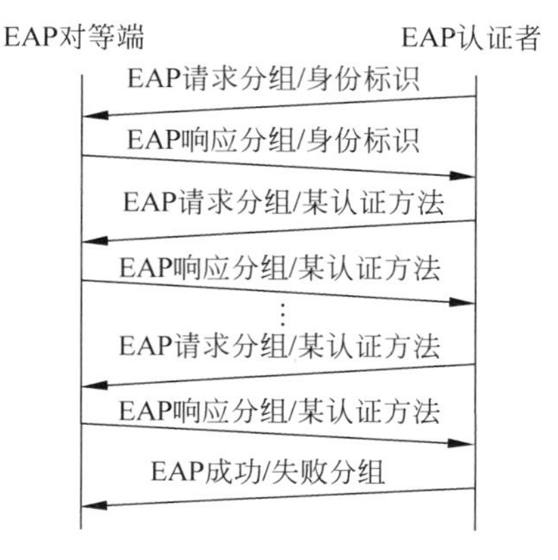

图 5-8 EAP 对等端和 EAP 认证者间的 EAP 协议交互过程

为了避免因分组丢失无法收到 EAP 对等端的响应而不能进行后续的 EAP 交互，EAP 认证者采用超时重传机制重发 EAP 请求分组。RFC3748 推荐采用改进的 RFC2988 定义的 TCP 重传定时器计算方法动态调整 EAP 重传定时器，最大重传次数建议为 3～5 次。

RFC3579 在后台协议 RADIUS 中增加了一个 EAP 消息属性，将 EAP 分组封装在 RADIUS 报文中传递。EAP 认证者仅对 EAP 分组进行封装/解封操作后直接转发，EAP 分组中携带的 EAP 认证方法由 EAP 对等端和认证服务器进行处理，从而使得采用 EAP 的前台协议能与后台 RADIUS 协议协同完成复杂的用户接入控制任务。具体的协同交互过程图例参见 5.5.6 节。

RFC6696 定义的 EAP 重认证协议（EAP Re-authentication Protocol，ERP），使得对等端从一个已认证接入成功的认证者移动切换到另一个新的认证者时，不必进行完整的 EAP 认证交互过程，只需进行图 5-9 所示的 ERP 协议交互过程即可。

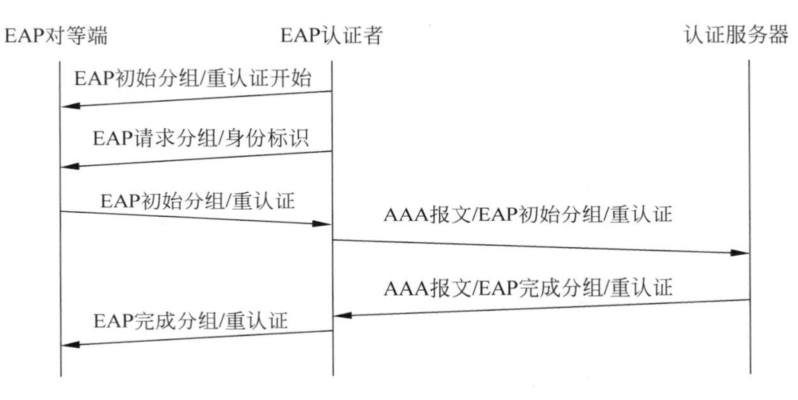

图 5-9　ERP 协议交互过程

ERP 协议交互主要使用 RFC6696 定义的 2 种新 EAP 分组：EAP 初始分组（Initiate，代码值：5）和 EAP 完成分组（Finish，代码值：6），以及仅用在这两种分组中的 2 个新类型值：重认证开始（Re-auth-Start，类型值：1）和重认证（Re-auth，类型值：2）。

5.2.6　EAP 在接入控制中的地位

EAP 协议是接入控制系统中前台协议的中坚。

当前，接入认证的主流前台协议是 PPPoE 和 802.1X 协议。认真分析 PPPoE 和 802.1X 的协议交互过程，不难看出：二者的核心过程实质上都是 EAP 交互，EAP 是 PPPoE 和 802.1X 实质意义上的核心；PPPoE 和 802.1X 与后台的 RADIUS 协同，实质上就是 EAP 与 RADIUS 的协同。

比较接入认证中的 EAP 协议与物流世界中得到广泛应用的集装箱，可以发现二者具有惊人的类似。

- 承载多样性：集装箱适合于装载绝大多数种类的货物；EAP 适合于承载当前绝大多数的认证算法。
- 封装标准化：集装箱外形标准、规范，运输、装卸标准化程度高；EAP 分组格式标准，封装在 802.3/802.11 帧中十分方便。
- 交接规则化：集装箱以“标准箱”为单位，统一陆海空运输交接；EAP 与 RADIUS 的前后台协同十分规则，功能很强。

可以认为，集装箱体系改变了物流世界，EAP协议改变了认证世界。

5.3 PPPoE协议

最早的前台协议是早期应用于拨号上网系统中的PPP协议，该协议具有内置的接入认证功能，但要求NAR和NAS之间是一种点到点的关系，这种接入方式使得网络的ISP（Internet Service Provider，互联网服务提供商）更容易控制用户的接入和用户流量。

但是，随着越来越多的宽带接入技术（如xDSL、以太网、无线局域网、Cable Modem等）和越来越快的网络通信技术在IP接入网中的应用，如何对以太网或其他多路访问环境中的多点接入用户进行接入控制成为一个日益重要的问题。其解决方案即为当前电信运营商在ADSL接入中使用的PPPoE协议，以及新运营商在以太网接入中常用的802.1X协议。

本节主要基于RFC2516重点讨论PPPoE协议的接入模型、分层模型、分组格式和协议运行。

5.3.1 协议概述

PPPoE技术由Redback网络公司、RouterWare公司和UUNET Technologies公司于1998年底联合开发，并于1999年2月发布了RFC2516。PPPoE技术将以太网技术和PPP协议结合在一起，提供一种可用于点对多点链路上的虚拟拨号接入方式。简单地说，就是在以太网上传输PPP的数据帧，从而在这种广播型的多路访问网络中实现基于用户的接入控制功能。2007年6月发布的RFC4938扩展了PPPoE协议，增加了基于信用的流控机制和链路质量度量报告功能，以增强PPPoE在无线移动链路上的传输性能。

PPPoE技术是传统PSTN窄带拨号接入技术在以太网接入技术的延伸，它使ISP可以通过以太网、WLAN、xDSL或Cable Modem等接入方式，提供支持多用户的宽带接入服务。

PPPoE协议的主要功能是为以太网上的每个接入用户建立一个具有唯一连接标识符的PPP会话，即一条PPP虚拟链路，在该虚拟链路上使用PPP内置的接入认证功能对以太网上每个接入用户进行接入控制。而作为接入控制系统中实现与后台协议协同的前台协议核心，EAP协议最初也是PPP协议的附属协议，因此先概要介绍PPP协议的基本工作原理及其内置的接入认证功能。

5.3.2 PPP简介

PPP（Point-to-Point Protocol，点到点协议）是一个通用点到点协议，提供了一种在点到点链路上传送多种协议分组的标准方法，并且还提供了可选的认证功能以及IP地址的动态分配，既可用在主干路由器之间点到点连接的同步串行链路上，也可用在拨号用户远程接入网络时的异步链路上，或虚拟的点到点链路上。因此在IP接入网中，PPP协议是早期话带Modem拨号接入以及ISDN拨号接入中使用的前台协议。

最早描述PPP协议的RFC文档是1989年11月推出的RFC1134，期间经过了几次修改，目前广泛使用的标准RFC文档是1994年7月推出的RFC1661和RFC1662。RFC1661

主要定义了PPP协议的构成、方法和封装，并详细描述了一个建立、配置、测试和终止数据链路连接的PPP链路级操作子协议——LCP(Link Control Protocol，链路控制协议)。RFC1662详细描述了PPP协议在面向比特和面向字节的同步链路以及8比特数据的异步链路上的成帧操作。另外，关于PPP的认证、数据压缩、数据加密、在不同物理链路上的运行操作，以及一系列配置与协商不同网络层协议的PPP网络级操作子协议——NCP(Network Control Protocol，网络控制协议)，都有相关的一些RFC文档详细描述。

1. 帧格式

PPP协议使用了HDLC的UI帧(Unnumbered Information Frame，无编号信息帧)封装格式，并且增加了一个"协议"字段，如图5-10所示。PPP的"协议"字段允许不同的网络层协议以较小的封装开销(2字节)复用在相同的链路上，并兼容通用的支撑硬件。传输时，两个PPP帧之间使用1字节的标识字段(值：0x7e)来分隔。

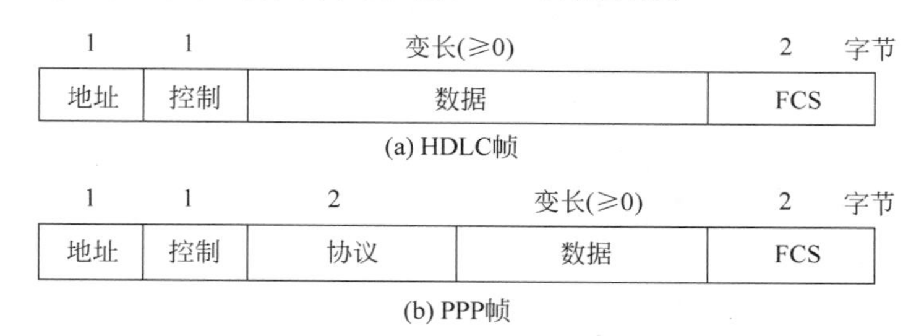

图5-10 HDLC和PPP帧格式

1) 地址(Address)

该字段为1字节长。点到点链路上的节点在通信时其实根本不需要用地址来标识自己，但是由于PPP协议的封装格式是基于HDLC的，因此在帧格式中仍然保留了地址字段并延续至今。PPP帧的地址字段值是一个固定值：0xFF。

2) 控制(Control)

该字段为1字节长。控制字段存在的原因与地址字段一样，都是延续了HDLC的帧格式内容。PPP帧的控制字段值也是一个固定值：0x03，对应于HDLC中无编号帧的控制字段值。

3) 协议(Protocol)

该字段为2字节长，标识封装在PPP帧的"数据"字段里的数据协议类型。根据标识的协议类型不同，PPP帧控制字段的取值范围可以分为表5-3所示的4段。

表5-3 PPP帧的协议字段取值范围及其标识的协议类型

取值范围	协议类型
0x0---～0x3---	标识网络层协议
0x4---～0x7---	标识没有相关NCP的低通信量协议
0x8---～0xb---	标识NCP
0xc---～0xf---	标识链路层协议，如LCP和认证协议

LCP和NCP是PPP的子协议，二者虽然都是数据链路层协议，但是它们与所有的网络层协议分组一样都是直接封装在PPP帧中的。

表5-4列举了一些PPP帧中常用的部分协议编号。最新的PPP协议字段编号情况可查阅IANA网站(https://www.iana.org/assignments/ppp-numbers)。

表5-4 PPP帧中的部分协议编号

协议值	协议
0x0021	IPv4
0x0057	IPv6
0x8021	IPCP(IP Control Protocol,IP控制协议)
0x8053	ECP(Encryption Control Protocol,加密控制协议)
0x8057	IPv6CP(IPv6 Control Protocol,IPv6控制协议)
0x80fd	CCP(Compression Control Protocol,压缩控制协议)
0xc021	LCP
0xc023	PAP(Password Authentication Protocol,口令认证协议)
0xc025	LQR(Link Quality Report,链路质量报告)
0xc02d	BAP(Bandwidth Allocation Protocol,带宽分配协议)
0xc223	CHAP(Challenge Handshake Authentication Protocol,质询交互认证协议)
0xc227	EAP(Extensible Authentication Protocol,可扩展认证协议)

1) 数据(Data)

该字段为0或多字节长,内容是协议字段所指的协议数据报。本字段的最大长度是MRU(Maximum Receive Unit,最大接收单元),默认值是1500字节,PPP可以协商使用其他MRU值。在传输PPP帧时,可以填充数据字段,使其长度达到规定的MRU值。

当在话带Modem拨号接入或ISDN拨号接入等IP接入网中使用PPP协议作为接入控制协议时,用户的业务数据(如IP分组)和认证控制数据(如PAP分组、CHAP分组或EAP分组)都直接承载在PPP帧的数据字段中传送。

2) FCS(Frame Check Sequence,帧校验序列)

该字段为2字节长。每个数据链路层协议的帧中都必须包含这个FCS字段,用来检测该数据帧传输过程中是否有错误。

2. 协议运行

为了建立点到点链路上的通信,PPP协议首先需要使用LCP建立数据链路,然后通过NCP选择并配置一个或多个网络层协议,通信结束后PPP协议会使用LCP或NCP终止数据链路。

PPP协议将整个链路的建立、配置和终止过程分为5个阶段:链路消亡阶段、链路建立阶段、认证阶段、网络层协议阶段和链路终止阶段。其中,链路消亡阶段是PPP链路的初始阶段;链路建立阶段、认证阶段和网络层协议阶段完成PPP链路的建立;链路终止阶段则完成PPP链路的拆除。图5-11是这5个运行阶段间的转换简图,不过图中并没有画出所有的转换情况。详细转换请参阅RFC1661。

1) 链路消亡阶段

链路消亡阶段是PPP链路的初始阶段,表示物理层还没有准备就绪。当PPP获知(如载波侦听或网络管理员设置)其物理层就绪后,即进入链路建立阶段。

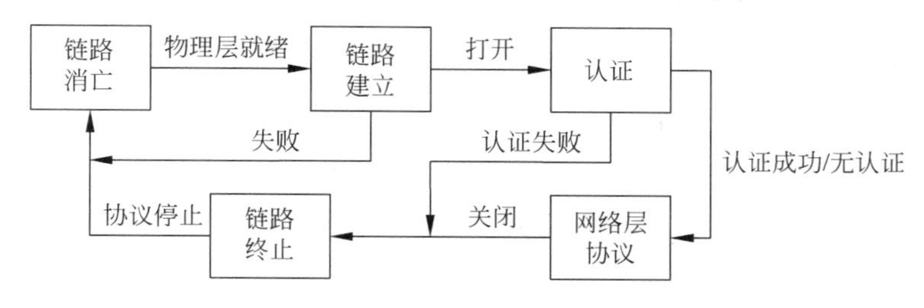

图 5-11　PPP 协议运行阶段转换图

2）链路建立阶段

PPP 在链路建立阶段只允许接收 LCP 的分组，通过 LCP 的链路配置分组协商链路参数，修改链路配置信息，从而建立数据链路。链路建立完成后，进入认证阶段或网络层协议阶段。

LCP 的链路配置信息包括 MRU、认证协议、LQR 等内容。这些配置信息必须与特定的网络层协议无关，与网络层协议相关的配置信息由特定的 NCP 处理。

3）认证阶段（可选）

认证阶段只允许接收 LCP、LQR（RFC1989）和认证协议的分组，由链路建立阶段的 LCP 链路配置协商过程决定是否进入该阶段，以及选用哪一种认证协议。因此，PPP 协议并不是一个单纯的接入链路协议，它在设计过程中充分考虑了对接入认证功能的灵活扩展。

认证阶段主要进行点到点链路两端通信节点间的相互认证操作。目前常用的 PPP 认证协议主要有：PAP、CHAP 和 EAP。如果认证失败，则进入链路终止阶段；否则进入网络层协议阶段。

4）网络层协议阶段

PPP 在网络层协议阶段允许接收 LCP、NCP 和网络层协议分组，使用 NCP 选择和配置对应的网络层协议，例如运行 IPCP 协商 IP 地址和 IP 分组压缩协议。每个 NCP 可以随时被打开或被关闭。

当一个 NCP 被打开时，PPP 将携带相应的网络层协议分组。如果一个 NCP 被关闭，PPP 所携带的相应网络层协议分组将被丢弃，并返回一个 LCP 协议拒绝分组通知对方。

5）链路终止阶段

PPP 可以在任意时间终止链路，该阶段只允许接收 LCP 分组。引起链路终止的原因很多：载波丢失、认证失败、链路质量不合格、空闲周期定时器期满或管理员关闭链路。一个 NCP 的关闭不一定引起 PPP 链路的终止，即使该 NCP 是当前唯一打开的 NCP。

PPP 通过发送 LCP 的链路终止分组来终止链路。在关闭链路时，PPP 需要通知网络层协议，以便它们可以采取正确的行动。在交换 LCP 的链路终止分组之后，PPP 应该通知物理层断链，强制链路终止，特别是在认证失败时。链路终止完毕后，PPP 返回初始阶段——链路消亡阶段。

3. PAP 协议

PAP 协议（RFC1334）是一个非常简单的认证协议：在 PPP 的链路建立阶段，通过 LCP 的链路配置分组指定认证阶段的认证协议为 PAP 协议；在 PPP 的认证阶段，重复向对方发送携带有明文"用户名/口令"信息的认证请求分组,直到收到对方的认证成功/失败分组回应或链路终止,如图 5-12 所示。

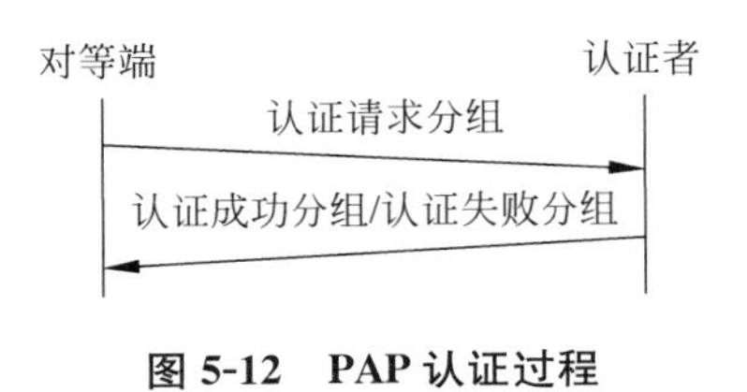

图 5-12 PAP 认证过程

PAP 认证可以是双向的,即点到点链路两端的节点可同时具备对等端和认证者的功能。

PAP 认证具有很严重的安全问题——认证请求中的"用户名/口令"都是以明文方式传输的,很容易被窃取。而且,PAP 认证过程只发生在最初的 PPP 链路建立期间,一旦 PPP 链路建立完毕,点到点链路两端的节点就不再验证对方是否合法。这样一来,PAP 认证只能保证认证阶段 PPP 通信对象的合法性,而不能确保后续的网络层协议阶段到链路终止阶段中 PPP 通信对象的合法性。因此,PAP 的认证功能非常弱,在实际的 IP 接入网中极少使用 PAP 进行用户的接入认证管理。

4. CHAP 协议

CHAP 协议(RFC1994)的认证相比于 PAP 而言要安全得多:在 PPP 的链路建立阶段,通过 LCP 的链路配置分组指定认证阶段的认证协议为 CHAP 协议;在 PPP 的认证阶段,使用一种 3 次交互方式(3-way handshake)验证对方,如图 5-13 所示;在后续的网络层协议阶段到链路终止阶段中,仍然可以随时重复这一验证过程。CHAP 认证同样可以是双向的。

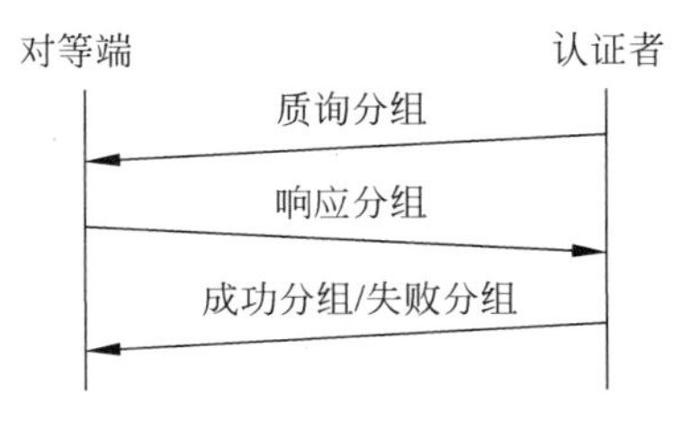

图 5-13 CHAP 认证过程

CHAP 对等端和认证者之间有一个共享密钥,认证者在送往对等端的质询分组中携带一串长度不固定的随机字节流,称为质询值;对等端用该密钥将送来的质询值加密后封装在响应分组中送给认证者;认证者使用与对等端的共享密钥解密该响应分组中的响应值,检查其正确性,并将认证结果返回给对等端。

在 CHAP 的认证过程中,加密算法是 MD5 哈希算法,加密计算的字节流由质询分组的标识、密钥和质询值组成。CHAP 的认证交互过程在整个 PPP 链路使用期间可以进行多次,而每次认证交互过程中质询分组的标识和质询值都要改变。

因此,CHAP 的认证比 PAP 更安全,但认证时间和分组开销都比 PAP 多。如果在 PPP 的链路建立阶段进行认证协议协商时,参与协商的节点同时支持 PAP 和 CHAP,那么协商的结果是优先选用 CHAP。

5.3.3 协议接入模型

PPPoE 协议使用术语"主机"(Host)和"接入集中器"(Access Concentrator)描述协议的对端实体,这两个术语带有明显的设备级色彩。根据 1999 年 2 月推出的 RFC2516 中对 PPPoE 协议的描述,可以梳理出如图 5-14 所示的 PPPoE 接入模型。

在 PPPoE 的接入模型中,位于 ISP 网络中的接入集中器也被称为 PPPoE 接入服务器,即是 RSA 模型中 NAS;位于用户局域网中的主机即为 RSA 模型中的 NAR,桥接接入设备通常是以太网交换机,它与 PPPoE 接入服务器之间可以是虚拟专线(如 DSL)或以太网连接。

主机通过以太网交换机与 PPPoE 接入服务器之间建立一个 PPP 会话(PPP session),

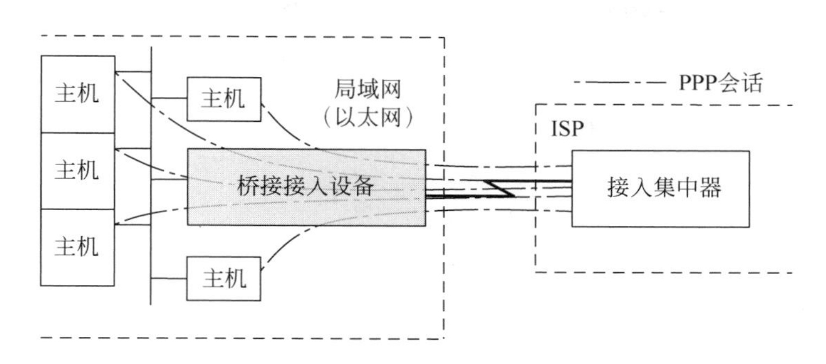

图 5-14 PPPoE 接入模型

即一条 PPP 虚拟链路。PPPoE 协议中的接入控制就体现在这个建立过程中。

RFC2516 定义的 PPPoE 接入模型中并没包括 RSA 模型的 NAA。在实际应用的一些 PPPoE 接入系统中，NAA 的功能可以直接集成在 PPPoE 接入服务器中，但这种方案只能应用在中小规模的 IP 接入网中，因为整个系统的接入规模将受限于 PPPoE 接入服务器的性能。PPPoE 接入服务器需要将发往用户的业务分组与认证控制分组封装在 PPP 帧中，然后再封装在以太帧中才能发给用户，同时 PPPoE 接入服务器还必须对来自用户方的每个帧进行解封才能识别和判定用户是否合法。一旦用户数量或用户业务分组数量增多，PPPoE 接入服务器的封装/解封速度必然会成为网络瓶颈，这就要求提高 PPPoE 接入服务器的性能，或者采用大量分布式 PPPoE 接入服务器等方式来解决问题。PPPoE 接入服务器的功能决定了它是一个昂贵的设备，这样一来建设成本就会越来越高。

一些大型 ISP 通常将其 PPPoE 接入服务器接到一个独立的接入控制服务器（如 RADIUS 服务器）上，即采用 RSA 模型，此时 PPPoE 接入服务器只提供 PPP 会话端接和接入控制功能，复杂的用户认证、授权和账务管理则由后台的接入控制服务器完成，从而降低了 PPPoE 接入服务器的接入控制开销。

5.3.4 协议分层模型

PPPoE 协议本质上仍是一个数据链路层协议。但与一般的数据链路层协议不同的是，PPPoE 对上只能承载 PPP 协议，对下只能在以太网上传输，图 5-15 显示了 PPP、PPPoE 和以太网之间的功能层次关系，同时也是它们之间的帧封装层次关系。

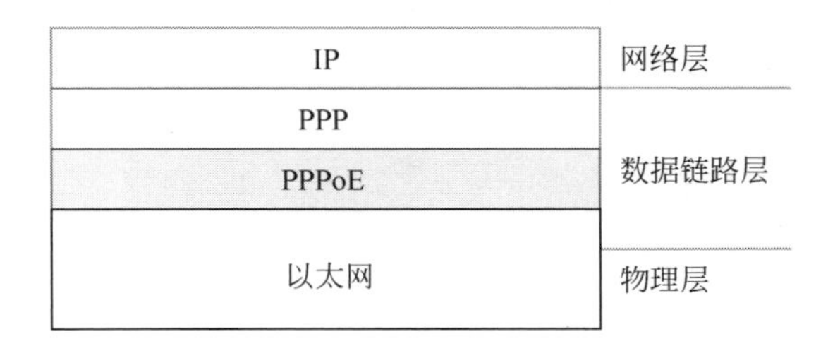

图 5-15 PPPoE 分层模型

5.3.5 分组格式

PPPoE 协议是在以太网上提供虚拟的点到点连接，因此其协议分组封装在以太网帧的有效载荷(Payload)中,如图 5-16 所示。

(a) PPPoE的以太网封装

比特
0 1 2 3 4 5 6 7 0 1 2 3 4 5 6 7 0 1 2 3 4 5 6 7 0 1 2 3 4 5 6 7

版本	类型	代码	会话标识
长度			有效载荷

(b) PPPoE分组格式

图 5-16 PPPoE 分组格式

以太网帧的类型值标识其有效载荷的协议类型。不同阶段的 PPPoE 分组对应的以太网帧类型值不同,类型值 0x8863 标识发现阶段的 PPPoE 分组,类型值 0x8864 标识 PPP 会话阶段的 PPPoE 分组。

PPPoE 分组中各字段长度及其含义如下。

1) 版本(Ver)

该字段为 4 比特长,当前版本的 PPPoE 标准中该字段值固定为 0x1。

2) 类型(Type)

该字段为 4 比特长,当前版本的 PPPoE 标准中该字段值固定为 0x1。

3) 代码(Code)

该字段为 1 字节长,标识发现阶段和 PPP 会话阶段中的 PPPoE 分组类型。RFC2516 中定义了表 5-5 所示的 6 种 PPPoE 分组。

表 5-5 PPPoE 分组类型

代 码 值	分 组 类 型
0x00	PPP Session Stage(PPP 会话阶段)
0x07	PADO(PPPoE Active Discovery Offer,PPPoE 有效发现提供)
0x09	PADI(PPPoE Active Discovery Initiation,PPPoE 有效发现启动)
0x19	PADR(PPPoE Active Discovery Request,PPPoE 有效发现请求)
0x65	PADS(PPPoE Active Discovery Session-confirmation,PPPoE 有效发现会话证实)
0xa7	PADT(PPPoE Active Discovery Terminate,PPPoE 有效发现终止)

4) 会话标识(Session_id)

该字段为 2 字节长,与以太网帧中的源、目的 MAC 地址共同标识一个特定的 PPP 会话。

5) 长度(Length)

该字段为 2 字节长,表示 PPPoE 有效载荷的长度。

6) 有效载荷(Payload)

PADO、PADI、PADR、PADS 和 PADT 分组的有效载荷可以为空,或由多个标记(TAG)组成;每个标记都是 TLV(Type-Length-Value,类型-长度-值)格式。TAG 的类型和值可查阅 RFC4937。

PPP 会话阶段分组的有效载荷只包含标准 PPP 帧的协议字段和数据字段。

5.3.6 协议运行

PPPoE 协议要在以太网上提供虚拟的点到点连接进行 PPP 会话，因此 PPPoE 会话的全过程基于连接模式，即 PPP 运行的全过程，包括会话的建立、进行和终止三个阶段。但是 PPPoE 协议的标准文档 RFC2516 中只明确定义了前两个阶段：在以太网中建立 PPP 会话的发现阶段，以及在已建立的 PPP 会话中传输 PPP 帧的 PPP 会话阶段；对于 PPP 会话的终止则只是简单描述其操作，而没有像 PPP 协议那样明确定义一个终止阶段。

本节基于 RFC2516 的描述讨论 PPP 会话的三个运行阶段。

1. PPP 会话建立：发现阶段

PPPoE 建立的 PPP 会话是一种端到端的对等关系，但该会话的建立过程却是如图 5-17 所示的一种客户/服务器方式。

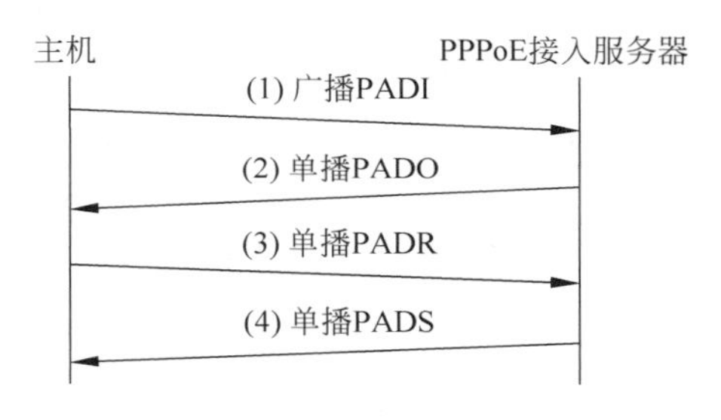

图 5-17 PPPoE 发现阶段的协议运行过程

(1) 主机广播一个 PADI 分组，以寻找合适的 PPPoE 接入服务器。PADI 分组中的会话标识值为 0x0000，有效载荷字段包含一个服务名称（Service-Name）TAG，来指明主机所请求的服务，另外还可以包含多个其他类型的 TAG。

(2) 由于网络中可能存在多个 PPPoE 接入服务器，因此所有 PPPoE 接入服务器在其服务范围内收到 PADI 分组后，如果可以向发送 PADI 分组的主机提供它所请求的服务，就向该主机回应一个 PADO 分组；如果不能提供主机所请求的服务，则不做任何回应。PADO 分组中的会话标识值仍是 0x0000，有效载荷字段必须包含一个表明该 PPPoE 接入服务器的名称（AC-Name）TAG 以及一个或多个可向主机提供的服务名称（Service-Name）TAG。

(3) 主机收到多个 PADO 分组后，根据分组中的 AC-Name 或 Service-Name 选择一个合适的 PPPoE 接入服务器，并向其发送 PADR 分组。PADR 分组中的会话标识值仍是 0x0000，有效载荷字段必须包含一个 Service-Name TAG，向 PPPoE 接入服务器确定请求的服务种类。

(4) 收到 PADR 分组的 PPPoE 接入服务器准备开始 PPPoE 会话，为该次会话分配一个唯一的会话标识，并在 PADS 分组中将该会话标识送交给主机。PADS 分组中的会话标识值是 PPPoE 接入服务器所产生的 PPPoE 会话标识，有效载荷字段必须包含表明该 PPPoE 接入服务器所提供服务的 Service-Name TAG。

当主机收到 PADS 分组后，意味着发现阶段成功完成。此时，主机和 PPPoE 接入服务器之间都获得了在以太网上建立了点到点连接所需的所有信息，双方进入PPP会话阶段。

2. PPP会话进行：PPP会话阶段

一旦开始PPP会话阶段，主机和PPPoE接入服务器即在建立的PPP会话上进行PPP协议的链路建立、接入认证、IP协议配置等操作，为各自的PPP虚拟接口分配资源。

在PPP会话阶段，封装在以太网帧中传送的是承载PPP帧的PPP会话阶段分组，其会话标识值在整个会话期间一直是发现阶段所指定的会话标识值，有效载荷字段只包含PPP帧中的协议字段和数据字段。

因此，PPPoE协议对用户的前台接入控制是在其PPP会话阶段通过使用PPP协议内置的接入认证功能(如PAP、CHAP、EAP等)实现的，所以PPPoE同PPP一样都未区分数据通道与控制通道，控制信息类似于PSTN网络中的一种"随路信令"，控制粒度很细，但控制开销很大。

3. PPP会话终止

进入PPP会话阶段后，PPP会话双方(主机或PPPoE接入服务器)均可以随时发送一个PADT分组来终止正在进行的PPP会话。PADT分组中的会话标识值是要被终止的PPP会话的会话标识。

另外，PPP会话的终止也可以由PPP会话双方通过PPP协议的链路终止机制来完成，例如，PPP会话的一方发送一个封装着LCP终止请求分组的PPP会话阶段分组，在收到对方回应的一个封装着LCP终止确认分组的PPP会话阶段分组后，双方之间的PPP会话即被终止。

5.4 IEEE 802.1X协议

IEEE的LAN标准中没有为接入LAN中的用户提供接入控制机制，任何用户都可以未经许可地接入并访问LAN，这是在IP接入网中使用LAN技术接入用户的一个重要障碍。解决LAN用户接入控制问题的方法之一是使用上一节中介绍的PPPoE技术，另一种方法则是使用IEEE 802.1X协议。

本节主要基于2004版协议标准，重点讨论802.1X的端口接入控制模型、EAPOL PDU格式以及协议的端口接入控制运行交互。

5.4.1 协议概述

IEEE 802.1X协议全称是"基于端口的网络接入控制"(Port-based Network Access Control)，通常简称为802.1X协议。该协议为IEEE 802网络用户提供了基于端口的用户接入控制标准——使用EAP协议进行接入认证，再根据接入认证的授权结果控制用户的接入。

802.1X协议于2001年7月标准化，主要讨论以太网中的用户接入，协议设计初衷考虑的是一个RJ-45端口接入一个用户，接入链路是点对点的有线链路。2004年12月修订改版的802.1X—2004版将标准适用范围扩展到了WLAN中的用户接入，协议设计考虑到了AP空中接口接入多个用户，接入链路也延伸到了点对多点的无线链路。最新的802.1X协议标准文档是2010年2月发布的"IEEE Std 802.1X—2010"，该版本在2004版的端口接入控制基础上，增添了 IEEE 802.1AE MACsec（MAC Security，MAC 安全）协议和 IEEE 802.1af MKA（MACsec Key Agreement，MAC 安全密钥协定）协议，提供端口间的安全通信支持。

5.4.2 协议模型

802.1X-2004 中描述了一个类似于 RSA 模型的三系统架构，其中术语“请求者”（Supplicant）和“认证者”（Authenticator）描述 802.1X 协议的对端实体，术语“认证服务器”（Authentication Server）描述可以与认证者协同工作的后台服务器。

1. 请求者

请求者是运行 802.1X 客户软件的用户终端系统。从 Windows XP 开始，Windows 操作系统均已集成了 802.1X 客户软件，因此一台运行 Windows 操作系统的计算机都可以直接作为 802.1X 的客户端来完成 802.1X 的接入控制操作，无须安装额外的客户端软件。

2. 认证者

认证者为 802.1X 请求者（即 LAN 用户）提供授权的接入服务，通常为支持 802.1X 协议的网络接入设备，例如支持 802.1X 的以太网交换机或 AP（Access Point，无线接入点）。

3. 认证服务器

认证服务器为认证者提供认证授权服务，例如 AAA 服务器。

802.1X 协议是基于端口的接入控制协议，这个端口是用来连接请求者和认证者的 LAN 端口，而不是认证者和认证服务器之间交互使用的端口。2001 版标准中定义的端口概念是通过点到点方式连接一台设备的一个 IEEE 802 LAN 物理端口，如交换式 LAN 中的一台计算机的网络接口，以及直接连接了一台计算机的一个以太网交换机端口。但是在实际网络环境中还存在一些共享式的 LAN，典型如 IEEE 802.11 WLAN。在 WLAN 中，多个无线站点接在一个 AP 的同一个无线端口上，形成一种点到多点的接入方式。为了便于单独控制 WLAN 中每个无线站点的接入，从 2004 版开始，802.1X 标准将端口概念从物理扩展到逻辑，即在 AP 的物理端口上为每个无线站点创建一个逻辑端口，在每个逻辑端口上对每个对应的无线站点进行 802.1X 接入控制。

所以，802.1X 端口接入控制中用来连接请求者和认证者的 LAN 端口可以是物理端口，也可以是逻辑端口，这主要取决于该端口的接入方式。802.1X 将这个 LAN 端口称为 LAN 连接点（Point of attachment to the LAN）。请求者通常只有一个 LAN 连接点，即请求者的物理端口。认证者的一个物理端口可以有一个或多个 LAN 连接点：在点到点连接的 LAN 中，一个物理端口就是一个 LAN 连接点；在 WLAN 中，AP 上的一个逻辑端口才是一个 LAN 连接点。为了实现对请求者的接入控制，802.1X 在一个 LAN 连接点上设置了如图 5-18 所示的两个逻辑点：受控端口（Controlled port）和非受控端口（Uncontrolled port）。

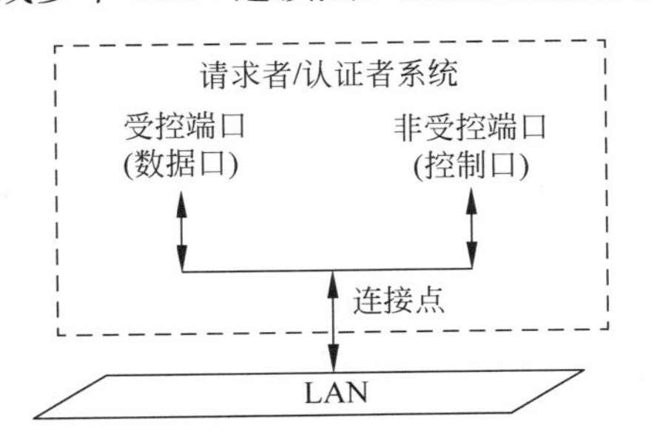

图 5-18 受控端口和非受控端口

非受控端口始终处于双向连通状态，只传输用户认证数据，相当于控制口。在 WLAN 中，为了节约 AP 资源、降低接入控制开销，AP 物理端口上的每个

LAN 连接点通常共享一个非受控端口。

受控端口仅在认证通过后接通，且只传输用户业务数据，相当于数据口，可以配置为双向受控和仅输入受控两种方式，以适应不同的应用环境。受控端口的接通或断开是由该端口的授权状态决定，而不是该端口所接收的帧类型。授权状态对受控端口来说就像是一个电路开关，由具体执行 802.1X 端口接入控制功能的实体——PAE(Port Access Entity，端口接入实体)控制，如图 5-19 所示。请求者的受控端口受其 PAE 控制处于未授权状态(Unauthorized)，即开关打开；认证者的受控端口受其 PAE 控制处于授权状态(Authorized)，即开关闭合。受控端口的默认状态是未授权状态。

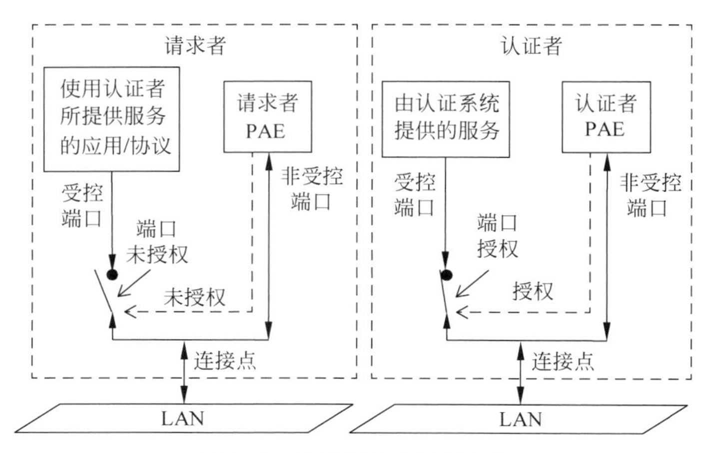

图 5-19 受控端口的授权状态

802.1X 协议模型如图 5-20 所示。在 RSA 模型中，请求者即为 NAR，认证者即为 NAS，认证服务器即为 NAA。虽然 PPPoE 接入系统结构也与 RSA 模型相对应，但是 PPPoE 中实施接入控制操作的 PPPoE 接入服务器位于 IP 接入网的网络侧，而 802.1X 中实施接入控制操作的认证者则通常位于 IP 接入网的用户侧。

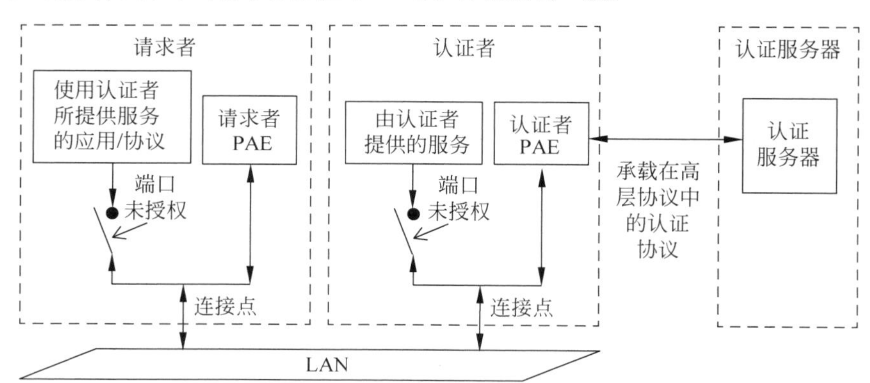

图 5-20 802.1X 协议模型

相比于 PPPoE 中同路传送业务分组与认证分组的点到点 PPP 会话通信方式，即业务分组仍需经过 PPP 和 PPPoE 封装后再封装到 LAN/WLAN 帧中传送，802.1X 中受控端口和非受控端口的划分实现了业务数据与认证控制的分离，即用户在通过认证后，其业务分组直接封装在 LAN/WLAN 帧中传送，所有业务都不受认证方式的限制。因此，802.1X 在开展基于组播通信机制的音频、视频等多媒体业务方面有很大的优势。

2010 版的标准没有明确定义和描述三系统架构，但仍沿用 2004 版的三系统架构进行基于端口的网络接入控制，并采用 IEEE 802.1AE 实现 802.1X 请求者受控端口和认证者受控端口之间的 MAC 安全通信。

802.1X 标准是基于端口实施用户接入控制协议，但是并没有明确定义标准文本中的端口究竟是物理端口还是逻辑端口。准确理解标准中的端口含义对准确理解 802.1X 协议是十分重要的。

用户接入 LAN 都是连接到一定的物理端口之上的，以太网交换机上的 RJ45 接口和 Wi-Fi 网络中 AP 上的空中接口(Air Interface)都是典型的 LAN 物理端口。无论是以太网交换机还是 AP，其一个 LAN 物理端口上都可以接入一个或多个用户。这些物理端口都可以使用特定的机械的、电气的、电磁波的物理参数予以描述。

802.1X 协议为了控制用户接入 LAN 设备上的物理端口，在一个物理口之上又定义了两类逻辑端口：控制口和数据口。控制口(在 802.1X 中称为不受控口)是一个常开的逻辑端口，为接入用户与接入设备之间提供接入控制信息的交互通道，多个接入用户共享同一个控制口；数据口(在 802.1X 中称为受控口)是一个受控开闭的逻辑端口，为通过授权的特定接入用户打开，一个授权用户打开一个数据口，多个授权用户则打开多个数据口。逻辑端口通常使用功能性参数描述，而不适宜于使用物理参数描述。

辨识 802.1X 标准中的物理端口和逻辑端口，对准确理解协议模型和协议的扩展延伸，都是十分重要的。

5.4.3 EAPOL PDU 格式

802.1X 的请求者 PAE 与认证者 PAE 之间、认证者 PAE 与认证服务器之间的接入认证信息均使用 EAP 分组来传输。但是，请求者 PAE 与认证者 PAE 间交互的 EAP 分组封装在 LAN 帧中传输；认证者 PAE 和认证服务器间交互的 EAP 分组则封装在高层协议报文(例如 RADIUS 协议报文，RFC3579)中传输，以便能穿越复杂的网络。

EAP 是 PPP 的一种认证封装协议，802.1X 为了在 LAN 中传递 EAP 分组，设计了一种在 LAN 中封装 EAP 分组的技术——EAPOL(EAP over LAN)。EAPOL 封装技术可以用在 802.3/以太网、Token Ring/FDDI 或 802.11/WLAN 中。802.11/WLAN 上的 EAPOL 封装通常也被称为 EAPOW(EAP over WLAN)。

图 5-21 是 EAPOL PDU 在 802.3/以太网中的格式，对应的以太网类型值是 0x888E，目的 MAC 地址是 PAE 组地址 0x0180-c200-0003。在其他类型 LAN 中的格式请参阅 IEEE 802.1X 协议标准。

EAPOL PDU 中各字段长度及其含义如下。

1) 协议版本(Protocol version)

该字段为 1 字节长，2001 版的版本值为 1，2004 版的版本值为 2，2010 版的版本值为 3。

2) 分组类型(Packet type)

该字段为 1 字节长，标识封装在 EAPOL PDU 分组数据字段中的分组类型，如表 5-6 所示。

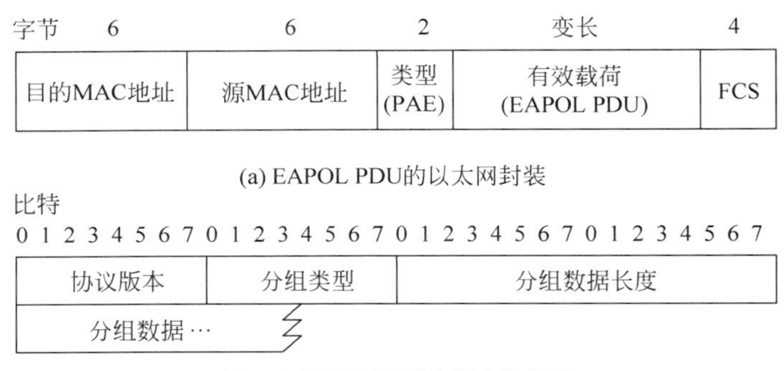

图 5-21 EAPOL PDU 格式

表 5-6 EAPOL PDU 分组类型编号

类 型 值	分 组 类 型	协议标准版本
0	EAP-Packet(EAP 分组)	2001、2004、2010 版
1	EAPOL-Start(EAPOL 认证发起分组)	2001、2004、2010 版
2	EAPOL-Logoff(EAPOL 注销请求分组)	2001、2004、2010 版
3	EAPOL-Key(EAPOL 密钥分组)	2001、2004、2010 版
4	EAPOL-Encapsulated-ASF-Alert(EAPOL ASF 告警分组)	2001、2004、2010 版
5	EAPOL-MKA(EAPOL MKA 分组)	2010 版，支持 MACsec 和 MKA
6	EAPOL-Announcement(Generic)(EAPOL 一般通告分组)	
7	EAPOL-Announcement(Specific)(EAPOL 特殊通告分组)	
8	EAPOL-Announcement-Req(EAPOL 通告请求分组)	

3）分组数据长度(Packet body length)

该字段为 2 字节长，表示 EAPOL PDU 中封装的分组数据长度。

4）分组数据(Packet body)

在 2001 版和 2004 版的标准中，该字段仅在 EAP 分组、密钥分组和 ASF 告警分组中出现，认证发起分组和注销请求分组均没有分组数据字段。但在 2010 版的标准中，注销请求分组仍无分组数据字段，认证发起分组可以有、也可以没有分组数据字段，其余的 7 种分组均有分组数据字段。

由于 802.1X 中受控端口和非受控端口分离了业务数据与认证控制，其业务分组直接封装在 LAN/WLAN 帧中传送，比 PPPoE 少了 8 字节的业务分组封装开销。另外，802.1X 的认证分组封装开销也少于 PPPoE，以 EAP 分组为例，802.1X 的 EAPOL 封装只增加了 4 字节的 EAPOL 帧头开销，而 PPPoE 的 PPP/PPPoE 封装则增加了 8 个节的 PPP/PPPoE 头部开销。封装开销的减少，使得 802.1X 交换机所能接入的用户数量要大于同等性能的 PPPoE 接入服务器。随着越来越多的以太网交换机支持 802.1X，802.1X 交换机的性价比将会远远优于 PPPoE 接入服务器。

5.4.4 协议运行

802.1X 协议的接入认证控制是由请求者 PAE、认证者 PAE 和认证服务器协同完成的。其中，请求者 PAE 和认证者 PAE 间的接入认证控制信息交互使用 EAPOL 帧，认证者 PAE 和认证服务器间的接入认证控制信息交互则使用承载在高层协议报文中的 EAP 分组。

802.1X 接入控制的简要过程如下。

(1) 请求者和认证者的受控端口初始均处于未授权状态。

(2) 请求者(如用户主机)接入 LAN 后，认证者 PAE(如以太网交换机中的 802.1X 认证模块)通过非受控端口从请求者 PAE(例如 802.1X 客户软件)处获得用户认证信息。

(3) 认证者 PAE 将收到的用户认证信息送交给后台认证服务器(如 RADIUS 服务器)。

(4) 认证服务器验证用户认证信息，然后将认证结果(含授权信息)返回给认证者 PAE。

(5) 认证者 PAE 通过非受控端口向请求者返回其接入结果，并根据认证服务器返回的认证结果设置该请求者所对应的受控端口的授权状态。如果认证成功，则闭合其受控端口的开关，即受控端口状态变为授权状态，为请求者提供接入服务；如果认证失败，则保持其受控端口的断开，即受控端口状态仍维持在未授权状态。

与 PPPoE 协议类似，802.1X 也采用连接模式进行接入控制，协议运行同样经历会话的建立、进行和终止三个阶段。不过，在 802.1X 的协议运行过程中，用户的业务流与认证流在这三个阶段中始终是分离的。本小节中给出的协议交互过程图例均引用自 2004 版标准的 8.1.8 节。

1. 会话建立阶段：认证期

802.1X 协议的会话建立阶段主要完成请求者初始接入认证者时的接入认证，此时认证者只处理和转发用户的认证流，对用户的业务流则直接丢弃。802.1X 的认证过程可以由认证者 PAE 或请求者 PAE 中的任何一方发起。

认证者 PAE 通常是在检测到请求者的 MAC 地址活动时发送一个承载 EAP 请求分组的 EAPOL PDU 来发起认证过程。在会话建立阶段的认证过程中，如果请求者 PAE 和认证者 PAE 之间交互的承载 EAP 请求或响应分组的 EAPOL PDU 丢失，认证者 PAE 将使用 EAP 超时重传机制重新发送承载 EAP 请求分组的 EAPOL PDU。

图 5-22 是认证者发起的一次使用 OTP 认证的协议交互过程图例。图中的实线交互表示封装在 EAPOL PDU 中的 EAP 分组交互，虚线交互表示承载在高层协议中的 EAP 分组交互，线上的文字含义是“EAP 分组类型/EAP 请求或响应分组类型/携带的认证信息”。

在图 5-22 中，当认证者 PAE 最终收到来自认证服务器的 EAP 成功分组时，则将该分组转发给请求者 PAE 告之认证成功，同时将连接该请求者的受控端口状态置为授权状态；如果认证者 PAE 最终收到的是 EAP 失败分组，则将该分组转发给请求者 PAE 告之认证失败，同时将连接该请求者的受控端口状态继续保持为默认的未授权状态。

在 EAP 协议中，接入认证的发起者只能是认证者。但在 802.1X 协议中，请求者 PAE 在错过认证者 PAE 发出的 EAP 请求分组时，或者已通过认证的请求者 PAE 重启时，均可以主动发出 EAPOL 认证发起分组来发起认证过程。2004 版的标准中建议请求者 PAE 在

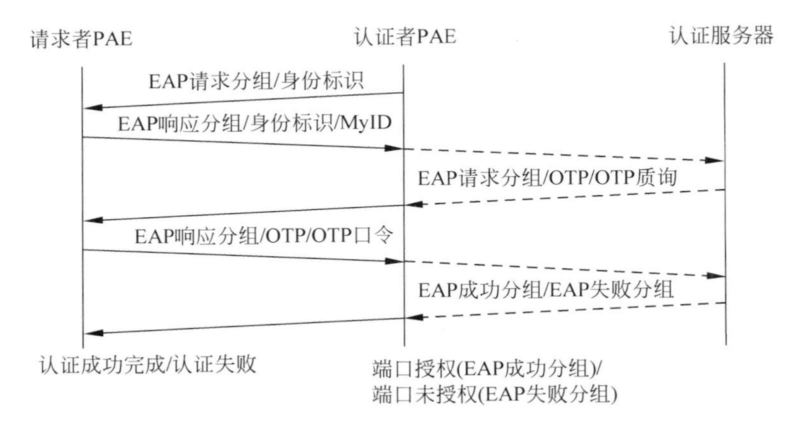

图 5-22 认证者发起的使用 OTP 认证的协议交互过程

EAPOL 发送认证发起分组后的 30s 内如果没有收到认证者 PAE 发来的 EAP 请求分组，则重传 EAPOL 认证发起分组，最多重传 3 次。图 5-23 是请求者发起的一次成功认证的协议交互过程图例，使用的认证机制仍是 OTP。

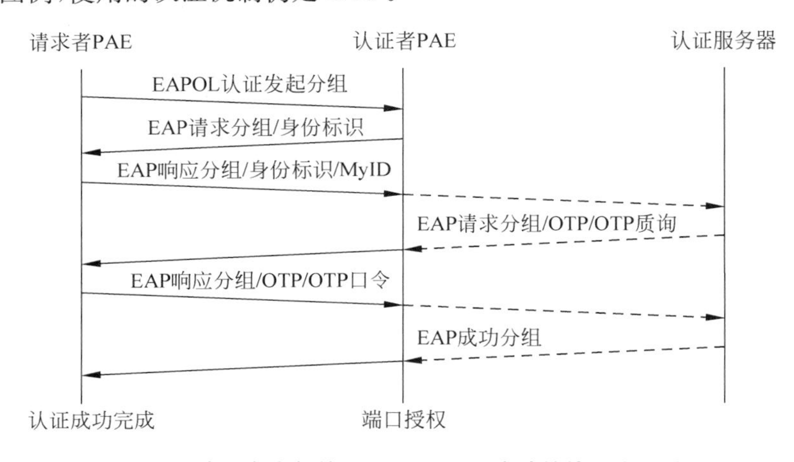

图 5-23 请求者发起的使用 OTP 认证成功的协议交互过程

在实际应用中，请求者和认证者中会出现一方启用了 802.1X 认证，但另一方却不支持认证的情况。当一个不支持认证的请求者接入一个启用认证的认证者时，如图 5-24 所示，该请求者将无法回应认证者发来的 EAP 请求分组。认证者在 EAP 请求分组超时无响应重传结束后，其连接请求者的受控端口仍为未授权状态，请求者不能获得认证者的接入服务。

图 5-25 显示了一个启用认证的请求者接入一个不支持认证的认证者时，因收不到 EAP 请求分组而主动发出 EAPOL 认证发起分组，当然该请求者还是收不到任何响应。在 EAPOL 认证发起分组超时无响应重传结束后，请求者将认为其受控端口已被授权，可以获得认证者的接入服务。

2. 会话阶段：业务数据传送期

一旦认证成功即进入会话阶段，请求者和认证者的受控端口被授权连通，此时请求者的业务数据将通过受控端口传送。

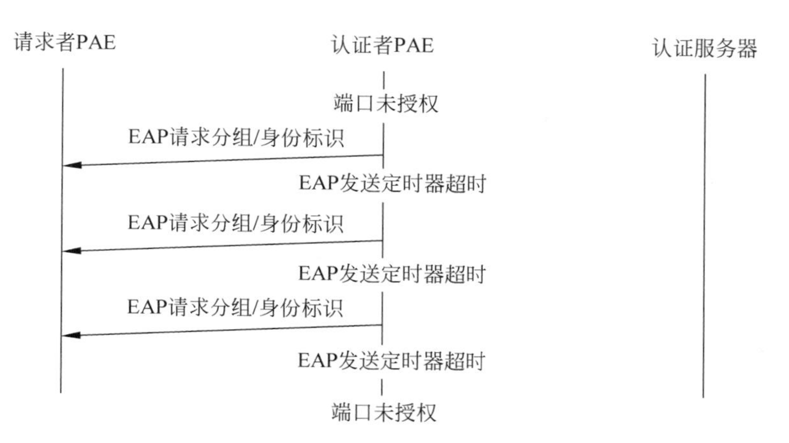

图 5-24 请求者不支持认证的协议交互过程

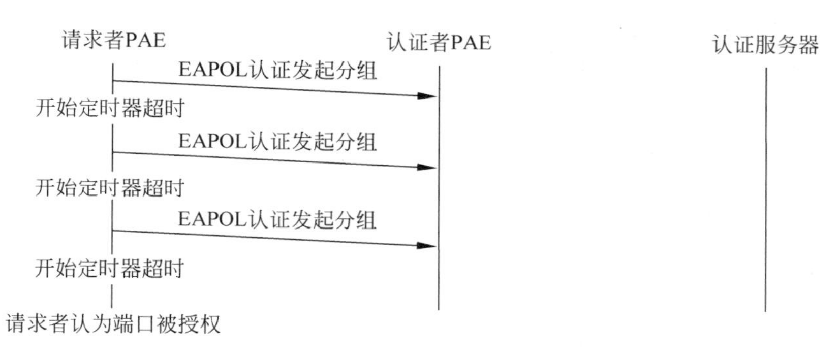

图 5-25 认证者不支持认证的协议交互过程

除了在会话建立阶段对请求者进行接入认证之外,802.1X 还定义了一种对请求者进行周期性再认证的机制。再认证过程由认证者 PAE 发起,默认的再认证周期为 3600s。相比于仅在会话建立阶段进行接入认证的 PPPoE 系统,再认证机制大大加强了 802.1X 接入控制系统的安全性。

再认证的协议交互过程与会话建立阶段认证者 PAE 发起认证的协议交互过程类似。但不同的是,再认证过程中认证者的受控端口仍处于授权状态,即认证者会在处理转发非受控端口上的用户认证流的同时处理受控端口上的用户业务流,仅当再认证失败时才将受控端口状态转为非授权状态。

3. 会话终止阶段:注销期

802.1X 协议在以下三种情况下终止会话,即将受控端口的状态从授权转置为未授权,同时认证者 PAE 还会通知认证服务器进行相应的账务处理。

(1) 请求者 PAE 主动发送 EAPOL 注销请求分组,如图 5-26 所示。在 WLAN 中,无线站点漫游时也会主动发送 EAPOL 注销请求分组。

(2) 请求者 PAE 或认证者 PAE 检测到端口物理连接断开,或端口被管理关闭,又或者因请求者的会话超时而将对应的控制端口管理设置为未授权状态。

(3) 请求者 PAE 重新启动进行接入认证失败,或者再认证失败。

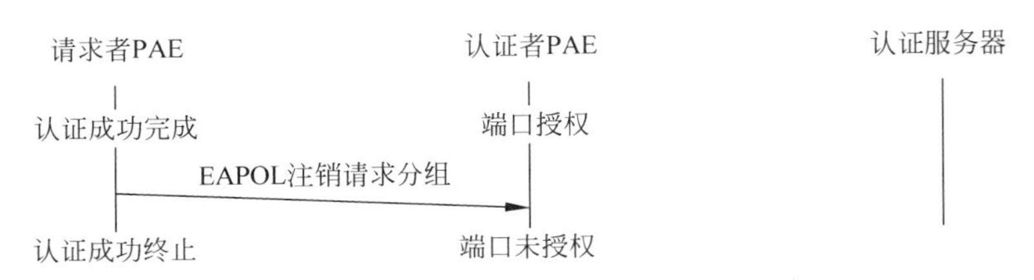

图 5-26 请求者发起接入终止的协议交互过程

5.5 RADIUS 协议

RSA 模型中的 NAS 和 NAA 之间使用后台协议，实现对用户的认证、授权和记账功能，即 AAA 功能。因此，通常也将 NAA 称为 AAA 服务器，将后台协议称为 AAA 协议。本节主要介绍目前应用最为广泛的 AAA 协议——RADIUS 协议。

本节介绍 RADIUS 协议标准的发展过程，基于 RFC2865 和 RFC2866 讨论 RADIUS 协议的模型、报文格式及其协议运行，并结合 RFC3579 重点讨论基于 EAP 和 RADIUS 协同属性的前、后台接入控制协议的协同运行交互。

5.5.1 协议标准

Livingston 公司最初为了管理大量分散的拨号用户，在拨号接入服务器上设计了实现拨号用户认证和记账功能的 RADIUS 协议，并于 1996 年 6 月提交给 IETF 作为 Internet 草案。1997 年 1 月 IETF 推出 RADIUS 协议的两个建议标准：定义 RADIUS 协议规范和认证授权功能的 RFC2058，以及定义 RADIUS 记账功能的 RFC2059。这两个标准在 1997 年 4 月分别由建议标准 RFC2138 和 RFC2139 替代。

2000 年 6 月，IETF 推出了目前业界使用的 RADIUS 协议标准：RFC2865 和 RFC2866。这两个标准只是草案标准，目前还没有推出正式的 RADIUS 标准。此后，IETF 又陆续推出了一些扩展 RADIUS 功能的 RFC 文档，例如：

- 对隧道技术的支持——RFC2867、RFC2868。
- 对 EAP 协议的支持——RFC2869、RFC3579。
- 对 IPv6 协议的支持——RFC3162、RFC4818、RFC6519、RFC6911。
- 对 IEEE 802.1X 的支持——RFC3580、RFC7268。
- 对 VLAN 和优先级的支持——RFC4675。
- 对 HTTP 和 SIP 中的摘要认证(digest authentication)的支持——RFC5090。
- 动态授权扩展——RFC5176。

与 RADIUS 协议功能相似的还有一个 TACACS＋(Terminal Access Controller Access Control System ＋，增强型终端接入控制器接入控制系统)协议。不过，TACACS＋协议是思科(Cisco)公司对 TACACS 协议(RFC1492)的专有改进，它与 RADIUS 协议的主要差异如表 5-7 所示。虽有部分厂商的 AAA 设备支持 TACACS＋协议，但本书将不做介绍。

表 5-7　TACACS+与 RADIUS 的主要差异

差　异	TACACS+	RADIUS
AAA 功能	分离认证、授权和记账，即可将认证、授权和记账分别部署在不同的安全服务器上，记账功能有限	认证和授权结合，仅分离记账，实施灵活性低于 TACACS+，记账功能丰富
传输协议	TCP	UDP
保密性	加密整个协议报文	只加密协议报文中的密码字段

RADIUS 协议最初仅是针对拨号用户的 AAA 协议，经过多次改进后发展成为一个通用的 AAA 协议，不仅能管理远程接入的拨号用户和 VPN(Virtual Private Networks，虚拟专用网)客户，还可结合 IEEE 802.1X 标准对有线或无线接入的局域网用户进行 AAA 管理。

RADIUS 协议以其结构简单、层次清晰、实现简易等优势成为目前使用广泛的 AAA 协议。但是 RADIUS 协议并不适合大规模网络以及基于移动 IP 的下一代网络的应用，因此近年来提出了两种应对措施：一是发展和完善 RADIUS 协议，如 IETF 的 RADIUS 扩展工作组(RADIUS EXTensions，RADEXT)正致力于 RADIUS 的属性、加密算法和可靠传输方面的研究；二是发展新一代的 AAA 协议——Diameter 协议，它兼容 RADIUS 协议，并具有适应大规模网络应用需要的若干关键特性和良好的扩展性，适应未来网络的发展。

5.5.2　协议模型

在 AAA 管理的初期阶段，用户的认证和授权主要由接入设备完成。这种分布式的管理模式在用户数量较少时能够很好地满足要求，但当用户数量达到一定规模后，多个接入设备之间的用户管理数据共享就成为很大的问题。由于不可能限制用户主机必须通过某台特定的接入设备接入，所以一个用户的信息必然存在于多个接入设备之上，这给用户信息的维护带来了很大的麻烦。解决这个问题的方法就是将用户信息集中存放在一个地方，由一个"权威机构"——AAA 服务器进行集中管理。

RADIUS 协议为这种集中管理机制设计了一个类似于 RSA 模型的三层集中管理模型：用户—NAS—RADIUS 服务器，如图 5-27 所示。其中的 RADIUS 服务器可以是认证服务器，或账务服务器，或二者兼具，一个 RADIUS 服务器可以作为其他 AAA 服务器的代理客户(Proxy Client)。

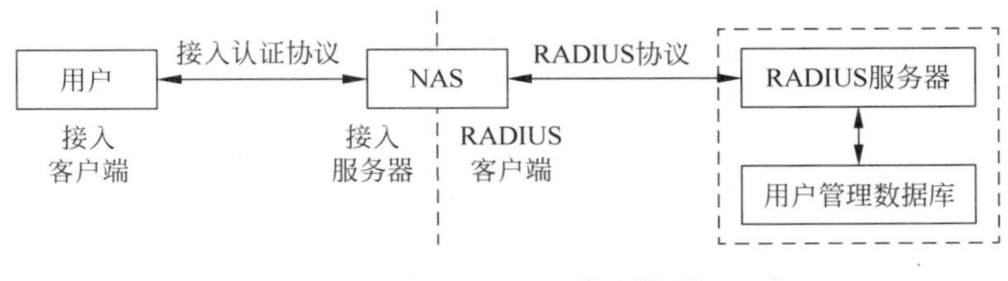

图 5-27　RADIUS 协议模型

RADIUS 的三层模型工作于双重 C/S(Client/Server，客户/服务器)模式，并执行双重的接入控制协议。在 RADIUS 三层模型中，前端 C/S 是用户和 NAS，后端 C/S 是 NAS 和 RADIUS 服务器。

当用户接入网络时，用户通过接入认证协议将其接入请求信息送交给 NAS。但是 NAS 并不对这些信息进行处理与响应，而是作为 RADIUS 客户端，将用户接入请求信息传递给指定的 RADIUS 认证服务器。RADIUS 认证服务器负责接收用户的接入请求，并根据预先设置在用户管理数据库中的用户接入控制信息认证用户，向 NAS 返回所有为用户提供接入服务所必需的配置信息，即用户授权信息，决定用户可以得到哪些服务。NAS 将 RADIUS 认证服务器响应通过接入协议通知给用户，并为用户提供相应的接入服务。

当用户退出网络时，NAS 可以将用户对网络资源的使用情况，例如时间、流量等记账信息发送给 RADIUS 记账服务器。RADIUS 记账服务器记录用户的记账信息，作为网络管理和用户管理的参考资料。

RADIUS 协议模型极大地减轻了用户信息的维护工作量，也减轻了 NAS 的用户管理开销。但是 RADIUS 协议规范只定义了 NAS 与 RADIUS 服务器之间基于 C/S 模式的 AAA 交互操作和报文格式，对用户与 NAS 之间的接入认证协议未作任何的规定和限制。因此，用户与 NAS 可以根据其需求协商决定他们之间使用何种前台协议，例如在拨号接入中可以使用 PPP 作为拨号用户的前台协议，在局域网接入中可以使用 PPPoE 或 IEEE 802.1X 作为局域网用户的前台协议。

5.5.3 报文格式

RFC2865 中将 RADIUS 协议数据单元称为“分组”(Packet)，但是由于 RADIUS 分组是被封装在 UDP 数据报中传送的，因此根据 TCP/IP 协议族对协议数据单元的称谓管理，本书将 RADIUS 协议数据单元称为“报文”(Message)。RADIUS 协议的认证/授权报文使用的 UDP 端口号是 1812，记账报文使用的 UDP 端口号是 1813，报文格式如图 5-28 所示。

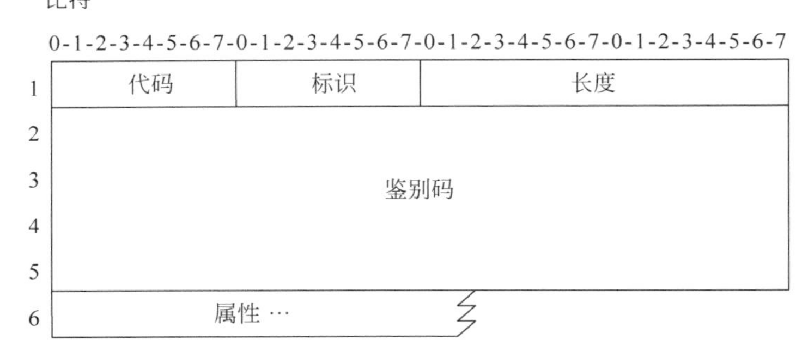

图 5-28 RADIUS 报文格式

1. 代码(Code)

该字段为 1 字节长，表示 RADIUS 报文的类型。如果收到的报文中代码值无效，则安静地丢弃该报文。

表 5-8 是 RFC3575 中列出的 RADIUS 报文类型代码值。其中 RFC2865 中定义的代码值为 1～5 和 11 的 6 个报文是必须实现的 RADIUS 基本报文，其余由 RFC2882 和 RFC5176 给出的 26 个报文是一些实现厂商自定义的 RADIUS 报文。

表 5-8 RADIUS 报文类型代码值

代码值	报文类型	注册文档
1	Access-Request(接入请求)	RFC2865
2	Access-Accept(接入许可)	RFC2865
3	Access-Reject(接入拒绝)	RFC2865
4	Accounting-Request(记账请求)	RFC2865
5	Accounting-Response(记账响应)	RFC2865
6	Accounting-Status(记账状态)	RFC2882
7	Password-Request(口令请求)	RFC2882
8	Password-Ack(口令确认)	RFC2882
9	Password-Reject(口令拒绝)	RFC2882
10	Accounting-Message(记账消息)	RFC2882
11	Access-Challenge(接入质询)	RFC2865
12	Status-Server(服务器状态),实验用	RFC2865
13	Status-Client(客户状态),实验用	RFC2865
21	Resource-Free-Request(资源释放请求)	RFC2882
22	Resource-Free-Response(资源释放响应)	RFC2882
23	Resource-Query-Request(资源查询请求)	RFC2882
24	Resource-Query-Response(资源查询响应)	RFC2882
25	Alternate-Resource-Reclaim-Request(替代资源回收请求)	RFC2882
26	NAS-Reboot-Request(NAS 重启请求)	RFC2882
27	NAS-Reboot-Response(NAS 重启响应)	RFC2882
28	保留	
29	Next-Passcode(下一个密码)	RFC2882
30	New-Pin(新识别码)	RFC2882
31	Terminate-Session(终止会话)	RFC2882
32	Password-Expired(口令过期)	RFC2882
33	Event-Request(事件请求)	RFC2882
34	Event-Response(事件响应)	RFC2882
40	Disconnect-Request(断开请求)	RFC5176
41	Disconnect-ACK(断开确认)	RFC5176
42	Disconnect-NAK(断开的否定确认)	RFC5176
43	CoA-Request(Change of Authorization,更改授权请求)	RFC5176
44	CoA-ACK(更改授权确认)	RFC5176
45	CoA-NAK(更改授权的否定确认)	RFC5176
50	IP-Address-Allocate(IP 地址分配)	RFC2882
51	IP-Address-Release(IP 地址释放)	RFC2882
52	Protocol-Error	
250～253	实验用	
254	保留	
255	保留	RFC2865

2. 标识(Identifier)

该字段为 1 字节长,用于匹配请求报文和相对应的应答报文。如果 RADIUS 服务器在短时间内收到两个具有相同的源 IP 地址、源 UDP 端口及标识的 RADIUS 接入或记账请求报文,则可判定该报文是重复报文。

3. 长度(Length)

该字段为 2 字节长,表示包含代码、标识、长度、鉴别码和管理属性字段的报文总字节长度。超出长度字段所指示的部分将被看作填充字节。如果报文长度小于长度值,则必须丢弃该报文。长度值最小 20,最大 4096。

4. 鉴别码(Authenticator)

16 字节长,用于鉴别 RADIUS 服务器的应答,以及口令加密算法。在不同类型的报文中,鉴别码字段的含义和取值是不完全相同的。

接入请求报文和记账请求报文中的鉴别码被称为请求鉴别码(Request Authenticator)。它是一个 16 字节长的随机二进制数,在密钥的整个生存期中是不可预测且唯一的,以免黑客伪装成服务器来应答接入请求或记账请求。请求鉴别码有两个作用:一是用于计算响应鉴别码,二是作为口令加密算法中的一个加密因子。具体的口令加密算法请参阅 RFC2865。

接入许可报文、接入拒绝报文、接入质询报文和记账响应报文中的鉴别码被称为响应鉴别码(Response Authenticator)。它是由一串字节流经单向 MD5 哈希运算后所产生的一个 16 字节长的数值。参与单向 MD5 哈希运算的字节流由 RADIUS 报文的代码值、标识值、长度值、接入或记账请求报文中的请求鉴别码、响应属性值以及共享密钥构成。

5. 属性(Attributes)

该字段为可变长度,不同类型的报文其属性字段的内容和取值不同。NAS 和 RADIUS 服务器之间传递的用户管理信息都携带在 RADIUS 报文的属性字段中:认证属性携带详细的认证信息,授权属性携带认证后的授权和配置细节,记账属性则携带详细的记账信息。

一个 RADIUS 报文可以携带由多个属性字段构成的属性列表,列表中的各个属性之间没有先后顺序关系。每个属性字段都采用 TLV 格式,如图 5-29 所示。

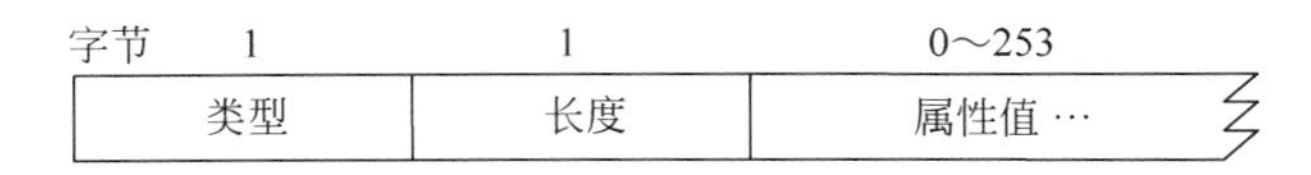

图 5-29 RADIUS 报文的属性字段格式

1) 类型(Type)

该字段为 1 字节长,表示属性类型,取值范围为 1～255。RFC2865 和 RFC2866 中分别定义了 41 种认证/授权属性类型值和 12 种记账属性类型值,如表 5-9 所示。截至 2016 年 7 月,已在 IANA 注册的 RADIUS 属性类型值范围是 1～191,其中 17、21、54、93 和 191 未分配,192～223 为实验用,224～240 为特殊实现,241～246 为 IETF 保留用于标准制定,247～255 保留未用。具体的属性类型值分配情况可查阅 IANA 网站(https://www.iana.org/assignments/radius-types)。

表 5-9　RFC2865 和 RFC2866 中定义的 RADIUS 属性类型值

值	属　　性	注 册 文 档
1	User-Name(用户名)	RFC2865
2	User-Password(用户口令)	RFC2865
3	CHAP-Password(CHAP 口令)	RFC2865
4	NAS-IP-Address(NAS IP 地址)	RFC2865
5	NAS-Port(NAS 端口)	RFC2865
6	Service-Type(服务类型)	RFC2865
7	Framed-Protocol(成帧的链路协议)	RFC2865
8	Framed-IP-Address(用户的 IP 地址)	RFC2865
9	Framed-IP-Netmask(用户的 IP 掩码)	RFC2865
10	Framed-Routing(用户的路由方法)	RFC2865
11	Filter-Id(过滤列表名)	RFC2865
12	Framed-MTU(用户的 MTU)	RFC2865
13	Framed-Compression(链路压缩协议)	RFC2865
14	Login-IP-Host(登录的 IP 主机)	RFC2865
15	Login-Service(登录服务)	RFC2865
16	Login-TCP-Port(登录的 TCP 端口)	RFC2865
18	Reply-Message(回复消息)	RFC2865
19	Callback-Number(回拨号码)	RFC2865
20	Callback-Id(回拨 ID)	RFC2865
22	Framed-Route(用户的路由信息)	RFC2865
23	Framed-IPX-Network(用户的 IPX 网络号)	RFC2865
24	State(状态)	RFC2865
25	Class(类别)	RFC2865
26	Vendor-Specific(厂商自定义)	RFC2865
27	Session-Timeout(会话超时)	RFC2865
28	Idle-Timeout(空闲超时)	RFC2865
29	Termination-Action(终止动作)	RFC2865
30	Called-Station-Id(被叫号码)	RFC2865
31	Calling-Station-Id(主叫号码)	RFC2865
32	NAS-Identifier(NAS 标识符)	RFC2865
33	Proxy-State(代理状态)	RFC2865
34	Login-LAT-Service(登录的 LAT 服务)	RFC2865
35	Login-LAT-Node(登录的 LAT 节点)	RFC2865
36	Login-LAT-Group(登录的 LAT 组)	RFC2865
37	Framed-AppleTalk-Link(链路的 AppleTalk 网络号)	RFC2865
38	Framed-AppleTalk-Network(用户的 AppleTalk 网络号)	RFC2865
39	Framed-AppleTalk-Zone(用户的 AppleTalk 域)	RFC2865
40	Acct-Status-Type(记账状态类型)	RFC2866
41	Acct-Delay-Time(记账延迟时间)	RFC2866
42	Acct-Input-Octets(记账用户的接收字节数)	RFC2866
43	Acct-Output-Octets(记账用户的发送字节数)	RFC2866
44	Acct-Session-Id(记账会话 ID)	RFC2866

续表

值	属　　性	注册文档
45	Acct-Authentic(记账用户的认证方式)	RFC2866
46	Acct-Session-Time(记账用户的会话时间)	RFC2866
47	Acct-Input-Packets(记账用户的接收分组数)	RFC2866
48	Acct-Output-Packets(记账用户的发送分组数)	RFC2866
49	Acct-Terminate-Cause(记账终止原因)	RFC2866
50	Acct-Multi-Session-Id(多个关联记账会话的 ID)	RFC2866
51	Acct-Link-Count(多链路记账会话的链路数)	RFC2866
60	CHAP-Challenge(CHAP 质询)	RFC2865
61	NAS-Port-Type(NAS 端口类型)	RFC2865
62	Port-Limit(NAS 的最大端口数限制)	RFC2865
63	Login-LAT-Port(登录 LAT 的端口)	RFC2865

2）长度(Length)

该字段为 1 字节长，表示包含类型、长度和属性值的字节长度。如果接入请求报文中属性字段的长度域无效，则应发送接入拒绝报文。如果接入许可、接入拒绝或接入质询报文中属性字段的长度域无效，则该报文必须被丢弃，或者作为接入拒绝报文来处理。如果记账请求报文中属性字段的长度域无效，则丢弃该报文。

3）属性值(Value)

该字段为 0 或多字节长，包含属性的特有信息。属性值域有 5 种数据类型：文本(Text)、字符串(String)、地址(Address)、整数(Integer)、时间(Time)。在 RADIUS 中，文本和字符串不是以空字符(NULL，0x00)结束，所以 RADIUS 服务器和 NAS 必须能处理报文属性中出现的空字符，并且在用 C 语言实现 RADIUS 服务时不能用 strcpy()函数处理字符串。

属性值域的格式、长度和数据类型由类型域和长度域决定。

RFC2865 和 RFC2866 中详细定义了 RADIUS 协议所支持的用户接入控制时的认证/授权、记账属性的内容及其使用，并列举了 RADIUS 认证过程中的一些属性应用实例。

5.5.4 报文类型

RADIUS 报文类型由报文中的代码字段决定，下面简要介绍 6 种基本报文的功能及其报文中各字段的内容要求。

1. 认证/授权报文

1）接入请求报文(代码值：1)

接入请求报文由 NAS 发往 RADIUS 认证服务器，传送用来确定用户是否允许接入 NAS 的信息以及用户所请求的特定服务。RADIUS 认证服务器必须响应接入请求报文。

接入请求报文的属性字段内容发生变化或者收到一个先前请求的有效回复时，标识字段值必须改变；重发的接入请求报文的标识值保持不变。接入请求报文中的鉴别码是请求鉴别码，当标识字段值改变时，请求鉴别码值也要改变。

接入请求报文的属性字段必须包含用户名属性、口令属性和 NAS 属性。此外，还可以包含其他用于提示作用的属性，当然 RADIUS 认证服务器不一定采纳这些提示信息。

2）接入许可报文（代码值：2）

如果 RADIUS 认证服务器接收到的接入请求报文中的所有属性值都是可接受的，那么 RADIUS 认证服务器将向 NAS 发送接入许可报文，提供接入服务所必需的特定配置信息。

接入许可报文的标识字段值应与对应的接入请求报文中的标识字段值相同；鉴别码是根据接入请求报文中的请求鉴别码计算出来的响应鉴别码。

接入许可报文可以携带提供用户授权信息的属性，也可以不携带任何属性。

3）接入拒绝报文（代码值：3）

如果 RADIUS 认证服务器接收到的接入请求报文中的任一属性值是不能接受的，那么 RADIUS 认证服务器将向 NAS 发送接入拒绝报文。

接入拒绝报文的标识字段值应与对应的接入请求报文中的标识字段值相同；鉴别码是根据接入请求报文中的请求鉴别码计算出来的响应鉴别码。

接入拒绝报文可以携带一个或多个显示给用户的回复消息（Reply-Message）属性，也可以不携带任何属性。

4）接入质询报文（代码值：11）

如果 RADIUS 认证服务器的认证操作采用质询/响应模式，那么 RADIUS 认证服务器在收到来自 NAS 的接入请求报文后，将回应 NAS 一个接入质询报文。

接入质询报文的标识字段值应与对应的接入请求报文中的标识字段值相同；鉴别码是根据接入请求报文中的请求鉴别码计算出来的响应鉴别码。

接入质询报文可以携带一个或多个回复消息属性，或者是一个状态（State）属性、厂商定义（Vendor-Specific）属性、空闲超时（Idle-Timeout）属性、会话超时（Session-Timeout）属性或代理状态（Proxy-State）属性，也可以不携带任何属性。

如果 NAS 不支持质询/响应模式，则将其收到的接入质询报文视为接入拒绝报文。否则，NAS 根据收到的接入质询报文产生一个新的接入请求报文，并将其发送给 RADIUS 认证服务器。如果接入质询报文中有回复消息属性，那么 NAS 应将该属性中的回复消息内容显示给用户，并提示用户做出响应。

2. 记账报文

1）记账请求报文（代码值：4）

记账请求报文由 NAS 送往 RADIUS 记账服务器，用来传送有关用户所获得服务的记账信息。RADIUS 记账服务器收到该报文后，如果能成功记录报文中的记账信息，就必须应答一个记账响应报文，否则不发送任何应答。

记账请求报文的属性字段内容发生变化或者收到一个先前请求的有效回复时，标识字段值必须改变；重发的记账请求报文的标识值保持不变。记账请求报文中的鉴别码是请求鉴别码，当标识字段值改变时，请求鉴别码值也要改变。

接入请求报文和接入许可报文中出现的任何有效属性，除用户口令、CHAP 口令、回复消息和状态属性外，在 RADIUS 记账请求报文中均为有效属性。

2）记账响应报文（代码值：5）

记账响应报文由 RADIUS 记账服务器发给 NAS，用来通知 NAS 记账请求已被接收和成功记录。

记账响应报文的标识字段值与对应的记账请求报文中的标识字段值相同；鉴别码是根据记账请求报文中的请求鉴别码计算出来的响应鉴别码。

记账响应报文不需要任何属性。

5.5.5 协议运行

RADIUS协议只定义了NAS与RADIUS服务器之间的认证、授权和记账操作，而不涉及用户与NAS之间的操作部分。其中，授权操作是在认证过程中实现的。因此，本节分别从认证和记账这两个过程描述RADIUS协议的操作，并对RADIUS服务器的代理功能和基于UDP的RADIUS报文传送机制进行描述与探讨。

1. 认证操作

RADIUS的认证操作需要用户与NAS之间的前台协议的配合，因为用户的认证信息（用户名和用户口令）必须通过前台的认证协议（如PAP、CHAP、EAP等协议）获得。

NAS获得用户的认证信息后，创建一个RADIUS接入请求报文发给RADIUS认证服务器。该报文包含用户名、用户口令、NAS标识、用户接入端口号等信息。其中，用户口令采用MD5算法加密。如果在一段时间内，NAS没有收到服务器返回的响应信息，则重复发送该请求报文多次。在主服务器故障或不可达的情况下，NAS也可以向一个或多个备份服务器发送接入请求报文。

当RADIUS认证服务器收到接入请求报文后，它首先要使用共享密钥机制验证发送该报文的NAS。如果NAS不合法，则丢弃该接入请求报文。如果NAS合法，则根据报文中携带的用户名查询用户数据库。RADIUS认证服务器在其用户数据库中为每个合法用户记录了一组对用户来说必须满足的接入条件，除了用户口令外，还可以指定允许该用户接入的NAS和端口号。

如果RADIUS认证服务器没有查到匹配的用户记录，则向NAS发送一个接入拒绝报文，表示该用户的接入请求无效。

如果RADIUS认证服务器查到匹配的用户记录，则可以采取下面两种不同的认证方式完成后续的用户接入认证和授权操作。

1）请求/响应方式

请求/响应方式是一种简单的"一问一答"方式，交互过程类似于PPP的PAP协议：RADIUS认证服务器根据收到的接入请求报文检查接入用户的合法性，将该用户对应的授权信息通过一个接入许可报文或接入拒绝报文回应给NAS。

请求/响应方式下RADIUS认证过程中的报文交互过程如图5-30所示。图中为了便于理解，增加了用户与NAS间简单交互过程的虚线示意，并不指任何特定的前台协议。

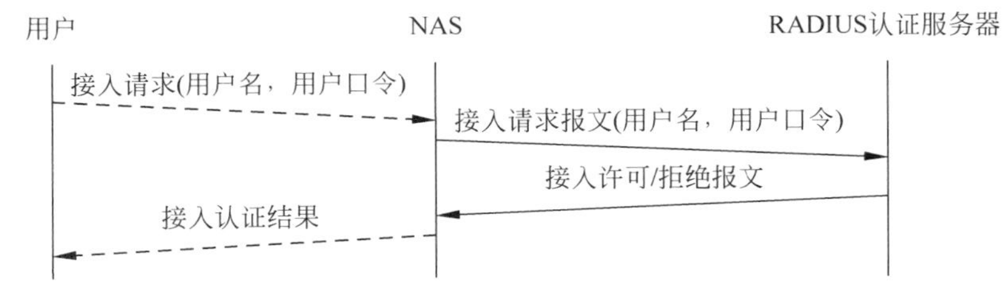

图5-30 RADIUS的请求/响应认证过程

2）质询/响应方式

质询/响应方式比请求/响应方式复杂，交互过程与PPP的CHAP协议类似：RADIUS认证服务器收到NAS的接入请求报文后，并不是回应以接入许可或拒绝报文，而是回应一个接入质询报文。该质询报文中携带一个随机产生的质询值，还可以包含一个经由NAS显示给用户的文本消息。NAS收到接入质询报文后，将报文中的质询值和文本消息送给用户，提示用户做出响应。NAS将原接入请求报文中的用户认证信息封装在一个新的接入请求报文，并用用户根据质询值产生的质询响应值替代原请求报文中的用户口令，然后将这个新的接入请求报文送交给RADIUS认证服务器。RADIUS认证服务器用接入许可或接入拒绝报文响应这个新接入请求报文。

合法用户根据随机产生的质询值，可以使用特殊的设备（如智能卡）或特定软件计算出正确的质询响应值，从而使得每次接入认证时的验证信息都不相同。非法用户因为缺少适当的设备或软件，以及必需的密钥来模拟这种设备或软件，因此只能猜测响应值。所以，质询/响应方式的最大优点是加强了认证信息的安全性。

RADIUS的质询/响应认证方式通常要求用户与NAS间的认证也是质询方式。图5-31是配合用户与NAS间的质询认证方式下的RADIUS的质询/响应认证过程。同样，用户与NAS之间的虚线交互过程也只是一个简单示意，并不特指任何前台协议。

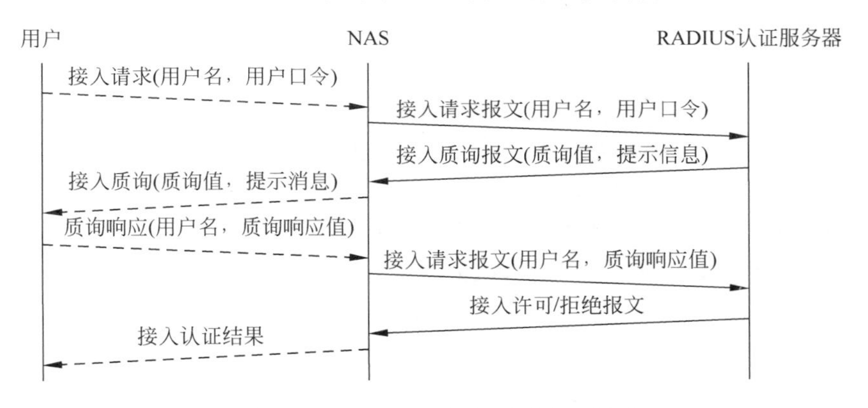

图5-31　RADIUS的质询/响应认证过程

2. 记账操作

RADIUS的记账操作只涉及NAS和RADIUS记账服务器间的交互。

NAS在认证成功后开始根据授权信息为用户提供服务时，即生成一个表示记账开始的记账请求报文送往RADIUS记账服务器，该报文描述了正在提供的服务类型和使用服务的用户。如果NAS在一段时间内没有收到服务器返回的记账响应报文，则将使用某种形式的后退机制重复发送该记账请求报文，直到收到应答信息为止。在主服务器故障或不可达的情况下，NAS也可以向一个或多个备份服务器发送记账请求报文。如果RADIUS记账服务器不能成功处理记账请求，则不能向NAS发送记账响应报文。

在服务终止时，NAS会产生一个表示记账结束的记账请求报文送往RADIUS记账服务器，该报文描述了已经提供的服务类型和一些统计信息，例如：服务时间、输入/输出的字节数或输入/输出的分组数等。RADIUS记账服务器会返回一个表示该结束记账请求已经收到的记账响应报文。

图 5-32 是开始记账和结束记账情况下的 RADIUS 记账过程。

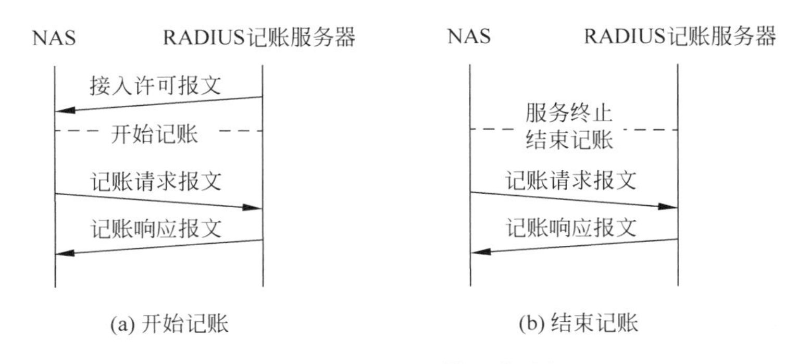

图 5-32 RADIUS 的记账过程

3. RADIUS 代理

RADIUS 代理功能实际上就是一种中继功能：一个 RADIUS 服务器（也称为中继服务器，Forwarding Server）在收到一个来自 RADIUS 客户（如 NAS）的认证或记账请求后，向一个远程 RADIUS 服务器（Remote Server）提交该请求；在收到来自远程服务器的回复后，将该回复传送给自己的客户，这个回复可能带有反映本地管理策略的变化。RADIUS 代理的典型应用是漫游（Roaming）。

一个 RADIUS 服务器可以同时作为某些管理域的中继服务器和其他管理域的远程服务器。一个远程服务器可以有任意数量的中继服务器为其中继，也能向任意数量的管理域提供 AAA 服务。一个中继服务器可以为任意数量的远程服务器进行中继，也可以作为另一个中继服务器的中继，从而构成一个代理链。

图 5-33 详细描述了 NAS、中继服务器和远程服务器间的 RADIUS 认证代理交互过程，假设该过程是一个请求/响应认证过程，认证结果是允许接入。当然，质询/响应认证过程和记账过程中的代理通信与之类似。

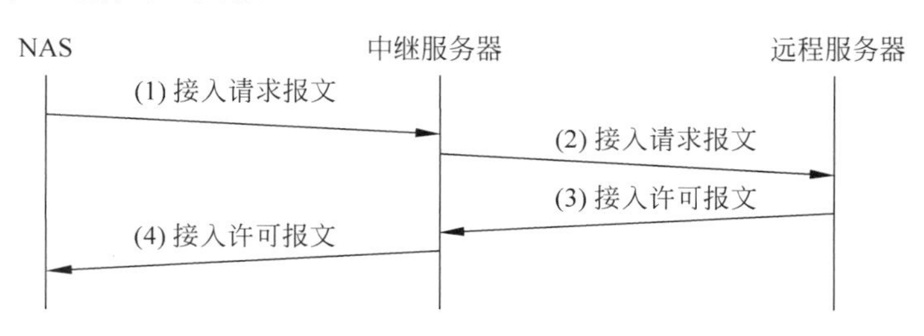

图 5-33 RADIUS 的认证代理功能

（1）NAS 向中继服务器发送接入请求报文。如果报文中携带有用户口令，那么中继服务器使用与 NAS 共有的密钥对用户口令进行解密。中继服务器可以在接入请求报文中添加一个代理状态（Proxy-State）属性，并且该属性只能出现在报文中其他代理状态属性之后。中继服务器不能修改报文中原有的代理状态属性，也不能改变同种类型属性间的顺序。

（2）如果用户口令存在，中继服务器使用和远程服务器共有的密钥对接入请求报文中的用户口令进行加密，保留原接入请求报文的标识，为修改后的报文产生一个新标识后，向远程服务器转发这个新的报文。

(3) 远程服务器(如果是最终目标服务器)会使用用户口令验证用户的合法性，然后返回接入允许、接入拒绝或者接入质询报文给转发服务器。本例中远程服务器传输的是一个接入允许报文。远程服务器必须按照原有的顺序且不做任何修改的情况下，把所有代理状态属性从接入请求报文中复制到响应报文中。

(4) 中继服务器使用与远程服务器共有的密钥验证响应鉴别码。如果验证失败，则丢弃收到的接入允许报文。如果验证通过，则去掉自己加入的代理状态属性，使用与 NAS 共有的密钥更新响应鉴别码，将接入允许报文的标识还原为来自 NAS 的原请求报文标识，再将接入允许报文送给 NAS。

中继服务器在转发报文时可能需要修改属性以执行本地策略，但是禁止修改报文中的代理状态、状态或类别属性。

4. UDP 传送

RADIUS 的认证和记账报文都使用 UDP 提供的无连接传送服务，其原因主要是由于 RADIUS 是一种基于事务(Transaction)的应用，对实时性要求比较高，客户端要在比较快的时间里得到响应。在极端情况下，RADIUS 并不需要对丢失数据作检测，何况可靠连接的 TCP 在建链和拆链时需要花费较长的时间。

另外，使用 UDP 协议，也大大简化了 RADIUS 服务器实现的复杂程度。在 RADIUS 协议的早期实现中，服务器是单线程的。这意味着只能有一个请求被接收、处理和返回。但是，由于每分钟内可能有成百上千的用户正在等待验证，而单线程的处理机制使得请求的轮换处理时间会长于用户所能忍受的等待时间。因此，必须使用多线程的处理机制，而 UDP 使得这种处理方式实现起来非常简单。

当然，UDP 不能保证数据的可靠传送，因此需要在 RADIUS 协议中设置重传机制来弥补 UDP 的不可靠传送缺陷。但是 RADIUS 协议中的重传机制相比于 TCP 的重传而言，实现的代价要小很多。

但在使用 RADIUS 代理的漫游环境下，位于不同管理域中的 RADIUS 服务器之间需要交换大量携带着用户认证、授权和记账信息的 RADIUS 报文，这些分组还有可能要穿越一些不可信的网络，此时不可靠的 UDP 传送和易被攻破的 MD5 算法即成为 RADIUS 协议的两大安全缺陷。因此，IETF 的 RADIUS 扩展工作组提出了在 RADIUS 服务器之间使用 TLS(Transport Layer Security，安全传送层)协议在 TCP 上加密传输 RADIUS 报文的方案，该方案目前还处于 Internet 草案阶段。

5.5.6　协议协同

在接入认证全过程中，前后台协议必须协调工作，共同完成接入认证的任务。PPPoE 和 802.1X 是目前应用最为广泛的前台协议。虽然这两个协议的外在表现差别很大，但其核心的认证协议却都趋同到 EAP 协议，并可以支持差异很大的多种认证算法。而目前的主流后台协议是 RADIUS 协议，因此当前 IP 接入网中前后台接入控制协议的协同工作关键即是 EAP 协议与 RADIUS 协议的协同认证。

RFC3579 在 RADIUS 协议中增加了一个 EAP 消息属性(EAP-Message，属性类型值：

79)，将 EAP 分组直接作为该属性的属性值封装在 RADIUS 报文中传递。NAS 只需对 EAP 分组进行 RADIUS 属性封装/解封操作后直接转发，EAP 分组中携带的 EAP 认证方法由 EAP 对等端和 RADIUS 服务器处理，从而使得采用 EAP 的前台协议能与后台 RADIUS 协议协同完成复杂的用户接入控制任务。

在 RADIUS 接入请求报文、接入许可报文、接入拒绝报文或接入质询报文中使用 EAP 消息属性时，必须使用消息认证者属性（Message-Authenticator，属性类型值：80）以保护这些带有 EAP 消息属性报文的真实性和完整性。

RFC3579 种列出了如表 5-10 所示的可用在携带 EAP 消息属性的 RADIUS 认证/授权报文中的 RADIUS 属性。表中各属性对应的报文条目值含义如下。

- 0：报文中不能出现该属性。
- 0-1：报文中只能出现该属性的 0 或 1 个实例。
- 1：报文中只能出现该属性的 1 个实例。
- 1+：报文中只能出现该属性的 1 或多个实例。

表 5-10　可用在携带 EAP 消息属性的 RADIUS 认证/授权报文中的 RADIUS 属性

属　　性	类型值	请求报文	许可报文	拒绝报文	质询报文
User-Name（用户名）	1	0-1	0-1	0	0
EAP-Message（EAP 消息）	79	1+	1+	1+	1+
Message-Authenticator（消息认证者）	80	1	1	1	1
Originating-Line-Info（呼叫源信息）	94	0-1	0	0	0
Error-Cause（错误原因）	101	0	0	0-1	0-1

图 5-34、图 5-35 和图 5-36 是在 RFC3579 附录 A 中描述的 EAP 在对等端、NAS 和后台 RADIUS 服务器之间运行交互的三个典型示例。图中，EAP 对等端和认证者之间交互线上的文字含义是“EAP 分组类型/EAP 请求或响应分组类型/携带的认证信息”，NAS 和 RADIUS 服务器之间交互线上的文字含义是“RADIUS 报文类型/EAP 消息属性/EAP 分组类型/EAP 请求或响应分组类型/携带的认证信息”。

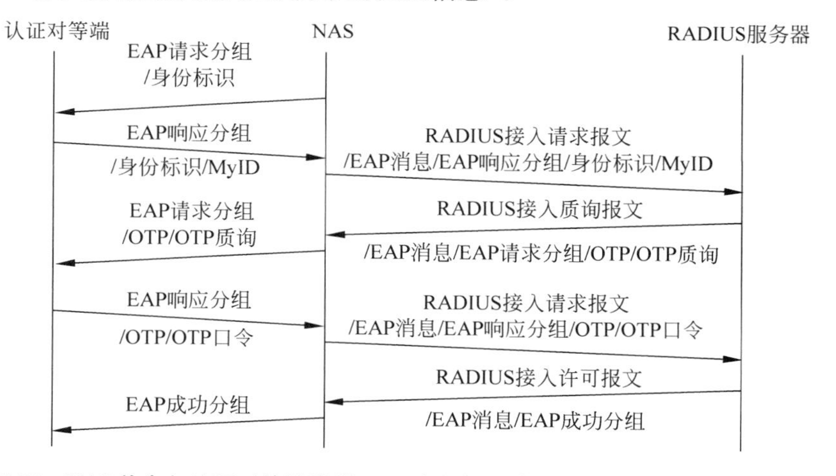

图 5-34　NAS 首先向认证对等端发送 EAP 身份标识请求分组，并成功完成 OTP 认证

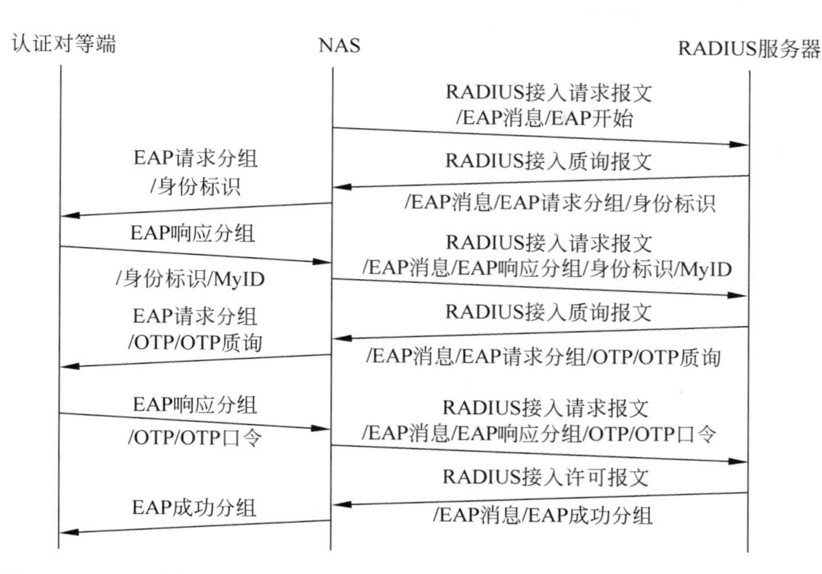

图 5-35 NAS 首先向 RADIUS 服务器发送 EAP 开始分组，并成功完成 OTP 认证

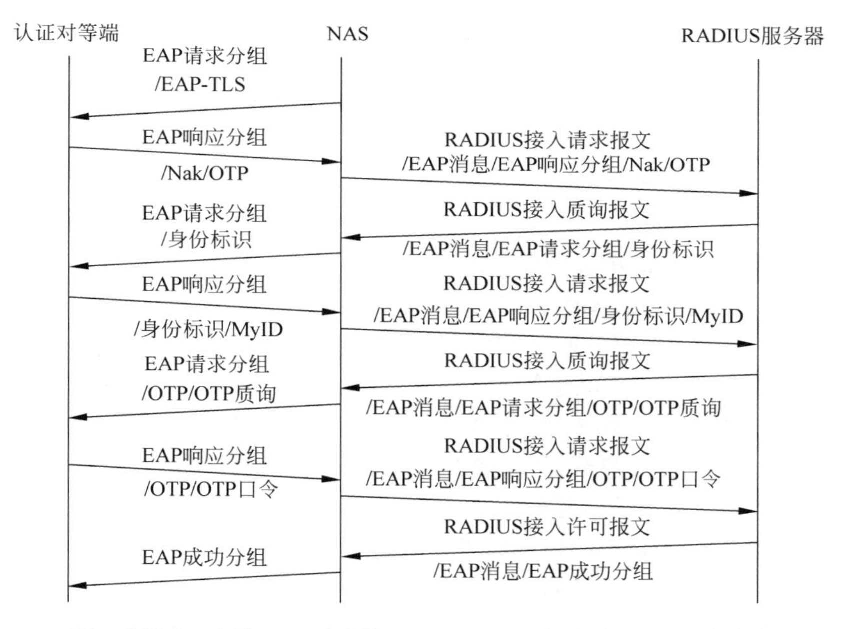

图 5-36 认证对等端不支持 NAS 请求的 EAP-TLS 认证方法，改用 OTP 后成功完成认证

5.6 Diameter 协议

随着接入新技术的引入（如无线接入、移动 IP 等）和 IP 接入网的快速扩展，越来越复杂的接入设备被大量投入使用。为了适应现代高密集性和高复杂性的网络环境，AAA 协议的发展要求具备以下特点：①具有可扩展性，可以方便地支持新的网络技术和网络服务；②具有有效的安全保护机制保护用户的信息；③能稳定处理大量用户请求等。

RADIUS 协议作为现在应用最为广泛的 AAA 协议，在安全性和移动用户的漫游支持等方面都不能满足未来网络复杂性的要求。IETF 的 AAA 工作组于 2002 年 3 月提出了一个被称为 Diameter 的新一代 AAA 协议。Diameter 协议的名称并不是几个英文单词的缩写，而是取其“直径”的含义，表明它是 RADIUS(“半径”的英文)协议的升级版本。

本节在分析 Diameter 协议对 RADIUS 协议的主要改进与区别的基础上，根据 RFC6733 重点讨论 Diameter 的协议模型和基础协议，并简要介绍 Diameter MIP、NAS、信用控制、EAP 和 SIP 应用协议的主要功能。

5.6.1 协议概要

Diameter 协议兼容了 RADIUS 协议，充分借鉴了 RADIUS 的优点，弥补了 RADIUS 的不足之处，加强了安全性和漫游支持等能力。但其目前还在不断深入研究与完善中，广泛应用还需要一定的时间。

Diameter 协议对 RADIUS 协议的改进与区别主要体现在以下几个方面。

1. 扩展性与兼容性

与 RADIUS 协议相比，Diameter 协议的体系结构和报文设计充分展现了该协议具有良好的扩展性和兼容性。

1) 体系结构

首先，如果把 RADIUS 比喻成一个馅饼的话，Diameter 就是三明治。当馅饼不够吃时只能再做一个馅饼，而三明治则可以一层一层地向上加面包片。Diameter 协议采用分层结构，用一个基础协议来为各种应用扩展协议提供安全、可靠、快速的传输平台，具有良好的扩展性。

其次，RADIUS 协议采用简单的 C/S 模式，服务器只能被动地回答客户的请求，不能主动发消息给客户，大大限制了客户和服务器的通信能力。Diameter 协议采用对等通信方式，Diameter 客户、服务器或代理都可以主动发出请求消息。

另外，RADIUS 协议只能通过增加新的 RADIUS 服务器来支持更多的用户，实现复杂且不易管理，难以支持大量用户的漫游功能。Diameter 协议可以将用户分组，并把分组后的用户信息存放于不同的服务器，从而减少每台服务器上用户信息的总量和对请求的处理量，增强整个系统的并发处理能力。同时，利用中继、重定向等各种代理对来自不同用户组的请求进行聚合并转发到合适的目标服务器。Diameter 协议转换代理还为 Diameter 和其他 AAA 协议之间提供转换，使 Diameter 协议能很好地兼容当前的 AAA 协议。

2) 协议报文

Diameter 和 RADIUS 都使用报文中的属性字段传送用户的认证、授权和记账信息。RADIUS 协议的属性是一个{属性类型，属性长度，属性值}三元组，1 字节长的属性长度使得单一属性最多只能有 255 字节，RADIUS 报文总长度字段仅有 2 字节长，大大限制了 RADIUS 的属性空间和一个报文所能携带的属性数量，不能适应现代网络发展的需求。Diameter 协议的属性 AVP(Attribute-Value-Pair，属性值对)是一个{属性类型，标记，属性长度，厂商标识符，属性值}五元组，3 字节长的属性长度使得单一属性的长度可超过 1600 万字节，而且 Diameter 报文总长度字段也是 3 字节长，这使得一个 Diameter 报文能够携带足够的信息，提高了传输效率，可以满足未来大型复杂网络的需要。AVP 中的厂商标识符还使得 Diameter 在互操作性方面优于 RADIUS。

Diameter 提供了更多的 AVP 类型定义和 AVP 地址空间，并在设计时考虑了对 RADIUS 协议的兼容，其 AVP 代码值 1～255 用来兼容 RAIUS 属性，命令代码值 0～255 用来兼容 RADIUS 报文类型代码。

2. 可靠性

与 RADIUS 协议相比，Diameter 采用可靠的、基于 TCP/SCTP 的传输机制和错误恢复机制，在保证传输效率的同时也保证了传输的可靠性。

1）传输机制

RADIUS 使用没有流控和拥塞控制机制的 UDP 传送，RADIUS 协议自身也没有对此作扩展。随着用户数目的飞速增长，服务器的负担会愈来愈重，没有流控和拥塞控制机制会造成大量的认证、记账请求涌向服务器，造成服务器瘫痪，影响网络的稳定性和可靠性。

Diameter 运行在具有流控和拥塞控制机制的 TCP 或 SCTP 协议之上。SCTP 是一种面向多媒体通信的流控制传输协议，它综合了 TCP 和 UDP 的优点，提供可靠的数据流传输，任何在 TCP 上运行的应用都可被移在 SCTP 上运行。TCP 和 SCTP 协议为 Diameter 提供面向连接的可靠传输，在网络拥塞的情况下能提供更优的传输服务。

2）错误恢复机制

RADIUS 运行在没有重传机制的 UDP 之上，因此 RADIUS 协议必须对于在一段时间内没有收到应答的请求报文进行重传。另外，RADIUS 协议还简单地规定当 NAS 发现服务器关闭或不可达时，就将其请求转发至备用服务器，以提高系统的可靠性。但 RADIUS 没有为 NAS 设计发送探测服务器是否正常工作的报文，所以 NAS 无法知道服务器当前的工作状态，只能不断向服务器发送请求。当重传数目达到一个预先设定的上限数目后，NAS 才会认为该服务器已瘫痪，于是把 AAA 请求发送给备用服务器。这种情况在主服务器发生故障或网络繁忙的情况下很容易发生，此时请求的处理时间会远远超过用户可以等待的时间。

Diameter 运行在可靠的传输协议 TCP、SCTP 之上，直接使用传输层内建的重传机制。此外，Diameter 还采用了包括传输层的故障检测、基础协议层和应用层的错误处理等有效机制来保证传输的可靠性。Diameter 为检测传输层状态定义了设备监察报文，如果检测到传输层故障，就把后续报文转发给其他可选的代理，同时还必须周期性地尝试与故障对等端重新建立连接。Diameter 在 AVP 中详细规定了错误处理等内容，以指示对基础协议层或应用层错误的具体处理。

3. 安全性

RADIUS 协议仅对用户的口令部分进行加密，对 NAS 和服务器通信的其他部分都是明文传输，不能对敏感信息进行有效保护；并且缺少端到端验证机制，无法有效地抵御重放攻击。Diameter 允许有选择地对 AVP 进行加密，并改进了对 AVP 的保护机制；同时还增加了端到端的验证，使协议更加适用于采用 TLS 和 IPSec 的网络。

RADIUS 协议采用 C/S 通信模式，只有 NAS 能发出再认证请求，服务器因不能主动发起消息而不能要求再认证。Diameter 协议采用对等通信方式，支持在会话过程中的任何时间内由任何一方发起再认证过程。

4. 漫游支持

现今应用广泛的RADIUS协议虽然支持代理功能,由于没有明确定义管理域间的通信和管理机制,再加上其安全性问题,所以对漫游的支持很弱。

Diameter系统提供统一的安全机制,使得域内和跨管理域的AAA管理成为可能。其次,Diameter明确、完整地定义了系统中报文的通信过程,包括报文如何转发、如何重定向、如何进行代理等,为漫游实现提供了统一的方法。另外,Diameter通过具体的应用协议(如Diameter MIP应用)对漫游进行了扩展说明。Diameter协议对漫游的充分支持使得它能很好地适应现代网络发展的需求。

5.6.2 协议模型

考虑到网络应用的多样性和新应用的不断出现,Diameter协议在结构上采用了可扩展的"基础+应用"模式,即由一个基础协议(Diameter Based Protocol)和若干应用协议组成,如图5-37所示。这样既保证了协议不至于过于复杂,又保证了协议的可扩展性。

Diameter MIP应用	Diameter NAS应用	Diameter EAP应用	Diameter SIP应用	Diameter 信用控制应用	Diameter 其他应用
Diameter基础协议					
TCP			SCTP		
IP					

图5-37 Diameter协议分层模型

Diameter应用协议是对基础协议进行针对具体应用的扩充。现在已发布的Diameter应用协议主要包括Diameter MIP(Mobile IPv4,移动IPv4)应用协议(RFC4004)、Diameter NAS应用协议(RFC4005,已被RFC7155替代)、Diameter信用控制(Credit-Control)应用协议(RFC4006)、Diameter EAP应用协议(RFC4072)、Diameter SIP(Session Initiation Protocol,会话开始协议)应用协议(RFC4740)、Diameter策略处理应用协议(RFC5224)、Diameter ITU-T Rw策略强制接口应用协议(RFC5431)、Diameter MIP6(Mobile IPv6,移动IPv6)应用协议(RFC5447、RFC5778、RFC5779)、Diameter QoS应用协议(RFC5866)、Diameter NAT控制应用(RFC6736)、Diameter能力更新应用(RFC6737)等。IETF的Diameter维护与扩展工作组(Diameter Maintenance and Extensions,DIME)目前正致力于3GPP、WiMAX应用扩展等方面的研究。

基础协议(RFC6733)规定了AAA服务的报文格式、一系列原语、消息传送机制、错误处理和记账等AAA通用功能,并定义了三种类型的节点:客户(Client)、服务器(Server)和代理(Agent)。考虑到主动通信的需要,Diameter引进了对等实体通信模型,即Diameter客户、服务器或代理都可以主动发出请求消息,实现按需获取记账信息、双向的(再)认证和(再)授权,允许服务器主动要求结束会话,并且建立对等实体状态监察机制使协议更加健壮。因此Diameter是一种对等(Peer to Peer)协议,而不是像RADIUS一样的C/S模式的协议。

Diameter客户和服务器的概念类似于RADIUS协议模型中的NAS和服务器。但由于

Diameter 协议支持移动 IP，因此 Diameter 客户除了可以是一个 NAS 外，还可以是一个 FA(Foreign Agent，外地代理)。

在 Diameter 协议中，使用 Username@realm 表示用户，其中的 realm 就是该用户信息所在的服务器，也就是完成该用户认证的服务器。

Diameter 代理并不是 RADIUS 协议中的代理客户概念。Diameter 定义了 4 种类型的代理：中继代理(Relay Agent)、受托代理(Proxy Agent)、重定向代理(Redirect Agent)和协议转换代理(Translation Agent)。

1. 中继代理

中继代理根据 Diameter 消息中的路由信息将 Diameter 消息转发给其他 Diameter 节点。中继代理的功能非常类似于路由器，只是它的转发不是基于 IP 路由表，而是 Diameter 的路由表。中继代理可被用来聚合同一地域(Realm)内多个 NAS 的请求，并通过插入或删除路由选择信息来修改 Diameter 消息，但不执行任何应用级的处理。

使用中继代理可以省去在 NAS 上配置与另一个域的 Diameter 服务器通信所需的安全信息，并减少了在 Diameter 服务器上因为添加、修改或删除 NAS 所带来的配置开销。

图 5-38 是中继代理对 Diameter 消息进行中继的一个例子。图中假设 Diameter 请求是针对用户 bob@example. com 的，NAS 用 example. com 进行 Diameter 路由查找，将该请求发给相应的 DRL。DRL 同样用 example. com 进行 Diameter 路由查找，将其转发给 example. com 的 HDS。HDS 处理并回应该请求，然后由 DRL 将 HDS 返回的响应消息转发给 NAS。

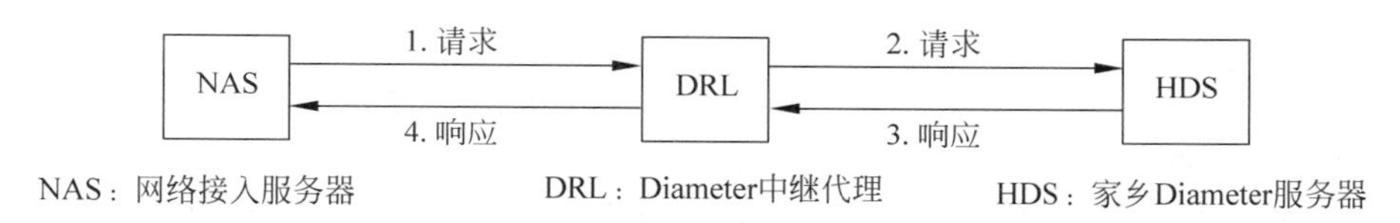

图 5-38 中继 Diameter 消息

2. 受托代理

受托代理除了像中继代理一样转发 Diameter 消息外，还会修改消息以实现一些策略决定，例如控制资源的使用、提供准入控制等。

受托代理可以用在呼叫控制中心或接入 ISP 中，监控所用端口的数量和类型，进行配置与准入判决。

3. 重定向代理

重定向代理不中继 Diameter 消息，它的作用类似于 ICMP 协议中的重定向报文的作用，即告知 Diameter 消息的发送者到其目的的明确路径。

图 5-39 是使用重定向代理重定向 Diameter 消息的一个例子。图中假设 Diameter 请求是针对用户 bob@example. com 的，DRL 收到来自 NAS 的 Diameter 请求消息后，在它的 Diameter 路由表中没有查到 example. com 的路由，但是 DRL 有一条指向 DRD 的缺省路由，因此 DRL 使用这条缺省路由将请求消息转发给 DRD。DRD 根据请求消息中的 example. com 信息向 DRL 发送一个重定向通知，告知有关 example. com 的 HDS 信息。DRL 收到重定向通知后，将请求转发给 example. com 的 HDS。

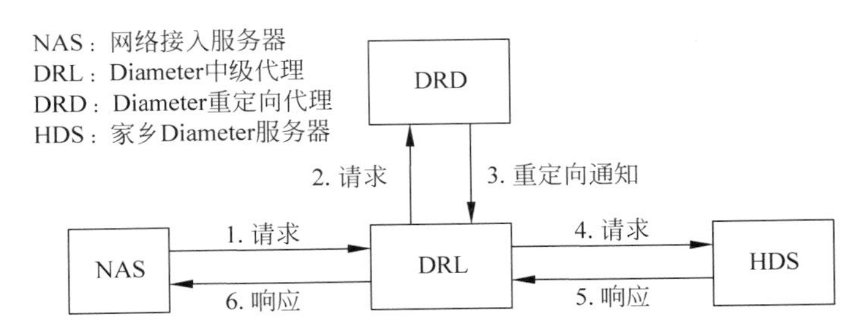

图 5-39 重定向 Diameter 消息

4. 协议转换代理

协议转换代理实现 Diameter 协议与其他 AAA 协议(如 RADIUS 协议)之间的协议转换。图 5-40 是采用协议转换代理(TLA)实现 RADIUS 和 Diameter 协议转换的一个例子。

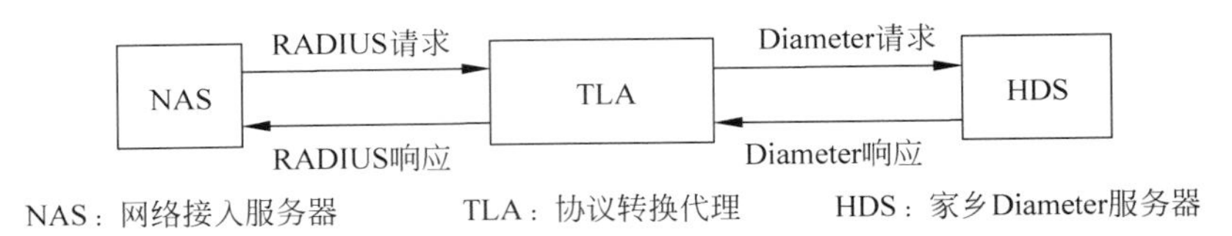

图 5-40 RADIUS 和 Diameter 的协议转换

5.6.3 基础协议

Diameter 基础协议主要包括 Diameter 报文格式及其收发处理、节点间的能力协商以及差错处理等内容。Diameter 基础协议可以作为一个记账协议单独使用,但通常需要与某个 Diameter 应用协议一起使用。

Diameter 报文封装在 TCP 和 SCTP 协议中传送,均使用 3868 端口,报文格式如图 5-41 所示。

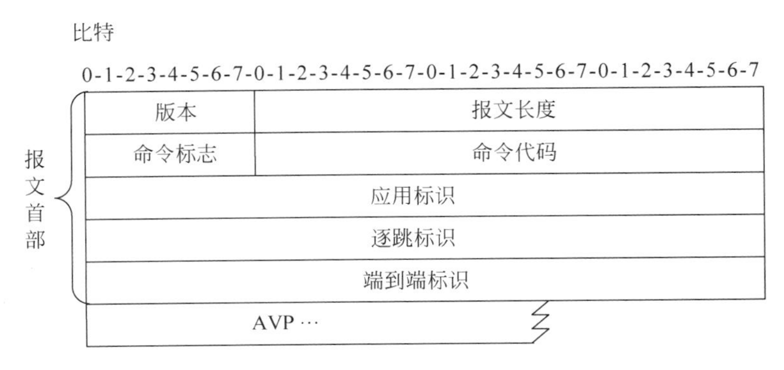

图 5-41 Diameter 报文格式

1. 版本(Version)

该字段为 1 字节长,RFC6733 中定义 Diameter 报文版本字段值为 1。

2. 报文长度(Message length)

该字段为 3 字节长,表示包含 Diameter 报文首部在内的总字节长度。与 RADIUS 报文的 2 字节报文长度相比，3 字节的报文长度使 Diameter 报文可以承载更多的用户接入控制信息。

3. 命令标志(Command flags)

该字段为 1 字节长，每比特的定义如图 5-42 所示。

图 5-42 中，R 比特置 1 表示请求报文，置 0 表示响应报文；P 比特置 1 表示报文可以受托、中继或重定向，置 0 表示报文必须在本地处理；E 比特置 1 表示该报文包含一个协议错误，请求报文中的 E 比特必须被置为 0；T 比特在重复的请求未被确认时置 1，暗示可能因链路故障产生了一个重复报文，响应报文和首次发送的请求报文中的 T 比特必须被置为 0；r 比特保留用于以后扩展，必须设置为 0，接收者忽略 r 比特。

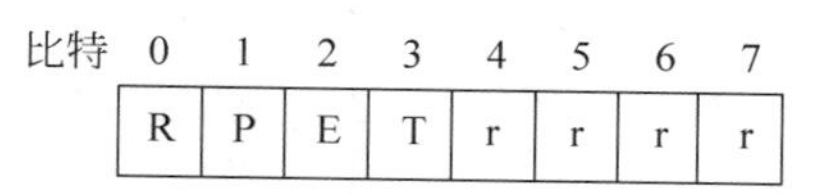

图 5-42 Diameter 报文的命令标志字段

4. 命令代码(Command-code)

该字段为 3 字节长。一个 Diameter 命令代码对应一对请求(Request)/响应(Answer)命令，由命令标志字段的 R 比特指明当前报文是命令请求还是命令响应报文。

命令代码值 0～255 用来兼容 RADIUS 协议的报文类型代码；Diameter 协议的命令代码值范围为 256～16777213；值 16777214～16777215(即 0xfffffe～0xffffff)则保留给实验命令。表 5-11 列出了在 IANA 注册的用于基础协议和一些应用协议的 Diameter 命令代码，其他应用协议的命令代码值可查阅 IANA 网站(https://www.iana.org/assignments/aaa-parameters/aaa-parameters.xhtml)。

表 5-11 用于基础协议和一些应用协议的 Diameter 命令代码

代码值	命 令	注册文档
Diameter 基础协议		
257	CER/CEA(Capabilities-Exchange-Request/Answer，能力交换请求/响应)	RFC6733
258	RAR/RAA(Re-Auth-Request/Answer，再认证请求/响应)	RFC6733
271	ACR/ACA(Accounting-Request/Answer，记账请求/响应)	RFC6733
274	ASR/ASA(Abort-Session-Request/Answer，中断会话请求/响应)	RFC6733
275	STR/STA(Session-Termination-Request/Answer，会话终止请求/响应)	RFC6733
280	DWR/DWA(Device-Watchdog-Request/Answer，设备监察请求/响应)	RFC6733
282	DPR/DPA(Disconnect-Peer-Request/Answer，拆除连接请求/响应)	RFC6733
Diameter MIP 应用协议		
260	AMR/AMA(AA-Mobile-Node-Request/Answer，AA 移动节点请求/响应)	RFC4004
262	HAR/HAA(Home-Agent-MIP-Request/Answer，家乡代理 MIP 请求/响应)	RFC4004
Diameter NAS 应用协议		
265	AAR/AAA(AA-Request/Answer，认证授权请求/响应)	RFC7155
Diameter EAP 应用协议		
268	DER/DEA(Diameter-EAP-Request/Answer，Diameter EAP 请求/响应)	RFC4072
Diameter 信用控制应用协议		
272	CCR/CCA(Credit-Control-Request/Answer，信用控制请求/响应)	RFC4006

续表

代码值	命　　令	注册文档
Diameter SIP 应用协议		
283	UAR/UAA(User-Authorization-Request/Answer,用户授权请求/响应)	RFC4740
284	SAR/SAA(Server-Assignment-Request/Answer,服务器分配请求/响应)	RFC4740
285	LIR/LIA(Location-Info-Request/Answer,位置信息请求/响应)	RFC4740
286	MAR/MAA(Multimedia-Auth-Request/Answer,多媒体认证请求/响应)	RFC4740
287	RTR/RTA(Registration-Termination-Request/Answer,注册终止请求/响应)	RFC4740
288	PPR/PPA(Push-Profile-Request/Answer,推送用户配置文件请求/响应)	RFC4740
Diameter 策略处理应用协议		
314	PDR/PDA(Policy-Data-Request/Answer,策略数据请求/响应)	RFC5224
Diameter ITU-T Rw 策略强制接口应用协议		
315	PIR/PIA(Policy-Install-Request/Answer,策略安装请求/响应)	RFC5431
Diameter MIP6 应用协议		
325	MIR/MIA(MIP6-Request/Answer,移动 IPv6 请求/响应)	RFC5778
Diameter QoS 应用协议		
326	QAR/QAA(QoS-Authorization-Request/Answer,QoS 授权请求/响应)	RFC5866
327	QIR/QIA(QoS-Install-Request/Answer,QoS 安装请求/响应)	RFC5866
Diameter 能力更新应用		
328	CUR/CUA(Capabilities-Update-Request/Answer,能力更新请求/响应)	RFC6737
Diameter NAT 控制应用		
330	NCR/NCA(NAT-Control-Request/Answer,NAT 控制请求/响应)	RFC6736

5. 应用标识(Application-ID)

该字段为 4 字节长,指示该报文适用的 Diameter 应用。IANA 将值 0～16777215(即 0x00000001～0x00ffffff)分配给标准跟踪(Standards-track)应用,将值 16777216～4294967294(即 0x01000000～0xfffffffe)分配给厂商定义的私有应用,将值 4294967295(即 0xffffffff)分配给中继应用。表 5-12 列出了在 IANA 中注册的 Diameter 应用标识。

表 5-12　Diameter 应用标识

标 识 值	应　　用	注 册 文 档
0	Diameter 普通报文	RFC6733
1	NAS 应用	RFC7155
2	MIP 应用	RFC4004
3	Diameter 基础记账	RFC6733
4	Diameter 信用控制应用	RFC4006
5	Diameter EAP 应用	RFC4072
6	Diameter SIP 应用	RFC4740
7	Diameter MIP6 IKE 应用	RFC5778
8	Diameter MIP6 认证应用	RFC5778
9	Diameter QoS 应用	RFC5866
10	Diameter 能力更新应用	RFC6737

续表

标 识 值	应 用	注 册 文 档
11	Diameter IKEv2 SK	RFC6738
12	Diameter NAT 控制应用	RFC6736
13	Diameter ERP	RFC6942

6. 逐跳标识(Hop-by-Hop Identifier)

该字段为4字节长，用于请求及其响应报文的匹配。逐跳标识的初始值通常随机产生，并线性增加。

7. 端到端标识(End-to-End Identifier)

该字段为4字节长，用来检查重复报文，不能被任何类型的代理所修改，相当于RADIUS报文中的标识字段。不过，与1字节长的RADIUS标识字段相比，4字节长的端到端标识字段允许更多未被响应的请求。

8. AVP

Diameter报文的具体内容以AVP(属性值对，Attribute-Value Pair)的形式逐个首尾衔接构成。AVP字段由首部和数据字段组成，如图5-43所示，其作用类似于RADIUS报文中的属性字段，用来传递对用户的认证、授权、记账、路由、安全等信息，实现相应的管理操作。

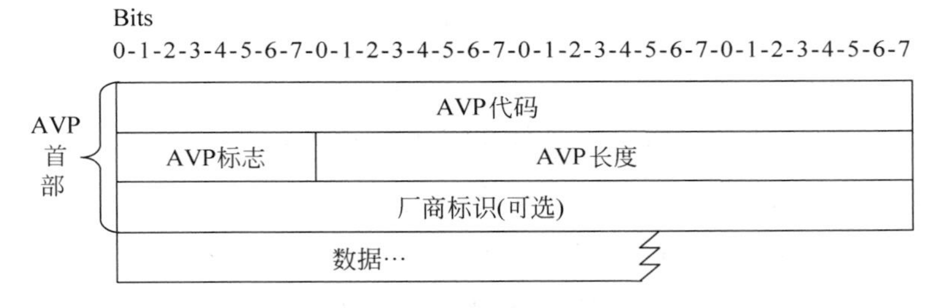

图5-43 Diameter的AVP格式

4字节长的AVP代码和可选的厂商标识一起唯一标识一个属性。Diameter协议的AVP代码值从256开始，值1～255则用来兼容RADIUS协议的属性。

1字节长的AVP标志(如图5-44所示)用来通知接收者如何处理这个属性。其中：r比特标识保留字段未被使用，应设置为0；P比特表示需要端到端的安全编码；V比特表明可选的厂商标识是否出现在AVP报头中；M比特表明是否需要AVP支持。

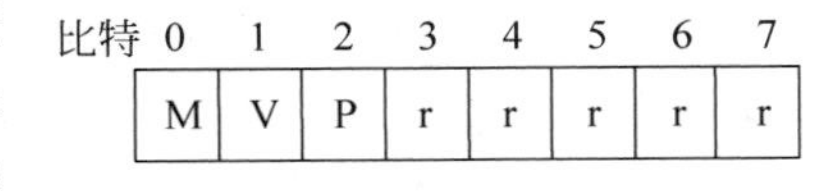

图5-44 Diameter的AVP标志

3字节长的AVP长度是包含AVP首部和数据部分的总长度。与RADIUS报文的1字节属性长度相比，3字节的AVP长度使得Diameter属性可携带更多的用户接入控制信息。

4字节长的厂商标识仅在AVP标志字段中的V比特置1时有效，标识此时的AVP是一个厂商私有的AVP。

0或多字节长的数据包含AVP的特有信息，具体格式和长度由AVP代码域和长度域决定。

Diameter基础协议可以通过增加新的命令和AVP的方法来扩展功能，实现新的应用。RFC6733中详细定义了Diameter基础协议所支持的认证/授权、记账AVP的内容及其使用，并列举了一些AVP的应用实例。

Diameter节点在启动时首先要建立基于TCP或SCTP的对等连接，然后进行协商协议版本、所支持的应用协议、安全模式等能力协商。能力协商完毕后，才开始进行AAA业务。Diameter节点之间的连接采用TLS进行安全保护，Diameter基础协议的实现必须支持TLS。

1）连接和会话

Diameter协议将连接(Connection)定义为两个对等端之间用来发送和接收Diameter信息的传输层连接；对话(Session)则定义为一个由接入设备与服务器共享的应用层逻辑概念，由会话ID(Session-id)AVP标识。

Diameter的连接与会话之间没有关联，多个会话的Diameter报文可以复用一条连接，二者的关系如图5-45所示。连接A建立在客户与他的本地中继代理之间，连接B建立在中继代理和服务器之间，用户会话X从客户经中继代理到服务器。一个服务的每个用户都会产生一个带有唯一会话标识的认证请求。一旦请求被服务器接受，客户和服务器都将知晓该会话。

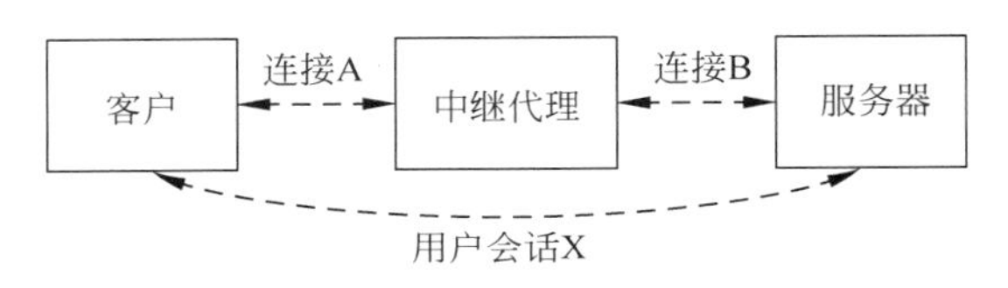

图5-45 Diameter的连接与会话

2）对等端表与域路由表

与RADIUS协议的客户/服务器运行模式不同，Diameter协议是一个对等(Peer-to-Peer)协议，任何一个节点都可以主动发送请求报文。每个节点均维护有一张域路由选择表(Realm routing table)和一张对等端表(Peer table)，对Diameter报文进行基于应用的路由选择和转发。

3）对等连接过程

尽管一个Diameter节点可能有多个通信对等端，但是与每个对等端之间建立一条连接是很不经济的。因此，Diameter基础协议中规定每个节点至少于每个域中的两个对等端(主、次对等端)建立连接。一个域的所有报文都发往主对等端，当主对等端失效时则发给次对等端。当然，一个节点也可以根据需要建立额外的连接，报文也可以在一组对等端之间进行负载均衡。一个对等端可以是一个域的主对等端，同时又是另一个域的次对等端。

Diameter的对等连接过程主要包括以下三个阶段。

(1) Diameter对等端发现阶段。

Diameter对等端发现阶段就是通过段等端发现机制，在两个Diameter对等端之间建立一条传输连接。动态的Diameter代理发现能够简化和强健Diameter服务的部署。Diameter对等端发现运行在两种情况下：一种情况是一个Diameter客户需要发现第一跳的Diameter代理时，第二种情况是一个Diameter代理需要发现处理后续过程的另一个代理时。

动态发现的对等端将被记录在对等端表中。如果被发现的对等端位于本地域之外，就还需要在域路由选择表中创建一条到这个对等端所在域的路由表项。

(2) 能力交换阶段。

当两个 Diameter 对等端之间建立了一条传输连接后，它们之间必须交换 CER/CEA 报文，来发现对等端的标识及其能力，如协议版本号、支持的 Diameter 应用、安全机制等。

当 CER 报文的接收方没有与发送方一样的 Diameter 应用或安全机制，或收到一个未知对等端发送的 CER 时，则必须返回由结果代码(Result-Code)AVP 指明错误的 CEA 报文，并且拆除传输层连接。

(3) 拆除对等连接。

当一个 Diameter 节点拆除一条传输连接时，如果它的对等端不知道拆除的原因，则只能假设发生了连接故障或者是该节点被重启了，因此会周期性地尝试重新建立连接。如果拆除连接的原因是因为资源耗尽或者是节点故障，那么这种周期性的连接请求是没有意义的。

所以，Diameter 节点需要发送一个 DPR 报文通知其对等端自己要拆除传输层连接。DRP 报文中包含有告知原因的拆除原因(Disconnection-Reason)AVP。收到 DPR 报文的对等端将返回一个 DPA 报文，并且不再尝试重新连接。收到 DPA 报文的节点发起传输层的终止连接过程。

4) 用户会话过程

用户会话(User Session)过程即 Diameter 客户与 Diameter 服务器之间进行的一系列信息交换过程，完成用户接入的处理。一个用户的接入通常对应一个用户会话。Diameter 为应用提供两种不同类型的服务：第一种提供认证/授权和记账服务，第二种仅提供记账服务。这两种用户会话的简化过程(忽略了与中间节点的交互)如图 5-46 所示。

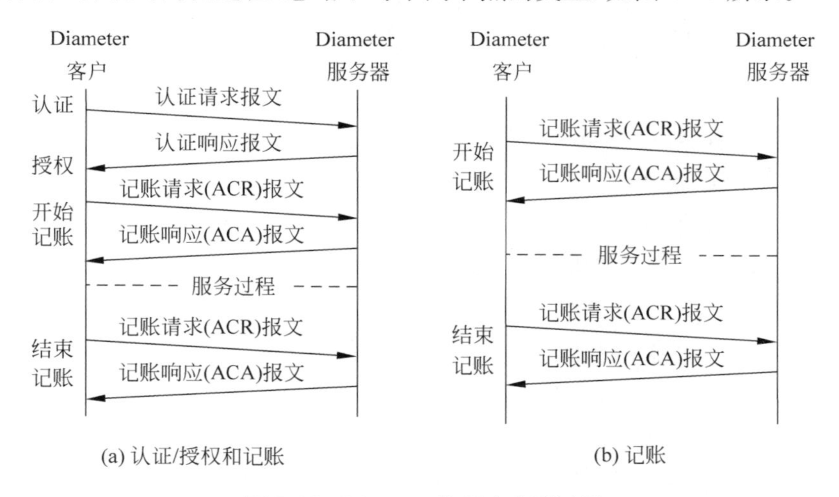

图 5-46　Diameter 的用户会话过程

图 5-46 中的 ACR/ACA 报文由 Diameter 基础协议定义，认证请求报文和认证响应报文由具体的 Diameter 应用协议定义。

在用户会话过程中，Diameter 客户将包含认证信息的认证请求报文发往 Diameter 服务器。服务器处理该请求,然后给客户返回一个认证响应报文,其中包含授权信息或认证错误代码。有时认证需要多个来回,即经过几个认证请求和认证响应报文的交换之后,才能完成认证与授权过程。

当用户经认证/授权被允许接入或结束会话时,Diameter 客户将根据情况产生针对用户的记账信息。这些记账信息将被携带在具体 Diameter 应用专有的 AVP 内,由 Diameter 基础协议中定义的 ACR 报文传送给 Diameter 服务器。服务器将响应 ACA 报文以指示记账成功或拒绝。客户只有在收到成功的记账响应时,才能清除已经被发送的记账记录。如果收到记账拒绝指示,客户将中止用户接入。

5) 端到端的安全(End-to-End Security)

Diameter 基础协议采用 TLS 或 IPSec 为对等连接提供传输级的安全。Diameter 客户(如 NAS 或移动代理)必须支持 IPSec,并可以支持 TLS。Diameter 服务器必须支持 IPSec 和 TLS。RFC6733 建议域内交换使用 IPSec,域间交换使用 TLS。

Diameter 客户和服务器之间的报文交互可能通过各种代理节点,TLS 和 IPSec 只能保护 Diameter 节点间对等连接的安全,不能保护整个 Diameter 用户会话的安全。因此需要提供端到端的安全保障,以避免中间代理修改报文内容所产生的安全隐患。

端到端的安全服务包括机密性和消息的来源鉴别。何时使用端到端的安全由每个对等端的政策决定。安全政策没有特定的标准,例如,当 TLS 或 IPSec 传输层能够满足安全需要时,可以不使用端到端的安全传输。

在 Diameter 协议中,连接的对等方都必须是认证过的,以确保传输路径的安全。在初始一个连接前,Diameter 节点必须检测其对等端的功能、行为是被认证过的。Diameter 会话只能建立在被认证的节点基础上。

5.6.4 应用协议

Diameter 应用协议充分利用基础协议提供的报文传送机制,规范相关节点的功能及其报文内容,实现应用服务的 AAA。本小节中介绍的 Diameter 应用协议详情以及未介绍的其他 Diameter 应用协议,可查阅本章参考文献中列出的 RFC 文档。

1. Diameter MIP 应用

Diameter MIP 应用允许 Diameter 服务器为一个 MN(Mobile Node,移动节点)提供移动 IPv4 的 AAA 管理:MN 使用移动 IPv4 与 HA(Home Agent,家乡代理)或 FA(Foreign Agent,外地代理)通信,无须支持 Diameter 协议;HA 和 FA 作为 Diameter 客户;MN 家乡域中的 AAAH(AAA 家乡,AAA home)服务器以及访问域中的 AAAF(AAA 外地,AAA foreign)服务器作为 Diameter 服务器。

图 5-47 是一个 MN(mn@example.org)漫游到一个访问域(example.net)时,采用 Diameter MIP 应用进行注册的例子,图 5-48 是对应的时序交互图。

2. Diameter NAS 应用

Diameter NAS 应用用在 NAS 环境中,主要考虑 Diameter 协议对基于 RADIUS 协议的传统 AAA 管理的兼容,定义了 RADIUS 属性与 Diameter AVP 之间的转换,以及 RADIUS 和 Diameter 应用之间的交互。

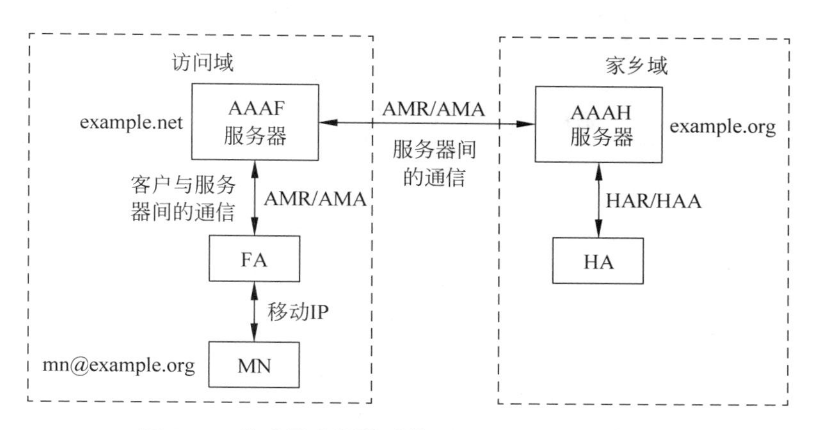

图 5-47　移动用户漫游时的 Diameter MIP 应用实例

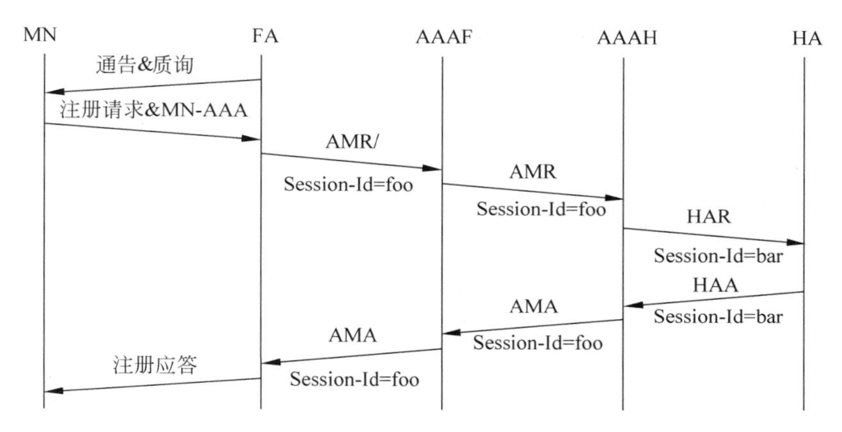

图 5-48　移动用户漫游时移动 IPv4 消息及 Diameter 消息的交互

3. Diameter 信用控制应用

Diameter 信用控制应用用来实现对各种端用户业务的实时信用控制。这些端用户业务包括网络接入、SIP 服务、信使服务、下载服务等。

4. Diameter EAP 应用

Diameter EAP 应用基于 Diameter NAS 应用，主要实现 NAS 和后台的认证服务器之间的 EAP 分组承载，定义了一些用来承载 EAP 分组的 Diameter 命令代码和 AVP。

5. Diameter SIP 应用

Diameter SIP 应用结合 SIP 一起使用，在 SIP 服务器中提供 Diameter 客户功能，使其能够为基于 IP 的多媒体业务请求 Diameter 服务器认证用户，授权使用 SIP 资源。

5.7　小结

本章重点讨论了 IP 接入网中实现接入控制功能的接入控制协议，包括前台协议和后台协议，以及这两类协议中可以使用的认证方法。

前台协议运行在 NAR 和 NAS 之间，用来承载、传送用户的业务与控制管理数据。PPPoE 和 802.1X 是目前应用最为广泛的前台协议。

PPPoE 协议是在以太网上为每个接入用户建立一条 PPP 虚拟链路，在该虚拟链路上使用 PPP 内置的接入认证功能对以太网上每个接入用户进行接入控制。因此 PPPoE 和 PPP 一样，都不建立单独的控制信道，控制信息和业务信息在同一个通道中传输，对用户的接入控制粒度相当细，但控制开销十分大。

802.1X 协议为 IEEE 802 LAN 用户提供了基于端口的用户接入控制标准，将接入用户的端口逻辑划分为受控端口（数据口）和非受控端口（控制口），实现了控制通道与数据通道的分离，控制信息封装在 EAPOL 帧中在非受控端口上传送，用户通过认证后的业务信息直接封装在 LAN/WLAN 帧中在受控端口上传送，所有业务数据的传送基本不受控制打扰。因此，虽然 802.1X 对用户的接入控制粒度较粗，但控制开销相当小。

后台协议运行在 NAS 和 NAA 之间，与前台协议协同运行实现对用户的认证、授权和记账管理，即 AAA 管理。目前应用最广泛的后台协议是 RADIUS 协议。RADIUS 协议最初仅是针对拨号用户的 AAA 协议，现已发展成为一个通用的 AAA 协议，适用于拨号接入用户、VPN 用户以及有线或无线接入的局域网用户的后台集中控制。RADIUS 协议具有结构简单、层次清晰、实现简易等优势，但并不适合大规模网络以及基于移动 IP 的下一代网络的应用。新出现的 Diameter 协议改进了 RADIUS 的一些不足，并兼容 RADIUS 协议，希望能取代 RADIUS 协议。

在接入控制体系中，认证方法并不独立使用，而是应用于前台协议和后台协议中，采用特定的认证算法实现用户认证管理信息的安全交互操作。虽然 PPPoE 和 802.1X 这两个前台协议的外在表现差别很大，但其使用的核心认证方法却都趋同到 EAP 协议。EAP 协议是一个封装格式统一、支持并可承载多种认证算法、可扩展性很强的认证框架协议。EAP 协议最初仅是 PPP 协议的附属协议，但现在已完全独立于 PPP 协议，发展成为前台协议的认证核心，以及前后台协议协同的实现基础，与 RADIUS 协议一起成为诸多用户接入控制系统中的两大核心协议，分别承担前台控制和后台仲裁的关键任务。

5.8 参考文献

[1] RFC1334：PPP Authentication Protocols，1992.（被 RFC1994 替代）
[2] RFC1661：The Point-to-Point Protocol (PPP)，1994.（替代了 RFC1548，被 RFC2153 更新）
[3] RFC1662：PPP in HDLC-like Framing，1994.（替代了 RFC1549）
[4] RFC1994：PPP Challenge Handshake Authentication Protocol (CHAP)，1996.（替代了 RFC1334，被 RFC2484 更新）
[5] RFC2516：A Method for Transmitting PPP Over Ethernet (PPPoE)，1999.
[6] RFC2865：Remote Authentication Dial in User Service (RADIUS)，2000.（替代了 RFC2138，被 RFC2868、RFC3575、RFC5080、RFC6929、RFC8044 更新）
[7] RFC2866：RADIUS Accounting，2000.（替代了 RFC2139，被 RFC2867、RFC5080、RFC5997 更新）
[8] RFC3575：IANA Considerations for RADIUS，2003.（更新了 RFC2865、RFC2868，被 RFC6929 更新）
[9] RFC3579：RADIUS Support For EAP，2003.（更新了 RFC2869，被 RFC5080 更新）
[10] RFC3580：IEEE 802.1X RADIUS Usage Guidelines，2003.（被 RFC7268 更新）
[11] RFC3748：Extensible Authentication Protocol (EAP)，2004.（替代了 RFC2284，被 RFC5247、RFC7057 更新）
[12] RFC4004：Diameter Mobile IPv4 Application，2005.

[13] RFC4006：Diameter Credit-Control Application，2005.
[14] RFC4072：Diameter EAP Application，2005.（被 RFC7268、RFC8044 更新）
[15] RFC4740：Diameter Session Initiation Protocol (SIP) Application，2006.
[16] RFC4937：IANA Considerations for PPP over Ethernet (PPPoE)，2007.
[17] RFC5176：Dynamic Authorization Extensions to RADIUS，2008.（替代了 RFC3576）
[18] RFC5216：The EAP-TLS Authentication Protocol，2008.（替代了 RFC2716）
[19] RFC5224：Diameter Policy Processing Application，2008.
[20] RFC5431：Diameter ITU-T Rw Policy Enforcement Interface Application，2009.
[21] RFC5447：Diameter Mobile IPv6：Support for Network Access Server to Diameter Server Interaction，2009.
[22] RFC5778：Diameter Mobile IPv6：Support for Home Agent to Diameter Server Interaction，2010.
[23] RFC5779：Diameter Proxy Mobile IPv6：Mobile Access Gateway and Local Mobility Anchor Interaction with Diameter Server，2010.
[24] RFC5866：Diameter Quality-of-Service Application，2010.
[25] RFC6696：EAP Extensions for EAP Re-authentication Protocol (ERP)，2012.（替代了 RFC5296）
[26] RFC6733：Diameter Base Protocol，2012.（替代了 RFC3588、RFC5719，被 RFC7075 更新）
[27] RFC6736：Diameter Network Address and Port Translation Control Application，2012.
[28] RFC6737：The Diameter Capabilities Update Application，2012.
[29] RFC6942：Diameter Support for the EAP Re-authentication Protocol (ERP)，2013.
[30] RFC7155：Diameter Network Access Server Application，2014.（替代了 RFC4005）
[31] RFC7268：RADIUS Attributes for IEEE 802 Networks，2014.（更新了 RFC3580、RFC4072，被 RFC8044 更新）
[32] IEEE Std 802.1X—2004：Port-Based Network Access Control，2004.
[33] IEEE Std 802.1X—2010：Port-Based Network Access Control，2010.

第三篇　有线接入技术

本篇包括第6～9章，主要讨论各种有线接入技术。这些技术基于有线介质传输，具有传输速率快、信息不易泄漏、实现成本低等优点。

第6章是以太网接入技术，主要讨论使用IEEE 802.3技术实现IP接入。20世纪80年代初期人们最为熟悉的局域网技术是IEEE 802.3/802.4/802.5，当年的802.4/802.5早已经烟消云散，只有以太网(802.3)势如破竹、迅猛发展，是今日园区网中最佳的接入技术，凭借速度快、成本低、安全性好的优势，成为高密度用户群接入的首选。

第7章是光纤接入技术，主要讨论使用EPON技术实现IP接入。使用光纤接入用户，可以在相当长的距离上实现用户的高性能高安全接入，特别适合于中低密度用户群的接入。长期以来，运营商一直钟情于光纤入户，一直大量推广无源光网络(PON)技术并积极实现了包括互联网接入和IPTV在内的多种业务。

第8章是电话铜线接入技术，主要讨论在传统的模拟电话网接入段铜缆使用ADSL技术实现IP接入。ADSL技术是早期的“宽带接入”技术，其技术思路对后来者的技术发展影响颇深。

第9章是HFC接入技术，主要讨论使用Cable Modem实现IP接入的技术。充分利用有线电视的同轴电缆接入IP用户，是早期的另一种“宽带接入”技术，其技术思路也影响了后继的技术。

上述4种接入技术，有的是当前的主流技术，有的当前应用虽然已经不多但技术思路影响力仍然不可小觑。

第6章

以太网接入技术

在宽带接入中，以太网接入是与 IP 网络匹配最佳、性能最高、应用最广的接入技术。

以太网源于早期的局域网技术。以太网历经持续的高速发展，接入速率从 10Mb/s 提升到 10Gb/s、甚至 100Gb/s，提供简洁的 IP 直接承载，可以最佳匹配 IP 分组的传送，配合接入控制和用户隔离等特性，为 IP 接入提供了高性能、低价位的有线接入方案，广泛适用于高性能的固定接入场景。

本章讨论的主要内容包括：

- 以太网的诞生及其启示。
- 以太网标准 IEEE 802.3。
- 802.3 的系统架构与参考模型。
- 802.3 的 MAC 层和物理层的技术要点。
- 网桥与交换机。
- 虚拟局域网技术。
- 以太网接入的典型应用。

6.1 引言

以太网当前已是尽人皆知。多年以前，人们曾认为以太网的部署仅是权宜之计：成本虽低但性能也相当低，很快将被高性能网络取代。时至今日，当年呼声很高的多种“高性能”网络，例如令牌环、ATM 局域网等，早已不见踪影，而以太网却在局域网和园区网等领域一枝独秀、独占鳌头。

以太网从丑小鸭变成白天鹅的发展故事值得深入思考：

以太网技术是如何成功演变的？从中可得到哪些启示？

6.1.1 以太网的诞生与发展

以太网发展初期有三大标志性事件：以太网诞生、以太网规范、以太网标准。

1973 年 5 月 22 日，一个称为 ALTO ALOHA 的网络首次在 Xerox/PARC 运行，这是

由 Robert Metcalfe 在 David Boggs 的帮助下完成的。当天，Metcalfe 在备忘录中改称之为 Ethernet(以太网)。今天，人们公认以太网诞生于 1973 年 5 月 22 日，Robert Metcalfe 也被称为“以太网之父”。但是，如果没有后继的发展，以太网仅是众多博士论文中的一篇而已。

1980 年，Intel 公司联合 Metcalfe(当时已是 DEC 员工)，并从 Xerox 公司取得专利使用权，制定了以太网的第一个技术规范——DIX Ethernet v1.0，并于 1982 年发布了 DIX 规范第二版。DIX v2.0 取得了极大的成功并被广泛称为 Ethernet Ⅱ。Ethernet Ⅱ简洁、灵活，发挥以太网与生俱来的特质，特别有利于 IP 应用。随着 TCP/IP 网络的流行，Ethernet Ⅱ成为以太网的“准标准”而风行一时。

但是，DIX 规范仅仅是一个企业级规范。DIX 规范的权威性不够，规范后继的维护相当困难。

1985 年，以太网出现了第一个行业标准 IEEE 802.3。802.3 标准遵循 802 标准系统架构，以 LLC 为中心，对 DIX 规范做了少量变更。但是，这个“少量”的变更后来却引发了致命的后果，几乎陷 802.3 标准于灭顶之灾。

2000 年前后，IP 化大潮扑面而来。802.3 工作组顺应 IP 化大潮，修改 802.3 标准使之重归 DIX 基本理念，使之也最佳匹配了 IP 网络。802.3 标准与时俱进、浴火重生。

从此开始，802.3 成为当之无愧的国际性标准，主导以太网技术的持续发展至今。

近 50 年来，技术进步高速推动了以太网的持续进展。以太网进步中最为令人瞩目的发展当属以太网的速率大幅度提升：1985 年出现十兆位以太网，1995 年提升到百兆位以太网(又称 FE，快速以太网)，1998 年继续升级到千兆位以太网(GbE)，2002 年进一步升级到万兆位以太网(10GbE)，2010 年终于出现了十万兆位以太网(100GbE)。

除了速率提升外，重大发展还包括以太网从共享式网络发展到交换式网络，从局域网发展到园区网和城域网，以太接入网、数据中心以太网也取得持续进展。

6.1.2 以太网与 IP 的匹配

IP 网络在计算机端系统中的发展，SUN(Stanford University Network)公司功不可没。

20 世纪 80 年代，SUN 公司曾经是一个首屈一指的计算机公司，其标志性口号“网络就是计算机”(Computer is network)极力推行了计算机务必联网的技术理念。

Sun 公司最著名的产品是计算机工作站，以太网和 IP 技术是 SUN 工作站技术体系的两大亮点，SUN 工作站均配置以太网接口、UNIX 操作系统和 TCP/IP 协议。以太网和 TCP/IP 的最佳匹配极大地推动了计算机联网。当年的 SUN 工作站联网曾经风靡一时。

深入分析以太网规范和 IP 协议可以看出：以太网的基本属性——变长数据单元与无连接传送——与 IP 协议天然一致。基本属性一致使以太网和 IP 成为与生俱来的绝配，以太网天然匹配 IP，并随之广为流行。

以太网和 IP 选用的配合反映了“简单才是美”的理念。这不仅是一个美学观点，更是一个哲学理念，因而也是工程美学的技术风格和技术理念。IP 协议和以太网的成功表明了“简洁胜于烦琐”的理念，以太网和 IP 协议的配合表明了“简洁而合用”方为最佳匹配。简洁的 IP 和简洁的以太网风靡了计算机网络，而众多十分精致但异常烦琐的技术(如 ATM、令牌环等)逐渐边沿化，有力支撑了这一理念。

6.1.3　802.3 标准浴火重生

以太网匹配 IP 在 SUN 工作站中取得极大成功。然而，这并不是 IEE 802.3 标准的成功，恰恰相反，802.3 标准正在面临边缘化的窘境。

SUN 工作站的网络配置时有两个选项：DIX 或 802.3。绝大多数用户选择 DIX，选用 802.3 的寥寥无几。这是因为 DIX 与 802.3 在承载 IP 时有不多却重大的差异，这个差异使得 DIX 帧适合于多类型承载（特别是 IP 承载）而 802.3 帧仅能承载 LLC 数据。

深入分析 DIX 和 802.3 的帧结构（详见本章后面内容）可以看出两类帧承载 IP 分组的差异。802.3 帧定义的是单一 LLC 承载，而 DIX 帧定义的是多承载。DIX 帧可以承载各种各样的数据，只需在前导的"类型字段"描述即可。这一看似不大的差异却对以太帧的 IP 承载带来重大影响。802.3 帧承载 IP 分组时必须采用烦琐的多层封装：802.3 帧内封装 LLC 数据单元，LLC 中再封装 SNAP（子网接入协议，RFC 1042）数据单元，SNAP 数据中再封装 IP 分组。DIX 帧则是简单的直接封装：IP 分组直接放入数据字段，并在前导的类型字段说明为以太类型描述符（0800）。802.3 的"IP/SNAP/LLC/MAC"多层封装增加了字节开销并成倍加重了协议处理开销，而 Ethernet Ⅱ 的"IP/MAC"直接封装则十分简洁。

面对 IP 化大潮，Ethernet Ⅱ 优势凸显，802.3 则力不从心。

802.3 帧产生这种弊病的原因源于 802 系统架构。802 标准的体系结构是以 LLC 为中心的：LLC 向上为各种网络层协议提供一致性服务，向下汇聚各种 MAC 规范。各种 MAC 帧以 LLC 为唯一承载，MAC 帧可以、只能、必须封装 LLC 数据单元。更为糟糕的是，LLC 可以为多种网络协议提供服务，却不能直接为 IP 服务。

这种设计理念当初可能不无道理，但面对 IP 大潮的到来就全然不能适应了：网络层已是 IP 的一统天下，以太网也正在成为"物理网络"的首选。面对 IP 化大潮，以 LLC 为中心的 802 架构面临严重困境。

IEEE 802.3 标准，更确切地说是以 LLC 为中心的 802 架构，面临重大抉择：无视 IP 化形势，继续以 LLC 为中心，维持 802 架构体制？还是迎接 IP 大潮，恢复 DIX 规范的多承载特性？

守制还是变革？这是一个严重的问题。

20 世纪 90 年代中后期，802.3 工作组面对 IP 化大潮，开始扬弃 LLC 的中心地位。802.3 注意到：802.3 帧的 Len 字段和 DIX 帧的 Type 字段在编码空间并不冲突（Length：≤1500，Type：≥1536），完全可以定义 Len/Type 双释义符字段，使得 802.3 帧兼容 DIX 帧。

恢复 DIX 帧多承载理念后，802.3 标准终于浴火重生。

MAC 帧结构开始成为 802.3 标准的核心技术，实现了 IP 分组在 802.3 帧中直接承载，推动了"IP over MAC"成为 IP 应用典范。当前，802.3 帧结构还在进一步拓展中。

6.1.4　以太网发展的启示

以太网风靡了计算机"物理网络"，简约的 TCP/IP、简约的以太网。

启示一：简单才是美

简洁的 IP 已经一统网络协议的天下，简洁合用的以太网随之在局域网/园区网独占鳌头，精致但繁杂的ATM、令牌环等已不见踪影。

简约不仅是一种技术选择，而且是一种优雅的风格和理念。

启示二：顺应潮流、与时俱进

当初良好的设想未必能适应形势的发展。

必须当机立断、断然处置，有弃方能有所得。

以太网发展史告诉我们：当年的以太网简陋低廉、过渡技术；今日的以太网高歌猛进、一片辉煌。

丑小鸭终于变成了美丽的白天鹅。

值得记住的两件事：1973年05月22日被称为“以太网的生日”；Metcalfe被称为“以太网之父”。

6.2 IEEE 802.3标准

时至今日，IEEE 802.3标准已经成为主导以太网技术的国际性标准。

IEEE 802标准通常是一个不断进步的进程。基本标准可以有多个版本，可以以颁布时间标识，如1985版、2002版、2008版等。在基本标准发展期间通常有多个修正案(Amendment)，经常被称为“增补”。基本标准的文本都具有完整的内容，而修正案文本则仅列出修正相关内容，包括增、删、改，并不列出标准全文。

本节讨论主要的802.3标准，从中可以看出以太网发展的技术轮廓。

6.2.1 基本标准

1. 1985版：IEEE Std 802.3—1985

基于1982版草案制定。

2. 2002版：IEEE Std 802.3—2002

历经两个编辑版(1998版和2000版)的修改，基于1985版并收入相应增补。

3. 2005版：IEEE Std 802.3—2005

基于2002版并收入相应增补。

4. 2008版：IEEE Std 802.3—2008

基于2005版并收入相应增补。

5. 2012版：IEEE Std 802.3—2012

获批时间：2012年09月05日；颁布时间：2012年12月28日。

基于2008版并收入相应增补。

6.2.2 物理层增补

802.3标准的每一次物理层增补都是引人瞩目的。这些增补实现了以太网速率从十兆位到十万兆位的提升，实现了以太网从局域网到园区网、城域网、接入网的拓展。

1. 十兆位以太网

802.3—1985：包含了以太网起源的粗同轴规范10BASE-5。

802.3i—1990：定义了十兆位双绞线接口规范10BASE-T。

2. 百兆位以太网

802.3u—1995：百兆位以太网(快速以太网，FE)启动，含双绞线接口规范 100BASE-TX。

3. 千兆位以太网

802.3z—1998：千兆位以太网(GbE)启动。

802.3ab—1999：定义了千兆位双绞线接口规范 1000BASE-T。

4. 万兆位以太网

802.3ae—2002：万兆位以太网(10GbE)启动。

802.3an—2006：定义了万兆位双绞线接口规范 10GBASE-T。

5. 其他重要增补

以太接入网：802.3ah—2004。

EPON：1G-EPON(802.3ah—2004)和 10G-EPON(802.3av—2009)，广泛用于光纤入户。

背板以太网：802.3ap—2007，用于机架内插板间、设备间的高性能互连。

6.2.3　其他增补

802.3 标准的增补中，有一些增补虽然远不如物理层增补那样引人注目，然而重要性一点不比前者差。

802.3x—1997：定义流量控制机制，以太网由半双工运行进入全双工时代。

802.3ac—1998：帧格式扩展，VLAN 实现标准化互连。

802.3ad—2000：多链路聚合。现已发展成独立标准 802.1AX—2008。

802.3af—2003：双绞线以太网供电(PoE)，后继扩展是 802.3at—2009。

802.3as—2006：帧格式进一步扩展，梳理已有扩展并预留未来之需要。

6.3　系统架构与参考模型

以系统架构提纲挈领，可清晰标准规范的整个内容，参考模型则是系统架构核心内容简洁直观的表述。

6.3.1　系统架构

IEEE 802.3 标准强调以系统架构观点组织标准的内容，并为此在标准开始的章节(1.1节)中用独立的小节专门讨论系统架构及其重要性：系统架构是指着重于系统的功能划分及其协同，按照系统架构组织标准内容比基于实现组织标准内容具备更多的优越性。802.3根据系统架构观点组织标准的内容，使技术总体清晰而全面，技术规范细节的表述灵活，这对内容纷杂繁多的以太网标准制定至关重要。

虽然 802.3 标准始终坚持以系统架构为纲，但从标准的第一份草案(IEEE draft 802.3—1983)开始，标准制定期已经长达 30 余年。多年来，随着对系统架构认识的深化，标准中的相关内容也随之更新。802.3 标准坚持以架构为纲，不仅顺利支持了 802.3 标准本身的顺利发展，而且对 802 标准系列都发生了深刻影响，特别重要的是有力推动了网络 IP 化进程。

坚持用系统架构的观点理解繁杂的技术规范，经常可以画龙点睛，一通百通，是一种高屋建瓴的优良学习方法。

架构是一个纲，纲举目张。

6.3.2 参考模型

参考模型(通常指基本参考模型，BRM)基于图形表现系统架构的核心元素，是一个简洁直观的全局视图。802.3参考模型通常基于OSI七层模型构造，简洁、全面、直观地表述了802.3系统架构的核心内容。802.3参考模型如图6-1所示。

(a) 当前参考模型

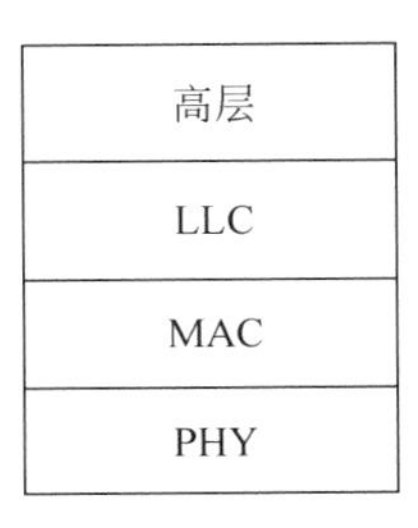

(b) 旧版参考模型

图6-1 802.3参考模型

图6-1(a)是802.3标准中当前的参考模型。当前模型的最底层是PHY(物理)层，其上是MAC(介质接入控制)子层，再上是MAC控制子层和MAC客户(层)。除了MAC控制子层之外，各层或子层都是为其邻接上层提供服务，即PHY为MAC提供服务，MAC为MAC客户提供服务。

模型中的MAC控制子层是一个较为特殊的可选子层，插在MAC客户与MAC子层之间而并不为上下两个子层感知。MAC控制通常在上下层之间透明传送服务原语，使得MAC子层认为自己是在直接为MAC客户服务，MAC客户也认为自己是在直接使用MAC服务。MAC控制子层执行特定的实时控制功能。目前定义的功能有两个：流控功能和EPON专用的MPCP(多点控制协议)功能。由于上下邻接层都不感知MAC控制子层的存在，因而有时在讨论中略去了MAC控制子层将模型简化，构成802.3简化模型。

各层中的活动元素称为实体。在802.3当前模型中，MAC层有唯一的MAC实体，而PHY层中有多个PHY实体，例如10BASE-T实体、100BASE-TX实体、1000BASE-T实体等，每一个实体由相应的物理层规范描述。图6-1(a)的模型中并没有并列多个PHY实体，这样既无碍于模型的完整性，同时可使参考模型更为简洁。

IP协议实体是当前模型中最重要的MAC客户。LLC实体等仍然可以作为MAC客户以便保持标准的继承性。

802.3标准的当前模型是从1998版标准逐渐演进而成的。旧版(1985版)标准中的参考模型如图6-1(b)所示。新旧版参考模型的最大差别是：旧版模型以LLC数据为唯一承载，MAC帧能够并且唯一能够封装LLC PDU，然而并不能够直接封装IP分组；当前模型可以承载各种MAC客户数据，特别是可以直截了当地封装IP分组。

MAC能否简洁高效地承载IP分组是一个十分重要的问题，若沿用旧版模型将会给802.3标准带来灭顶之灾。

6.3.3 IP 承载

IP 接入网性能的重要指标之一是 IP 承载性能，即是，承载 IP 网络的“物理网络”（例如以太网）能否高效封装和处理 IP 分组。以太网接入的协议栈是否由物理网络直接承载 IP，与性能关系甚大。802.3 新旧模型下的以太网接入协议栈如图 6-2 所示。

IP RFC_894
MAC IEEE_802.3—1998
PHY IEEE_802.3

(a) 当前模型下的协议栈

IP RFC_894
SNAP RFC_1042
LLC IEEE_802.2
MAC IEEE_802.3—1985
PHY IEEE 802.3

(b) 旧版模型下的协议栈

图 6-2 以太网接入协议栈

图 6-2(a)表示当前模型下的协议栈，其中的 802.3 标准必须是 1998 版或更新版本。当前协议栈是简洁的“IP over MAC”机制，IP 实体直接使用 MAC 服务，IP 分组直接封装入 MAC 帧的数据段并在前导的类型段标识以太类型为“IP”即可。这种简洁的承载方式通常称为“直接承载”方式。

图 6-2(b)表示旧版模型下的协议栈，其中的 802.3 标准是 1985 版的原始版。1985 版的 802.3 标准遵循当年 802 网络以 LLC 为中心的系统架构，所有的 MAC 实体（包括 802.3、802.4、802.5 等）都以 LLC 为唯一服务对象，802.3 实体因而能够为、只能为、必须为 LLC 实体提供服务。更为糟糕的是，虽然 LLC 可以为多种网络协议（例如 IBM 公司的 SNA、RS-511、PROWAY_LAN、SNAP 等）提供服务，却不能直接为 IP 协议提供服务。因此，IP 实体只能通过 SNAP（子网接入协议）间接使用 LLC 提供的服务。于是形成了层次烦琐的“IP over SNAP，SNAP over LLC，LLC over MAC”协议栈层次。这种 IP 分组经过多层封装承载在以太帧上的承载方式通常称为“间接承载”方式。

旧版模型下的间接承载不仅封装的字节开销有所增加，更为严重的是多层协议处理显著加重了处理开销，协议的处理开销大增而协议可靠性大降。采用 1985 版标准和旧版模型，完全比不上仅为企业级的 Ethernet Ⅱ 规范。

从 1998 编辑版启动的 802.3 标准演进，使 IP 承载机制简洁明快，成就 802.3 标准以太网成为 IP 协议的最佳匹配。

当前适用的 802.3 标准都是支持当前模型的，都是以太帧直接承载 IP 分组的，都是以太网最佳匹配 IP 协议的。

802.3 架构的演进带动了 802 系统架构的演变，LLC 逐渐被边缘化，802 网络逐渐发展成 IP 网络的最佳匹配。802.3 标准的演变成为 802 网络迎接 IP 化大潮的先行者。

ITU-T Y.1231—2000 基于 1985 版 802.3 标准，从而耗费不少篇幅讨论 IP 分组的直接承载。深入分析 IEEE 802.3 标准的演进，可以清楚 IP Over MAC 机制的来龙去脉并大大简化对 IP 承载的讨论。

6.4 MAC层

介质接入控制(MAC)协议是控制多站点有序接入共享信道的协议，是共享式局域网的核心技术。

CSMA/CD(Carrier Sense Multiple Access with Collision Detection)是以太网的MAC协议，是由Metcalfe发明并由Xerox公司拥有的专利技术。

IEEE 802.3标准以CSMA/CD为标志性技术：标准标题名为"CSMA/CD接入方法与物理层规范"，标准称共享式以太网为"CSMA/CD"网络。

6.4.1 共享信道的接入控制

早期的802网络，包括以太网(802.3)、令牌总线(802.4)、令牌环(802.5)，都是共享式局域网。共享式局域网上的多个站点共同使用同一物理介质形成的共享信道，任意两个站点同时发送信号就会产生冲突，发出的信号互为干扰。

MAC协议控制共享信道上站点的发送时机，使多个站点有序接入共享信道，避免在信道上形成冲突，提高信道有效利用率，促使站点公平、快速地接入信道。

在任何共享式局域网中，MAC协议都是核心技术。随着以太网从共享走向交换，MAC协议的重要性虽然显著下降，但仍然是一般局域网的标志性技术。

6.4.2 MAC协议基础

所有MAC技术中最重要的要素是在哪里控制和如何控制。"在哪里"指的是控制采用集中式或分布式，"如何"控制可以分为同步信道分配和异步信道分配两大类。同步分配主要采用TDM/TDMA等静态分配机制：不管是否需要发送，各个站点都轮流定时享有发送时隙。异步分配技术是一种动态信道分配技术，站点需要发送时才享有时隙。异步分配技术主要采用争用、预约、轮转三种机制，参见2.2.4节。

6.4.3 CSMA/CD协议概要

以太网发明的一项重要的专利是其MAC协议——带冲突检测的载波侦听多路接入(CSMA/CD)协议。CSMA/CD一直是802.3标准的标志性技术，还曾经是802.3标准中最重要的协议。本小节讨论CSMA/CD的技术要点。

1. 一致性准则

一致性(Deference)准则是CSMA协议要求所有站点必须遵守的一个基本原则。

以太网原始的拓扑结构是总线型，所有站点都挂接在同一根同轴电缆上，站点使用基带传输发送信号。信号的基带传输在同轴电缆上形成一个共享信道，同轴电缆上基带传输的基本传送模式是一发全收。一发全收传送模式的基本特点是同一时间点只能有一个有效发射，若两个或两个以上站点的传输重叠而产生争用(Contention)，就称之为冲突(Collision)。信道上出现冲突致使任何一个信号都无法正确识别和接收。CSMA协议的基本点是共享信道上的每个站点都必须监测信道上出现的信号并与之保持一致：信道上若有信号出现则必须推迟启动发送过程，直到信道上无信号时方可启动发送过程。各个站点必须以信道上的信号为基准，严格执行同一准则，保持相互协调，方可能维持CSMA协议的有效运行，实现介质的有效使用和站点的有效发送。802.3标准称这一基本原则为“一致性”(Deference)准则，并列出专门小节讨论以强调这一准则的重要性。

综上所述，802.3标准中一致性准则是指以太网上所有站点的发送都必须与同轴电缆上的当前信号保持一致，所有站点的实际发送都只能在信道空闲时启动。以太网上的所有站点都必须使自己的信道接入与信道上的信号保持一致，不得干扰当前的信号传输。各个站点都必须执行统一的接入协议，分布式地协调多点对介质的接入，这就是CSMA协议族的基本理念。

在以太网的早期技术文档中，同轴电缆上的基带信号曾经被广泛称为“Carrier”(载波)。因此，同轴电缆上的信号监测被称为“载波侦听”，与电缆上的基带信号保持一致也被称为载波一致性准则。

2. CSMA协议框架

以太网上的每一个站点都遵从与当前信号一致的原则，都执行“先听后发”的信道接入策略，每个站点启动发送之前都需要侦听信道是否空闲。

CSMA协议执行“先听后发”策略的基本框架并不复杂：在发送之前先监听信道是否空闲，如果信道空闲则启动发送。CSMA协议的基本算法可以表示如下：

站点希望发送时，则对信道进行侦听；

如果，信道空闲，则立即启动发送；

否则，信道繁忙，则推迟到信道空闲后启动发送。

上述算法只是CSMA协议算法的基本框架。在这个基本算法中还应当补充若干关键性的细节方能保证协议的成功，特别是需要关注冲突处理：发送启动后若产生冲突应当如何处理，冲突后重发持续产生新的冲突又应当如何处理。CSMA/CD协议在上述基本框架中增添了若干辅助算法，大大提高了以太网MAC协议的性能。采用边说边听策略，在整个发送期间进行冲突检测，是提高CSMA协议性能的重要手段。

3. 冲突检测

在CSMA基本算法中融入冲突检测(Collision Detection，CD)机制构成了带冲突检测的CSMA(CSMA/CD)协议。CSMA/CD是以太网特有的标志性技术之一。

CSMA/CD协议将CSMA基本算法中的“先听后说”策略改进为“边说边听”策略，使CSMA/CD成为CSMA协议族中效率最高的协议。

基本算法中“信道空闲则立即发送”机制在CSMA协议族中称为“1坚持CSMA协议”。立即发送虽然缩短了站点接入信道的延迟并提高了信道的利用率，却大大提高了以太网在信道忙闲变更点的冲突产生概率。理论分析表明：若不增添适当的辅助算法，“1坚持CSMA协议”根本就是不实用的。CSMA/CD协议增添了冲突处理机制，使“1坚持CSMA算法”成为一个实用而高效的协议。

CSMA/CD协议的冲突处理机制包含冲突监测和冲突告警两个过程。这两个过程的思路是站点启动发送的同时进行冲突检测，一旦发现冲突产生就在第一时间停止当前的帧发送，并立即发送短的加强冲突信号以通告全网，以避免继续对信道资源的无效占用。

CSMA/CD协议中设计的冲突监测与冲突告警机制，可以及时发现冲突并尽快向全网通告冲突，使协议状态尽快从冲突状态恢复到正常等待状态。

定义良好的冲突检测的机制不是一件容易的事。在 Metcalfe 的专利中，巧妙地利用了基带系统中的冲突信号电压大大高于正常信号传输的电压，实现了简单而有效的冲突检测硬件，使信道访问协议的性能得以大幅度提高。迄今为止，除了以太网以外，所有其他物理网络均未能实现冲突检测，因而都无法使用 CSMA/CD 协议。只好使用简单的 CSMA 协议，或者增添多种相当复杂的算法，用 CA（Collision Avoidance，冲突避免）机制代替 CD 机制，减小冲突带来的危害。典型的例子就是 802.11 标准中的 CSMA/CA 协议。

4. 随机后退重发

随机后退（backoff）冲突避免算法是 CSMA/CD 协议中的一个重要辅助算法。

所有的争用型 MAC 协议都会面对信道接入的冲突，尽快发现并化解冲突是 CSMA 协议实用化必须解决的一个关键技术。

在 CSMA/CD 协议中，随机后退与冲突检测是相互协同工作的。CD 机制可以尽快地监测冲突产生并及时通告全网，网上所有站点立即中断或停止当前的发送并启动随机后退过程。各个站点等待一个相互独立的随机时间，再重发待发帧。重发过程重复一直到待发帧发送成功，或重发次数达到上限而宣告发送失败。

随机后退化解冲突基于以下认识。共享信道上冲突的产生原因是因为在一个很短的时间段（下面称之为小时隙）甚至几乎是同一时间点上有多于一个站点试图发送。多个站点同时或几乎同时发送信号在信道上重叠，于是形成冲突。冲突化解的有效机制就是将这些集中在一个小时隙的发送均匀分散到多个小时隙上，大大降低每个小时隙中的发送企图，从而大大降低冲突产生的概率。

随机后退冲突避免算法实质上是检测到冲突的站点随机推迟当前发送，将原本集中在同一个小时隙的发送均匀分布在多个小时隙上，降低每个小时隙的发送概率以降低冲突再次发生的概率。如果冲突再次发生甚至多次发生，这种机制还可以用逐次加大随机后退的区间的方法继续减小同一小时隙上的发送率。这种随机后退区间逐次加大的算法是逐步化解冲突的有效机制。

以太网的重发调度算法是一个受控的随机化过程，该算法被称为“截断的二进制指数后退”（truncated binary exponential backoff）算法。这个算法的要点是：后退区间随重发次数（n）几乎是成倍（二进制指数：2^n-1）加长，直达区间最大值为止（被截断）。典型的后退区间（时隙）值为：1、3、7、15、31、63、127、255、511、1023。

典型的最大重发次数为 16。从上述典型值可见，重复发送 10 次时区间增长被截断。即在重发的第 10～16 次中，其后退的最大时隙值都是 1023。

第 1 次冲突后，随机后退时隙区间为[0,1]

第 2 次冲突后，随机后退时隙区间为[0,3]

依此类推，第 n 次冲突后，$n\leqslant 10$，随机后退时隙区间为$[0,2^n-1]$，$10<n\leqslant 16$，则随机后退区间为$[0,2^{10}-1]$

至于每个时隙的具体时间值，取决于具体的物理层技术。

受控随机化重发调度的“截断的二进制指数后退”是一个十分有名的经典算法，不仅是以太网的标志性算法，也被广泛用于多种局域网协议中。

5. CS 实现的物理相关

载波侦听(CS)是 CSMA 协议不可或缺的重要技术,信道上"载波"的侦听技术与物理层的信号调制等物理技术密切相关。802.3 标准发展了多个物理层规范、定义了多个物理实体,这些规范采用的物理层越来越复杂,相应的载波侦听技术也越来越复杂。

深入讨论载波侦听技术已经超出本书的范围。

6.4.4　全双工以太网

初期的以太网都是在同轴电缆上连接多个站点形成总线型拓扑结构。总线上的站点将待发信息经基带调制发送到同轴电缆,同轴电缆上的基带传输形成一发全收的共享信道。各个站点执行 CSMA/CD 协议,保证了正常工作期只能是主发站点的发送有效,其他站点都不能有效发送,主发站点当然也只是能发不能收。所以,CSMA/CD 在总线上形成的信道是一个半双工的共享信道,CSMA/CD 协议工作在半双工运行环境中。

随着以太网的技术进步,以太网的传输开始广泛采用全双工介质(例如双绞线和光纤),交换机的引入也改总线拓扑为树形拓扑。

以太网的运行从半双工信道进展到全双工信道,从共享环境改变为独享环境。为了适应运行模式的改变,从 802.3x—1997 开始了以太网运行模式的定义。

1. 运行模式

802.3 标准提供了两种截然不同的运行模式:全双工模式(full duplex mode)和半双工模式(half duplex mode)。早期的标准规范并无运行模式的概念,早期的以太网只能运行在半双工模式,全双工模式是随着以太网交换机的出现才产生的。

早期的以太网都是在共享介质上进行半双工通信因而都是半双工以太网。在共享信道上只可以有一个有效发送,一个站点在发送时无须收听自己,更不可能在发送时还能接收其他站点发来的数据。因此,共享式以太网都是半双工以太网,半双工以太网的特点即是共享式以太网的特点。应当注意,CSMA/CD 协议只是适用于以半双工方式工作的共享式以太网。运行于半双工模式的共享型以太网有时称为传统以太网或 CSMA/CD 网络。

2. 半双工模式

CSMA/CD 协议运行环境是半双工共享信道,是以半双工模式运行的。

在半双工模式中,站点用 CSMA/CD 算法竞争物理介质的使用。站点之间的通信是半双工而不是全双工,双向通信的实施通过快速的帧交换完成。半双工模式不需要介质能够支持同时收发,可以在 802.3 支持的所有介质上运行。典型的例子是同轴电缆上的 10BASE-5 和三类双绞线上的 100BASE-T4。

3. 全双工模式

全双工模式运行在全双工信道上。全双工运行环境必须满足下列所有条件。

(1) 物理介质可以支持同时发送与接收而不产生干扰,例如可以形成全双工信道的双绞线与光纤。

(2) 这个 LAN(准确地讲是这个网段)上只能有两个站点,因此物理介质可以看成是全双工点到点链路。由于没有共享介质的争用,因而也不需要多点接入算法(如 CSMA/CD)。

(3) 两个站点都具有全双工能力,并配置为全双工模式。

以太网交换机的出现使得以太网可以适合于运行在全双工模式,由此产生了全双工以太网。交换机之间的主干(trunk)链路连接两个端口,是一个点对点链路。使用的物理介质,例如双绞线与光纤,都可以接收与发送双向同时工作,也就是提供全双工通信的能力。交换机之间链路基本都是独享的全双工信道因而形成了全双工以太网。与传统的以太网比较,全双工以太网可以大大提高网络的吞吐能力,链路的有效吞吐率再也不是只有链路名义速率(如 100Mb/s 或 1000Mb/s)的 20%、30%,而是可以高达 80%、90%。

最常见的全双工运行场合是独享局域网(dedicated LAN)中的网桥(更为常见的称呼是交换机)。网桥的每一个端口都连接单个设备。现在,不仅是交换机具有全双工端口,几乎所有的服务器甚至一般的 PC 都配备了全双工端口。全双工运行模式可以使服务器的网络端口吞吐率成倍增加。

全双工运行模式的出现对以太网性能的大幅度提升功不可没。

全双工模式运行时必需的一个重要机制是流量控制。全双工运行大大提高吞吐率,但同时也加剧了丢帧的可能性,这个全双工以太网的潜在问题通常使用流控机制予以解决。

4. 以太网从共享走向独享

以太网已经从共享网络(shared network)走向独享网络(dedicated network)。

在以太网发展初期,研究的重点是在共享的物理介质上使用 CSMA/CD 协议,连接多个站点构成一个共享网络。各个站点都运行于半双工模式,站点之间的"连通性"是当年亟待解决的首要任务。

今天,网络的连通性"已经不是问题",以太网中正在广泛使用交换机构成高性能的交换式局域网。在交换式网络中,交换机之间的主干链路已经几乎全是独享的全双工链路,即使是计算机接入交换机的接入链路,全双工链路的份额也是越来越大。因此,运行于半双工模式的 CSMA/CD 协议正在失去作用空间。

现在,CSMA/CD 算法已经不能体现当前以太网的核心价值了。以太网的最核心价值是以太网的帧结构以及与以太网 MAC 服务原语的兼容。

虽然 CSMA/CD 已经不再发挥核心作用,但是十分精致的协议仍然是协议学习的典范,是局域网领域众多协议效仿的典范。

当前所有的 802.3 标准采用的标题仍然是"CSMA/CD 接入方法和物理层规范",CSMA/CD 仍然是以太网的标志性技术。

6.4.5 MAC 帧

802.3 标准中的 MAC 帧虽然与原始以太网 MAC 帧"基本"类似,却有一些看起来变化不大然而意义重大的改变。从原始的 1985 版以来,802.3 标准帧结构发生了两次重大改变,第一次改变为 802.3 帧的 IP 承载提供了简洁高效的直接封装,第二次改变则为以太帧提供了多重承载能力。

这两次改变大大提升了 802.3 网络的服务能力,对 802.3 标准在局域网、城域网、接入网和数据中心网络等多领域一统天下功不可没。

随着标准的持续进展,MAC 帧越来越成为 802.3 标准的核心内容。

1. 802.3 标准中的帧格式

当前的以太网分组以及 MAC 帧格式在 802.3as—2006 中重新定义,结构示意如图 6-3 所示,图中长度计量单位是八位组(octet)。

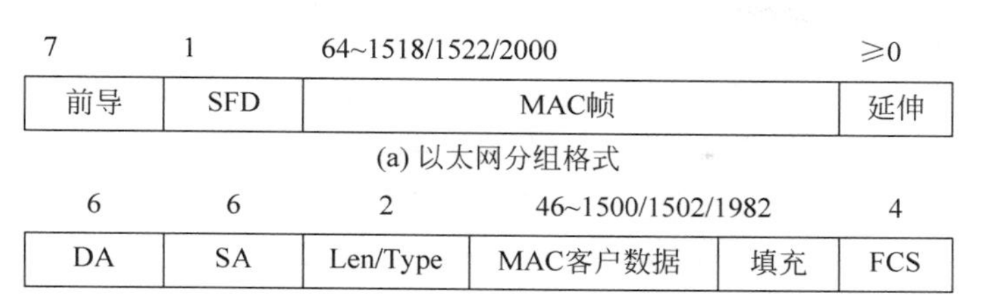

图 6-3 以太网分组和 MAC 帧格式

802.3as-2006 全面梳理了以太网中各种协议数据单元(PDU),第一次定义了以太网分组,清晰地描述/定义了 MAC 数据单元的三种类型。

1) 以太网分组

以太网分组(Ethernet packet)是 802.3as 中新提出的定义。802.3as 定义的以太网分组是以太网在传输介质上发送和接收的数据单元。

以太网分组格式中包括以下元素。

- 前导(preamble):长度为 7 个八位组,值为 7 个"10101010",主要用于物理层的接收同步。
- SFD(Start Frame Delimiter,帧始符):长度为 1 个八位组,值为"10101011",是 MAC 帧起始定界。
- MAC 帧:分组中封装的载荷。
- 延伸:也称为"载波延伸",加长高速率以太网的最短发射时间,保障载波侦听机制有效,仅用于千兆位以太网的半双工运行模式。

在 802.3 标准中使用以太网分组的定义,有助于明确区分物理介质上的传输单元与 MAC 协议处理的协议单元(MPDU,也就是 MAC 帧)。

802.3as 定义以太网在介质上实际的传输单元是分组,这种以太网"基于分组"的通信机制与 802—2001 标准中定义"局域网是基于分组的网络"一致,并符合新一代泛通信网(NGN)是"基于分组的网络"的基本理念。

以太网分组的概念已经并入 IEEE 802.3—2008 版中。

2) MAC 帧

在 802.3as 标准中,将以太网的 MAC 帧划分为基本帧、Q 加标帧、套封帧三类。这三类帧格式基本一致,明显区别是最大帧长不同。MAC 帧由如下元素构成。

- DA/SA:目的地址/源地址,长度为 6 个八位组。这就是著名的 48 比特 MAC 地址。早期的版本曾经允许地址长度为 16 比特,现已废止。
- Len/Type:长度/类型双释义字段,长度为 2 个八位组。表示帧中承载的 MAC 客户协议种类。
- MAC 客户数据:全透明处理的任意八位组序列。
- 填充:当 MAC 客户数据过短时,适当填充以保持最短帧长。
- FCS:帧校验序列,长度为 4 个八位组,CRC-32 循环校验码,对 DA、SA、Len/Type、MAC 客户数据、填充等字段,进行 CRC 计算产生。

三类帧虽然格式类似,但含义和作用差异颇大。

- 基本帧(basic frame)：长度/类型段可双义解释的 MAC 帧，最大帧长为 1518 个八位组。字段值小于或等于 1500(十六进制 05DC)时作为 MAC 长度解释；字段值大于或等于 1536(十六进制 0600)时作为类型解释。基本帧可视为一种无标帧，不允许在帧内包含任何的附加标志或其他高层协议所需的封套。
- Q 加标帧(Q-tagged frame)：长度/类型段仅可解释为类型且含特定类型值“8100”的 MAC 帧，最大帧长为 1522 个八位组，用于 802.1Q 定义的 VLAN(虚拟局域网)。Q 加标帧在 802.1Q 中有一个冗长而拗口的名称，802.3as 简洁地改称为 Q 加标帧。
- 套封帧(envelope frame)：长度/类型字段仅可解释为类型，用于指示 MAC 客户数据中的附加套封信息，最大帧长为 2000 个八位组。套封帧用于包含高层封装协议附加的前后缀，封装协议最多可以使用 482 个八位组。套封帧在新一代以太网，包括城域以太网、数据中心以太网中有重要的应用。

这三类 MAC 帧的帧长相关数据如表 6-1 所示。这三类帧具有不同的最大帧长是由于三类帧承载 MAC 客户数据的最大长度可以不同，进一步的分析还可以发现本质原因是高层封装协议附加的前后缀长度不同。

表 6-1 三类 MAC 帧的帧长相关参数

帧类型	最短帧长	最大帧长	MAC 客户数据最大长度	高层封装协议附加前后缀长
基本帧	64	1518	1500	0
Q 加标帧	64	1522	1504	4
套封帧	64	2000	1982	482

MAC 类型值通常称为以太类型值，通常用十六进制表示，由专门机构统筹分配，使得 MAC 帧的载荷类型可以根据类型值唯一判定。由 IEEE SA 统一分配的一些以太类型值如下。

- 0X0800：IPv4。
- 0X0806：ARP。
- 0X814C：SNMP。
- 0X8100：802.1Q。
- 0X86DD：IPv6。
- 0X880B：PPP。
- 0X8808：MAC 控制帧。
- 0X8847/0X8848：MPLS。
- 0X8E88：EAPOL。

这些典型以太类型值在后面内容中多有涉及。

2. IP 承载支持

802.3 的帧结构演进最重要的变化之一始于 802.3—1998 编辑版，扩展单释义 Len 字段为双释义 Len/EtheType 字段，重新启用了 DIX 规范中的以太类型值。这是 802.3 标准浴火重生的一个至关重要的战略性决策。

在 802.3MAC 帧格式中重新启用在 DIX 标准中使用的以太类型值并由 IEEE SA 的专门机构分配，保证了 802.3 帧中可以封装多种类型的高层数据。实质上，这是为 802.3MAC

实体增加了多重服务访问点，使多种高层协议可以直接使用MAC子层的服务。其中最重要的是，802.3的MAC帧具备了简洁的IP分组直接承载能力。这一演变动摇了LLC在802体系结构中的核心地位，促使LLC的边缘化。

3. 多重承载支持

802.3帧结构演进的最重要变化之二始于802.1Q—1996。802.1Q开启了MAC帧的外层加标，并逐步演进到MAC帧的多层封装。多层封装层次性扩展的重要意义在于，除了可以用于VLAN的单层加封的Q加标帧之外，还可以套封帧层次性地将MAC帧多次扩展，从而可以构造出一系列多等级的帧扩展。采用这种理念进行层次性扩展的重要实例包括：Q in Q技术、MAC in MAC等技术。基于多重承载理念的城域以太网和数据中心以太网技术是当前持续发展的热门课题。

802.3标准在MAC层的进步，虽然远不如物理层的进步那样引人注目，但是其重要性却并非不如物理层进步。学习以太网技术时，必须充分重视这一点。

6.5 物理层

802.3工作组在开发新的物理层规范方面一直是很活跃的。802.3标准的物理层技术进步，特别是传输速率的提高和传输距离的增长，一直就是以太网技术的标志性进步，从来就是以太网发展中最引人注目的亮点。

物理层规范涉及面宽，涉及的技术相当复杂，深入讨论具体的物理层技术已经大大超出本书的范围。因此，本小节对802.3物理层规范只作一个基本全面的概要介绍。

6.5.1 标准

从原始的1985版本至今，802.3标准的物理层增补已经有数十个，定义了多个以太网物理实体技术规范(简称PHY规范)。这些增补大都及时并入基本标准的新版本中。

1. 十兆位以太网

十兆位以太网的PHY规范最初由以下标准(或标准增补)提出。

- 10BASE5：802.3—1985。
- 10BASE2：802.3a—1988。
- 10BASE-FOIRL：802.3d—1987。
- 10BASE-T：802.3i—1990。
- 10BASE-F：802.3j—1993，包括10BASE-FP、10BASE-FB和10BASE-FL。

对接入网而言，最重要的标准是10BASE-T规范。

2. 百兆位以太网

百兆位以太网又称为快速以太网(FE)，其PHY规范最初由以下的标准增补提出。

- 100BASE-FX：802.3u—1995。
- 100BASE-TX：802.3u—1995。
- 100BASE-T4：802.3u—1995。
- 100BASE-T2：802.3y—1997。

3. 千兆位以太网

千兆位以太网(GbE)的PHY规范最初由以下的标准增补提出。

- 1000BASE-X：802.3z—1998，包括1000BASE-LX/SX/CX。
- 1000BASE-T：802.3ab—1999。

4. 万兆位以太网

万兆位以太网(10GbE)的PHY规范最初由以下的标准增补提出。

- 10GBASE-X/R/W：802.3ae—2002。
- 10GBASE-CX4：802.3ak—2004。
- 10GBASE-T：802.3an—2006。
- 10GBASE-LRM：802.3aq—2006。

5. 超万兆位以太网

超万兆位以太网(40GbE/100GbE)的PHY规范最初由以下的标准增补提出。

- 40GBASE-R/100GBASE-R：802.3ba—2010，多路并行传输。
- 40GBASE-FR：802.3bg—2011，单路串行传输。

6. 以太接入网

定义了多个专门用于以太接入网的PHY规范，其中最重要的是EPON规范。

- 1G EPON：802.3ah—2004。
- 10 GEPON：802.3av—2009。

7. 背板以太网

用GbE/10GbE技术实现网络/服务器等设备的背板互连。

- 802.3ap—2007：1000BASE-KX/10GBASE-KR/10GBASE-KX4。

背板以太网借用成熟稳定的标准化技术实现插卡式网络设备背板上的短距离互连，典型应用包括刀片服务器通过背板，简洁高效地实现服务器的网络互连和存储互连。

6.5.2 参考模型

在802.3标准中，使用了多个参考模型多层次地表述各个PHY规范，典型参考模型的简洁表示(简称为参考模型)如图6-4所示。

802.3物理层参考模型中使用了不少的缩写，包括子层的缩写和接口的缩写。

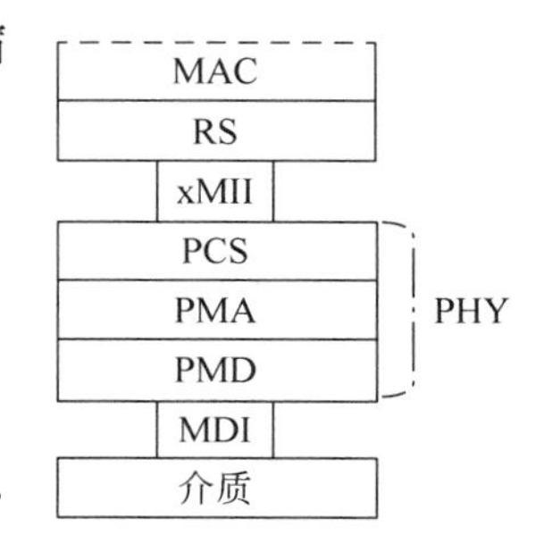

图6-4 802.3物理层参考模型

有关子层的缩写如下。

- RS：协调子层(Reconciliation Sublayer)。
- PCS：物理编码子层(Physical Coding Sublayer)。
- PMA：物理介质联入(Physical Medium Attachment)子层。
- PMD：物理介质相关(Physical Medium Dependent)子层。
- PHY：物理层组件(Physical Layer Device)。

有关接口的缩写如下。

- MII：介质无关接口(Media Independent Interface)。
  - xMII：表示MII接口系列。
- MDI：介质相关接口(Medium Dependent Interface)。

RS是协调子层协调众多物理层规范的差异，是物理层的最高子层。RS代表物理层向上为MAC子层提供服务。RS子层协调802.3标准中多个差异颇大的PHY实体，形成统一的物理服务原语与MAC子层交互。

RS子层的功能重点是协议处理、串并转换和原语映射。协议处理功能的重点是协议、服务、原语等偏重于逻辑上的功能，本质上是一个协议状态机。RS执行MAC的接口的串行数据与xMII接口的并行数据之间的串并转换。

xMII是一个并行接口，数据宽度在MII/FE中是4位，在GMII/GbE中是8位，在XGMII/10GbE中是32位(物理宽度)/64位(逻辑宽度)。

PCS是物理编码子层，基本功能就是基于DSP技术执行各种数字编解码。802.3物理层中越来越复杂的编解码有赖于高效的DSP技术实现。

PMA是以太网为联入特定物理介质而附加的子层。PMA子层的主要功能包括数据的发送与接收、链路监视、时钟的恢复等功能。

PMA的附加适配功能可能适合一种(如UTP 6A，扩展六类双绞线)物理介质，也可能适合一个系列(如单模光纤和多个级别的多模光纤)，这取决于在物理介质上是否采用了同一种技术。

PMD是物理介质相关子层，在PMA与MDI之间执行数据转换，既包括转换电信号使之适应铜介质上的传输，更包括信号的光电转换使之适应光纤上的传输。

MDI是以太网连入物理介质的与介质相关的接口。MDI是用户实际可以看见的物理接口，通常就是一个可以连入铜质缆线的电连接器，或者是可以连入光纤的光连接器。

当前的以太网物理介质已经集中到了双绞线和光纤(包括单模和多模)两大类型，物理接口也集中到了RJ-45插头座和小型化的LC连接器。

模型中的PCS、PMA、PMD三子层组成了PHY。因此物理层参考模型也可简洁表述为：接口xMII上连RS、下连PHY，MDI接口连接PHY最低子层PMD，并接入传输介质。

应当注意的是，802.3标准中的术语“PHY”存在多义性。在参考模型中“PHY”指PCS、PMA、PMD三个子层的组合；在其他场合未必有如此清晰的界定，常常泛指某一特定物理实体的技术规范，例如“1000BASE-T的PHY规范”。

6.5.3 PHY规范汇总

802.3标准发展至今已经推出数十个物理层规范，为以太网定义了数十个物理实体。这些规范涉及的技术范围越来越广，技术难度越来越大，深入讨论这些规范也远超出本书的范围。本小节汇总列表概要总结802.3标准主要的物理层规范，并对与接入网相关的重点内容进行讨论。

时至今日，以太网的传输介质已经聚集到双绞线和光纤。802.3标准中，双绞线接口PHY规范如表6-2所示，光纤接口PHY规范如表6-3所示。

表6-2　双绞线接口PHY规范

参数 \ 型号	10BASE-T	100BASE-TX	100BASE-T4	100BASE-T2	1000BASE-T	10GBASE-T
速率/(b/s)	10M	100M	100M	100M	1G	10G
最大距离	100m					

续表

参数 \ 型号	10BASE-T	100BASE-TX	100BASE-T4	100BASE-T2	1000BASE-T	10GBASE-T
连接器	RJ45					
双绞线等级	Cat3	Cat5	Cat3	Cat3	Cat5e	Cat6A
线对使用数	2 对	2 对	4 对	2 对	4 对	4 对
全双工模式	空分双工	空分双工	仅半双工模式	混合双工	混合双工	混合双工
编码方式	1B/2B (Manchester)	4B/5B MLT-3	8B6T	2D-PAM5 (PAM5 * 5)	4D-PAM5	4D-PAM16 (DSQ128) LDPC

表 6-3 光纤接口 PHY 规范

参数 \ 类型	10BASE-FL	100BASE-FX	1000BASE-SX	1000BASE LX	10GBASE-LX4	10GBASE-LRM	10GBASE-SR	10GBASE-LR	10GBASE-ER
速率/(b/s)	10M	100M	1G	1G	10G	10G	10G	10G	10G
波长/nm	850	1300	850	1310	1300	1300	850	1310	1550
全双工模式	空分双工(双纤双通道、双向传输)								
光纤类型	OM1	OM1	OM2	OS1	OM1/OM2	OM1/OM2	OM3	OS1	OS1
最大距离	2km	2km	500m	5km	300m	220m	300m	10km	40km
光纤连接器	ST	ST	SC	SC	SC/LC	SC/LC	SC/LC	SC/LC	SC/LC
编码方式	1B/2B	4B/5B	8B/10B	8B/10B	8B/10B	64B/66B	64B/66B	64B/66B	64B/66B

应当注意,双绞线接口虽然都采用 RJ45 接插件但并不是同样的传输等级,而是应当与所配的双绞线等级一致。双绞线的最大长度为 100m,包括预埋线缆和双端的跳线。

40Gb/s 和 100Gb/s 的相应规范未列入表 6-3 中是因为这种超高速率以太网尚未用于接入网。

以太网的性能伴随技术进步而提升。为了获得高性能,特别是高速率和大覆盖,802.3 的 PHY 规范使用了越来越多、难度也越来越高的技术。其中,基带调制编码和纠错编码是最重要的两大技术。

著名的香农信道容量定理指出,信道容量(最大传输速率)取决于信道上可用的带宽和信噪比。双绞线上的有效带宽相对较窄,因而传输的信号率(波特率,Baud 或 Bd)十分有限,提高单个信号上的数据承载率是一个重要的技术手段。

以太网在双绞线上传输采用的是基带调制技术,提高数据承载率的一个重要指标是调制效率(bps/Hz)。分析表 6-2 可以看出,不同的 PHY 规范的基带调制技术大不相同,调制效率也大不相同。10BASE-T 采用 Manchester(1B/2B)编码,调制效率仅为 0.5。100BASE-TX 采用 4B/5B 编码,调制效率约为 0.8。1000BASE-T 采用复杂的 4D-PAM5 编码,调制效率可以达到 2.5。10GBASE-T 采用了极为复杂的 4D-PAM16 编码并结合 DSQ128 技术,调制效率在超高速率信号流时,调制效率也达到 3 以上。

双绞线中的信噪比限制了以太网的调制阶数。高阶调制技术在提高数据承载率时也加大了数据差错率。为此,强纠错技术经常伴随高效率调制编码实施。在 10BASE-T 和 100BASE-TX 中,无须采取任何前向纠错措施。在 1000BASE-T 中采用了栅格编码、调制编码合一的 TCM 纠错方案。在 10GBASE-T 中，采用了更为复杂、纠错能力几乎达到香农极限的 LDPC（低密度奇偶校验码）强纠错技术。

以太网在光纤上传输，由于可用带宽大大宽于信号传输的所需带宽，加之光纤传输的干扰隔离能力极强，所以信号传输的编码方案较为简单，也无须使用前向纠错技术。

这两大类接口（双绞线接口和光纤接口）的应用特征将在以下的两小节讨论。

6.5.4　双绞线接口

双绞线接入是以太网铜缆接入的主要形式。本小节讨论双绞线接入的两大部件——传输介质和接插件，以及使双绞线接入可以“即插即用”的自动协商机制。

1. 传输介质

双绞线接入的传输介质是双绞线，接入网使用封装成 8 芯的 4 线对双绞线。接入双绞线可以是非屏蔽电缆，也可以是屏蔽电缆，包括线对屏蔽和电缆屏蔽两种形式。以太网双绞线接入主要采用非屏蔽 4 线对双绞电缆。根据规范，双绞线接入的连接距离包括预埋布缆和双端的跳线，最大长度限制为 100m。

主流应用的非屏蔽双绞线如下。

- Cat3：三类线，有效带宽 16MHz，用于 10BASE-T 接口，现已趋于淘汰。
- Cat5：五类线，有效带宽 100MHz，用于 100BASE-TX。
- Cat5e：超五类线，有效带宽 100MHz 但其他参数有所增强，可用于 1000BASE-T。
- Cat6A：增强六类线，有效带宽 500MHz，用于 10GBASE-T。

增强六类线几乎达到了非屏蔽双绞线性能的极限，为制造、安装、运行过程中预留的工艺余量已经不多了。

2. 接插件

以太网的双绞线传输几乎都使用 RJ-45 插头座。应当注意的是，RJ-45 插头座也有与双绞线类似的传输等级：三类、五类、超五类、增强六类。以太网传输链路的全程应当使用同一等级的部件，否则链路传输等级只能达到低等级部件的水平。例如，六类线配用五类插头座，则链路全程的性能就只能达到五类的指标，最高只能用于 100Mb/s 的以太网环境。

3. 速率自动协商

以太网接入中，双绞线的典型接口是：10BASE-T、100BASE-TX、1000BASE-T 和 10GBASE-T，这些接口大都能以半双工或全双工两种模式运行。这些双绞线接口具有的共同特点是：

- 都使用 RJ-45 连接器，而且都是设备端配置 RJ-45 插座。
- 传输介质都使用双绞线，通常是非屏蔽双绞线，双绞线头端都使用 RJ-45 插头。
- RJ-45 插头座的连线方式都是互不矛盾的。

上述特点表明：以太网的双绞线接口在物理层的基本特点，包括机械的、电气的、功能的、过程的 4 方面都是兼容的。那么，是否可以使以太网的双绞线接口能够“即插即用”，为使用带来更大的方便呢？

802.3 标准设计了自动协商（Auto-Negotiation，AN）功能，使得对等端系统能够通过自动协商机制，达成以太网双绞线链路的最佳配置。

执行自动协商功能，双绞线两端的以太网接口能够自动确定。

- 双方应当运行的速率。

- 双方的运行模式是全双工还是半双工。
- 流量控制机制能否启用以及双方支持的流控策略。

自动协商功能还可以报告远端故障等附加信息。

由于链路段两端的设备通常都具有多种能力，因此使用优先级区分机制以保证选择双方共有的最高能力。自动协商功能按照优先级进行协商，协商优先级越高意味着性能越高，因此只要可能就应该被优先选用。

802.3 标准的协商机制支持多种优先级，主要的优先级如下所示。

- 10GBASE-T 全双工。
- 1000BASE-T 全双工。
- 1000BASE-T 半双工。
- 100BASE-TX 全双工。
- 100BASE-TX 半双工。
- 10BASE-T 全双工。
- 10BASE-T 半双工。

当前应用中，最常见的以太网双绞线接口通常是具有 AN 功能的 10Mb/s、100Mb/s、1000Mb/s 多速率自适应接口。

在双绞线接入中较少使用 10GBASE-T。主要原因是 10GBASE-T 价格高、安装维护复杂，而且应用需求并不强烈。

6.5.5 光纤接口

以太网的光纤接入主要用于数据中心的高性能设备、包括服务器和网络设备的接入，而双绞线接入针对的是众多用户终端的接入。

本小节主要讨论光纤接入的三大类构件：接入光纤、光纤连接器、光收发器模块。

1. 通信光纤

通信光纤包括多模光纤(Multiple Mode Fiber，MMF)和单模光纤(Singer Mode Fiber，SMF)两大类型，MMF 用于短距离传输，SMF 用于长距离传输。

根据国际标准 ISO 11801 规定，以太网接入光纤主要使用如下规格。

- OMI：62.5/125μMMF，仅适用于 100Mb/s 及以下速率接入，被称为“百兆光纤”，在新部署的布缆系统中不宜使用。
- OM2：50/125μMMF，适用于 1000Mb/s 及以下速率接入，被称为“千兆光纤”，当前应用中的主流光纤。
- OM3：50/125μMMF，适用于 10Gb/s 速率接入，被称为“万兆光纤”，价位高、主要用于万兆位接入。
- SM1：9.5/125μSMF，适用于室外长距离接入。

用于室内光纤接入应当使用具有阻燃性能的室内光缆。通常用多模光纤双纤双通道实现全双工通信，此时宜于使用俗称为“双芯光跳线”的双芯室内光缆。

2. 光纤连接器

一对光纤连接器，在光纤耦合器的支持下，对准两段光纤构成一段插入损耗较低的光传输链路。

在推出 GbE 和 10GbE 的 802.3z 和 802.3ae 标准中，推荐使用的是 SC 光纤连接器。随着光纤连接器的小型化，当前的主流产品已经改为使用小型化的 LC 光纤连接器。

小型化的结果是连接器的面板安装尺寸几乎缩小了一半，原来安装单口 SC 连接器需要一个 RJ-45 的单元位置，现在一个 RJ-45 安装单元可以安装一个双口 LC 连接器，十分方便双纤双通道的全双工运行模式。

3. 模块化光收发器

光收发模块也经历了与光纤连接器相似的小型化进程，小型化的 SFP/SFP+模块已经取代大尺寸的 GBIC/XENPAK 模块成为市场的主流。

802.3z 首次推出千兆位以太网，推荐使用 GBIC 模块；802.3ae 首次推出万兆位以太网，推荐使用 XENPAK 模块。这两种模块都是功能相对完备的 Transponder 模块，体积较大，功能专一，成本一直不能降低。

SFP(Small Form-factor Pluggable，小型可插拔)是一种小型的可热插拔的光收发器模块，可用于计算机网络和电信网络等广泛领域。

SFP/SFP+模块可以理解为 GBIC/XENPAK 模块的小型化版本。早期甚至有称 SFP 为 mini-GBIC。SFP/SFP+模块的基本功能与 GBIC/XENPAK 模块一致，而模块体积却减小一半，可以在相同尺寸的面板上配置出多一倍的端口数量。

SFP/SFP+模块有多种类型，适应不同的波长、传输距离、光纤类型。SFP/SFP+模块一般可有如下类型并以相应后缀标明。

- SX：850nm，传输距离 550m，使用 MMF。
- LX：1310nm，传输距离 10km，使用 SMF。
- EX：1310nm，传输距离 40km，使用 SMF。
- ZX：1550nm，传输距离 80km，使用 SMF。
- EZX：1550nm，传输距离 120km，使用 SMF。
- TX：RJ-45 电口模块，使用双绞线。

应当注意，SFP/SFP+并不是由一个官方标准化机构制定的标准，而是由一个称为 MSA(多源协定)的制造商多边议定。

不像功能相对完备的 GBIC/XENPAK 模块，SFP/SFP+模块功能单一，不含 MAC 等附加功能，仅是一个单纯的光电转换器件。功能简化降低了制造成本，协议无关扩大了应用领域。

SFP/SFP+模块可用于以太网，包括 100Mb/s、1000Mb/s、10Gb/s 以太网；可用于电信网络的 SDH/OTN，包括 155Mb/s、622Mb/s、2.5Gb/s、10Gb/s；还可用于存储网络中的 FC，包括 1Gb/s、2Gb/s、4Gb/s、8Gb/s。

简单的结构和大规模的生产进一步降低了成本，成本和规模的良性互动极大地扩大了 SFP/SFP+的市场占有。SFP/SFP+系列不断丰富，出现了多种规格 100Mb/s 的 SFP 光模块，还出现了低成本的短距离互连 SFP+铜缆模块。

当前，具备高密度 SFP/SFP+端口、可以灵活插入多种 SFP/SFP+模块的以太网交换机已经成为市场上的重要产品。

6.6 网桥与交换机

在局域网发展初期，出现了多种局域网技术，典型的是 802.3（以太网）、802.4（令牌总线网）、802.5（令牌环网）和 802.6（FDDI）。互连这些不同类型的局域网，催生了网桥的产生。早期的网桥的主要功能是互连不同类型的局域网，同时也可以互连同类局域网的不同网段。早期网桥都是基于软件实现，转发性能不高，接口数量也十分有限。

如今的以太网桥，其用途主要是提高以太网的性能，扩大以太网的范围，形成大型的交换式以太网。现今以太网网桥的工程产品就是以太网交换机（下称交换机），交换机实质就是一种硬件化处理、密集端口的高性能网桥。由交换机组成的交换式以太网，实现了以太网从信道共享到独享，从半双工到全双工通信的飞跃。可以说交换机的使用对以太网的发展具有里程碑的意义。

需要说明的是，在 IEEE 802 标准中，没有专门的关于交换机的标准，而交换机可认为是硬件化的高性能网桥，因此网桥的标准（IEEE 802.1D）适合于所有交换机。

本节主要参考 802.1D—2004，主要讨论以下内容：网桥的系统结构；网桥运行原理；交换机及其特点；交换式以太网。

6.6.1 网桥的系统结构

网桥是一个 MAC 层的中继设备，主要功能是在 MAC 层中继或转发 MAC 用户数据帧，即网桥在各端口间转移 MAC 用户数据帧是在第二层（MAC 层）完成的，但网桥本身也具有高层协议，当网桥本身被管理或执行网桥本身高层协议时，则需要运行高层的协议。网桥的内部系统结构如图 6-5 所示。

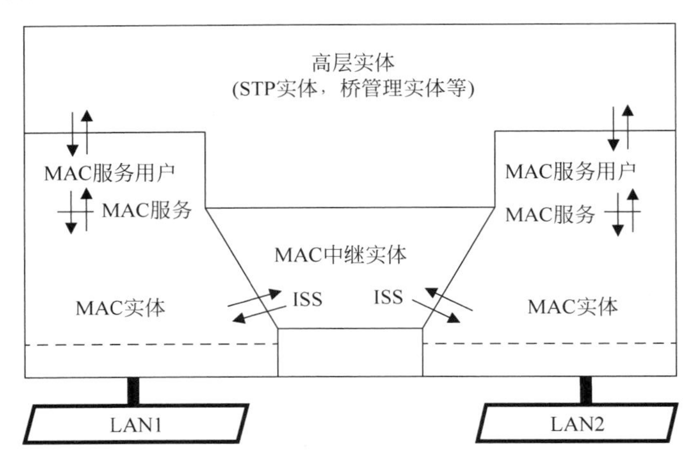

图 6-5 网桥的系统结构

一个典型的网桥通常包括以下实体。

- 一个 MAC 中继实体。
- 多个（至少 2 个）端口及其对应的 MAC 实体。
- 必要的高层实体。

由图 6-5 可知，MAC 中继实体使用端口 MAC 实体提供的 ISS(Interior Sublayer Service，内部子层服务)，实现不同端口之间 MAC 数据帧的中继，而高层实体通过 SAP 获得 MAC 服务。

1. 端口与 MAC 实体

网桥具有多个相互独立的端口，这些端口用于连接各个独立的 LAN。每个端口互相独立，具有不同的端口号和不同的端口 MAC 地址，即网桥每个端口都与一个独立的 MAC 地址"绑定"。每个端口都具有独立的接收队列和发送队列，当无须提供优先级安排时是一个接收队列和一个发送队列。网桥的端口是否能正常接收帧或者发送帧受到端口状态的制约。只有当网桥的端口处于活动状态的时候才能正常接收或发送数据帧。下列情况时，网桥的端口不能进行正常的接收或者发送。

- 被管理者禁用的端口。
- 由生成树协议(STP)阻塞的端口。

管理者可以对端口进行配置来关闭该端口。生成树协议将阻塞某些端口以免形成数据环路，被关闭或被阻塞的端口不能接收和发送 MAC 数据帧。相关细节请参考 802.1D 协议的相关章节。

2. MAC 中继实体

MAC 中继实体的主要功能是使用 ISS 的服务并完成学习过程和转发过程。转发过程包括帧中继和帧过滤，帧中继是指各端口间 MAC 数据帧的转发。帧过滤是对无须转发的 MAC 帧进行过滤，学习过程主要是完成 MAC 地址过滤库信息的建立和管理。

3. ISS

虽然端口实体与中继实体都是网桥的 MAC 层中的实体，但端口实体与中继实体的通信通过 ISS(Interior Sublayer Service，内部子层服务)而不是通过通常的 MAC 层 SAP(服务访问点)进行原语交互。

具体的服务原语包括数据指示原语和数据请求原语两种。

- 指示原语：M_UNITDATA. indication(fr_type，DA/TA，MSDU，pri，FCS)。
- 请求原语：M_UNITDATA. request(fr_type，DA/SA，MSDU，pri，FCS)。

4. 高层实体

网桥的高层实体可以包括生成树协议(STP)实体、快速生成树协议(RSTP)实体、网络管理协议(SNMP)实体等。高层实体通过常规的服务访问点获得邻近下层提供的服务。当网桥端口收到的 MAC 帧其目的地址为本网桥端口或桥组播地址时，则端口 MAC 实体通过服务访问点向高层递交有效的数据单元。

6.6.2 网桥的运行原理

网桥的主要工作包括：从端口接收 MAC 帧、从端口发送 MAC 帧、中继 MAC 帧、过滤 MAC 帧，以及建立和维护 MAC 地址过滤库(或称为 MAC 地址表)。本小节进一步讨论网桥是如何实现这些功能的。

1. 帧接收

帧接收由端口 MAC 实体完成。网桥的每个端口接收发送到该端口的所有 MAC 帧，每个端口的 MAC 实体对收到的每一帧都进行有效性判决、差错检查及相应的处理。

对于无效或有差错的 MAC 帧，将直接丢弃。所谓无效帧是指：帧长小于 64 个八位组的帧，或者基本 MAC 帧长大于 1518 个八位组的帧，或者 MAC 帧长度不是八位组的整数倍的帧。

对于有效且无差错的 MAC 帧，网桥处理如下：

若目的地址是网桥本端口 MAC 地址或桥的组播 MAC 地址，通过 MAC SAP 将数据上交高层实体处理，否则，生成 M_UNITDATA. indication 原语递交 MAC 中继实体处理。

2. 帧发送

帧发送由端口 MAC 实体完成。每个处于转发状态端口的 MAC 实体可以执行发送操作：端口发送的 MAC 帧可以是由 MAC 中继实体递交的 MAC 数据帧，或是由高层实体请求 MAC 服务而发送的 MAC 帧。

这里所述端口状态是指：若网桥没有运行生成树协议，则全双工端口可以一直处于转发状态；否则，该端口必须处于生成树协议规定的转发状态才可以发送 MAC 帧。

3. 帧过滤

帧过滤由 MAC 中继实体完成。是指网桥对某个端口接收到的有效且校验正确的 MAC 帧，不从其他端口进行转发。如果接收帧的目的地址在 MAC 地址过滤库中，且对应端口号与接收该帧的端口相同(源、目站点在同一端口)，则网桥将过滤该帧，不向其他端口转发。

4. 帧中继

帧中继由 MAC 中继实体完成。帧中继是指网桥对某个端口接收到的 MAC 帧，转发到其他端口的运行过程。具体操作如下：

对于广播 MAC 帧(目的地址为广播地址)，转发到除源端口外的其他所有端口。

对于单播帧或组播帧，查询 MAC 地址过滤库，进行目的地址匹配检查：

- 如果目的地址在 MAC 地址过滤库中，且对应端口号与接收该帧端口号不同(源、目站点位于不同端口)，则按 MAC 地址过滤库中指定的端口转发该帧。
- 如果目的地址不在 MAC 地址过滤库中，则转发到除源端口外的其他所有端口。

5. MAC 地址过滤库的建立与维护

每个网桥都维持一个 MAC 地址过滤库，用于 MAC 中继实体在转发过程查询和匹配目的地址，以便确定是进行帧过滤还是进行帧中继。MAC 地址过滤库表项中的信息字段包括 MAC 地址、端口以及相关控制元素等，如图 6-6 所示。

图 6-6　MAC 地址过滤库表项组成

MAC 地址过滤库的表项分为静态和动态两种类型。

1) 静态 MAC 地址过滤表项

静态过滤表项的添加、修改、删除等管理都必须通过人工配置，静态过滤表项没有老化时间的概念。管理者可以通过静态配置过滤表项来满足一些特殊的要求。例如，希望快速访问局域网上某个服务器，则可以在网桥上对该服务器的 MAC 地址和端口号进行静态绑定配置。这样，发送给该服务器的 MAC 帧将被快速准确地转发到该服务器的端口。

需要注意的是，当被设置静态 MAC 表项的站点移动后，如不及时修改 MAC 地址与端口号绑定，则会因为错误的 MAC 地址和端口绑定，使得移动后的站点没法与局域网中其他站点通信。

2）动态 MAC 地址过滤表项

动态 MAC 地址过滤表项的建立与维护由中继 MAC 实体的学习过程完成。网桥每个端口的 MAC 实体对接收到的每一个有效的无差错的 MAC 帧，通过指示原语递交给 MAC 中继实体的学习过程，学习过程将每个端口接收到的帧的源 MAC 地址以及该帧的端口号，记录到 MAC 地址过滤库中，形成一个 MAC 地址和端口号对应的表项。当该源站下次作为目的站时，通过查询 MAC 地址过滤库，便可知道从哪个确定的端口到达目的站。因此称该方法为源地址学习法，或称为逆向学习法，或称为自学习法。本书采用源地址学习法这一术语。

动态 MAC 地址过滤表项的建立与维护具体操作如下：

MAC 中继实体的学习过程对帧中的源地址和 MAC 地址过滤库中的表项进行比对，若该源地址在静态表项中，则不进行任何操作。否则，比对动态 MAC 地址表项，根据比对结果进行进一步处理。

若该源地址不在动态过滤库中，则在过滤库中添加该 MAC 地址，对应端口号以及初始计时值。

若该源地址在动态过滤库中，可能有以下两种情况。

（1）表中端口号与该帧接收端口号一致，则仅更新该表项的计时值。

（2）表中端口号与该帧接收端口号不同，则更新端口号，同时更新该表项的计时值。

动态 MAC 地址过滤表项是有生命周期的，在 IEEE 802.1D 标准中建议的老化时间值为 300s，其有效范围值为 $10\sim10^6$s，实际设备中出厂设置通常默认为 300s，管理者可以在有效范围内进行设置，变化粒度为 1s。当动态 MAC 地址过滤表项中的计时值递减到 0 时即为老化，则该表项将从 MAC 地址过滤库中删除。

注意：*MAC 帧中的源地址一定是单播地址，因此，网桥通过源地址学习法仅能学习到源地址以及所处的端口号。另外，如果开启了生成树协议，只有在端口处于学习状态或转发状态时，才能学习 MAC 地址。关于生成树协议请参考 802.1D 相关内容。*

关于组地址的动态建立，则由 GMRP（组播协议）来完成，相关细节请参阅 IEEE 802.1D-2004 第 10 章，此处略去。

6. 网桥处理 MAC 帧案例分析

如图 6-7 所示，是一个网桥互连的以太网示意图。假设网桥 1 和网桥 2 中没有进行静态 MAC 地址过滤表项的设置，且动态 MAC 地址过滤库表项初始都为空，默认动态 MAC 地址过滤表项老化时间为 T0（默认为 5min），按以下步骤顺序进行操作。

步骤 1 站点 H1 向 H2 发送 MAC 数据帧。

步骤 2 站点 H2 向 H1 发送 MAC 数据帧。

步骤 3 站点 H1 向 H3 发送 MAC 数据帧。

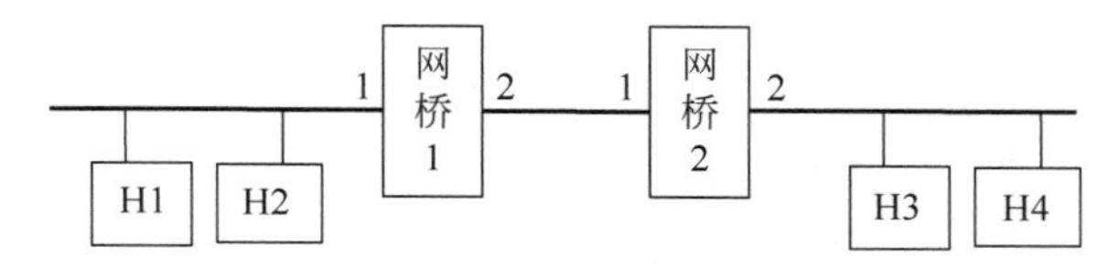

图 6-7　网桥原理应用案例分析示意图

假设上述所有步骤的操作完成时间不超过网桥老化时间 T0，且所有 MAC 数据帧在转发过程中没有任何差错。以下针对上述操作，用网桥的工作原理分析网桥 1 和网桥 2 分别对各帧的处理，以及 MAC 地址过滤库动态表项的建立和维护过程。

1）对于步骤 1，网桥 1 和网桥 2 的处理

网桥 1 的端口 1 收到 H1 发送的 MAC 数据帧，判定该帧为有效正确帧，且目的地址非本网桥地址，则网桥 1 比对帧的目的 MAC 地址与 MAC 地址过滤库。表项为空，无目的 MAC 地址表项，则除源端口（端口 1）以外的其他端口（端口 2）转发该帧；同时，比对帧中的源地址与 MAC 地址过滤库表项，库中无源 MAC 地址，则学习并添加 MAC（H1），端口 1，并设置老化计时初始值 T0 为 300s，如图 6-8（a）所示。

网桥	MAC 地址	端口	老化时间
网桥 1	MAC(H1)	1	T0
网桥 2	MAC(H1)	1	T0

(a) 步骤1 网桥的MAC地址过滤表项

网桥	MAC 地址	端口	老化时间
网桥 1	MAC(H1)	1	T1
	MAC(H2)	1	T0
网桥 2	MAC(H1)	1	T1

(b) 步骤2 网桥的MAC地址过滤表项

网桥	MAC 地址	端口	老化时间
网桥 1	MAC(H1)	1	T0
	MAC(H2)	1	T2
网桥 2	MAC(H1)	1	T0

(c) 步骤3 网桥的MAC地址过滤表项

图 6-8　MAC 地址过滤库动态表项建立与维护示意图

网桥 2 端口 1 收到网桥 1 端口 2 发送的 MAC 数据帧，判定为有效正确帧，且目的地址非本网桥，则网桥 2 比对帧的目的 MAC 地址与 MAC 地址过滤库。表项为空，无目的 MAC 地址表项，则除源端口（端口 1）以外的其他端口（端口 2）转发该帧；同时，比对帧中的源地址与 MAC 地址过滤库表项，库中无源 MAC 地址，则学习并添加 MAC（H1），端口 1，并设置老化计时初始值 T0 为 300s，如图 6-8（a）所示。

2）在步骤 1 的基础上，对于步骤 2，网桥 1 和网桥 2 的处理

网桥 1 的端口 1 收到 H2 发送的 MAC 数据帧，判定该帧为有效正确帧，且目的地址非本网桥地址，则网桥 1 比对帧的目的 MAC 地址与 MAC 地址过滤库。有目的 MAC 地址 MAC（H1）表项，且端口与源站 H2 端口相同，则过滤该帧。同时，比对帧中的源地址与 MAC 地址过滤库表项，库中无源 MAC 地址，则学习并添加 MAC（H2），端口 1，并设置老化计时初始值 T0 为 300s，如图 6-8（b）所示。

对于步骤 2，H2 发送的 MAC 帧没有转发到网桥 2，因此网桥 2 不做处理，仅 MAC 地址过滤动态表项有计时值的递减至 T1，如图 6-8（b）所示。

3）在步骤 1 和 2 的基础上，对于步骤 3，网桥 1 和网桥 2 的处理

网桥 1 的端口 1 收到 H1 发送的 MAC 数据帧，判定该帧为有效正确帧，且目的地址非

本网桥地址，则网桥1比对帧的目的MAC地址与MAC地址过滤库。无目的MAC地址表项，则除源端口（端口1）以外的其他端口（端口2）转发该帧；同时，比对帧中的源地址与MAC地址过滤库表项，库中有源MAC地址MAC(H1)的表项，且端口号与源站一致，则更新该表项的老化计时初始值T0为300s，如图6-8(c)所示。

网桥2的端口1收到网桥1端口发送的MAC数据帧，按照网桥1的方法进行分析，具体过程略去，得到的分析结果是：网桥2将向除源端口（端口1）以外的其他端口（端口2）转发，并更新源MAC(H1)表项的老化计时值为初始值T0，如图6-8(c)所示。

说明：在图6-8(b)中的T1是T0－t1(t1为步骤2与步骤1的间隔时间)，图6-8(c)中的T2是T0－t2(t2为步骤3与步骤2的间隔时间)。这里忽略了网桥的处理、转发和传播时延，仅为了方便对表项老化时间变化和更新进行说明。

7. 网桥原理小结

综上所述，所有网桥都通过源地址学习法学习源MAC地址，并以此建立和维护动态MAC地址表项。

网桥对各端口收到的MAC数据帧，网桥处理的过程总结如下。

1) 进行有效性和差错判定和处理

对于无效或差错帧，直接丢弃；对于有效正确的MAC数据帧，则进行下一步处理。

2) 帧中继或帧过滤

- 如果是广播帧，则向除源端口以外的其他端口进行扩散。
- 否则，根据目的地址与MAC地址过滤表中地址的不同匹配结果进行不同的处理：
  ✓ 若无匹配表项，则像广播帧一样扩散；
  ✓ 若有匹配表项，但源、目站端口相同，则过滤该帧，否则，按表中指定端口转发。

3) 学习MAC地址，维护动态MAC地址过滤库

- 如果动态MAC地址过滤库中无源地址表项，则在库中添加表项：MAC地址、端口号和计时值。
- 如果动态MAC地址过滤库中有源地址表项，且端口号相同，则更新计时值，否则更新端口号和计时值。

网桥作为MAC层的中继设备，在MAC层透明转发MAC数据帧，即网桥在转发MAC数据帧时，不改变MAC帧的任何内容。

网桥的每个端口都有一个唯一的MAC地址，但网桥在转发MAC数据帧时，不会涉及网桥本身的MAC地址，仅当运行网桥控制和管理协议（高层协议如STP、SNMP等）时，才会用到网桥本身的地址。

6.6.3　以太网交换机

以太网交换机本质上就是硬件化的多端口以太网网桥，交换机不仅能够完成网桥的所有功能，而且具有更多的端口数、更快的处理速度、更多的扩展功能、更好的性能。交换机的出现，使真正大规模部署交换式以太网成为可能，大量使用全双工链路，真正使得信道独享成为现实。交换机因其极大提高网络性能而迅速赢得市场，交换机的使用极大地推动了以太网的普及和发展。

1. 交换机的基本特点

即使是最简单的交换机，都具有帧中继、帧过滤和学习 MAC 地址的基本功能。与传统的网桥相比，一个典型的交换机通常具有以下基本特点：

- 端口密集，典型值是 16/24/32 端口或更多。
- 端口高性能，收发可达线速率、全双工/半双工。
- 交换高性能，转发也可线速率。
- 多端口同时高速工作。
- 具有一定数量的 MAC 地址过滤库容量。
- 支持多种高层协议，包括 STP、RSTP、SNMP、IEEE 802.1Q、IEEE 802.1X。

交换机应用在不同场合时，可以有不同的具体功能和性能要求，如 MAC 地址容量大小不同，支持的协议不同等。如用于接入的交换机和用于主干的交换机性能要求差别就很大。

线速率(wire speed)是衡量交换机性能好坏的一个关键指标。线速率是指交换机端口每秒可以收发最短帧的最大个数。因为交换机是按帧处理的，每秒处理最短帧的个数反映了交换机最大的基本处理能力。线速率通常采用单位 pps(分组/秒)。如图 6-9 所示，按式(6-1)计算出 10Mb/s 端口的线速率为 14.88kpps，同理，可以计算出 100Mb/s、1Gb/s 和 10Gb/s 端口的线速率分别为 148.8kpps、1.488Mpps 和 14.88Mpps。

$$\text{线速率} = \frac{\text{位/秒}}{\text{位/分组}} = \frac{10 \times 10^6\ \text{位/秒}}{(7+1+64) \times 8 + 96\ \text{位/分组}} = 14.88 \times 10^3\,\text{pps} \quad (6\text{-}1)$$

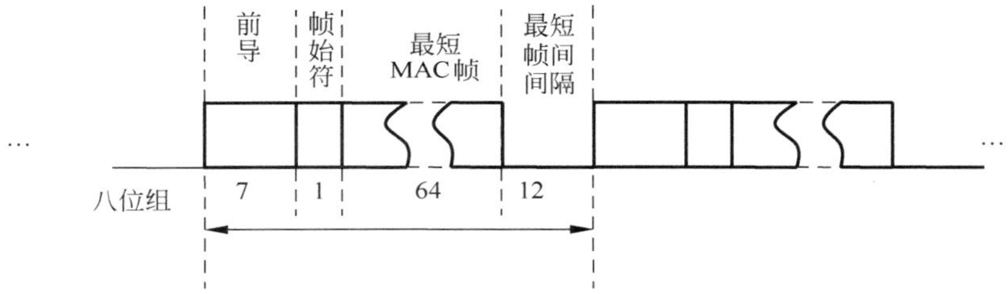

图 6-9 最短帧以最短帧间间隔传送示意图

2. 交换机的转发方式

历史上，交换机对 MAC 帧的转发方式大致分为三种：直通(cut through)交换、无碎片转发(fragment free forwarding)和存储转发(store and forwarding)。

1) 直通交换

当采用直通交换方式时，交换机需要转发的 MAC 帧，比对帧中目的地址与过滤库表项，根据查询和比对结果，确定转发端口(可能是单一确定端口，也可能是源之外的其他所有端口)，然后将 MAC 帧转发出去。交换机只需识别目的 MAC 地址就可以决定快速转发，而不一定需要将一个帧收完再转发。

直通交换方式虽然能提高转发速度，但也有一些缺陷：要求交换机每个端口速率必须相同；无法进行有效性和差错检查，可能转发无效帧和差错帧。

2) 无碎片转发

碎片转发方式下，当交换机收到的帧长度达到 64 个八位组时就开始转发，对于小于 64 个八位组的帧丢弃，该方式并不要求交换机每个端口速率相同，但不能进行有效性和差错检测。

3）存储转发

存储转发方式下，交换机必须将每一帧完整接收并存储，进行有效性和差错检查，丢弃无效或差错帧，只转发无错的 MAC 帧。存储转发方式并不要求交换机的每个端口速率必须相同。

在当前的交换机产品中，存储转发方式是主流技术，是每个交换机必须具有的功能。

6.6.4　交换式以太网

使用以太网交换机互连组网就是交换式以太网。交换式以太网是目前园区网的主流结构，如校园网、智能小区网络等。

1. 交换式以太网的拓扑结构

以交换机为核心组建的以太网的拓扑结构通常是 mesh 结构，多个以太网交换机互连构成信息网络的通信子网。通过交换机可以组建大型的局域网，如图 6-10 所示。该结构具有以下基本特点。

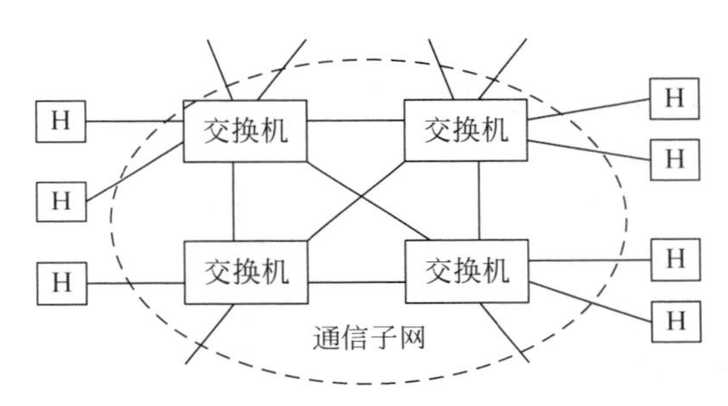

图 6-10　交换式以太网的 mesh 结构

- 信道独占：每个站点单独连接到交换机的一个端口。
- 全双工点到点链路：站点到交换机之间的链路以及互连交换机之间的链路都是点到点全双工链路，使用全双工通信。
- CSMA/CD 协议失去作用：因为信道独占，不需使用 CSMA/CD 进行信道访问控制。
- 端口速率自适应：交换机各端口具有 10Mb/s、100Mb/s、1000Mb/s 速率自适应功能。

与传统的共享式以太网相比，交换式以太网采用独享信道，不使用 CSMA/CD 协议，全双工通信方式，大大提高网络性能，同时，也扩大了以太网的覆盖范围。

然而，随着以太网技术的发展与应用，也出现了一些问题，针对这些问题，IEEE 及时发布了相关标准予以解决，这些主要问题及相关措施如下。

- 数据环路问题，可以使用生成树协议解决。在本节中简述。
- 通信瓶颈问题，由链路聚合协议解决。在本节中简述。
- 广播风暴问题，由虚拟局域网（VLAN）协议解决。在本章 6.7 节中描述。

2. 生成树协议

1）协议背景

众所周知，网桥（交换机）互连可以组成大型的交换式 LAN，为了保证可靠传输，在主干或重要的地方通常需要冗余链路作为备份，但这样很容易形成数据环路，可能造成网络的瘫痪。

如图 6-11 所示，H1 与 H2 之间存在两条数据通路。

(1) H1→交换机 1 端口 1—交换机 1 端口 2→交换机 2 端口 1—交换机 2 端口 3→H2。

(2) H1→交换机 1 端口 1—交换机 1 端口 3→交换机 2 端口 2—交换机 2 端口 3→H2。

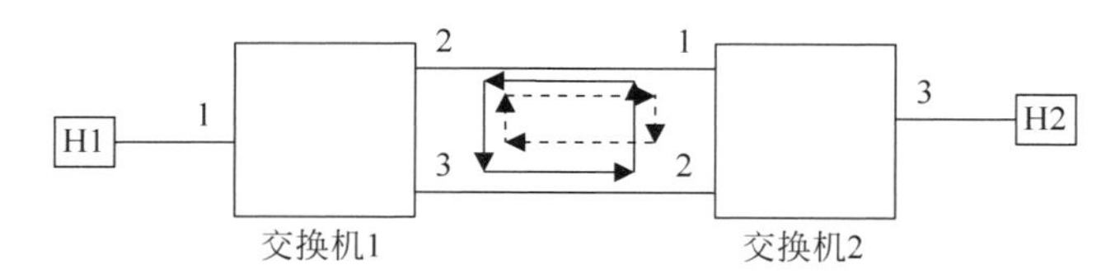

图 6-11 数据环路产生示意图

如果这两条数据通路同时传输数据，将会造成怎样的后果呢？

假设交换机 1 和交换机 2 的 MAC 地址过滤库初始为空，H1 发送一个目的地址为 MAC(H2)的 MAC 帧，为方便分析，假设在对这个 MAC 帧所有转发过程中都是有效和无差错的，这样在所有分析对帧的处理过程中省略有效性和差错判定过程。由交换机工作原理分析交换机 1 和交换机 2 对该帧的处理如下。

(1) 过程 1：交换机 1 的处理过程。

交换机 1 端口收到该 MAC 帧，MAC 地址过滤库中无目的 MAC 地址表项，则除源端口(1 端口)外的其他端口(2、3)转发该帧，添加源 MAC 地址表项：MAC(H1)，端口 1。

(2) 过程 2：交换机 2 的处理过程。

交换机 2 端口 1 收到交换机 1 端口 2 转发的该 MAC 帧，MAC 地址过滤库中无目的 MAC 地址表项，则除源端口外的其他端口(2、3)转发，查 MAC 地址过滤库中无 MAC 地址表项，则添加源 MAC 地址表项：MAC(H1)，端口 1。

同时，交换机 2 端口 2 收到交换机 1 端口 3 转发的该 MAC 帧，MAC 地址过滤库中无目的 MAC 地址表项，除源端口外的其他端口(1、3)转发，查 MAC 地址过滤库中有源 MAC 地址表项 MAC(H1)，端口 1，但端口号改变，则更新该表项为 MAC(H1)，端口 2。

(3) 过程 3：交换机 1 和交换机 2 的循环处理。

进一步地，交换机 1 端口 2 收到交换机 2 端口 1 转发的 MAC 数据帧，交换机 1 从端口 1 和端口 3 转发，并更新 MAC 地址表项为 MAC(H1)，端口 2。

同时，交换机 1 端口 3 收到交换机 2 端口 2 转发的 MAC 数据帧，交换机 1 从端口 1 和端口 2 转发，并更新 MAC 地址表项为 MAC(H1)，端口 3。

交换机 2 从端口 1 收到该帧，从端口 2、3 转发，更新 MAC 地址表项为 MAC(H1)，端口 1；交换机 2 从端口 2 收到该帧，从端口 1、3 转发，更新 MAC 地址表项为 MAC(H1)，端口 2。

这样，交换机 1 和交换机 2 互连的端口都将收到彼此转发的帧，就形成了图 6-11 中的两个数据环路，数据帧在两个方向相反的环路中无限循环转发，H1 的 MAC 地址表项的端口号不停地振荡变化，直至消耗掉网络所有带宽，最终使网络瘫痪。

数据环路将导致交换式以太网无法正常工作，为解决这一问题，生成树协议应运而生。

2）协议概要

生成树协议(Spanning Tree Protocol,STP)的产生是为了解决交换式 LAN 的环路问题。最早的文本出现在 IEEE 802.1D—1998 版本中。在现行标准 IEEE 802.1D—2004 中，推荐使用快速生成树协议(RSTP)，RSTP 是 STP 的改进协议，且 RSTP 向下兼容 STP。STP 是一个基础协议。

既要允许交换式 LAN 物理连接上有冗余，又要保证无任何数据环路出现，并且还要保证备份的设施能够在活动设备或链路故障时被自动启用。这正是生成树协议要解决的问题。

在交换式以太网中，如物理拓扑中有环路(见图 6-12(a))，必须确保逻辑拓扑是树型结构(见图 6-12(b))，这棵树能连接交换式以太网中的所有组网设备和站点，但任何两个站点之间只有一条数据通路。

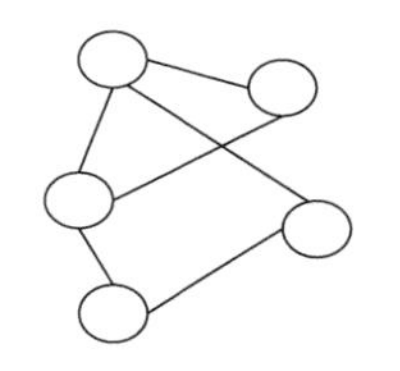

(a) 有环物理拓扑示意图

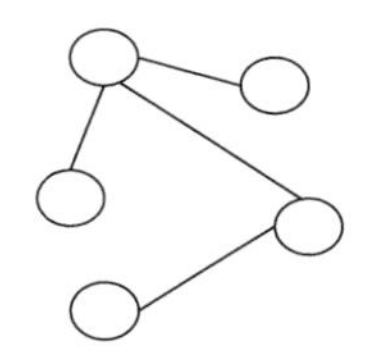

(b) 树型逻辑拓扑示意图

图 6-12　交换式以太网物理与逻辑拓扑示意图

注意：对于有环的物理拓扑，其对应的树型拓扑可能不止一个。在交换式 LAN 的交换机上运行 STP 协议，形成的树型结构是一棵端口代价(转发的各端口速率最大)最优的生成树。

(1) STP 的作用。

交换式以太网中的每个网桥(交换机)运行生成树协议，完成主要功能如下：

- 自动建立一个树型活动拓扑，使交换式 LAN 中任何两个端站之间无数据环路。
- 自动发现故障并恢复，自动更新网络活动拓扑。

活动拓扑是一个连通所有 LAN 的最优的树型结构，通常称为逻辑拓扑，表示网络中数据流通路所形成的逻辑结构。

算法使得树型拓扑可预见和可恢复，管理者可以配置参数，以便掌握活动拓扑，分析通信流量，进行性能管理；另外协议算法对端站透明，端站不知晓也不必知晓 STP 的运行，协议的运行不影响端站的操作。

(2) STP 的运行条件。

要对交换式 LAN 建立一个活动的树型拓扑，协议需要以下条件：

- 一个公认的网桥组播 MAC 地址。
- 每个网桥唯一的网桥 ID(bridge identifier)。
- 网桥每个端口在本网桥的唯一端口 ID(port identifier)。
- 每个端口的路径代价。

IEEE 为网桥分配了唯一的 48 位组播 MAC 地址 01-80-C2-00-00-00(十六进制)，专用于标识所有运行 STP 协议的网桥。

管理者对上述参数进行配置。网桥根据配置的信息形成配置协议数据单元(BPDU)，网桥彼此交换这些信息，按协议算法进行计算，每个网桥确定阻塞某些端口，这样就形成一个连通所有 LAN 的逻辑树型拓扑。MAC 数据帧只能通过树型拓扑中的活动端口转发，而不能通过被阻塞的端口转发。

当活动拓扑中的网桥、端口或链路故障等，都可能使桥接式 LAN 结构发生变化，或管理员改变配置参数，都会引起活动树型拓扑的重建。网桥自动监视并感知这些变化，并自动更新活动拓扑。

关于生成树协议的具体细节本书并不展开讨论，协议细节请参考 IEEE 802.1D 的相关章节。

特别说明：由于生成树协议收敛需要一定的时间，网络越大收敛时间越长，而以太网作为典型的通信网络，其主要目的是承载并快速传送业务数据。因此标准建议，运行生成树协议的交换式 LAN，其网络直径不超过八段（交换机直连为一段）。

3. 链路聚合协议

1）协议背景

虽然在交换式 LAN 中允许有冗余链路作为备份，以提高网络的健壮性，但通常情况下，这些备份链路被生成树协议阻塞，备份链路只能被闲置，不能用于 MAC 数据帧的传输。如图 6-13 所示，在主干链路或访问流量较大的地方容易产生拥塞，形成通信瓶颈。为解决这一问题，链路聚合协议应运而生。

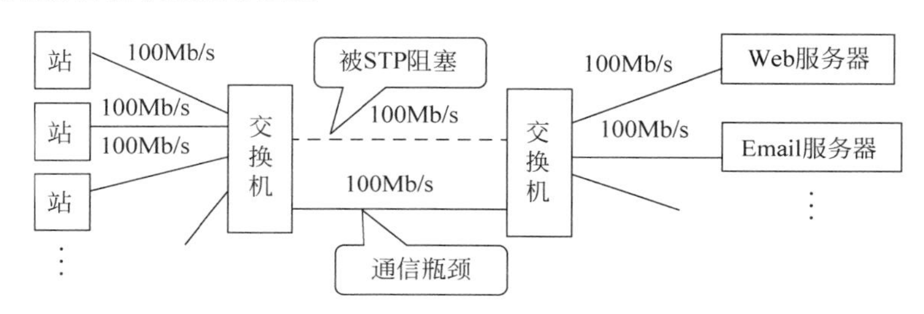

图 6-13 交换式 LAN 中的通信瓶颈

2）协议概要

链路聚合（link aggregation）是指将几条物理链路逻辑捆绑在一起形成一条虚拟链路（也称逻辑链路）。链路聚合协议最初在标准 IEEE 802.3ad—2000 中提出，后并入 IEEE 802.3 后继的版本中。

（1）协议基本思想。

链路聚合协议的基本思想是将多条物理链路聚合在一起同时使用，多条链路分担流量，大大提高传输带宽，有效缓解拥塞。链路聚合通常用在交换式 LAN 的主干链路上，如交换机之间的互连链路上，访问量较大的多网卡服务器与交换机之间的互连链路上，如图 6-14 所示。

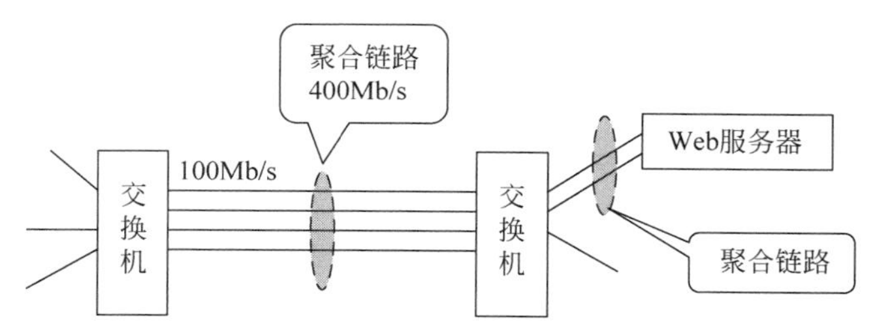

图 6-14 链路聚合示意图

聚合的链路具有以下基本特点。

- 生成树协议将该聚合链路视作一条链路。
- 聚合链路的总带宽等于各独立链路带宽之和。
- 单个链路的故障,仅使总带宽下降,不会影响其他参与聚合链路的工作。

(2) 链路聚合的条件。

要实现链路聚合,必须同时满足以下条件。

- 全双工链路。
- 相同速率的链路。
- 相邻端口并连接同一设备的链路。

通常情况下,一个聚合链路所能聚合的物理链路的数量,取决于产品的实现,不同厂商的产品有所差异,大多数设备都将最大数量定为 4 条链路。

链路聚合协议是交换式以太网的一个可选项,需要形成聚合链路的两端设备必须支持并开启链路聚合协议完成链路聚合,但 MAC 帧的实际转发是在每一条具体的物理链路中进行的,至于如何选择哪一条具体链路,可以按照一定的策略进行,如随机选择,根据目的地址选择,根据源地址选择等。关于如何实现链路聚合,协议运行的细节本书不展开讨论,感兴趣的读者请参考 IEEE 802.3—2002 的有关内容。

6.7　虚拟局域网技术

高效网桥或交换机的使用,使得组建大型的交换式 LAN 变得十分容易。交换机的转发原理决定了交换机本身不具备限制广播流量的能力:目的地址不在 MAC 地址过滤库中的 MAC 数据帧以及广播帧,都将传送到交换式 LAN 全网,因此,在大型交换式 LAN 中极易形成广播风暴,由于全网扩散,随着而来的安全问题当然也就没有保障可言。虚拟局域网(Virtual Local Area Networks,VLAN)正是为了解决交换式 LAN 的广播风暴和安全问题而产生的。

VLAN 协议最初的版本是 IEEE 802.1Q—1998 的"Virtual Bridged Local Area Networks",目前版本是 IEEE 802.1Q-2005,标准中介绍了支持标准虚拟局域网的基本原理。

VLAN 技术不仅在局域网中得到了很好的应用,如今在城域网中也得到了扩展应用。本节参考 IEEE 802.1Q 标准,主要讨论 VLAN 的基本概念、协议运行原理及应用。

6.7.1　VLAN 基本知识

1. 什么是 VLAN

所谓 VLAN,就是把一个交换式 LAN 划分成多个逻辑工作组,每个逻辑工作组作为一个单独的广播域,每个广播域就是一个 VLAN,每个 VLAN 由一个在交换式 LAN 中的唯一标识来表示。VLAN 是一种逻辑上的划分,通过对交换机进行配置实现,并非物理上的划分。多个 VLAN 可以共享交换设备和物理链路,但每个 VLAN 在逻辑上像一个独立的局域网。因此得名"虚拟局域网"。

VLAN 的划分一定是基于交换式 LAN 的。要实现 VLAN,至少需要有一个支持

VLAN 协议的交换机(简称 VLAN 交换机)。划分 VLAN 可以基于一个交换机,也可以跨交换机划分 VLAN。如图 6-15 所示,是基于单交换机进行的 VLAN 划分的示意图。图 6-15(a)中的所有站点属于同一个广播域,所有站点之间通信的 MAC 帧都能通过交换机转发。而在图 6-15(b)中,在交换机上划分了两个 VLAN,交换机只能转发同一 VLAN 的站点的数据帧,而不会将一个 VLAN 的数据帧转发到另一个 VLAN,即 H1 只能与 H2 相互通信,H3 只能与 H4 相互通信,VLAN2 的站点不能与 VLAN3 的站点通信。这样就实现了 VLAN2 和 VLAN3 的隔离,即实现了不同广播域的隔离。

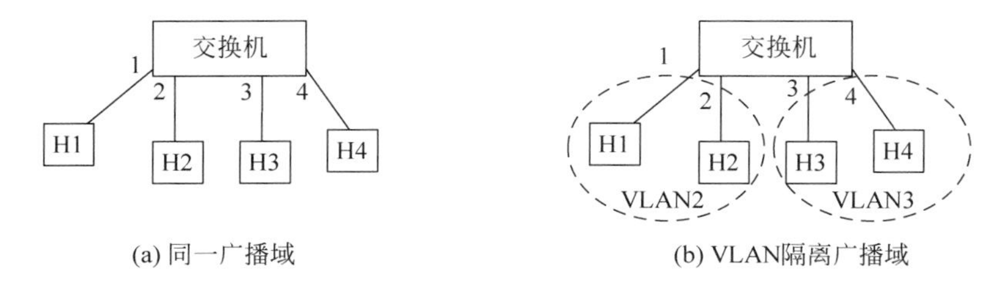

图 6-15 VLAN 划分的概念

注意:VLAN 是交换式 LAN 的一个可选技术,在实际的交换式以太网中得到了广泛的应用。VLAN 可以满足用户对多种服务的需求,根据不同的具体要求,可以灵活划分 VLAN,通常将组成同一 VLAN 的所有站点称为同一个 VLAN 的成员,要改变 VLAN 成员只需要改变 VLAN 配置即可。划分 VLAN 时通常不指派 VLAN1,标准中默认 VLAN1 为管理 VLAN。当然,在实际应用中,管理员是可以根据需要修改管理 VLAN ID 的。

2. VLAN 的特点

- 一个 VLAN 就是一个独立的广播域。
- 同一 VLAN 的成员可以相互通信,不同 VLAN 的成员不能直接通过 VLAN 交换机转发通信。
- 不同 VLAN 成员之间只能通过三层或以上层实现通信。

3. VLAN 的相关术语

1) VLAN 标识符

VLAN 标识符(VLAN Identifier,VLAN ID)用于标识和区别每一个不同的 VLAN,VLAN ID 在一个交换式 LAN 中唯一。

2) VLAN 知晓与 VLAN 非知晓

组成 VLAN 的设备分为两类:VLAN 知晓的(VLAN awared)、VLAN 非知晓的(VLAN unawared)。

(1) VALN 知晓设备。

VALN 知晓设备是指支持 VLAN 协议的设备,该类设备能够知晓 VLAN 的存在,识别并处理 VLAN 加标帧,当然也能识别和处理无标帧(基本 MAC 帧)和优先级加标帧。VLAN 知晓设备通常是支持 VLAN 协议的交换设备,某些特殊的站点也可以是 VLAN 知晓的,如某些服务器。如图 6-16 中,VLAN 交换机 1 和 VLAN 交换机 2 是 VLAN 知晓设备。

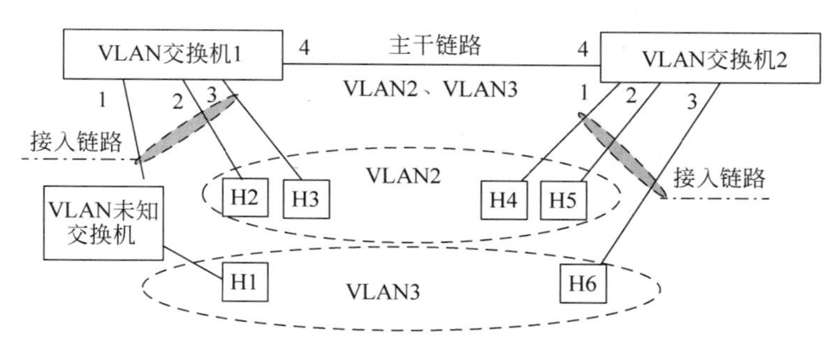

图 6-16 VLAN 设备与 VLAN 链路

(2) VLAN 非知晓设备。

VLAN 非知晓设备是指不支持 VLAN 协议的设备,该类设备不知晓 VLAN 的存在,只能识别并处理无标帧,不能识别 VLAN 加标帧。VLAN 非知晓的设备通常是一些普通的站点,一些简单的交换设备也可能不支持 VLAN 协议。如图 6-16 中,H1～H6 以及 VLAN 未知交换机是 VLAN 非知晓设备。

值得注意的是,对于一些 VLAN 非知晓的交换机,虽然不能识别 VLAN 加标帧,但收到一个加标帧后并不一定会直接丢弃。有些 VLAN 非知晓的交换机将加标帧按基 MAC 帧处理。

3) VLAN 链路

在 VLAN 标准中,描述了三种链路:接入链路(access link)、主干链路(trunk link)、混合链路(hybrid link)。

(1) 接入链路。

接入链路是将 VLAN 非知晓设备连接到 VLAN 交换设备的链路,连接该链路的 VLAN 交换设备的端口称为接入端口(access port),该端口只能收发无标帧。如图 6-16,VLAN 交换机 1 和 2 的端口 1、2、3 所连接的链路都为接入链路,这些端口都是接入端口。

(2) 主干链路。

主干链路是连接 VLAN 交换设备之间的链路,连接主干链路的端口称为主干端口(trunk port)。

主干端口收发 VLAN 加标帧,由于多个 VLAN 可以共享同一主干链路,即同一主干链路可以传送多个 VLAN 的数据,因此,不同 VLAN 数据在主干链路上传送时必须加 VLAN ID,以区分不同的 VLAN 数据。

如图 6-16 中,VLAN 交换机 1 和 2 的端口 4 之间的链路为主干链路,两个 VLAN 交换机的端口 4 都是主干端口。该主干链路可以由 VLAN2 和 VLAN3 共享。为了使两个 VLAN 交换机能够识别从主干链路上传送的 MAC 帧属于 VLAN2 还是 VLAN3,则从主干链路上传送的帧必须是 VLAN 加标帧。如 H2 向 H4 发送一帧,VLAN 交换机 1 端口 2 收到无标帧,需要从端口 4 转发,在转发前必须加上 VLAN2 的标志头,这样,VLAN 交换机 2 才能将该帧在 VLAN2 中转发。

需要说明的是,某些厂商的交换机配置主干链路后,主干链路为默认的管理 VLAN(通常是 VLAN1)中继基本 MAC 数据帧。

(3) 混合链路。

同时连接 VLAN 知晓交换设备和 VLAN 非知晓设备的链路称为混合链路。混合链路通常是共享链路，通过混合链路既可以传送 VLAN 加标帧，也可以传送无标帧。在实际的 VLAN 应用中，混合链路很少使用。通常 VLAN 交换机之间都采用点到点全双工链路，使用主干链路传送 VLAN 加标帧。而 VLAN 非知晓设备都用接入链路连接到 VLAN 交换设备。

4. VLAN 动态 MAC 地址过滤库

在 VLAN 交换机上建立动态 MAC 地址过滤库的方式分为两种：

- 独立 VLAN 学习(Independent VLAN Learning，IVL)。
- 共享 VLAN 学习(Shared VLAN Learning，SVL)。

独立 VLAN 学习是对每个 VLAN 建立独立的地址过滤库，共享 VLAN 学习是为一组 VLAN 或所有 VLAN 建立一个共享的地址过滤库。以图 6-16 的 VLAN 交换机 1 为例，其独立和共享过滤库如图 6-17 所示。

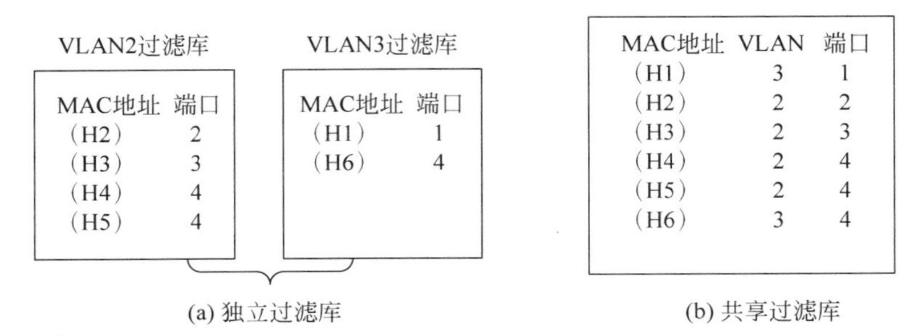

图 6-17 独立过滤库与共享过滤库

实际应用中，有些设备仅支持独立学习，有些仅支持共享学习，有些二者皆支持。标准中并没有对实现作具体规定。

6.7.2 VLAN 加标帧格式

以太网加标帧格式如图 6-18 所示。这种 Q 加标帧也称以太网 MAC 加标帧，是在基本 MAC 帧的源地址字段之后增加一个 4 个八位组的加标头。包括 2 个八位组的加标协议 ID 和 2 个八位组的加标控制信息。因此，以太网加标帧的最大帧长度是 1522 个八位组。

八位组	6	6	2	2	2	46~1500		4
	DA	SA	TPID	TCI	Len/Typ	MAC客户数据	填充	FCS

图 6-18 802.1Q MAC 加标帧格式

1. 加标协议 ID

加标协议 ID(Tag Protocol Identifier，TPID)用于标识帧的类型，如以太网的协议类型为 0x81-00。

2. 加标控制信息

加标控制信息（Tag Control Information，TCI）包括3位优先级、1位规范格式指示符位（canonical format indicator，CFI）和12位的VLAN标识符（VLAN ID）字段。

1）优先级字段

帧优先级用一个3位二进制数表示，范围为000～111，用十进制表示为0～7，其中0的优先级最低，7的优先级最高。

当加标控制信息中的VLAN ID为0时，而优先级字段有信息时，则帧类型为优先级加标帧。

需要指出的是，并不是所有以太网交换机都支持帧的优先级处理，只有一些高端的以太网交换机才支持该功能。不同交换机支持的优先级的数量也不同，有的可能支持4个优先级，也有的可能支持全部8个优先级。支持优先级的交换机的端口，必须独立维持多个输出队列，每个输出队列对应的优先级不同。需要输出的帧根据帧的优先级送入与之对应的优先级队列中排队。保证高优先级的帧先发送。

2）CIF

以太网加标帧的CIF恒等于0。CIF=1则表示非以太网加标帧。

3）VLAN ID

VLAN ID用12位二进制数表示，有效范围是1～4094（十进制），即VLAN 1～VLAN4094。

注意：0不是有效的VLAN ID，当VLAN ID的12位为全0时，表示该加标帧为优先级加标帧。当VLAN ID为有效值，优先级字段为0时，表示无优先级的VLAN加标帧，而优先级字段不为0，则表示有优先级的VLAN加标帧。通常一般交换机支持对无优先级加标帧的处理。

VLAN1通常是默认的VLAN ID，常作管理VLAN使用，因此在划分VLAN时通常不指派VLAN1。另外，不同的产品支持的VLAN的数量可能不同，有些不能达到标准中规定的最大VLAN数量。

6.7.3　VLAN网桥的系统结构

VLAN网桥的协议模型如图6-19所示，是802.1D网桥协议体系的扩展，VLAN网桥具有基本网桥的所有协议实体，因此具有一般网桥所具有的所有功能，在此基础上，增加了一个增强的内部扩展子层服务（Enhanced Interior Sublayer Service，E-ISS）。

E-ISS定义了VLAN网桥的MAC服务，定义了VLAN中继功能。E-ISS定义的服务原语包括指示原语和请求原语两种。

- 指示原语：EM_UNITDATA.indication（fr_type，DA/SA，MSDU，pri，VLAN ID，FCS）。
- 请求原语：EM_UNITDATA.request（fr_type，DA/SA，MSDU，pri，VLAN ID，FCS）。

与基本网桥的ISS相比，VLAN网桥的E-ISS定义的服务原语参数中增加了VLAN ID。VLAN网桥在中继MAC帧时，增加了对帧增加VLAN加标头（简称加标）和删除VLAN加标头（简称去标）的功能。

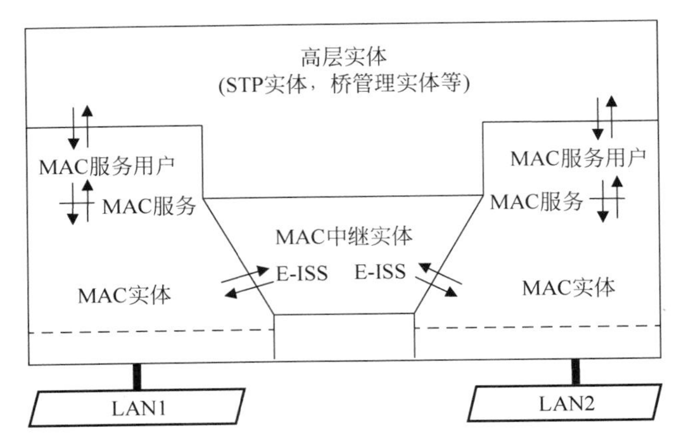

图 6-19 VLAN 网桥系统结构

6.7.4 VLAN 网桥的工作原理

与普通网桥一样，VLAN 网桥完成的基本功能是：从端口接收 MAC 帧，从端口发送 MAC 帧，进行 MAC 帧过滤与帧中继，以及 MAC 地址过滤库的建立与维护。

帧接收和帧发送过程与普通网桥基本相同，不再赘述。

在 VLAN 网桥中，对帧过滤和帧中继的条件和过程与普通网桥有所不同：VLAN 网桥依据入口规则和过滤库信息实施对帧的过滤，依据入口规则、转发规则和出口规则实施对帧的中继。

为了实现 VLAN，需要在 VLAN 交换机上进行相应的配置，其中对端口需要配置的信息包括 VLAN ID、该端口收发的帧类型。帧类型有三种可能：无标帧、优先级加标帧、VLAN 加标帧。

1. 入口规则

入口规则就是：对接收的 MAC 帧所属的 VLAN ID 和 MAC 帧类型与接收端口配置的 VLAN ID 及帧类型进行对比检查，并根据对比结果进行如下处理：

- 若帧类型和 VLAN ID 都与端口配置相符，则交转发过程进行帧过滤或中继处理。
- 若帧类型或 VLAN ID 任一项不符，则丢弃该 MAC 帧。

2. 出口规则

入口规则就是：对需要转发的 MAC 帧所属的 VLAN ID 和 MAC 帧类型与发送端口配置的 VLAN ID 及帧类型进行对比检查，并根据对比结果进行如下处理：

- 若帧类型和 VLAN ID 都与端口配置相符，则交发送端口发送。
- 若帧类型或 VLAN ID 任一项不符，则丢弃该 MAC 帧。

3. 帧过滤

MAC 中继实体根据入口规则和 MAC 地址过滤库信息决定是否过滤该帧。属于以下情况的帧将被过滤：

- 入口规则判定丢弃的帧。
- 目的地址在过滤库中，且与源地址同端口的帧。
- 接收端口处于非转发状态时收到的帧(由 STP 协议确定)。

4. 帧中继

帧中继过程与普通网桥处理过程基本一致，不再赘述。所不同的是，中继时根据出端口配置信息，需要进行加标或去标处理。对于以下情况之一，帧将无法中继而被丢弃：

- 出口规则判定丢弃的帧。
- 出端口处于非转发状态（由 STP 协议确定）。

5. VLAN 动态 MAC 地址过滤库

与普通网桥一样，VLAN 网桥采用源地址学习法学习 MAC 地址。所不同的是，不仅记录帧中的源地址、端口号，还要记录该端口所属 VLAN ID。根据 VLAN 网桥的具体配置情况，可采用独立过滤库或共享过滤库。VLAN 动态 MAC 地址过滤表项如图 6-20 所示。

MAC地址	端口映射	VLAN ID	控制元素(如老化时间T等)

图 6-20　VLAN 动态 MAC 地址过滤库

如果开启了 STP 协议，则必须在端口处于学习状态或转发状态时，才能学习该端口接收到的帧的源 MAC 地址。

6. VLAN 网桥与基本网桥比较

如前所述，VLAN 网桥是在基本网桥的基础上增加了 E-ISS 扩展而来的，因此 VLAN 网桥能够完成基本网桥的所有功能，但 VLAN 网桥与普通网桥仍有一定的区别。其主要区别如表 6-4 所示。

表 6-4　VLAN 网桥与基本网桥的比较

	基 本 网 桥	VLAN 网桥
对帧的识别与处理	识别并处理无标帧，不能识别 VLAN 加标帧，对其按无标帧处理	识别并处理三种帧类型：无标帧、优先级加标帧、VLAN 加标帧
帧过滤	过滤目的地址与源地址同端口的帧	过滤目的地址与源地址同端口的帧，过滤不符合入口规则的帧
帧中继	透明转发：①广播帧；②目的地址不在 MAC 地址过滤库的帧；③目的地址在过滤库中，且与源 MAC 在不同端口的帧	在同一 VLAN 内转发，并根据出端口配置信息，可能透明转发或加标后转发或去标后转发，转发的帧与普通网桥的①、②、③相同，且这些帧首先必须符合出口规则

6.7.5　VLAN 配置与实现案例

VLAN 的实现首先根据需要进行 VLAN 规划，再在 VLAN 交换机上进行配置。本节通过一个案例描述 VLAN 的配置内容，并根据 VLAN 网桥原理分析 VLAN 交换机对 MAC 帧的处理。

1. VLAN 配置内容

VLAN 配置通常包括两个方面的内容：配置 VLAN ID；配置端口信息。

1）配置 VLAN ID

配置 VLAN ID 就是在每个 VLAN 交换机上创建 VLAN，如 VLAN 2、VLAN3 等。

2）配置端口信息

配置端口信息就是指派端口属于某个 VLAN ID，并配置该端口能接收和发送的帧类型。端口模式决定了该端口收发的帧类型，端口模式与收发帧类型对应如下。

- 端口为 access 模式，默认收发无标帧。
- 端口为 trunk 模式，默认收发 VLAN 加标帧。

2. VLAN 配置案例

假设一个已规划好的 VLAN 组网示意图如图 6-21 所示，要实现规划的 VLAN，必须在 VLAN 交换机 1 和 VLAN 交换机 2 上进行配置。

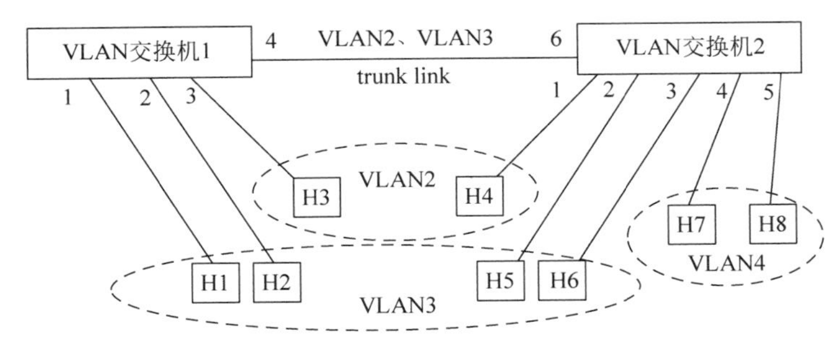

图 6-21 VLAN 配置案例图

假设只有 VLAN 交换机 1 和 VLAN 交换机 2 是 VLAN 知晓设备，其他所有 H 都是 VLAN 非知晓设备。VLAN 配置信息如表 6-5 所示。在 VLAN 交换机 1 上创建 VLAN ID 为 VLAN2 和 VLAN3，端口 1～3 都为 access 模式，端口 4 为 trunk 模式；在 VLAN 交换机 2 上创建 VLAN ID 为 VLAN2、VLAN3 和 VLAN4，端口 1～5 都为 access 模式，端口 6 为 trunk 模式。

表 6-5 VLAN 信息配置案例

交 换 机	配置 VLAN ID	配置端口信息			
		端口号	VLAN ID	端口模式	帧类型
VLAN 交换机 1	2、3	1、2	3	access	untagged
		3	2	access	untagged
		4	2、3	trunk	tagged
VLAN 交换机 2	2、3、4	1	2	access	untagged
		2、3	3	access	untagged
		4、5	4	access	untagged
		6	2、3	trunk	tagged

注：通常 access 端口默认收发 untagged 帧，trunk 端口默认收发 tagged 帧，无须配置帧类型。

跨交换机组建 VLAN，配置 trunk 端口时特别要注意，必须将该端口加入到所有需要中继的 VLAN ID。例如图 6-21 中，如果交换机 1 端口 4 只配置了 VLAN2，则 VLAN3 中跨交换机的站点将无法通信，即 H1 和 H2 将无法与 H5 和 H6 相互通信。

3. VLAN 交换机 MAC 帧的处理分析

如图 6-21，假设已在 VLAN 交换机 1 和 VLAN 交换机 2 上对 VLAN 进行了正确的配置后，两个交换机的 MAC 地址过滤库初始为空，采用独立学习 MAC 地址的方式。H1 向 H6 发送一个 MAC 数据帧，假设 H6 正确收到了该帧。以下分析两个交换机分别对该帧的处理过程。

1）VLAN 交换机 1 的处理

VLAN 交换机 1 的端口 1 收到 H1 发送的 MAC 数据帧，判定该帧为有效正确帧，且端口 1 属于 VLAN3，查 VLAN3 的 MAC 地址过滤表项为空，则在 VLAN3 内除源端口（端口 1）外的其他端口（端口 2、端口 4）转发该帧，其中向端口 2 透明转发，向端口 4 转发时添加 VLAN3 标记头；同时，在 VLAN3 的 MAC 地址过滤库中，添加 MAC（H1），端口 1，并设置老化计时初始值 T0。

2）VLAN 交换机 2 的处理

VLAN 交换机 2 的端口 6 收到 VLAN 交换机 1 发送的 VLAN3 的加标 MAC 数据帧，判定该帧为有效正确帧，查 VLAN3 的 MAC 地址过滤表项为空，则在 VLAN3 内除源端口（端口 6）外的其他端口（端口 2、端口 3）转发该帧，向端口 2 和端口 3 转发时去掉 VLAN3 标记头；同时，在 VLAN3 的 MAC 地址过滤库中，添加 MAC（H1），端口 6，并设置老化计时初始值 T0。

6.7.6　VLAN 之间的通信

在交换式 LAN 上划分 VLAN，其目的是为了逻辑上划分不同的广播域，在第二层隔离不同 VLAN 之间的通信。这里却讨论 VLAN 之间的通信问题，既隔离又通信，矛盾吗？这并不奇怪，既隔离又通信的需求常有发生，例如将不同部门划分为不同的 VLAN，同一部门的通信限制在同一 VLAN 内，直接在 MAC 层中继，这样不仅速度快，也保证了安全。而偶尔的部门之间的通信则属于跨 VLAN 之间的通信，需要上升到第三层才能中继。

在 IEEE 802.1Q 标准中并没有涉及如何实现 VLAN 之间通信的内容，在实际应用中，VLAN 之间的通信通常可以通过路由器或第三层交换机实现。

需要说明的是，通过路由器实现 VLAN 之间的通信，必须按照路由的规则进行，通常，路由器主要实现不同子网之间的转发，因此，为了路由，必须将每个需要路由的 VLAN 对应设置一个独立的子网。注意，VLAN 并不是 IP 子网，这是两个不同的概念。

实际的路由器设备有些是 VLAN 非知晓的，有些端口可能知晓 VLAN 且可能支持子接口功能。以下分别讨论通过 VLAN 非知晓路由器和 VLAN 知晓路由器进行 VLAN 间路由。

1. 通过 VLAN 非知晓路由器进行 VLAN 间路由

如图 6-22 所示，路由器 R 是 VLAN 非知晓设备，交换机上属于 VLAN2 和 VLAN3 的两个端口连接路由器的以太网端口 e0 和 e1，连接路由器的链路为 access link。

按照路由的要求，每个 VLAN 对应一个独立的 IP 子网。本案例中，VLAN2 对应子网 1，VLAN3 对应子网 2。VLAN2 主机的 IP 地址和路由器端口 e0 的 IP 地址设置在子网 1 内，且主机的默认网关为端口 e0 上的 IP 地址；同理，VLAN3 主机的 IP 地址和路由器端口 e1 的 IP 地址在同一子网，且主机的默认网关为端口 e1 的 IP 地址。

按照图 6-22 的设计进行正确的配置，即可实现 VLAN 之间的路由，本案例中需要配置的内容包括

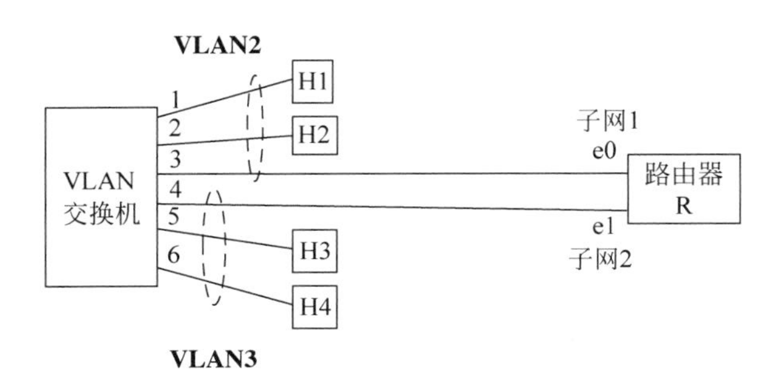

图 6-22 VLAN 非知晓路由器实现 VLAN 间路由

- 交换机的配置：创建 VLAN2 和 VLAN3，对各端口指派 VLAN 并设置端口模式。
- 各主机的配置：根据要求配置 IP 地址和默认网关。
- 路由器的配置：配置以太网端口 e0 和 e1 的 IP 地址，子网 1 和子网 2 间的路由。

经过设计和配置后，那么 VLAN2 的站点与 VLAN3 的站点之间究竟是如何实现通信的呢？下面以 H1 与 H4 之间的通信为例进行分析。假设子网 1 和子网 2 的网络前缀分别为 IP1 和 IP2，相关设备的 IP 地址和 MAC 地址如表 6-6 所示。

表 6-6 IP 地址与 MAC 地址列表

设　　备	MAC 地址	IP 地址	默 认 网 关
H1	MAC(H1)	IP1(H1)	IP1(e0)
H4	MAC(H4)	IP2(H2)	IP2(e1)
路由器端口 e0	MAC(e0)	IP1(e0)	
路由器端口 e1	MAC(e1)	IP2(e1)	

H1 和 H4 属于不同的 VLAN，两者之间的通信必须在二层以上。因此，讨论两者 IP 分组之间的通信。H1 要向 H4 发送一个 IP 分组，H1 判定目的 IP 地址与本站在不同子网，因此，H1 将该 IP 分组首先发送到默认网关，然后由网关根据 IP 转发规则将该 IP 分组转发到目的地。具体通信描述如下。

(1) H1 将 IP 分组封装在 MAC 数据帧中发送。该 MAC 帧的源地址为 MAC(H1)，目的地址为网关的 MAC 地址 MAC(e0)（注意：网关的 MAC 地址可以根据网关的 IP 地址通过 ARP 协议获得，这里略去）。

(2) VLAN 交换机端口 1 收到该 MAC 帧后，根据 MAC 帧中继原理在 VLAN2 中对该帧进行转发，最终到达路由器的端口 e0。

(3) 路由器判定目的 MAC 地址为本端口，于是去掉 MAC 头部，将服务数据（即 IP 分组）递交 IP 层处理，路由器根据子网间的路由，判定该 IP 分组通过端口 e1 转发到子网 2，具体需要将该 IP 分组封装到 MAC 数据帧中发送。该 MAC 帧的源地址为 MAC(e1)，目的地址为 H4 的 MAC 地址 MAC(H4)（注意：H4 的 MAC 地址可以根据目的 IP 地址 IP2(H4) 通过 ARP 协议获得）。

(4) VLAN 交换机端口 4 收到该 MAC 帧后，根据 MAC 中继原理在 VLAN3 中对该帧进行转发，最终到达目的站点 H4。

(5) 站点 H4 判定该帧目的 MAC 地址为本站地址，且有效无差错，于是去掉 MAC 头部，根据帧中 type 字段，递交高层 IP 实体。

2. 通过 VLAN 知晓路由器进行 VLAN 间路由

如图 6-23 所示，路由器 R 是 VLAN 知晓设备，且支持端口子接口功能。即路由器端口 e0 支持 802.1Q 协议，同时该端口支持逻辑子接口且每个子接口对应一个 IP 地址，路由器视逻辑子接口为正常的接口，每个子接口可以作为一个子网的网关，并可实现子接口间的路由。

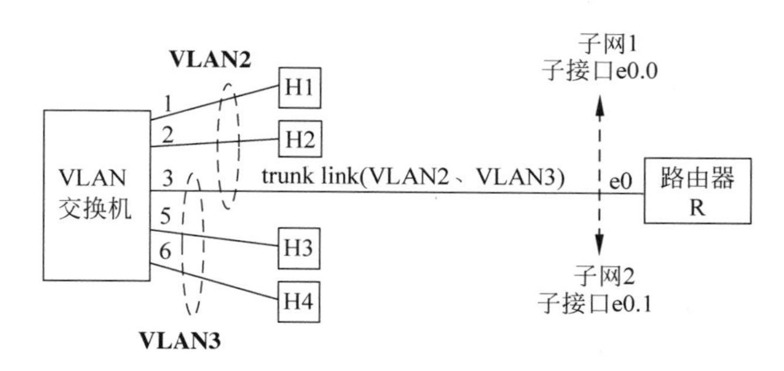

图 6-23 VLAN 知晓路由器实现 VLAN 间路由

本案例中，假设路由器的以太网端口 e0 逻辑地分成了两个子接口 e0.0 和 e0.1，每个子接口对应一个子网，其中子接口 e0.0 对应子网 1(VLAN2 所属子网)，子接口 e0.1 对应子网 2(VLAN3 所属子网)。此时，路由器认为 e0 接口的两个子接口 e0.0 和 e0.1 分别直接连接了子网 1 和子网 2，路由器和交换机之间的链路为 trunk link。

具体配置内容和 VLAN 之间通信的分析不再赘述。读者可以根据 VLAN 交换机对 MAC 帧的中继原理以及路由器对 IP 分组的转发原理进行分析。

需要说明一点，不是所有路由器的以太网端口都支持 802.1Q，且支持逻辑子接口功能的，这与具体的产品相关。

图中的路由器完全可以由三层交换机代替。

6.8 几个附加议题

本节讨论以太网接入的几个相关技术，其中一些仅适用于以太网，还有一些可广泛用于一般的 802 网络。

6.8.1 PoE

以太网通过双绞线铜介质对远端终端设备馈电通常简称为 PoE(Power over Ethernet)，这对终端设备运行环境的简化并提高系统的可用性，具有不可低估的作用。

以太网远程馈电规范最初由 802.3af—2003 推出，后来又在 802.3at—2009 中提高了供电等级并改善了功率管理信息。PoE 标准的名称是 DTE Power via MDI，即通过以太网端口(MDI，介质相关接口)对连网终端设备(DTE)供电。

PoE 的基本模型如图 6-24 所示。

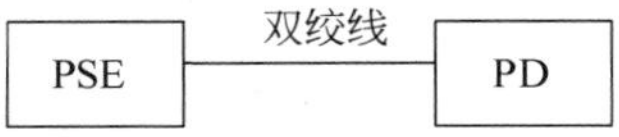

PSE —双绞线— PD

图 6-24 PoE 参考模型

模型中的 PSE/PD 是 802.3af 定义的两个术语，含义如下。

- PSE(Power Sourcing Equipment，供电设备)。

• PD(Powered Device,受电设备)。

从这个模型可以看出,PSE通过双绞线中的铜介质向PD供电。供电电压为48V,供电功率在802.3af中分为3个等级,分别是15.4W、7W、4W,在802.3at中又有扩展。

以太网远端馈电机制可能的应用范围如下。

• 需要不间断运行的小型终端设备,如IP摄像头、IP电话机等。

• 分散部署的小型网络前端设备,如WLAN中的AP等。

采用PoE技术组建的以太网接入系统改分散供电为集中供电,可以认为是借鉴了传统的PSTN网络的终端供电技术。PSTN接入网中的电话终端由接入端局远程馈电,多年来的运行经验证明,这种集中供电机制对提高PSTN网络的运行可靠性十分有利,避免了分散的终端供电不良造成的系统失效,提高了PSTN系统运行的可用性。

以太网的远程馈电技术借鉴PSTN集中供电的成功机制发展而来,在高可用性系统的部署中越来越广泛。

6.8.2 OAM

OAM是运行、管理和维护(Operation,Administration,Maintenance)的缩写,是IEEE 802.3ah-2004首次在以太网系列标准中增加的重要内容。

长期以来,电信网提供了比互联网高得多的服务等级,电信设备的可靠性比计算机网络设备高得多,电信网络的可用性也比互联网高得多。随着IP技术开始成为新一代电信网的核心技术,人们对IP网络设备、包括与其“最佳匹配”的以太网,提出了更高的可靠运行的要求。

电信设备高可靠性实现的一个重要原因是具备OAM特性,标准中定义了OAM规范,设备研发中实现了OAM功能。以太网接入要能提供电信级的服务质量,就必须具有OAM功能。因此,在802.3ah-2004中引入了OAM的相应概念。

在802.3ah中定义的OAM规范是一组网络支持功能,这些功能用于监视和支撑有关网络段的运行和活动,例如进行故障的检测、通告、定位、恢复以便消除故障,保持接入段处于正常的运行态并向用户提供接入服务。OAM可以包括如下内容。

• 远端故障指示。

• 远端环回,支持数据链路层帧级环路测试。

• 链路监视,可支持诊断信息通告、MIB变量轮询等。

在以太网接入中引入OAM机制,使以太网技术从标准上开始提升到电信级水平,为电信运营商使用以太网接入奠定了坚实的基础。

6.8.3 功能平面属性

上面讨论的各种功能可以分类为传送、管理、控制三大类。讨论这些功能的平面属性不仅是为接入网三平面系统架构提供一个典型的实例,也是对上述功能讨论的深化。

本小节讨论上述功能(包括以太网基本功能)的平面属性。

首先讨论以太网的基本功能。以太网的基本功能是在对等MAC实体间传送MAC帧(也称为MPDU,MAC协议数据单元),这是典型的传送功能。因此以太网基本功能位于接入网的传送平面,简化参考模型是802.3网络在传送平面的表述。可选的MAC控制功能实时控制本端 MAC 实体的行为，例如流控控制 MAC 实体暂停及恢复帧发送过程，是一种典型的控制平面功能，因此简化模型并未包含 MAC 控制子层。

802.1X 协议控制用户的接入，协议涉及的申请者和服务者，加上后台支撑的授权者，构成了接入控制平面上的 RSA 模型。因此，802.1X 的功能应当位于控制平面。

802.1Q 表述的 VLAN 通过网络管理员配置生成，因此 802.1Q 的管理功能位于管理平面。

OAM 增添了 802.3 网络的运维管理特性，是管理平面的典型功能。

链路聚合通过管理员配置生成，是一种非实时功能，对数据投递行为透明，是一种管理功能。因此链路聚合功能位于管理平面。

分析认识这些功能的平面属性，有助于对这些功能的深入理解。

6.9　典型的接入应用

以太网接入是一种高性能、高性价比的局域网固定接入技术。目前已广泛用于数据中心、大中型园区网(包括校园网和企业网)和小型办公室网络。以太网的这些应用中，通常不会也不需要对接入用户进行严格的接入控制。网络通常由管理者自己建设和管理。

以太网接入在数据中心接入几乎是一统天下。数据中心的以太网接入具有最高的性能和最低的成本，性价比最高。采用 MAC 地址与接入网口绑定可以降低系统开销并提高接入的安全性和稳定性。数据中心的端系统接入已经普遍使用 1000Mb/s 端口，高性能接入已经使用 10Gb/s 端口。随着数据中心的虚拟化技术发展，数据中心桥接和设备的虚拟化端口等新技术发展方兴未艾，正引领数据中心从 L3 互连架构转变为扁平化的二层互连，以太网技术正在发挥主流作用。

在园区型以太网应用中，一般用户的以太网接入较为简单，用户终端通过双绞线直接连接到接入交换机即可。用户终端的网络接口通常采用 10Mb/s、100Mb/s、1000Mb/s 自感应接口，通过超五类双绞线接入交换机的以太网端口，双绞线连接距离限制在 100m 以内。接口间的自动协商机制实现即插即用功能，十分简便。用户间的信息交换非常容易，若需要强化用户间的隔离则需要采用 VLAN 划分等措施。

从 IP 接入网标准所描述的功能看，以太网具备传送、系统管理功能，而不具备 IP 接入控制功能。因此，若要实现可运营的以太接入网，必须增加用户接入控制功能。业界目前采用的用户接入控制协议包括 PPPoE 协议和 IEEE 802.1X 协议，这两种协议都适合应用于以太接入网。以下分别讨论基于这两种协议的以太网接入应用。

6.9.1　基于 PPPoE 接入控制的以太网接入

如图 6-25 所示，是基于 PPPoE 接入控制的以太网接入的示意图。各接入终端 H 通过点对点全双工链路连接到接入型交换机中，形成以太网接入结构，并融入 RSA 接入控制三实体，利于运营商管控接入用户。图 6-25 中，RSA 三实体描述如下。

- 接入申请者 R：PPPoE/C 实体，在各接入终端 H 上运行的 PPPoE 客户端软件实现接入申请。
- 接入服务器 S：PPPoE/S 和 RADIUS/C 实体，接入服务器上运行 PPPoE 服务端软件和 RADIUS 客户端软件，实现对申请者认证信息的转发，并根据认证结果实施对接入用户的控制，对于授权用户分配 IP 地址，同时为接入用户转发访问互联网的业务数据。

- 认证服务器 S：RADIUS/S 实体，在 RADIUS 服务器上运行 RADIUS 服务端软件，对由接入服务器转发来的用户认证信息进行鉴权，对于认证通过的用户，向接入服务器发送授权信息，否则拒绝接入。接入服务器据此对用户进行接入控制。

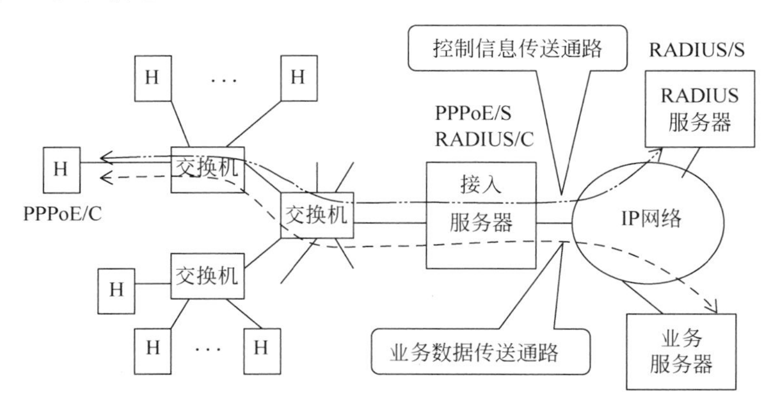

图 6-25 基于 PPPoE 接入控制的以太网接入示意图

站点在访问互联网业务服务器之前，首先必须进行身份认证，认证过程由 RSA 三实体协同完成，R-S 之间运行 PPPoE 协议，S-A 之间运行 RADIUS 协议。控制信息（认证过程交互信息）传送通路如图 6-25 所示。通过认证的授权用户才能获得 IP 地址，接入服务器才能为其转发业务数据。通常在接入服务器上设置 IP 地址池。业务数据（访问外网的业务数据）传送通路如图 6-25 所示。

可见，在基于 PPPoE 接入控制的以太网接入应用中，无论在用户信息认证阶段，还是在业务信息传送阶段，都必须通过 PPPoE 协议进行封装和解封，这是一把双刃剑，有利也有弊。好处是逐帧控制，控制粒度精细，另外作为信息传送通路中的关口，便于运营商控制和管理，一直以来，运营商都习惯于采用 PPPoE 接入控制模式。不利之处是接入服务器负担沉重，可能造成处理性能低下，还存在着单点故障问题。为此，在大型的以太接入网中，运营商根据用户量的情况可能部署多个 PPPoE 服务器。

另外，在图 6-25 中，如果在交换机上不做任何访问限制，则各站点 H 可以在不运行 PPPoE 协议的情况下，实现各站点之间的通信。这种情况对于有些企业或办公室接入用户来说是有利的，既可以实现内部通信，又可以通过认证后访问外网。如果用户之间需要相互隔离，则可以配合 VLAN 划分等措施来实现。

6.9.2 基于 IEEE 802.1X 接入控制的以太网接入

如图 6-26 所示，是基于 802.1X 接入控制的以太网接入的示意图。各接入终端 H 与交换机的连接方式与图 6-25 相同。但 H 直接相连的交换机必须支持 802.1X 协议。接入控制三实体 RSA 描述如下。

- 接入申请者 R：802.1X/C 实体，在各接入终端 H 上运行的 802.1X 客户端软件实现接入申请。

- 接入服务器 S：802.1X /S 和 RADIUS/C 实体，在接入交换机上运行 802.1X 服务端软件和 RADIUS 客户端软件。实现对申请者认证信息向认证服务器的转发，根据认证结果，实施对用户的接入控制。
- 认证服务器 S：RADIUS/S 实体，在 RADIUS 服务器上运行 RADIUS 服务端软件，其功能同 6.9.1 节中的描述。

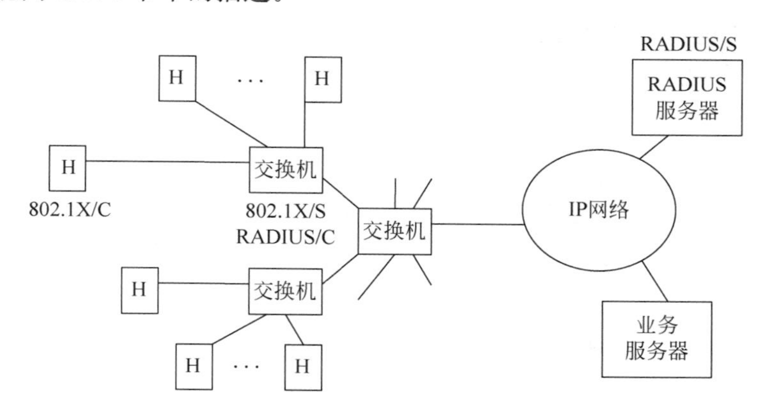

图 6-26　基于 802.1X 接入控制的以太网接入示意图

根据第 4 章中关于 802.1X 协议的描述，支持 802.1X 协议的以太网端口分为非受控端口和受控端口，非受控端口用于传送认证信息，处于常通状态，而受控端口用于传送业务数据信息，处于常断状态，只有当用户认证通过授权后，受控端口才能接通，得以传送业务数据。

对接入用户身份的认证，由 RSA 三实体完成，R-S 之间运行 802.1X 协议，S-A 之间运行 RADIUS 协议。认证期间，认证信息通过接入交换机的非受控逻辑端口传送，一旦认证通过，则接入控制交换机将受控端口状态置为接通状态，此时，即可通过受控端口传送业务数据。当然。接入用户通过身份认证后，需要获得 IP 地址才能访问互联网，通常通过网络中配置的 DHCP 服务器获得 IP 地址。

由上可知，在基于 802.1X 接入控制的以太网接入中，认证信息和业务数据采用不同的逻辑端口独立传送，一旦接入用户身份认证通过，则可线速传送数据业务，传送效率高；同时，多个接入交换机对不同用户进行接入控制，不会存在单点故障问题。但从网络运营和管理的角度，多设备也会带来设备维护和管理成本。

6.10　小结

以太网诞生于 1973 年，IEEE 802.3 标准正式颁布于 1985 年。当年的以太网被认为仅是一种过渡性的网络：成本虽低，但是性能也很低。然而，当前以 802.3 标准为规范的以太网已经发展为高性能网络的代表，得到最为广泛的应用。

以太网的新生受益于多种因素。

第一个因素是在 20 世纪末期，802.3 标准扬弃了以 LLC 为中心的多层烦琐封装，恢复采用原生以太网的帧结构，简洁高效地实现了以太帧直接承载 IP 分组的高效机制，充分发挥了以太网基于分组和无连接通信模式的天然匹配 IP 网络的基本特征，使 802.3 网络(物理网络)成为 IP 网络(逻辑网络)的最佳匹配。802.3 标准与 IP 协议的最佳匹配,使得 802.3 标准规范的以太网伴随 IP 化大潮席卷天下,在固定接入和园区主干网中几乎是一统天下。与 IP 网络的天然匹配也使得 802.3 标准真正成为以太网的国际性标准。

第二个因素是以太网交换机的出现并大规模投入应用,802.3 标准增添了全双工运行模式。以太网交换机是一种实现网桥功能的硬件设备,具有多个通常工作在全双工模式的端口、实现了高性能的线速率转发、硬件价格越来越低等诸多优点。使用以太网交换机组网改变了以太网只能用于小范围办公室网络场景,交换机的大规模部署开启了使用以太网技术组建大中型网络的应用,园区网络、企业网络、办公网络、数据中心网络几乎都成为交换式以太网的天下。

第三个因素是 802.3 标准在物理层的持续进步。802.3 网络的速率从当年的 10Mb/s 发展到 10Gb/s、40Gb/s 和 100Gb/s 的光纤接口。端口速率上千倍的提升给大量的新型应用提供了不受限制的可能。

除了上述三大因素以外,VLAN、链路聚合、PoE 等 802.3 标准中的技术,加之 802.1X 等协同技术,都助推了以太网的大规模普及。

当前,以太网接入是固定接入最主要的形式。10Mb/s、100Mb/s、1000Mb/s 自感知双绞线接口是一般用户接入的主要形态,1Gb/s 和 10Gb/s 的光纤接口为数据中心的服务器和存储系统提供了高性能的接入。

简洁高效的 IP 承载、交换式组网和全双工运行模式的广泛应用、物理层新技术的不断推出,三大要素强力推动了以太网的发展和市场普及,当年的丑小鸭终于变成了漂亮的白天鹅。

6.11 参考文献

[1] IEEE 802.3—2012: Carrier sense multiple access with collision detection (CSMA/CD) access method and physical layer specifications.

[2] IEEE 802.1D—2004: Media Access Control (MAC) Bridges.

[3] IEEE 802.1Q—2005: Virtual Bridged Local Area Networks.

第7章

光纤接入技术

7.1 概述

随着用户业务量的日益增长和业务种类的不断变化，新业务的高性能要求需要与之适应的高性能接入技术。从介质上来看，不同的介质有不同的特点，能满足不同的要求。比如，无线接入能满足用户自由接入的需要，而光纤作为一种性能优越的有线传输介质，在接入网中正发挥着越来越重要的作用。

光纤的优越性体现在多个方面。与双绞线、同轴电缆相比，光纤的可用带宽几乎是无限的。现代光纤传输系统在单个波长上的传输速率可以达到 100Gb/s，若在光纤通信系统中采用密集波分复用(Dense Wavelength Division Multiplexing，DWDM)技术，则在一根光纤上传输速率可达到 80×100Gb/s。利用光纤可无需中继就能实现信号的远距离传输。光纤传输系统的无中继距离可达数百千米以上，远长于同轴电缆的中继段距离。此外，光纤的保密性好，插入窃听难度大，光纤还具有很强的抗电磁干扰能力和抗腐蚀能力，与铜缆相比能节约金属与能源，其工作寿命也长得多。因此，光纤通信自 1977 年首次投入商用以来，发展极为迅猛，特别是随着器件、新工艺、新技术的不断涌现，其性能日趋完善。

目前，在高性能主干网上，光纤通信已经成为绝对主流。对接入网而言，光纤通信也开始显示着前所未有的光明前景。光接入网可以直接用于接入主干，实现对集团大客户的接入，也开始广泛用于个人用户。由于光纤带宽很宽，因此光接入网对宽带及多业务的接入有着明显的优势。利用光接入网，运营商不仅可以改善服务质量，降低运营维护成本，而且还能满足日益增长的宽带综合业务的需求。因此，绝大多数运营商断言“理想的宽带接入网将是基于光纤的网络”。

7.2 光接入网基本概念

7.2.1 光纤的传输窗口

按在光纤中的光传输模式，光纤可以分多模光纤和单模光纤两大类。多模光纤的纤芯直径约为 50μm，包层外直径为 125μm，容量不大、传输距离短。单模光纤的纤芯直径为 9μm 左右，包层外直径也是 125μm，性能也很高，适用于长距离通信。随着市场规模的急剧扩大，工艺复杂的单模光纤，其价格急剧下降，已经大大低于工艺简单的多模光纤。

光纤的不同波长区由于损耗不同，具有不同的传输性能，因此并不是所有的波长区都适合数据传输。目前已打开的适合传输的窗口主要是：

- 850nm 窗口(780～850nm)。
- 1310nm 窗口(1260～1360nm)。
- 1550nm 窗口(1480～1580nm)。

不同的光纤规格，如 G. 652、G. 655 等，其窗口参数不同。在光纤的三个窗口中，850nm 窗口通常适用于多模传输，在 ITU-T 定义的长途通信系统中并没有很好体现；而 1310nm 和 1550nm 窗口则用于单模传输，广泛用于 ITU-T 的各个标准。目前 1310nm 窗口主要用于提供中低速率业务，是园区级通信系统的主要工作波段；1550nm 窗口广泛用于长距离光纤通信系统。更多的工作窗口，例如 1625nm，也开始得到应用。

7.2.2 光接入网系统结构

ITU-T 于 1996 年提出的 G. 982 建议定义了光接入网(Optical Access Network，OAN)。根据 ITU-T G. 982 定义，光接入网是共享相同网络侧接口并由光接入传输系统所支持的接入链路群，由一个光线路终端(Optical Line Terminal，OLT)、至少一个光分配网(Optical Distribution Network，ODN)、至少一个光网络单元(Optical Network Unit，ONU)及适配功能(Adaptation Function，AF)组成。其中，接入链路是指在给定网络接口(V 接口)和单个用户接口(T 接口)之间的传输手段的总和。用户侧的接入链路和网络侧的接入链路不相同，是非对称的。

ITU-T G. 982 定义的光接入网的参考配置如图 7-1 所示。该参考配置从功能的角度描述了光接入网，与实现技术无关。参考配置中光接入网与外界的接口为 UNI、SNI、Q3 接口，明显基于电信接入网的概念，是 ITU-T G. 902 所定义的电信接入网的一个典型实例。

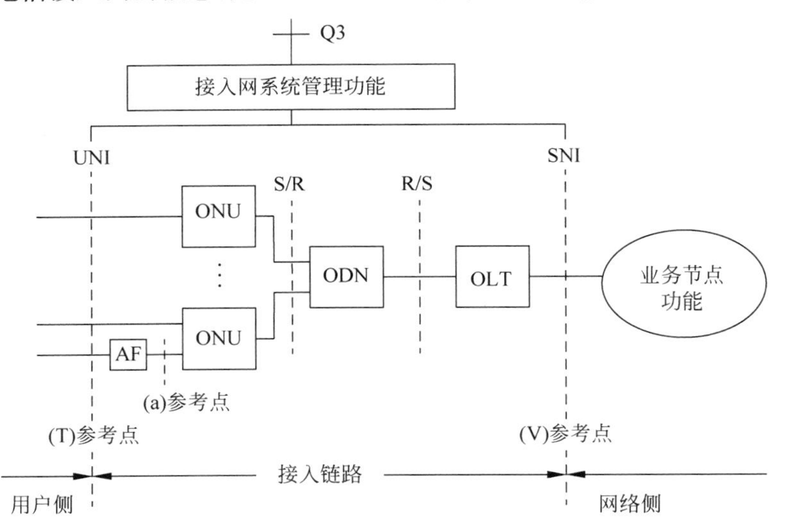

图 7-1 光接入网的参考配置

图 7-1 表明：光接入网位于业务节点接口(Service Node Interface，SNI)及用户网络接口(User Network Interface，UNI)之间，由 OLT、ODN、ONU 及 AF 组成。各部分功能解释如下。

1. 光线路终端

光线路终端(OLT)的功能是为光接入网提供网络侧的接口，以便与业务节点连接，并与一个或多个 ODN 相连，以实现和用户侧的 ONU 通信。

OLT 与 ONU 的通信关系为主从关系。OLT 通过 ODN 对众多的 ONU 进行管理和指配，通过 OLT 分离不同的业务，并将不同的业务传递给不同的 ONU。OLT 可以区分交换和非交换业务，管理来自 ONU 的信令和监控信息，为 ONU 和自身提供维护和供给功能。

通常，OLT 可设置在本地交换局内，也可设置在远端，物理上可以是独立设备，也可与其他功能集成在一个设备内。

2. 光分配网

光分配网(ODN)位于 OLT 和 ONU 之间，在 ONU 和 OLT 之间提供光传输手段，由光缆、光分/合路器、光纤连接器等无源器件组成，完成光信号功率的分配及光信号的分、复接功能。

从光分配网的解释可以看出，G. 982 定义的光分配网中的器件都是无源器件，因此 G. 982 定义的光接入网是指无源光网络这样的接入网。但后来光接入网的概念得到了发展。通常光接入网是泛指业务节点侧与用户侧之间采用光纤传输的接入网，因此用光接入网代表采用了光纤传输技术的接入网，而组成光分配网的设备可以是无源光设备，也可以是有源光设备，对应的接入网分别是无源光网络(Passive Optical Network，PON)和有源光网络(Active Optical Network，AON)。

3. 光网络单元

光网络单元(ONU)的作用是为 OAN 提供直接或远端的用户侧接口，处于 ODN 的用户侧。ONU 主要功能是终结来自 ODN 的光信号，处理光信号并为用户提供多个业务接口，提供用户业务适配功能，完成速率适配、信令转换等功能。ONU 可灵活地设置在用户所在地或设置在路边。

4. 适配功能

适配功能(AF)为 ONU 和用户设备提供适配功能，具体物理实现既可完全独立，也可包含在 ONU 内。

7.2.3　光接入网应用类型

光接入网中从 ONU 到 OLT 之间使用的传输介质是光纤，而光纤在接入网中的应用是从运营商逐渐向用户延伸，最终到用户的。

传统接入网主要以铜缆的形式向用户提供业务，从铜缆接入网转换到光接入网并不是一步到位，而是采取逐渐过渡的方式。从总的发展趋势看，光纤在接入网中的应用首先是用于接入的前馈部分，用馈线光纤代替馈线电缆，再用于分配网络，并继续向用户挺进。随着光纤价格的大幅度下降，最终将 ONU 设置在用户住宅处，实现纯光接入网。

因此，根据光纤深入用户的程度，光接入网具有四种基本的应用类型。

- 光纤到路边(Fibre To The Curb/Cab，FTTC)。

- 光纤到大楼(Fibre To The Building,FTTB)。
- 光纤到办公室(Fibre To The Office,FTTO)。
- 光纤到家(Fibre To The Home,FTTH)。

这四种基本的应用类型可以统一表示成FTTx。显然,FTTx不是具体的接入技术,而是指光纤在接入网中的推进程度或使用策略。光纤深入用户的程度不同,ONU放置的位置就不同。光接入网的应用示意图如图7-2所示。

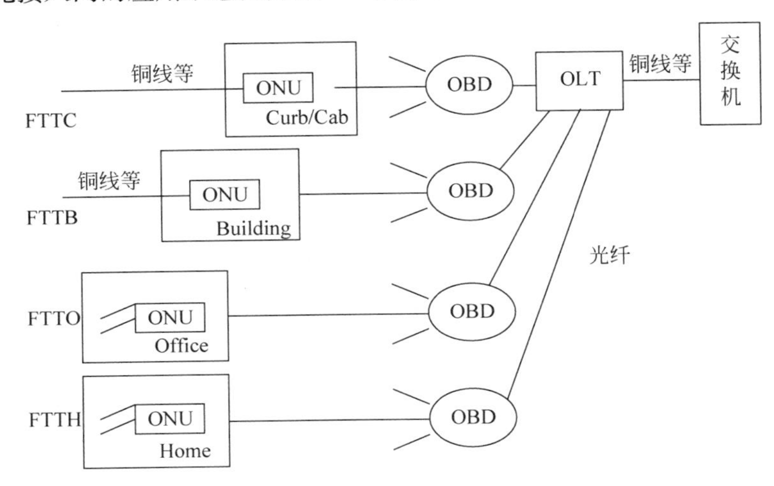

图7-2 OAN的应用示意图

图7-2中,OLT是光线路终端,OBD是光分路器(Optical Branching Device,OBD)。OLT与ONU之间采用光纤传输。

1. FTTC

FTTC的ONU设置在路边交接箱或配线盒处,通常为点到点或点到多点结构。一个OUN可为一个或多个用户提供接入。ONU到用户之间仍为普通电话双绞铜线或同轴电缆。整个接入网采用混合的光缆/铜缆接入介质,既可利用现有的铜缆资源,具有较好的经济性。同时,也促进了光纤向用户靠近,可充分发挥光纤传输的特点。一旦有宽带需求,可很快将光纤引至用户处。

FTTC常和xDSL或Cable Modem组合使用,给用户提供窄带或宽带业务。采用FTTC+xDSL的组合形式,ONU到用户间采用普通电话双绞铜线。采用FTTC+Cable Modem的组合形式,则ONU到用户间采用同轴电缆。

由于FTTC是一种光缆/铜缆混合系统,存在室外有源设备,不利于维护运行,同时由于ONU的装置安装环境是在路边,还存在供电、散热等问题。

2. FTTB

FTTB的ONU直接放在居民住宅公寓或单位办公楼的某个公共地方,然后通过铜缆(UTP5类线或更高等级线)将业务分送到各个用户。通常是一种点到多点的结构,即一个ONU为多个用户提供接入。FTTB比FTTC的光纤化程度更高,光纤已铺设到楼,更适应于高密度用户区,特别是新建工业区或居民楼以及与宽带传输系统共处一地的场合。但由于ONU直接放在公共地方,存在对设备的管辖和维护问题。

合适的接入技术有FTTB+xDSL或FTTB+Ethernet。ONU到用户间可采用xDSL

技术或 Ethernet 技术。

3. FTTO

若将 FTTC 结构中的 ONU 设置在办公室，就构成 FTTO 结构。FTTO 实现了全程光纤接入，主要用于大型企事业单位，业务量需求大，一般采用环型或点到点的结构。

4. FTTH

在 FTTH 结构中，ONU 直接放置到用户家庭。FTTH 与 FTTO 一样是全程光纤接入。不同的是 FTTH 用于家庭，从业务量和经济性考虑，一般采用点到多点结构。

FTTO 和 FTTH 光接入网都无任何有源设备，是一个真正的能提供宽带接入的透明网络，是用户接入网的长远目标。

7.2.4 光接入网的分类

根据光接入网中 ODN 是由无源器件还是由有源器件组成，光接入网可分为有源光网络(AON)和无源光网络(PON)两大类。

对于 AON，其 ODN 中包含光放大器等有源器件，OLT 和 ONU 通过有源光传输设备相连。AON 实质上是主干网技术在接入网中的延伸，例如，在接入网中采用 PDH (Plesiochronous Digital Hierarchy，准同步数字系列)、SDH(Synchronous Digital Hierarchy，同步数字系列)、ATM 等主干网技术。现在通常是基于 SDH 的 AON。因此，AON 也继承了主干网技术的一些固有的优点。例如，AON 的传输容量大，接入速率可达 155.520Mb/s 或 622.080Mb/s；传输距离远，不加中继器的传输距离为 70 多千米；带宽易于扩展；网络规划和运行的灵活性大；技术成熟，无论 PDH 设备还是 SDH 设备，都已在主干网中广泛应用。但在接入网中与其他接入技术相比，成本还比较高，尤其是初期投资较大。同时由于 AON 采用了有源设备，需要电信级机房，存在定位、供电、可靠性等问题。因此，AON 对接入网中大量的中小型用户来说并不是合理的技术。

PON 是专门为接入网发展的技术，其 ODN 全部由无源器件组成，信号在传输过程中无须再生放大，直接由无源光分路器传至用户，实现透明传输，信号处理全由局端和用户端设备完成。与 AON 相比，PON 的覆盖范围和传输距离要小，但由于户外无有源设备，提高了抗干扰能力，可靠性更高，大大简化了接入途中的安装条件，价格更低、安装维护更方便，升级性好，是光接入网最具发展潜力的技术。在 PON 技术发展中，产生了多种 PON 技术，如 APON、EPON 和 GPON 等。本章后续内容将主要针对 PON 进行介绍，重点是其中的 EPON 技术。

7.3 PON 概要

7.3.1 基本概念

PON 是其 ODN 全部由无源器件组成的光接入网，采用点到多点传输体制。组成 ODN 的器件主要是无源的光功率分配器和无源的光分支器等无源器件，不包含任何有源器件。信号在 PON 中经 ODN 传输时，直接由无源分光器将信息传至用户。由于无源分光器插入了光功率损耗，因此更适合于短距离传输。PON 支持多种物理拓扑结构，组网灵活，可以为居家用户提供经济的服务。

7.3.2 标准演进

PON的概念最早由英国电信公司于1987年提出，主要是为了满足用户对网络灵活性的要求。由于PON中不包含任何有源器件，部署安装和运行维护都比较方便，因此成为光接入网中的热点，发展十分迅速。

概括来说，PON技术主要经历了从窄带PON到APON(即BPON)再到GPON、EPON的发展历程。其中，窄带PON用于窄带TDM业务接入；APON基于ATM信元传送；EPON基于Ethernet分组传送；GPON通过采用GFP协议，支持ATM和TDM传送，也可以支持Ethernet分组传送。在PON的发展过程中，ITU-T相继出台了G.982(窄带PON)、G.983系列(BPON)及G.984系列(GPON)等一系列建议。IEEE 802委员会在EPON的标准化上也非常活跃，推出了802.3ah(EPON)、802.3av(10GEPON)等标准。

1. 窄带PON标准——ITU-T G.982建议

窄带PON标准是ITU-T G.982—1996，该标准对接入速率为2Mb/s以下的窄带PON系统进行了定义。该规范的标准化程度很低，只对系统容量、分路比进行了规定，而对于双向传输技术、线路速率和帧结构等一系列物理参数都没有制定标准。主要原因是各厂商先有窄带PON产品，后有规范，而且不同厂商有不同的规范，并且都认为自己是最好的选择。因此，到现在为止，对窄带PON系统ITU-T都还没有形成统一完整的标准，致使器件不能大规模生产，价格居高不下。在全球范围内，日本、德国、美国的一些窄带PON系统已在应用。

2. APON/BPON标准——ITU-T G.983建议

在窄带PON系统概念提出的同时，人们提出了以ATM技术为基础的宽带PON概念，即APON(ATM PON，基于ATM的PON)，主要目的是使PON接入网与ATM核心网无缝兼容，使接入网也走向宽带化。现在所说的BPON系统就是APON系统。关于APON的国际标准是ITU-T的G.983系列建议。

APON在发展过程中经历了几个版本。1998年10月ITU-T正式通过了G.983.1建议，规范了基于PON的宽带光接入系统，这也是最早的PON标准，对APON系统进行了详尽的规范，规范的标准化程度很高，对标称线路速率、光网络要求、网络分层结构、物理介质层要求、汇聚层要求、测距方法和传输性能要求等作了规定。目标是为用户提供接入速率大于2Mb/s的宽带接入业务，包括图形、图像和其他分配型业务。

2000年4月ITU-T正式通过了G.983.2建议，即APON的光网络终端(Optical Network Terminal，ONT)管理和控制接口规范。该建议主要从网络管理和信息模型上对APON系统进行了定义，规定了与协议无关的管理信息库被管实体、OLT和ONU之间的信息交互模型、ONU管理和控制通道、协议和消息定义等。目标是实现不同OLT和ONU之间的多厂商互连，保证不同厂商生产的设备能够互操作。

2001年3月ITU-T又发布了关于波长分配的标准：G.983.3，即利用波长分配的方法增加业务能力的基于PON的宽带光接入系统。同年11月发布的G.983.4，又规范了利用动态带宽分配的方法增加业务能力的基于PON的宽带光接入系统。

2002年1月ITU-T发布了G.983.5，具有增强生存性的宽带光接入系统，详细规定了BPON的保护方式，以消除点到多点PON系统中的单点故障隐患。由于各种PON技术在物理层并无实质性差别，这个标准成为后续 EPON 等各种 PON 技术保护的纲领性文件而被直接引用。

此外有关 BPON 的标准还有

G. 983. 6：具有保护功能的 BPON 的 ONT 管理和控制接口规范。

G. 983. 7：具有动态带宽分配的 BPON 的 ONT 管理和控制接口规范。

G. 983. 8：支持 IP、ISDN、Video、VLAN、VC 交叉连接的 BPON 的 ONT 管理和控制接口规范。

G. 983. 9：支持 WLAN 接口的 BPON 的 ONT 管理和控制接口规范。

G. 983. 10：支持数字用户环路接口的 BPON 的 ONT 管理和控制接口规范。

在 2005 年 7 月，G. 983. 6～G. 983. 10 都合并到了 G. 983. 2 中。

APON 的标准化程度很高，使得大规模生产和降低成本成为可能。ATM 统计复用的特点使 APON 能服务于更多的用户，APON 也继承了 ATM 的 QoS 优势。但 APON 技术复杂，成本高，速率低。而 IP 的崛起和 ATM 的边缘化，ATM 网络不敌以太网络，导致 APON 的发展受阻。

3. GPON 标准——ITU-T G. 984 建议系列

差不多 EFMA 提出 EPON 的同时，FSAN(Full Service Access Network，全业务接入网)组织考虑到 APON 的低效率和 EPON 的不足，于 2002 年提出了 GPON(Gigabit PON，吉比特无源光网络)，并在随后几年通过了 GPON 系列建议：G. 984. 1—2003、G. 984. 2—2003、G. 984. 3—2004 和 G. 984. 4—2004、G. 984. 5—2007、G. 984. 6—2008。

整个 GPON 建议系列对 GPON 的一般特性、PMD、传输汇聚子层，以及 ONT 管理与接口控制等内容进行了系统的定义和规范。

GPON 速率高达 2. 488Gb/s，对任何一种业务都可以实现较高的带宽利用率(总效率可达 93%以上)，支持多业务透明传输，能够提供明确的服务质量保证和服务级别，具有电信级的网络监测和业务管理能力。但是，目前 GPON 成本远高于 EPON，且 GPON 成熟度也不如 EPON，无论芯片还是模块。

4. EPON 标准——IEEE 802. 3ah、IEEE 802. 3av

随着以太网的快速发展，在 2000 年底，EFMA 提出了 EPON(Ethernet PON，基于 Ethernet 的 PON)概念，即在 PON 上传输以太网帧。IEEE 成立 802. 3ah 即第一英里以太网(Ethernet in the First Mile，EFM)任务组，开始了 EPON 的标准化工作，并于 2004 年正式发布了以太接入网标准：IEEE 802. 3ah。

EPON 是 PON 技术和 Ethernet 技术的结合，具有许多优点，如协议成熟、技术简单、易于扩展等。通过以太网承载数据业务，使 EPON 免去了 IP 数据传输的协议和格式的转换，承载速率可达 1Gb/s，对话音和视频等实时业务不提供 QoS 保证。

随着 IPTV、HDTV、双向视频等大流量宽带业务的逐渐普及，用户对带宽的需求也在不断增加。比 EPON 能够提供更高容量的 10G EPON 标准 IEEE 802. 3av 应运而生。该标准从 2006 年开始制定，于 2009 年 9 月正式发布。802. 3av 主要定义了 10G EPON 的物理层规范，在 MAC 层则最大限度地沿用了 802. 3ah 的多点控制协议(Multi-Point Control Protocol，MPCP)，仅对 MPCP 协议进行了扩展，增加了 10Gb/s 承载能力的通告与协商机制，充分考虑到了 10G EPON 对 EPON 的后向兼容性要求。

7.3.3 系统结构

PON的系统结构基于ITU-T G.902，如图7-3所示，包括三个组成部分：光线路终端OLT、光分配网ODN和光网络单元ONU，由ODN将OLT的光信号分到树形网络的各个ONU，构成点到多点的无源光网络。这是PON最重要的特点。

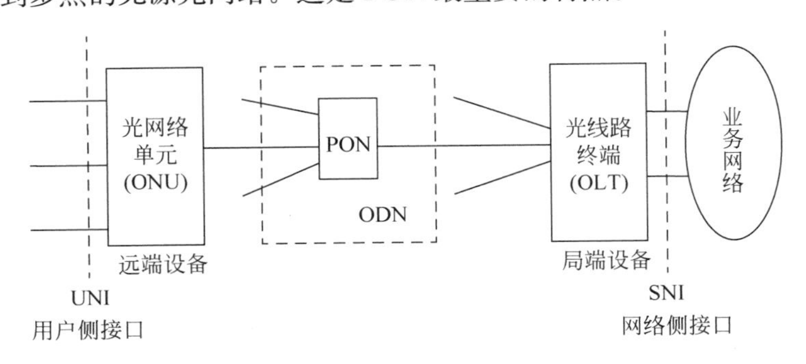

图7-3 PON的系统结构

在PON中，OLT连至一个或多个ODN，为ODN提供网络接口。ODN由光纤、无源光分路器和波分复用器等无源器件组成，不包含任何有源器件，为OLT和ONU提供传输手段。ONU则与ODN连接，为ODN提供用户侧接口。多个ONU经ODN连到OLT，共享OLT的光传输介质和光电设备，以降低接入成本。

从逻辑结构看，PON是一种点到多点共享信道的系统。在下行方向(从OLT到ONU)，一个OLT通过共享信道与多个ONU通信；在上行方向(从ONU到OLT)，多个ONU通过共享信道与一个OLT通信。为了实现共享信道上OLT与ONU之间的通信，通常下行方向由于只有一个发送者OLT而采用广播通信方式，在上行方向，为了避免多个ONU同时发送数据造成的冲突，需要共享信道上适当的多路接入协议。

7.3.4 双向传输技术

PON中实现上下行双向传输的技术通常采用空分复用(Space Division Multiplexing，SDM)和波分复用(Wavelength Division Multiplexing，WDM)。

1. 空分复用

空分复用技术是上下行通信各使用一根光纤，每根光纤的工作波长通常都是1310nm，两个方向的通信单独进行，互不影响。SDM由于使用了独立的两根光纤，性能最佳，设计最简单。但是光传输设备和线缆双倍，成本高。

2. 波分复用

波分复用技术是只使用一根光纤，通过上下行各使用不同的工作波长来实现双向通信，即异波长双工通信。通常，上行信道工作波长是1310nm而下行信道工作波长是1550nm。这种方式易于升级扩容。

7.3.5 多路接入技术

PON中下行通信比较简单，由OLT将发送给各个ONU的信息组成帧，采用广播方式送至每个 ONU，各 ONU 根据特定标识只接收属于自己的下行数据。

上行通信时，多个 ONU 共享上行信道，每个 ONU 发送信号是突发的。为了避免不同 ONU 上行信号碰撞，需要多路接入技术，保证任意时刻只能有一个 ONU 发送信号，各 ONU 轮流发送，以实现传输信道的共享。常见的多路接入技术有时分多路（Time Division Multiple Access，TDMA）、副载波多路（SubCarrier Multiple Access，SCMA）、波分多路（Wavelength Division Multiple Access，WDMA）和码分多路（Code Division Multiple Access，CDMA）。

这几种多路接入技术中，技术成熟度比较高、成本相对较低的是 TDMA 和 SCMA，而 TDMA 又特别具有适合动态带宽分配、应用灵活的优势，因此，目前的 PON 系统都广泛采用 TDMA 这种技术。下面简要介绍这几种多路技术。

1. 时分多路

时分多路接入方式是由 OLT 控制各 ONU 在分配的时隙内上传数据，各 ONU 的时隙在 OBD 处汇合后，最终上传到 OLT。结合测距技术，保证各个 ONU 的时隙在到达 OLT 后互不重叠，从而使 OLT 可以在各个时隙中有条不紊地接收各 ONU 的信号。

采用 TDMA 方式的 PON 系统上行传输示意图如图 7-4 所示。

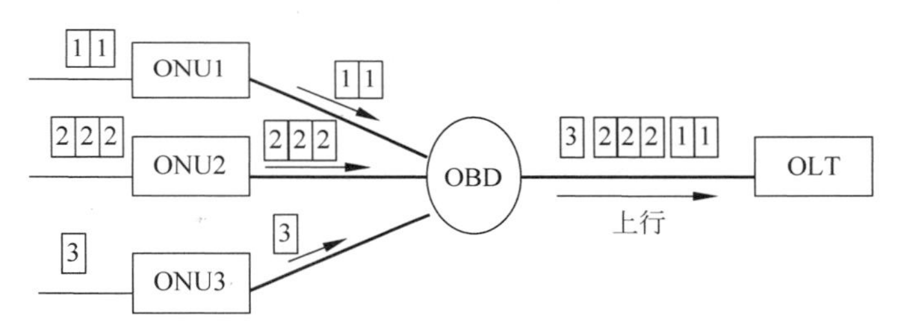

图 7-4　TDMA 方式的 PON 上行传输示意图

采用 TDMA 方式的 PON 使用的光器件比较简单，因此比较经济。但是由于在 OLT 端必须采用突发模式的光接收机，所以电路部分很复杂。

2. 副载波多路

副载波多路接入技术是将各 ONU 的上行信号调制到不同频率的电载波上，这些被调制的电载波相对光载波来说就是副载波，然后再由光器件将这些已调信号调制到光载波上，产生模拟的光信号。电副载波调制光载波的方式有两种：单通道和多通道。单通道 SCMA 是每一个副载波调制一个光波长的光信号强度，所有被电副载波调制的光信号在光合路器处合在一起，接收端光信号由光电探测器转换成电信号后通过中心频率为各个副载波的带通滤波器，并进一步通过鉴相器解调出数据。单通道 SCMA 可以用于 PON 的上行多路接入。多通道 SCMA 是先将所有载有用户信息的电副载波在电域上合到一起，再去调制一个光波长的光信号。因此，多通道 SCMA 适合用于 PON 的下行通信。采用 SCMA 方式的 PON 系统上行传输示意图如图 7-5 所示。

副载波多路接入技术的特点是：各信道在频域上彼此独立，在时域上要求比较宽松，时延小。因此，不需要高精度的测距以及上行突发接收等。但是，由于散粒噪声、热噪声、光差拍噪声、副载波交调失真等多种因素的影响，其允许接入的 ONU 数目有限，一般在 20 个左右，且每个 ONU 的调制速率也不能太高。此外，动态带宽分配不够灵活。

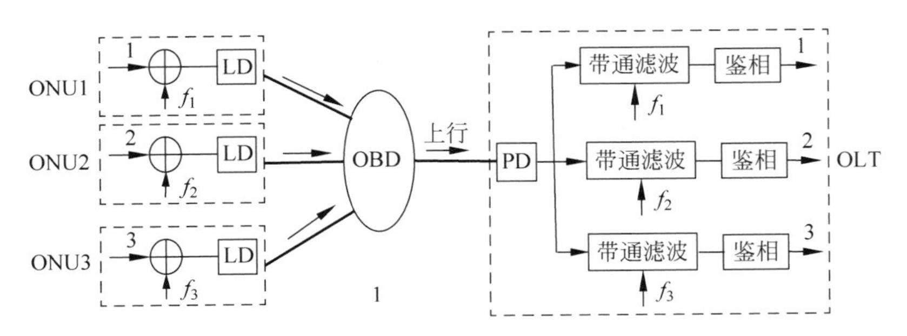

图 7-5 SCMA 方式的 PON 上行传输示意图

3. *波分多路*

根据波分复用原理，不同波长的信号只要相隔一定间隔就可以共享同一根光纤传输而彼此互不干扰。因此，波分多路接入技术分别将各个 ONU 的上行传输信号调制为不同波长的信号，送至 OBD 并耦合进馈线光纤，就可以实现上行传输。在 OLT 处再利用 WDM 器件分出属于各个 ONU 的光信号，最后再通过光/电检测器（PD）解调出电信号。基于 WDMA 的 PON 系统上下行传输示意图如图 7-6 所示。

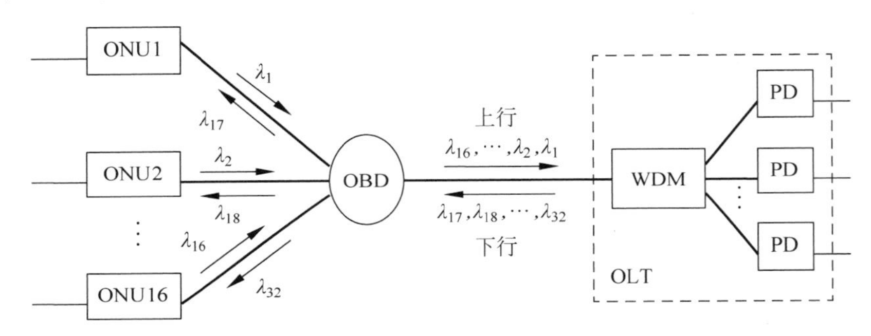

图 7-6 WDMA 方式的 PON 上下行传输示意图

WDM 技术的特点如下。

- 可充分利用光纤的巨大带宽资源，增加光纤的传输容量。
- 在单根光纤上实现双向传输，节省线路投资。
- 降低了对器件的超高速要求。
- 由于波分复用通道对数据格式的透明性，能方便地进行网络扩容，引入宽带新业务。
- 对激光二极管要求高，因为 WDM 要求每个 ONU 在指定波长上发射。
- OLT 设备复杂，成本高，因为每个波长都需光发射器和检测器。

4. *码分多路*

码分多路接入技术是给每个 ONU 分配一个多路码，各 ONU 的上行信码与相应多路码进行模二加，再调制为同一波长的光信号，经 OBD 合路到达 OLT。在 OLT 端经 PD 检测出电信号后，再分别与各 ONU 端同步的相应多路码进行模二加，恢复出各 ONU 的信码。采用 CDMA 方式的 PON 上行传输示意图如图 7-7 所示。系统中每个 ONU 都有各自独立的多路码，因此保密性非常好。由于不需要同步，ONU 可以非常灵活地随机接入。

采用 CDMA 的 PON 系统中，为了减少各 ONU 上行信号的串扰，所用的各多路码的相关函数峰值应尽量小，每个多路码的自相关函数应具有尖锐的单峰特性，以便在 OLT 端准确识别各 ONU 的信码。

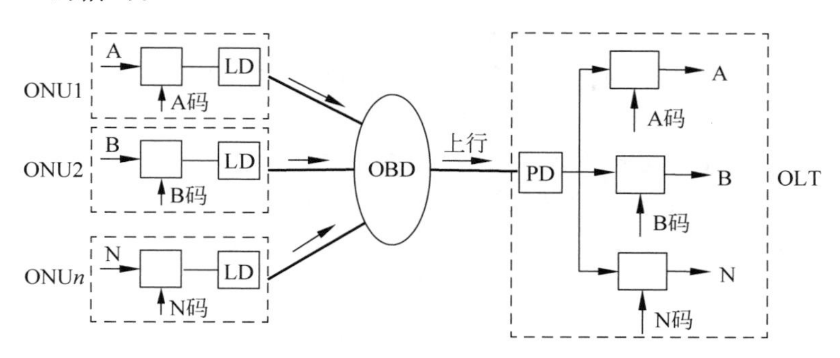

图 7-7 CDMA 方式的 PON 上行传输示意图

7.3.6 物理拓扑

PON 逻辑上是一种点对多点的光纤传输系统,一个 OLT 通过 ODN 可以与多个 ONU 连接。实际应用中,其物理拓扑结构通常有星型、树型、总线型等多种结构,为了提高可靠性也可以配置成环型。

1. 单星型结构

如图 7-8 所示,用户端的每一个 ONU 分别通过一根或一对光纤与局端的同一 OLT 相连,以 OLT 为中心形成星型拓扑结构。OLT 输出的信号光通过一个光分路器均匀分到各个 ONU,适合于用户均匀分散在 OLT 附近的环境。

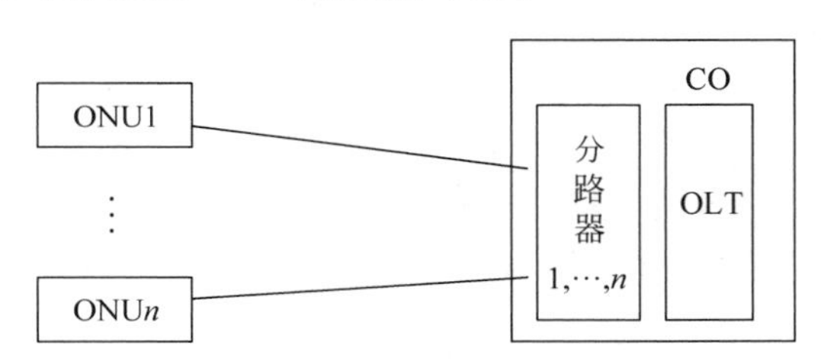

图 7-8 单星型结构

其特点:线路中没有有源电子设备,是一个纯无源网络,线路维护简单;光纤信道相互独立,各 ONU 之间互不影响,保密性能好,易于升级;但光缆需要量大,无法实现光纤和光源的共享,成本高。

2. 多星型(树型)结构

如图 7-9 所示,该结构中,ODN 由很多 OBD 串联组成。连接 OLT 的第一个 OBD 将光分成 n 路,每路通向下一级的 OBD。它是以增加光功率预算的要求来扩大 PON 的应用范围的。

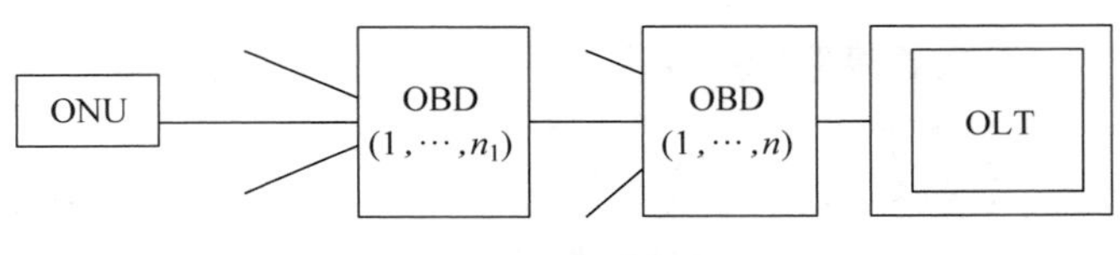

图 7-9 多星形结构

其特点：实现了光信号的透明传输，线路维护容易；不存在雷电及电磁干扰，可靠性高；用户可共享一部分光设施，如光缆的馈线段和配线段以及局端的发送光源。但由于所有ONU的功率都由OLT中的一个光源提供，光源的光功率有限，从而限制了光信号的传输距离及所连接的ONU数量。

在这种结构中，所有串联的OBD可以按两种方法分光：均匀分光和按额定比例的非均匀分光。均匀分光OBD组成的网络一般称为多星型网络，非均匀分光OBD组成的网络常称为树型网络。对于通常的接入网用户分布环境，这两种结构的PON应用范围最广。

3. 总线型结构

如图7-10所示，在总线型结构中，常采用非均匀分光比的光分路器OBD实现，各OBD沿线状排列。OBD负责从光总线中分出OLT传输的光信号，或者将每个ONU传出的光信号插入到光总线上。非均匀的OBD只给总线引入少量的光损耗，而且也只从光总线中分出少量的光功率，其分光比根据最大的ONU数量和ONU最小的输入光功率等具体要求确定。由于光纤线路上存在损耗，使得在靠近OLT和远离OLT处接收到的光信号强度差别较大。因此，对ONU中光接收机的动态范围要求较高。

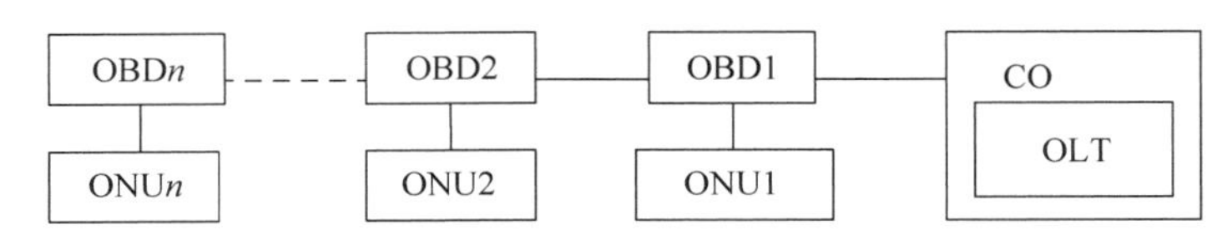

图7-10 总线型结构

此结构适合于沿街道、公路呈线状分布的用户环境。

4. 环型结构

如图7-11所示，把总线结构中的OBD与OLT组成一个闭合环就构成了环型结构。环型结构中所用的器件以及信号的传输方式与总线型结构类似，只是OBD可从两个不同的方向通到OLT，从而形成可靠的自愈环型网，可靠性大大优于总线型结构。

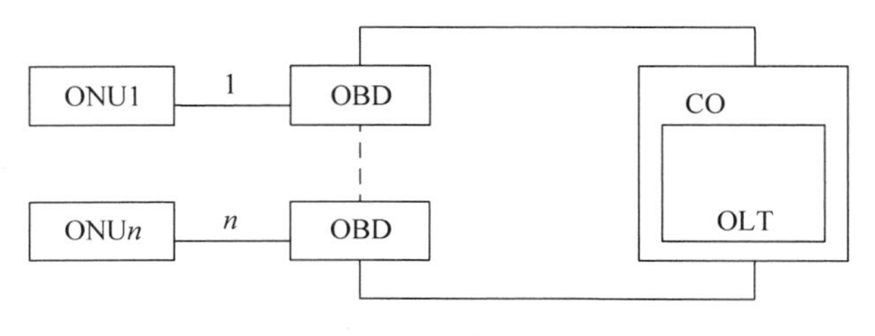

图7-11 环型结构

上述四种拓扑结构中，树型和总线型是两种最基本的拓扑结构，单星型结构和多星型结构是树型结构的特例，环型结构则可看成是两个总线型结构的结合。

实际应用中，由于受历史条件、地貌条件和经济发展等各种因素的影响，用户的分布非常复杂，同时又要考虑到降低建造费用和提高网络的运行效率，因此，光接入网的实际拓扑结构往往非常复杂。

选择光接入网的拓扑结构时，一般应考虑以下因素：用户的分布拓扑、OLT和ONU的距离、可获得的技术、提供各种业务的光通道、光功率预算、波长分配、升级要求、可靠性要求、安全以及光缆的容量等。

7.4 EPON

7.4.1 EPON概述

未来通信网是一个具有高带宽、可支持基于IP的多种业务、基于分组传送的综合网络平台，因此宽带接入网也必然是基于IP业务优化设计的。在局域网中，以太网是与IP配合最好的物理网络，已经得到了大规模应用，几乎所有的IP协议都直接运行在以太网上。因此，如何把以太网技术应用在接入网中的技术思路也顺势产生了，并且很快IEEE就提出了相应的EPON实现方案，其基本思路是：在与APON类似的结构和G.983的基础上，保留APON的物理层PON，而链路层协议则以Ethernet技术代替ATM技术，从而构成一个可以提供更高带宽、具有更低成本和更强业务亲和力的系统——EPON。

EPON利用PON的拓扑结构实现以太网的接入，直接在PON上传送Ethernet帧。其技术本质是在物理层采用千兆以太网作为传输协议，在链路层采用以太网协议。

EPON提供1.25Gb/s对称线路速率，由于采用8B/10B线路编码，信息承载速率为1Gb/s。支持Gbps速率的EPON系统后来也被称为1GEPON。EPON支持的分光比和距离有两种：当分光比为1∶32时，传输距离可达10km，当分光比为1∶16时，传输距离可达20km。

由于EPON结合了PON和Ethernet技术，所以EPON既具有PON的容量大、寿命长、可升级性好、成本低、可靠性高等优势，同时也具有以太网的与IP天然的匹配性、成本低廉、技术成熟度高等优点，成为光接入网的发展方向，适应宽带接入IP化的发展潮流。

EPON的发展十分迅速。2000年11月IEEE4成立802.3 EFM(Ethernet in the First Mile)研究组，2001年7月IEEE 802 LAN/MAN标准委员会通过决议正式成立IEEE 802.3ah EFM任务组，以推广以太网在接入网中的应用。最终于2004年4月通过了IEEE 802.3ah标准。

IEEE 802.3ah标准中定义了两种EPON的光接口：1000BASE-PX10-U/D和1000BASE-PX20-U/D，分别指工作在10km范围和20km范围的EPON光接口。标准还定义了MPCP(Multi-Point Control Protocol，多点控制协议)，使EPON系统具备了下行广播发送，上行TDMA的工作机制。同时，标准还定义了可选的OAM层功能，力图在EPON系统中提供一种运营、管理、维护的机制，使其具有符合电信应用要求的接入网的特性。

7.4.2 EPON系统结构

典型的EPON系统结构如图7-12所示，是点到多点共享介质的光纤传输系统，由OLT、ODN、ONU/ONT组成。其中OLT位于局端，ONU/ONT放在用户驻地侧，接入用户终端。ONU与ONT的区别在于ONT直接位于用户端，而ONU与用户间还有其他的网络，如以太网。

OLT既是一个交换机或路由器，又是一个多业务提供平台。它提供面向无源光纤网络的光纤接口。为适应以太网向城域和广域发展的趋势，OLT上也提供多个Gb/s和10Gb/s的以太网接口，支持WDM传输。如果需要支持传统的TDM话音，普通电话线和其他类型

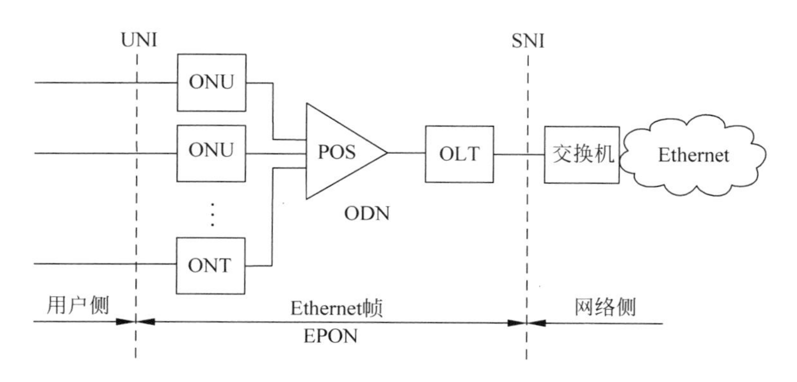

图 7-12 EPON 的系统结构

的 TDM 通信(T1/E1)可以被复用连接到附接口,OLT 除了提供网络集中和接入的功能外,还可以针对用户的 QoS/SLA 的不同要求进行带宽分配、网络安全和管理配置。

ODN 由无源光分路器(Passive Optical Splitter,POS)和光纤构成,完成下行光信号的分配和上行光信号的集中。

EPON 中的 ONU 采用以太网协议,可以通过层叠来为多个最终用户提供很高的共享带宽。因为都使用以太协议,在通信中不再需要协议转换,从而实现 ONU 对用户数据的透明传送。ONU 也支持其他传统的 TDM 协议,而且不会增加设计和操作的复杂性。在高带宽的 ONU 中,将提供大量的以太网接口和多个 T1/E1 接口。

在 EPON 系统中下行方向,OLT 发出的是以太网帧经过 8B/10B 编码后的连续的比特流,通过一个 1∶N 的无源光分路器(或者几个光分路器的级联)到达每个 ONU,每个 ONU 只接收发给自己的数据,其他的数据则丢弃。在上行方向,每个 ONU 采用多路接入技术通过共享信道向 OLT 发送数据,由于无源光分路器的方向性,每个 ONU 发送的数据只会到达 OLT,不会到达其他 ONU。

7.4.3 EPON 传输原理

EPON 系统采用 WDM 技术实现上下行单纤双向传输。上行方向使用 1260～1360nm 波长,下行方向使用 1480～1500nm 波长。如果要传送 CATV 广播电视业务,则在下行方向使用 1540～1560nm 波长(这是可选的)。

为进一步分离同一根光纤上多个用户的上行信号和下行信号,EPON 的下行传输采用广播技术,上行传输采用 TDMA 技术。

EPON 下行传输原理如图 7-13 所示,主要过程如下。

(1) 通过 ONU 自动发现过程每个 ONU 成功注册到 OLT,由 OLT 分配一个唯一的 LLID(Logical Link Identification,逻辑链路标识)。

(2) OLT 发送给特定 ONU 的以太帧,在帧前导码中添加该 ONU 的 LLID。

(3) 发给多个 ONU 的以太帧组成下行帧,经过 1∶N 分路器传送到每个 ONU,N 的典型取值为 4～64,具体由可用的光功率预算限制。

(4) 各 ONU 根据 LLID 接收匹配的以太帧或广播帧,丢弃不匹配的帧。

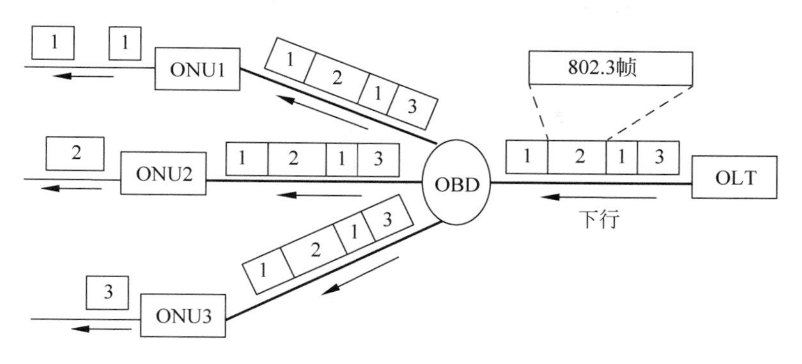

图 7-13　下行广播方式传输示意图

EPON 上行传输原理如图 7-14 所示，主要过程如下。

(1) ONU 注册登记时，由 OLT 对 ONU 进行测距，以完成时延补偿，保证各 ONU 到 OLT 的上行时延相同。

(2) OLT 利用 GATE 和 REPORT 控制帧，对每个 ONU 分配所需的上行时隙，让各 ONU 轮流发送。分配的时隙补偿了各个 ONU 距离的差异，每个 ONU 只在分配的上行时隙中发送数据，并且各个时隙都保持同步，彼此间留有保护间隙，使各个 ONU 的数据汇聚到共享光纤时不会发生碰撞。

(3) 来自不同 ONU 的数据在光分路器上汇聚成上行帧送到 OLT。

(4) OLT 接收数据时，根据接收到的 LLID 把数据送给相应的 MAC 子层处理，完成接收处理功能。

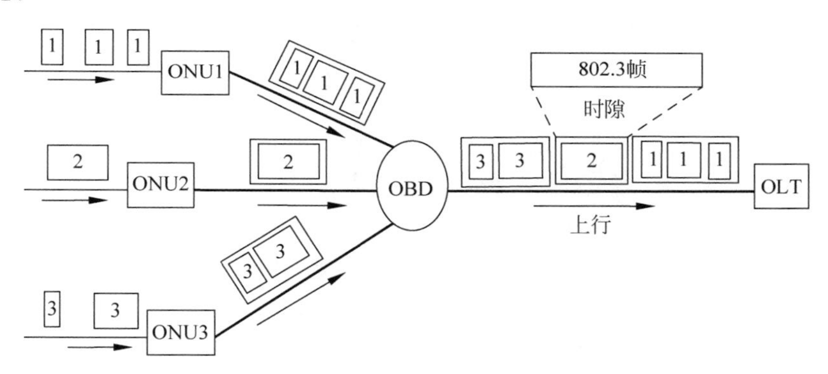

图 7-14　上行 TDMA 方式传输示意图

7.4.4　EPON 帧结构

EPON 帧分上行帧和下行帧，都是定时长帧。下行帧结构见图 7-15，线路传输速率为 1.25Gb/s，包含多个变长数据包和长度为 1 字节的同步标识符。同步标识符位于每帧开头，用于 OLT 和 ONU 之间的同步，每 2ms 发送一次。每一个变长数据包对应一个特定 ONU，数据格式遵从 IEEE 802.3 标准帧格式，并在帧的前导码中加入了 LLID 等信息。

上行帧包括若干个长度可变的时隙，见图 7-16，每个时隙分配给一个 ONU，每个 ONU 侦听时隙标志，在属于自己的时隙上将数据发送出去，时隙结束时关闭发送。如果一个 OLT 下有 *N* 个 ONU，则上行帧中会有 *N* 个时隙，每个 ONU 占用一个时隙，但时隙的长度不固定,一个时隙内可发送多个 802.3 帧。由于 802.3 帧不支持分片,因此一个 802.3 帧只能在一个时隙内发送完。

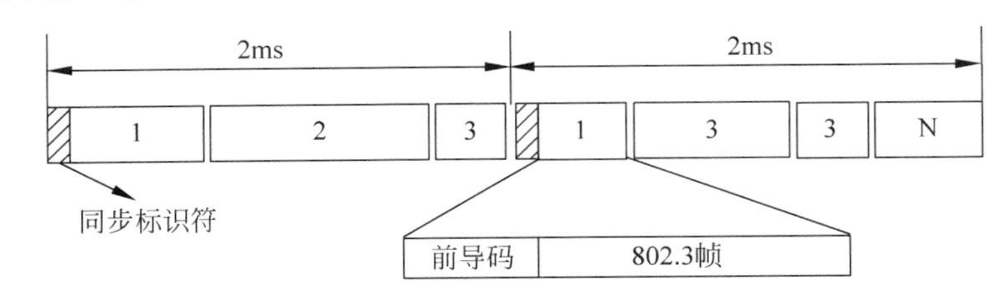

图 7-15 EPON 下行帧结构

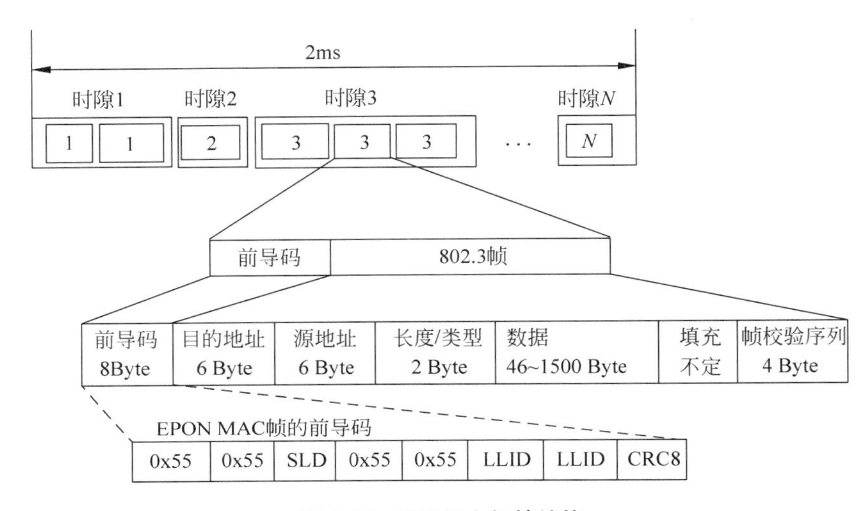

图 7-16 EPON 上行帧结构

分配给 ONU 的时隙由动态带宽分配(Dynamic Bandwidth Allocation,DBA)算法完成。由于 DBA 算法取决于很多因素,如部署的环境、支持的服务类型等,因此 802.3ah 标准没有指定具体的 DBA 算法,声明 DBA 算法不在该标准范围内,把选择权留给了设备制造商。由于算法是开放的,为了保证设备的互通,需要规定消息交互协议。为此,802.3ah 标准提出了多点控制协议(Multi-Point Control Protocol,MPCP)。MPCP 与具体的 DBA 算法无关,它只是支撑机制,可以支持在 EPON 中实现各种带宽分配方案。

7.4.5 EPON 参考模型

根据 IEEE 802.3ah 标准,EPON 的参考模型如图 7-17 所示。该参考模型在 IEEE 802.3 的基础上进行了扩展:增加了 OAM(可选)、MPMC 子层;为了实现 EPON 的点到点仿真(Point to Point Emulation,P2PE),RS 子层中新增了添加和去除 LLID 的功能;另外,相比传统点对点千兆以太网,PCS 和 PMA 子层的功能也进行了扩展,ONU 的 PCS 子层可以支持突发工作模式,PCS 控制 PMD 的激光器在发送数据前快速开启(512ns 内),在发完数据后快速关闭(512ns 内);PCS 子层为支持可选的 FEC 功能也进行了相应扩展。EPON 中选用 FEC 的主要目的是为了增大系统功率预算,扩大分支数,从而降低 EPON 系统成本。此外,为支持 EPON 1000BASE-PX,EPON 的 PMA 子层也做了相应扩展。

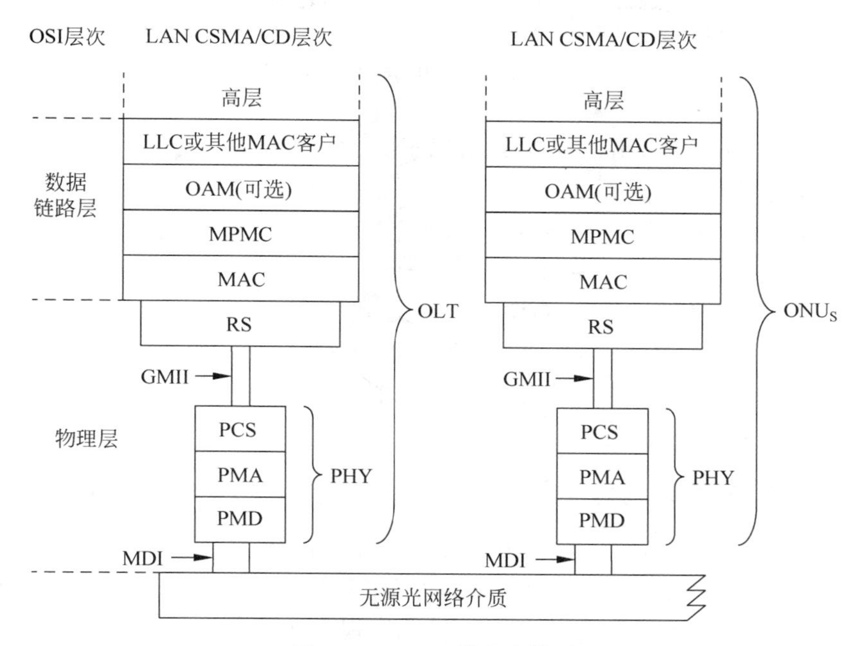

图 7-17 EPON 的参考模型

EPON 的层次对应 OSI 参考模型的数据链路层和物理层，其数据链路层分为以下多个子层。

- LLC 或其他 MAC 客户子层。
- OAM 子层。
- MPMC 子层。
- MAC 子层。

EPON 的物理层包括 GMII 和 MDI 两个接口以及以下子层。

- RS 子层。
- PCS 子层。
- PMA 子层。
- PMD 子层。

LLC 子层负责提供使本地网络层实体与远端对等网络层实体之间交换协议数据单元的服务。

OAM 子层是一个可选的层，是 IEEE 802.3ah 工作组考虑到以太网应用到公网，运营商需要对网络进行运行、维护、管理而增加的。在 OAM 子层，OLT 和 ONU 之间通过交互 OAM 帧对已激活 OAM 功能的链路进行管理、测试和故障诊断，定义了 EPON 的各种告警事件和控制处理。

MPMC(Multi-Point MAC Control，多点 MAC 控制)子层使用多点控制协议(Multi-Point Control Protocol，MPCP)实现对 EPON 的多点接入控制，包括 ONU 的自动发现和注册、对 ONU 分配上行带宽资源、允许 DBA 调度等。标准没有规定具体的动态带宽分配算法，只是规定了带宽分配的机制。

MAC 子层完成帧的成帧和差错检测。

RS(Reconciliation Sublayer,协调子层)子层除了完成通常以太网中 GMII 接口信号到 MAC 信号之间的映射外,在 EPON 中更重要的是利用其添加和去除 LLID 的功能实现点到点仿真。

PCS(Physical Coding Sublayer,物理编码子层)子层负责对来自 GMII 接口的数据进行 8B/10B 编码送往 PMA 子层、解码 PMA 子层来的 10B 码送往 GMII。

PMA(Physical Medium Attachment,物理介质联入)子层负责并/串和串/并转换。

PMD(Physical Medium Dependent,物理介质相关)子层负责串行比特流的传输,包括光/电和电/光转换,脉冲信号的产生,信号的判决、均衡等。IEEE 802.3ah 所规范的 EPON PMD 有两种:1000BASE-PX10 和 1000BASE-PX20,都是采用 WDM 技术在一根光纤上实现双向传输。在分支比 1∶16 时,分别支持在一根单模光纤上数据速率 1000Mb/s 不小于 10km 及不小于 20km 的双向传输。

7.4.6 EPON 的点到点仿真

EPON 的拓扑结构是点到多点的结构,而以太网的逻辑拓扑结构通常是点到点结构。为了兼容 IEEE 关于以太网的相关协议(如 IEEE 802.1D),把 EPON 融合到以太网框架中,必须把 EPON 仿真成点到点逻辑拓扑结构,从而实现与交换式以太网相同的物理连接性。

点到点仿真(Point to Point Emulation,P2PE)在 RS 子层完成。利用 P2PE 功能,EPON 的点到多点拓扑结构就可以虚拟成逻辑的点到点结构,这种逻辑的点到点结构对高层来说表现为多个点到点链路的集合,如图 7-18 所示。

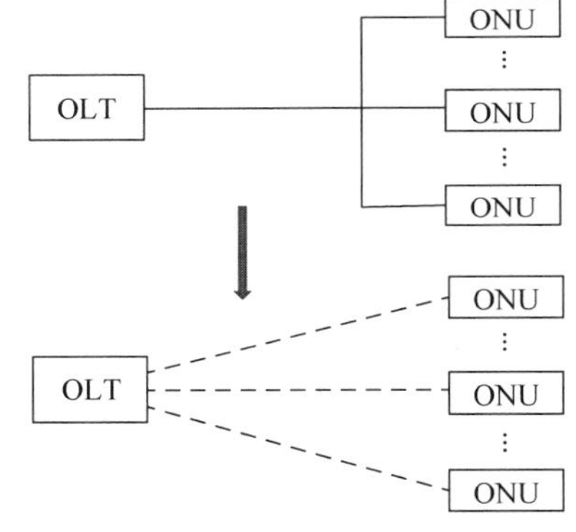

图 7-18 P2PE 的虚拟拓扑结构

为了实现 P2PE,802.3ah 定义了 LLID(Logical Link Identification,逻辑链路标识),用于标识通过点到点仿真子层建立起来的逻辑链接,每一个逻辑链接都会分配不同的 LLID。当 ONU 成功注册后,OLT 就给它分配一个唯一的 LLID。这个 LLID 与 ONU 绑定。所以,利用 LLID,OLT 可以判别帧是由哪个 ONU 发来的,ONU 可以判断哪个帧是发给自己的。当把帧递交到 MAC 层之前,RS 子层会去掉该帧的 LLID,MAC 层看不到 LLID。

LLID 在帧的前导码中表示。802.3ah 修改了 ONU 至 OLT 之间的以太网帧前导码,见图 7-19,把前导码中的第 6 字节和第 7 字节修改为 LLID,其中一个比特用来表示连接模式是广播/组播还是单播,其余 15 个比特标识 ONU。由于 LLID 非常重要,EPON 前导码中还增加了 CRC 校验,用生成多项式 $G(x)=x^8+x^2+x+1$ 对第 3~7 字节进行循环冗余校验。

以太网帧的前导码:

0x55	0x55	0x55	0x55	0x55	0x55	0x55	SPD 0xd5

EPON帧的前导码:

0x55	0x55	SLD 0xd5	0x55	0x55	LLID	LLID	CRC8

图 7-19 EPON 帧前导码的修改

7.4.7 EPON 多点控制协议

EPON 的 P2MP 拓扑结构是 IEEE802.3 以太网标准系列引入的一种新的拓扑结构，在这种 P2MP 结构中，多个 ONU 共享上行信道，OLT 可以和各个 ONU 通信，但各 ONU 之间不能互通。当不同的 ONU 同时向 OLT 发送数据时就会发生碰撞，因此需要一个有效的 MAC 控制机制对 ONU 进行控制，以实现 OLT 和 ONU 之间有序的数据传输。为此，EPON 在 MAC 层引入 MPMC 子层代替了原来 802.3 层次中的 MAC 控制子层，而以太网原来的 MAC 子层可以完全不须改变。

图 7-20 描述了 MPMC 子层与 MAC 及 MAC 客户子层之间的关系。

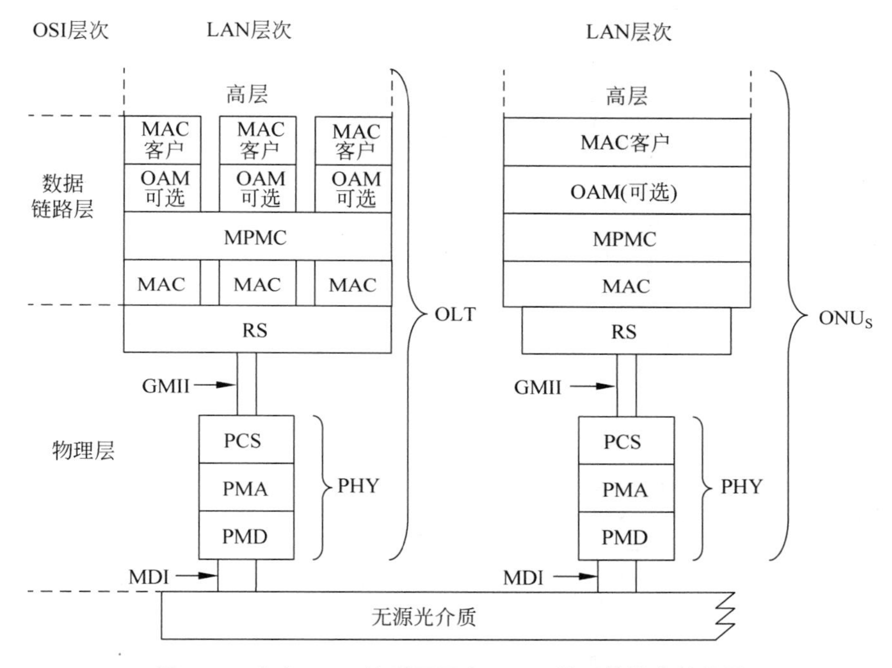

图 7-20 多点 MAC 控制子层在 802.3 体系结构中的位置

从图 7-20 中可以看到，在 OLT 上，MPMC 子层向上支持多个 MAC 客户，之下有多个 MAC 实体。每个 MAC 实体提供了从 OLT 到 ONU 的点对点仿真业务。每个 MAC 实体都与一个 LLID 绑定，并对应到一个 ONU。这些 MAC 实体发出的数据只会被对应的 ONU 接收。另外，还有一个附加的 MAC 实体用于实现 OLT 同时与所有 ONU 通信。这个 MAC 实体称作单一拷贝广播(Single Copy Broadcast，SCB)MAC 实体。而 SCB 实体发出的单一拷贝数据会同时被所有 ONU 接收。

尽管 OLT 上有多个 MAC 实体，但它可以只用一个单播 MAC 地址。因为 MAC 实体完全由 LLID 唯一标识，而 LLID 是在注册过程中动态分配的。

在 ONU 上只有一个 MAC 实体，因为在帧到达 MAC 子层之前 RS 子层就已经完成了帧过滤。因此，ONU 的 MAC 层及其上层是不知晓点到点仿真的。

MPMC 子层定义了 P2MP 网络的 MAC 控制机制。实现这种机制的 MPMC 子层核心协议就是 MPCP(Multi-Point Control Protocol，多点控制协议)，它也是整个 EPON 系统的核心协议，是解决 EPON 系统技术难点的关键协议。

MPCP 能完成 ONU 的自动发现和注册、带宽请求、带宽授权和测距等功能。MPCP 通过 3 种控制处理来实现上述功能。3 种控制处理中使用了 5 种控制帧：GATE、REPORT、REGISTER_REQ、REGISTER、REGISTER_ACK。3 种控制处理分别如下所示。

- 发现处理(Discovery Processing)：发现系统中未注册的 ONU 并为新注册的 ONU 分配 LLID，对 ONU 进行测距。
- 报告处理(Report Processing)：ONU 向 OLT 发送带宽请求。
- 授权处理(Gate Processing)：OLT 指定每个 ONU 在特定的时隙发送数据，分配带宽。

1. ONU 的自动发现和注册

ONU 的自动发现和注册由 MPCP 发现处理过程完成。OLT 周期启动发现处理过程，以便发现新加入的 ONU 或掉线后重新恢复的 ONU，使它们能及时接入到 PON 上。此外，发现处理还可以实现 ONU 的重新注册(Reregister)和注销(Deregister)。在 ONU 的发现和注册过程中，ONU 和 OLT 可以相互交换性能参数，使得 PON 的介质更加广泛，不同厂商的设备可以互连互通。

发现过程中交互的信息见图 7-21。具体描述如下。

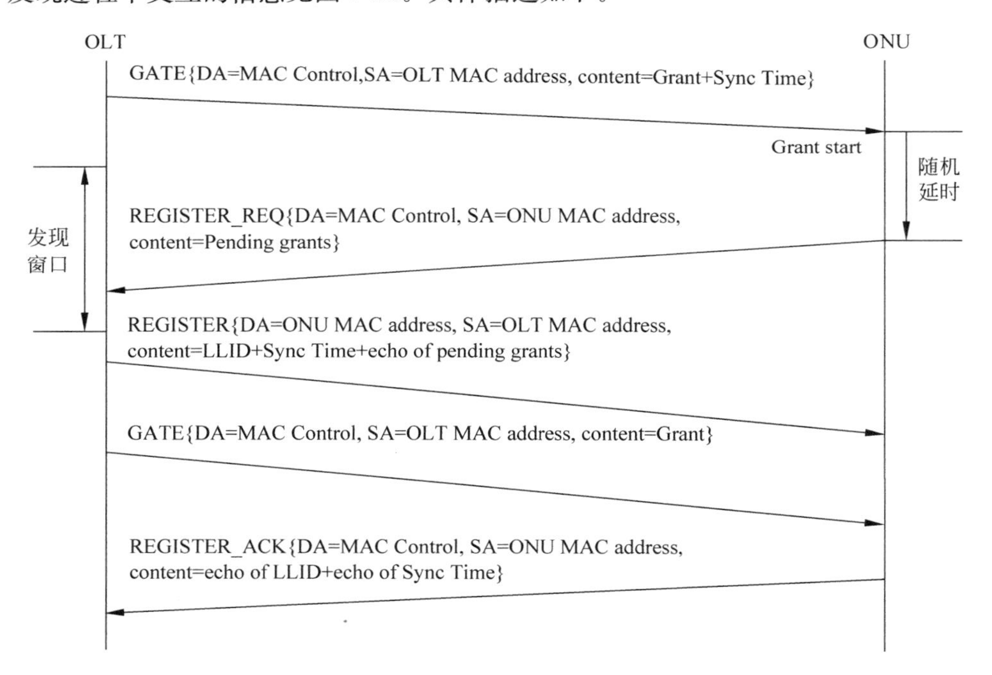

图 7-21 ONU 发现过程信息交互图

(1) OLT 周期性广播发送发现 GATE 帧，帧中包含发现窗口的起始时间、窗口大小和同步时间，还有物理层的一些参数，在发现窗口内，所有未注册的 ONU 都可以响应发现 GATE 帧，注意该发现 GATE 帧是一个广播帧。

(2) 未注册的 ONU 在发现窗口内向 OLT 发送 REGISTER_REQ 帧，告知自己的 MAC 地址、申请的最大带宽值等参数。由于发现窗口是唯一允许多个 ONU 同时占用上行信道的时段，因此在这个时段内当多个未注册的ONU同时发送REGISTER_REQ帧时会产生数据冲突。为了减小冲突，ONU可采用某种机制，例如，每个ONU在发送REGISTER_REQ帧前随机延时一段时间，延时时间小于发现窗口大小。所以OLT在一个发现窗口内可能会收到多个有效的REGISTER_REQ请求。

(3) OLT收到有效的REGISTER_REQ后，为该ONU分配LLID，并将LLID与相应的MAC实体绑定，同时记录ONU参数并作相应处理。然后发送REGISTER帧通知ONU注册是否成功。REGISTER帧中包含分配给OUU的LLID值、所需的同步时间以及申请授权等参数，并回应ONU的性能参数。至此，OLT已有了足够的信息来安排新的ONU接入网络。

(4) 之后，OLT向ONU发送标准GATE帧，帧中包括授权的数目、授权的开始时间及其长度等信息，这样就确定了ONU上行的数据帧和控制帧的发送时隙，从而可实现各个ONU的有序发送。注意：这次发送的标准GATE帧是一个单播帧。

(5) 授权的ONU在GATE所授权的窗口内回应REGISTER_ACK。

当OLT正确收到REGISTER_ACK后，对该ONU的发现过程就完成了。这时ONU就可以开始正常的数据传送了。

发现过程不仅完成了对ONU的注册，对不同的ONU分配了不同的LLID，同时还实现了对ONU的带宽分配。

2. 测距和时延补偿

EPON系统在ONU的自动发现和注册过程中同时完成了对ONU的测距。测距采用时间标签法，利用GATE/REPORT控制帧中的时间标签(Timestamp)来实现。测距的目的是为了获得ONU的RTT(Round Trip Time，环回时间)，如图7-22所示，具体描述如下。

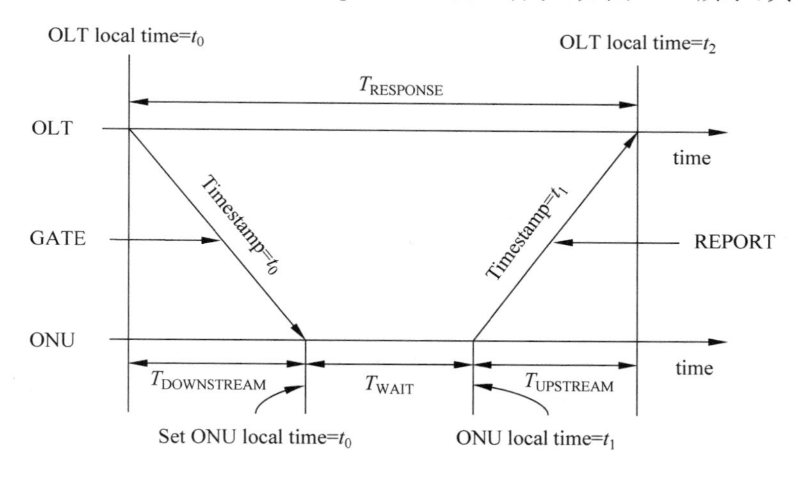

图7-22　RTT的计算

- OLT在本地时间 t_0 发出一个GATE帧，帧中时戳字段的值为 t_0。
- ONU收到GATE帧后，把本地时间置为 t_0。
- ONU在本地时间 t_1 发送一个REPORT帧，时戳字段的值为 t_1。
- OLT在其本地时间 t_2 收到这个REPORT帧。

计算出OLT与ONU之间的环回时延：

$$RTT = T_{DOWNSTREAM} + T_{UPSTREAM} = T_{RESPONSE} - T_{WAIT} = (t_2 - t_0) - (t_1 - t_0) = t_2 - t_1$$

OLT 获得 RTT 后，就对 ONU 进行时延补偿，从而保证不同 ONU 发出的信号在 OLT 处能够准确地复用在一起而不会发生碰撞。OLT 也可以在收到 ONU 的任何 MPCPDU 时启动测距。

3. 动态带宽分配

EPON 的动态带宽分配采用请求/授权机制。ONU 通过上行 REPORT 帧报告带宽请求，OLT 根据 ONU 带宽请求情况和带宽分配策略给 ONU 授权，通过下行 GATE 帧通知 ONU。OLT 可以给每个 ONU 分配多个授权，但分配的授权个数不能多于 ONU 注册时请求的最大授权数。

EPON 标准没有规定具体的带宽分配算法，仅提供了一种动态带宽分配的 REPORT/GATE 机制。要设计一个好的带宽分配算法必须考虑带宽利用率、包时延、最大传输窗口等因素。目前已提出了多种 DBA 算法。

7.4.8 MPCP 控制帧

MPCP 和现有的以太网兼容，其控制帧格式仍然保留传统的以太网 MAC 帧格式，但在字段具体含义、时钟标签设置上有所区别。MPCP 控制帧的通用结构如图 7-23 所示。不包括前导码部分，MPCP 控制帧必须满足帧长固定为 64 字节的要求。

字节数	
8	前导码
6	目的地址
6	源地址
2	长度/类型(88-08)
2	操作码(00-0x)
4	时间戳
40	数据/保留/填充
4	帧校验序列

图 7-23　MPCP 控制帧通用结构

帧中各字段描述如下。

- 前导码字段：其中包含 1bit 的模式位，标识是 P2P 模式还是广播方式，15bit 的 LLID。
- 目的地址字段：6 字节，目的 MAC 地址。
- 源地址字段：6 字节，源 MAC 地址。
- 长度/类型字段：2 字节，值为 0x88-08，表示 MPCP 控制帧。
- 操作码字段：2 字节，指示 MPCP 控制帧类型，具体编码如表 7-1 所示。

表 7-1　MPCPDU 的操作码字段

操作码(十六进制)	MAC 控制帧
00-00	保留
00-01	PAUSE
00-02	GATE
00-03	REPORT
00-04	REGISTER_REQ
00-05	REGISTER
00-06	REGISTER_ACK
00-07～FF-FF	保留

- 时间戳字段：4 字节，设置时钟标签，传递发送时刻本地计数器的值，用于 OLT/ONU 之间的测距和定时同步。

- 帧数据字段：40字节，用于封装各个参数和状态等具体信息，不使用的字节用0填充。
- 帧校验序列字段：4字节，由MAC层下面的层生成。

MPCP共定义了五种控制帧，即GATE、REPORT、REGISTER_REQ、REGISTER以及REGISTER_ACK帧。其中GATE和REPORT帧主要用于带宽分配过程，REGISTER_REQ、REGISTER和REGISTER_ACK这三种帧则主要用于ONU自动发现和注册。

1. GATE(授权)帧

GATE帧由OLT发送给ONU，用于通告OLT分配给ONU的上行链路传输窗口信息，包括窗口开始时间及窗口大小，即告诉ONU数据发送起始时刻和结束时刻。一个GATE帧，最多可承载4个授权信息。

GATE帧另一个主要作用是给ONU提供注册机会。在正常的网络运行过程中，OLT会周期性地在网络中发送GATE帧，通告可用于新ONU注册的窗口信息。

为了维护ONU定时器，允许OLT向ONU发送空的不含授权窗口信息的GATE帧。

GATE帧结构如图7-24所示。GATE帧操作码为十六进制的0002。帧中其他字段解释如下。

- 授权个数/标志：Number of grants/Flags，为GATE命令标识，1字节。具体如图7-25所示。其中，bit0～bit2共3bit，表示授权个数。一个GATE命令可包含0～4个授权，值为0表明该GATE为空授权。bit3为发现标识符，值为0表示该GATE帧为普通GATE帧；值为1表示该GATE帧为DISCOVERY GATE。bit4～bit7共4bit，为Force Report Grant位。因为一个GATE最多可包含4个授权，所以留有4个Force Report Grant位。该位的值为1，表示ONU在授权所指定的传输窗口内必须报告REPORT帧；若为0，则无此强制性要求。
- 授权起始时间、授权长度：当授权个数不为0时(不是空授权)，按顺序给出每个授权的传输窗口的起始时间和长度。

字节数	
6	目的地址
6	源地址
2	长度/类型(88-08)
2	操作码(00-02)
4	时间戳
1	授权个数/标志
0/4	#1授权起始时间
0/2	#1授权长度
0/4	#2授权起始时间
0/2	#2授权长度
0/4	#3授权起始时间
0/2	#3授权长度
0/4	#4授权起始时间
0/2	#4授权长度
0/2	同步时间
13-39	填充/保留
4	帧校验序列

图7-24 GATE帧结构

bit	0	1	2	3	4	5	6	7
	Number of grant			Discovery	Force Report Grant 1	2	3	4

图7-25 GATE帧的Number of grants/flags字段

- 同步时间：当GATE帧为DISCOVERY GATE时，该字段有意义，表明OLT接收器所需的同步时间(包含所有PMD、PMA、PCS的同步)，在这段时间内ONU应发送用于同步的IDLE信号。

2. REPORT(报告)帧

REPORT 帧由 ONU 发送到 OLT,用于报告 ONU 的带宽请求。带宽请求通常以 ONU 缓存区的待发数据字节数的形式报告,即队列状态信息。实现的主要功能包括计算环回时间(RTT)、报告上行带宽需求、维持 OUN 到 OLT 的链路等。

ONU 必须周期性地向 OLT 发送 REPORT 帧,以避免 OLT 的定时器超时而注销此 ONU。

REPORT 帧结构如图 7-26 所示。

REPORT 帧中主要字段描述如下。

- 时间戳:用于计算环回时间(RTT)。
- 队列集个数(Number of queue sets):表示 ONU 该次 REPORT 所提出的带宽申请个数。每次申请需给出报告比特图(Report bitmap)和相应的队列 #*n* 报告(Queue #*n* Report)。
- 报告比特图:是一个 8bit 的队列申请表。每个 ONU 可包含 8 个 802.1Q 优先级队列,Report bitmap 指明哪些队列有申请。8bit 分别对应 8 个队列,值为 0 表示该队列没有申请,值为 1 表示有申请。
- 队列 #*n* 报告:表示队列的申请大小。*n* 的值由队列集个数的大小决定。

3. REGISTER_REQ(注册请求)帧

REGISTER_REQ 帧由新 ONU 发给 OLT 请求加入 EPON 系统,用于 OLT 发现新 ONU、新 ONU 注册过程,其结构如图 7-27 所示。

字节数	
6	目的地址
6	源地址
2	长度/类型(88-08)
2	操作码(00-03)
4	时间戳
1	队列集个数
1	报告比特图
0/2	队列#0报告
0/2	队列#1报告
0/2	队列#2报告
0/2	队列#3报告
0/2	队列#4报告
0/2	队列#5报告
0/2	队列#6报告
0/2	队列#7报告
0-39	填充/保留
4	帧校验序列

图 7-26　REPORT 帧结构

字节数	
6	目的地址
6	源地址
2	长度/类型(88-08)
2	操作码(00-04)
4	时间戳
1	标识符
1	待处理授权
38	填充/保留
4	帧校验序列

图 7-27　REGISTER_REQ 帧结构

帧中主要字段描述如下。

• 标识符(Flags)：表示 ONU 的注册需求信息，由该字段值的大小来判断，见表 7-2。

表 7-2　REGISTER_REQ 帧的标识符

值	表　示	说　明
0	保留	接收时忽略
1	Register	ONU 要求注册
2	保留	接收时忽略
3	Deregister	ONU 要求解除注册
4～255	保留	接收时忽略

• 待处理授权(Pending grands)：表示 ONU 注册时提交的最大待处理授权数。OLT 分配的授权数不能超过该最大待处理授权数。

4. REGISTER(注册)帧

REGISTER 帧是 OLT 在收到没有注册的 ONU 发来的注册请求帧后发给该 ONU 的 MPCP 控制帧，主要包含时间标签、分配给该 ONU 的 LLID 等信息，帧格式如图 7-28 所示。

字节数	
6	目的地址
6	源地址
2	长度/类型(88-08)
2	操作码(00-05)
4	时间戳
2	分配端口
1	标识符
2	同步时间
1	待处理授权响应
34	填充/保留
4	帧校验序列

图 7-28　REGISTER 帧结构

帧中主要字段描述如下。

• 分配端口(Assigned port)：指示 OLT 分配给 ONU 的 LLID。

• 标识符(Flags)：表示 OLT 返回给 ONU 的注册信息，由该字段值的大小来判断，见表 7-3。

表 7-3　REGISTER 帧的标识符

值	表　示	说　明
0	保留	接收时忽略
1	Reregister	OLT 要求 ONU 重新注册
2	Deregister	OLT 要求 ONU 解除注册，释放 LLID
3	Ack	OLT 通知 ONU 注册成功
4	Nack	OLT 通知 ONU 注册失败
5～255	保留	接收时忽略

• 同步时间(Sync Time)：表示 OLT 接收器所需的同步时间(包含所有 PMD、PMA 及 PCS 的同步)。在同步时间内 ONU 只能发送用于同步的 IDLE 信号。

• 待处理授权响应(Echoed pending grants)：回应 ONU 在 REGISTER_REQ 中提出的最大待处理授权，其大小不应超过最大待处理授权数。

5. REGISTER_ACK(注册确认)帧

REGISTER_ACK 帧由 ONU 发给 OLT，以确认收到时间标签、LLID 等信息，格式如图 7-29 所示。

字节数	
6	目的地址
6	源地址
2	长度/类型(88-08)
2	操作码(00-06)
4	时间戳
1	标识符
2	分配端口响应
2	同步时间响应
35	填充/保留
4	帧校验序列

图 7-29 REGISTER_ACK 帧结构

帧中主要字段描述如下。

- 标识符(Flags)：ONU 用来响应注册是否成功，由标识符字段的数值大小来判断，见表 7-4。

表 7-4 REGISTER_ACK 帧的标识符

值	表 示	说 明
0	Nack	因高层实体拒绝而注册失败
1	Ack	注册成功
2～255	保留	接收时忽略

- 分配端口响应(Echoed assigned port)：ONU 回应 OLT 为自己分配的 LLID。
- 同步时间响应(Echoed Sync Time)：ONU 回应 OLT 所需的同步时间。

7.4.9 EPON 运维管理

以太网技术最初是针对局域网应用而设计的，在局域网应用环境下没有运行、维护和管理的要求，因此没有相应的 OAM 方面的考虑。但是，当以太网应用于接入网这样的公网环境时，就与原来在局域网的应用有着本质的不同。公网运营商需要对公网设备、线路等能够管理和维护。因此，为了提高网络的可操作性和可维护性，EFM 在 IEEE 802.3ah 中规范了传统局域以太网所没有的运行管理维护(OAM)子层，以适应可管理、可维护的电信级网络接入服务。

EPON 的 OAM 子层是一个可选子层，位于 MAC 客户和 MPCP 子层之间。OAM 子层提供了一种监视链路运行状况的有效机制，能够快速查出失效链路，并给网络管理员提供了一套进行网络健壮性监测、链路错误定位以及出错状况分析的方法。

1. *OAM 子层功能*

OAM 子层提供的主要功能如下。

1) 远端错误指示(Remote Failure Indication)

远端错误指示能在本地接收错误发生时，向对端发出告警，以便进行相应处理。

2）远端环回（Remote Loopback）

远端环回功能实现链路层级帧方式的环回测试，用于故障定位及链路质量测试。

3）链路监测（Link Monitoring）

链路监测用于实现故障诊断的事件通知和查询，以及对管理信息库（MIB）的查询等功能。

4）其他功能

除了以上功能外，OAM 还有其他一些功能，如发现功能，可以在设备启动后，用于确定远端实体是否存在 OAM 子层并建立 OAM 连接；扩展功能，可以允许用户扩展，以使上层更方便地管理。

2. OAM 帧

当链路两端都运行 OAM 协议时，两个连接的 OAM 子层间交互 OAMPDU，即 OAM 帧。OAM 帧也是 MAC 控制帧，兼容 IEEE 802.3 定义的以太网帧结构，长度为 64～1518 字节，且遵循慢协议。由于 IEEE 802.3ah 修正后的慢协议定义 1s 时间最多发送 10 帧，所以尽管 OAM 帧占用带内带宽（OAM 帧和数据帧共享信道），但是对正常的数据通信没有影响。

OAM 帧基本结构如图 7-30 所示。OAM 帧包括以下几个部分。

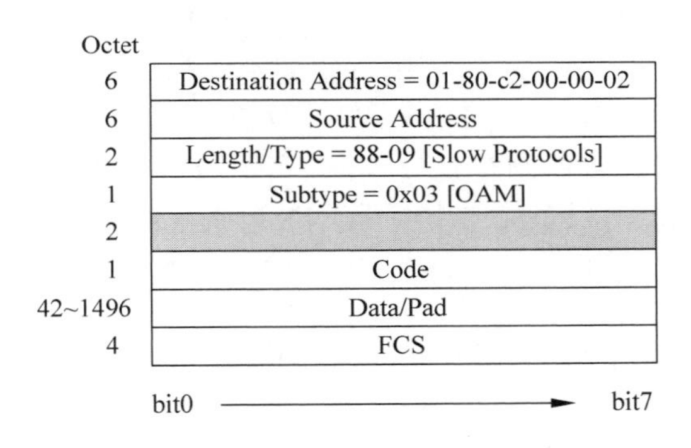

图 7-30　OAM 帧结构

- 目的地址（Destination Address）：遵从慢协议，其值为慢协议组播地址 01-80-c2-00-00-02。
- 源地址（Source Address）：表示发出 OAM 帧的源 MAC 地址，可以是上一次转发此 OAMPDU 帧或产生此 OAMPDU 帧的设备地址。
- 长度/类型（Length/Type）：对于慢协议来说，这个字段为类型，且其值为 0x88-09。
- 子类型（Subtype）：此字段表示是何种慢协议报文。对 OAMPDU 协议报文，此字段值为 0x03。
- 标志域（Flags）：标志域定义了一些链路事件，包括本地和远端 OAM 实体的发现过程的状态和三个紧急链路事件（紧急事件、不可恢复的本地故障及链路故障）。
- 代码域（Code）：表示 OAM 帧的具体类型。目前 802.3ah 定义了五种类型的 OAM 帧：信息、事件通告、变量请求、变量响应和环回控制 OAM 帧。
- 数据/填充域（Data/Pad）：表示 OAMPDU 存放的数据以及必要的填充字段，确保帧的最小长度；OAM 帧中的数据都是 TLV 的格式（Type-Length-Value）。
- 帧校验序列（FCS）：对帧进行校验。

OAM对EPON系统的运维管理非常重要,它使EPON系统能够支持链路的管理和维护。但是,802.3ah对OAM所制定的规范还远不够标准,仅提供了5种标准帧和5种基本管理流程。虽然标准中定义了可以由厂家自己扩展的帧,但是对这个帧的标准没有定义,需要厂家自己来规范,这就造成了各个厂家的OAM肯定会存在不能互通的问题,需要运营商和各厂商之间协商。

7.5 10G EPON

7.5.1 10G EPON背景

随着IPTV、HDTV、双向视频以及在线游戏、互动等大流量宽带业务的逐渐普及,每个用户的接入带宽需求将达到50~100Mb/s的能力,EPON提供的1Gb/s吞吐能力将很快成为瓶颈。同时,随着OLT接入能力的不断提升,其覆盖用户数量也会成倍增长。因此,IEEE组织开始积极探讨下一代PON接入技术,更高容量的EPON系统的研发被提上日程。

2006年3月,IEEE 802.3批准成立了802.3av研究组,开始了下一代10G EPON技术的研究和标准化工作。由于EPON技术已获得较大规模的实际部署,因此802.3av标准最重要的要求是与现有部署的EPON网络实现后向兼容及平滑升级,并与以太网速率10倍增长的步长相适配。鉴于此,802.3av工作组的出发点是尽可能在MAC层保持与EPON的MAC一致,利用现有的MPCP和DBA规范,仅提升其速率,并根据速率的提升规定新的物理层功能与性能。新标准的制定充分考虑了单个PON网络对1Gb/s和10Gb/s两种带宽的支持,以使1G EPON设备能向10G EPON设备平滑升级。

7.5.2 10G EPON概述

10G EPON的标准为IEEE 802.3av,标准从2006年开始起草制定,于2009年9月正式发布,成为业内公认的下一代PON标准。

IEEE 802.3av标准的核心有两点:①扩大802.3ah标准的上下行带宽,达到10Gb/s速率;②规定10G EPON具备很好的兼容性,通过1G/10Gb/s共存以便最大限度保护运营商投资。

因此,在技术设计上,10G EPON最大限度继承了1G EPON的全部特点,其最大优势体现为可在保持现有ODN网络结构不变的情况下,实现EPON网络平滑升级到10G EPON网络,并且具备EPON/10G EPON混合组网能力。在技术标准方面,10G EPON标准IEEE 802.3av主要定义了10G EPON的物理层规范,在MAC层则最大限度地沿用了802.3ah的MPCP协议,仅对MPCP协议进行了扩展,增加了10Gb/s能力的通告与协商机制,以满足10G EPON对EPON的后向兼容性要求,并推出了1G EPON和10G EPON并存的分层模型。在维护管理方面,继续沿用IEEE 802.3ah相应OAM管理标准,同时增加符合802.3av的管理规程。另外,10G EPON标准在光层参数定义上较为宽松,可以继承现有10Gb/s以太网的相关技术和管理手段。

7.5.3 10G EPON技术特点

1. *新的物理层分层模型*

针对速率的升级,10G EPON规定了新的物理层相关的分层模型,完全改变了PMA子层和 PMD 子层，并规定 FEC 子层是必需的。而对 MAC 层以上，则基本不动，主要只对 MPCP 进行了扩展，升级了注册机制以支持多速率操作。另外，只要涉及 10Gb/s 速率传输的部分，则将现有的 GMII 接口相应更改为 XGMII 接口，即只做尽量小的改动，以方便平滑升级。

2. 10G EPON 类型

考虑到宽带业务对带宽需求的不对称性，802.3av 定义了两种物理层工作模式：一种是非对称模式（上行 1Gb/s，下行 10Gb/s）；另一种是对称模式（上、下行均为 10Gb/s）。结合分路比和传输距离，两种模式分别包括 3 种情况：对称模式下 PR10、PR20、PR30 和非对称模式下 PRX10、PRX20、PRX30，因此 10G EPON 共有 6 种类型，如表 7-5 所示。

表 7-5　10G EPON 类型

类　　型		分 路 比	传 输 距 离
对称模式	10GBASE-PR10	>1∶16	>10km
	10GBASE-PR20	>1∶32	>10km
		>1∶16	>20km
	10GBASE-PR30	>1∶32	>20km
非对称模式	10GBASE-PRX10	>1∶16	>10km
	10GBASE-PRX20	>1∶32	>10km
		>1∶16	>20km
	10GBASE-PRX30	>1∶32	>20km

与 EPON 相比，类型中增加了不对称的情况，同时还增加了高功率模式（分路比大于 1∶32，传输距离大于 20km），使标准的适应范围更广，可以满足更多的应用需求。

3. 功率预算及波长分配

在光功率预算方面，针对上面的 6 种类型，10G EPON 规定了 3 种功率预算，即 PR10/PRX10、PR20/PRX20 和 PR30/PRX30，如表 7-6 所示。其中 PR10/PRX10 和 PR20/PRX20 的功率预算要求与 EPON 标准一致，PR30/PRX30 是 10G EPON 中新增加的要求。目前 10G EPON 的功率预算最大可以支持 20km 传输距离和 1∶32 分光比。

功率预算一般用通道插入损耗表示，即接收器和发射器之间整个通道的损耗范围。表 7-6 中通道插入损耗取决于传输距离和线路上连接器、耦合器、光分路器引入的损耗。

表 7-6　10G EPON 功率预算要求

类　　型	PR10、PRX10	PR20、PRX20	PR30、PRX30
最大通道插入损耗/dB	20	24	29
最小通道插入损耗/dB	5	10	15

在波长分配方面，10G EPON 定义的上行波长为 1260～1280nm，下行波长为 1575～1580nm。而 EPON 的上行波长为 1260～1360nm，下行波长为 1480～1500nm。从波长分配可以看出，10G EPON 和 EPON 的下行波长完全隔离，互不影响，但 10G EPON 和 EPON 的上行波长是重叠的。因此，EPON 和 10G EPON 在共存时上行方向通信不能采用 WDM 方式，而必须采用 TDMA 方式，这样才不会冲突。

4. 编码方式

10G EPON物理层线路编码方式采用了10G以太网通用的64B/66B，相比1G EPON采用的8B/10B的线路编码方式，编码效率从80%提高到97%。

由于线路速率的提升，导致信号频域展宽，势必引入更多噪声，影响数字信号的抽样判决，所以在EPON中作为可选的FEC，在10G EPON中变为强制，通过使用RS(255,223)的FEC编码，可增加光功率预算5～6dB，与1G EPON的RS(255,239)相比编码能力更强。

5. 对EPON的MPCP进行了扩展

10G EPON最大限度地沿用了802.3ah的MPCP协议，仅增加了MPCP协议10Gb/s能力的通告与协商机制。在ONU的自动发现和注册过程中、在测距和动态带宽分配过程中，ONU都可以上报OLT是否支持10Gb/s，从而决定OLT和ONU之间是按1Gb/s速率运行还是按10Gb/s速率运行。

6. 与现有EPON的共存

10G EPON标准制定过程中，花费时间最长、讨论最多的就是如何保证与现有EPON的兼容和共存。由于EPON设备已经得到大规模的部署和应用，如果需要完全替换现有EPON设备，势必严重影响10G EPON的推广和使用。而10G EPON和EPON的共存设计能很好地保证现有EPON设备能够逐步升级，平滑演进到10G EPON，有效保护运营商的投资。

10G EPON标准定义了10G/1G上下行非对称和10G/10G上下行对称的网络架构，下行采用与EPON不同的波长方式，上行采用双速率突发模式接收技术，通过TDMA机制协调10G EPON光节点与1G EPON光节点在同一光分配网络下的共存。为了支持现有的EPON系统，同时后向兼容未来的10G EPON，目前的10G EPON系统至少在OLT侧需要同时支持IEEE 802.3av和IEEE 802.3ah协议栈，从而10G EPON的OLT不仅能够和两种10G EPON ONU(对称和不对称)通信，同时也能够和原有EPON的ONU通信。这样，当系统引入新ONU时，就无须更换原有设备。

此外，在MAC层控制协议中，10G EPON标准进行了充分考虑，在ONU注册的过程中，通过ONU上报类型，OLT能够识别出ONU属于EPON还是10G EPON，然后在测距和带宽分配过程中都根据ONU的实际类型进行相应的处理，从而保证了10G EPON和EPON的共存。

7.5.4 10G EPON MPCP控制帧

10G EPON的MPCP控制帧基本沿用了EPON的控制帧结构。但是，为了适应双速率协议栈，对EPON的MPCP控制帧结构作了扩展，描述如下。

(1) MPCP通用帧帧格式与EPON MPCP通用帧帧格式保持一致。

(2) 普通授权帧帧格式与EPON MPCP普通授权帧帧格式保持一致，而发现授权帧则比EPON发现授权帧多了两个字节的发现信息域，发现授权帧格式见图7-31。

图7-31 discovery GATE帧结构

发现信息域指示 OLT 发现授权的发现信息值，具体含义见表 7-7。

表 7-7 发现授权帧发现信息值

位	标 识 域	值
0	OLT 1Gb/s 上行接收速率标识	0-OLT 不支持上行 1Gb/s 数据接收速率； 1-OLT 支持上行 1Gb/s 数据接收速率
1	OLT 10Gb/s 上行接收速率标识	0-OLT 不支持上行 10Gb/s 数据接收速率； 1-OLT 支持上行 10Gb/s 数据接收速率
2～3	保留	忽略
4	OLT 打开 1G 发现窗口标识	0-OLT 不能在此窗口接收 1Gb/s 数据； 1-OLT 能在此窗口接收 1Gb/s 数据
5	OLT 打开 10G 发现窗口标识	0-OLT 不能在此窗口接收 10Gb/s 数据； 1-OLT 能在此窗口接收 10Gb/s 数据
6～15	保留	忽略

(3) 注册请求帧与 1G EPON MPCP 注册帧相比扩充了发现信息域和激光器开闭时间指示域。注册请求帧格式见图 7-32。

(4) 注册帧与 EPON MPCP 注册帧相比扩展了目标激光器开闭时间指示域，帧格式见图 7-33。

(5) 注册确认帧与 EPON MPCP 注册确认帧帧格式保持一致。

字节数	
6	目的地址
6	源地址
2	长度/类型(88-08)
2	操作码(00-04)
4	时间戳
1	标识符
1	待处理授权
2	发现信息
1	激光器打开时间
1	激光器关闭时间
34	填充/保留
4	帧校验序列

图 7-32 REGISTER_REQ 帧结构

字节数	
6	目的地址
6	源地址
2	长度/类型(88-08)
2	操作码(00-05)
4	时间戳
2	分配端口
1	标识符
2	同步时间
1	待处理授权响应
1	目标激光器打开时间
1	目标激光器关闭时间
32	填充/保留
4	帧校验序列

图 7-33 REGISTER 帧结构

7.5.5 10G EPON 参考模型

IEEE 802.3av 定义了对称和非对称的 10G EPON 参考模型，分别如图 7-34 及图 7-35 所示。对称 10G EPON 的上、下行速率都是 10Gb/s，非对称 10G EPON 的上行速率是 1Gb/s，下行速率是 10Gb/s。相比 1G EPON 的参考模型，10G EPON 模型完全改变了 PMA 和 PMD 子层，这样做是为了避免 MAC 层以上的各层改动。另外，10G EPON 的接口由 EPON 的 GMII 接口改成了 XGMII 接口，并需要对定时重新调整。而且 10G EPON 模型中，物理编码子层 PCS 和前向纠错 FEC 是必需的。

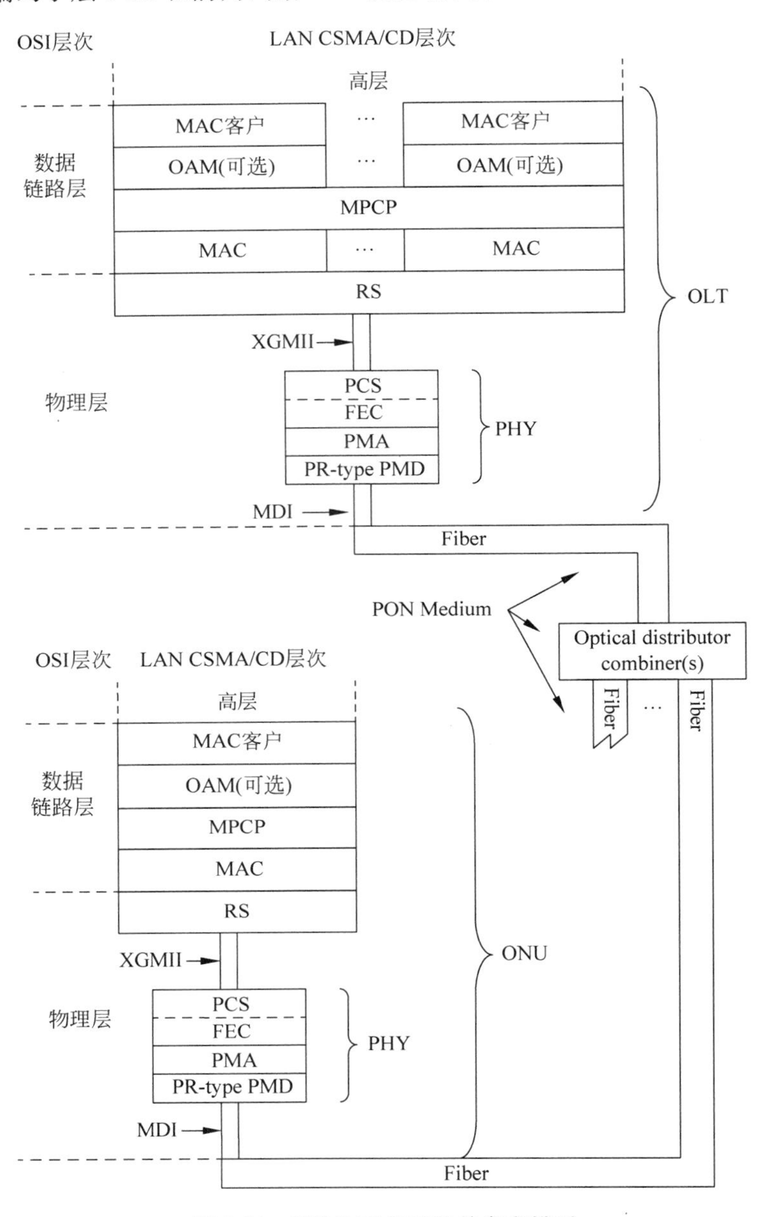

图 7-34 10G/10G EPON 的参考模型

在 10G EPON 物理层的分层结构上，针对 10G EPON 和 EPON 设计了不同的通道，1G EPON 在 PCS 子层仍然采用 8B/10B 进行编码，通过 GMII 接口连接到 RS 子层，再连接到 1G 的 MAC；对称 10G EPON 在 PCS 子层采用 64B/66B 编码，通过 XGMII 接口连接到 RS 子层，再连接到 10G MAC；不对称的 10G/1G EPON 在上行方向与 EPON 一致，在下行方向与 10G 一致。

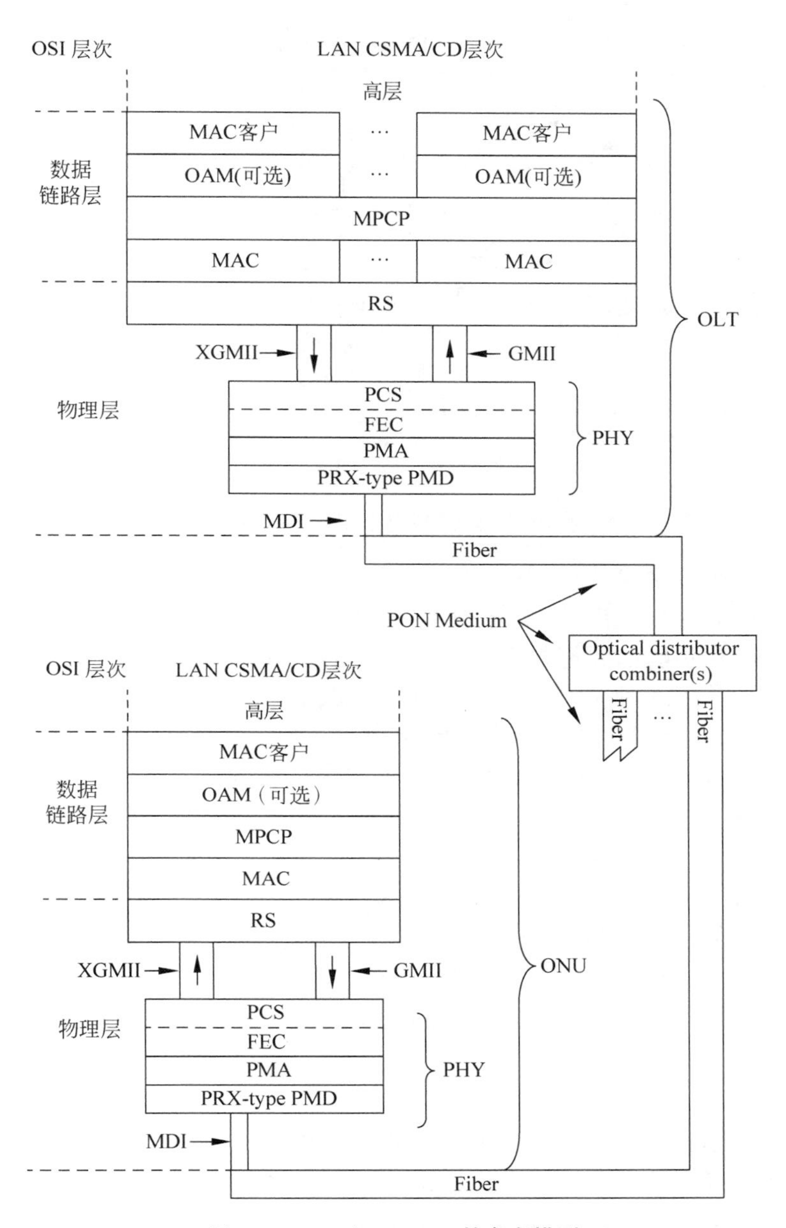

图 7-35　10G/1G EPON 的参考模型

7.6　EPON 的应用

7.6.1　EPON 典型应用模式

EPON 的应用范围非常广，广泛用于小区用户的接入、集团用户的接入、视频监控等。从实际运营角度出发，综合考虑用户需求、投资回报、客户类别以及当前业务现状，EPON 应用有以下几种典型模式，见图 7-36。运营商对 EPON 用户的接入控制管理主要采用基于

PPPoE 的接入控制方式，OLT 连接到 BRAS 接入控制服务器，通过在 BRAS 和 ONU 上运行 PPPoE 协议，实现对用户的接入控制管理。

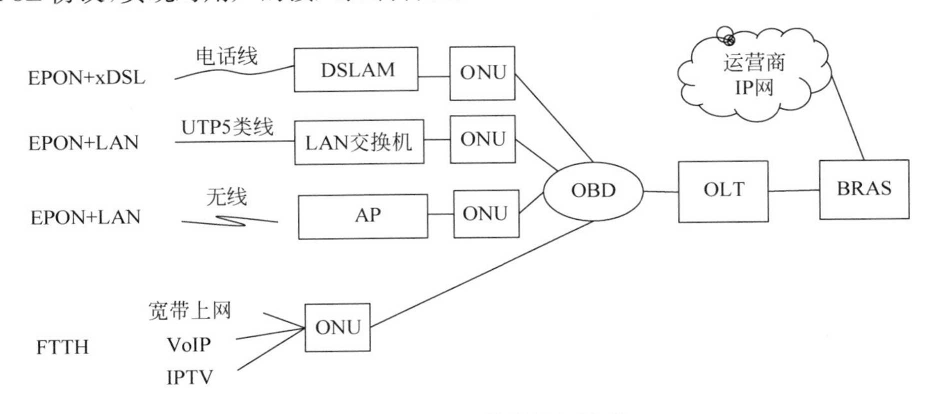

图 7-36 EPON 典型接入模式

1. EPON＋xDSL 接入模式

这种模式适合已经拥有电话线资源的传统固网运营商，无须入户工程，就可以用最小的投资实现宽带用户的接入，并可方便扩展至光纤到楼、光纤到户，覆盖广，一个 PON 口最大可覆盖 32 个小区。在这种应用模式下，可以先敷设光纤到小区，OLT 位于局端机房，光分路器放置在路边光交接箱中，ONU 放置在小区机房，小区机房内部采用 ONU＋DSLAM 模式，也可采用 ONU＋DSLAM 的集成设备，再利用小区内部电话线进行 ADSL 或 VDSL 接入。

2. EPON＋LAN 接入模式

EPON＋LAN 接入模式一般适合用户密集的新建小区及布放五类线的楼宇。这种接入模式可以提供给用户更高的带宽，并且可提供双向对称使用。采用这种模式接入时，光纤敷设到楼，OLT 位于局端机房，光分路器放置在路边光交接箱中，ONU 放置在居民楼机房或楼道，ONU 提供以太网接口，下接以太网交换机，也可以采用 ONU＋LAN 的集成型设备，再利用五类线直接入户。

3. EPON＋WLAN 接入模式

这种接入模式特别适合没有接入段线缆资源的新固网运营商。在这种模式中，OLT 位于局端机房，光分路器放置在路边光交接箱中，ONU 放置在居民楼设备间，小区用户共享一个或多个 ONU，再通过布放 AP 接入小区用户。其特点是初期工程量小，见效快，但是 WLAN 覆盖范围小，每户由于需安装 WLAN 接入网卡而投资大。

4. FTTH 接入模式

随着 IPTV 业务的大规模发展以及 EPON 设备成本的下降，FTTH 接入模式已推广到居民小区。在这种组网模式下，OLT 位于局端机房或小区机房，分路器位置下移，放置在小区接入光缆的楼内分线盒中，ONU 直接放置在用户家中，每个用户独享一个 ONU。ONU 向用户提供多种接口，如以太网接口、传统 POTS 接口以及 WLAN 接口等，可以基于 IP 实现数据、话音、视频等多业务。

除了以上几种典型的应用模式外，EPON 还广泛应用于天网、全球眼等城市安防建设方案中。全球眼后台管理系统通过 IP 城域网连接 EPON 系统，实现视频监控。在城域视频监控中采用 EPON 技术，可以实现低成本、远距离、大范围覆盖，接入网中心设备到监控点之间的中间设备无须额外供电，无须维护，安全，不易窃听和侵入。目前，EPON 视频监控模式已产生了良好的经济效益和社会效益。

在城市视频监控模式组网下，OLT 设备可以设置在城域 IP 网络 POP 点下，再基于 EPON 传输的长距离，实现大范围覆盖，如图 7-37 所示。

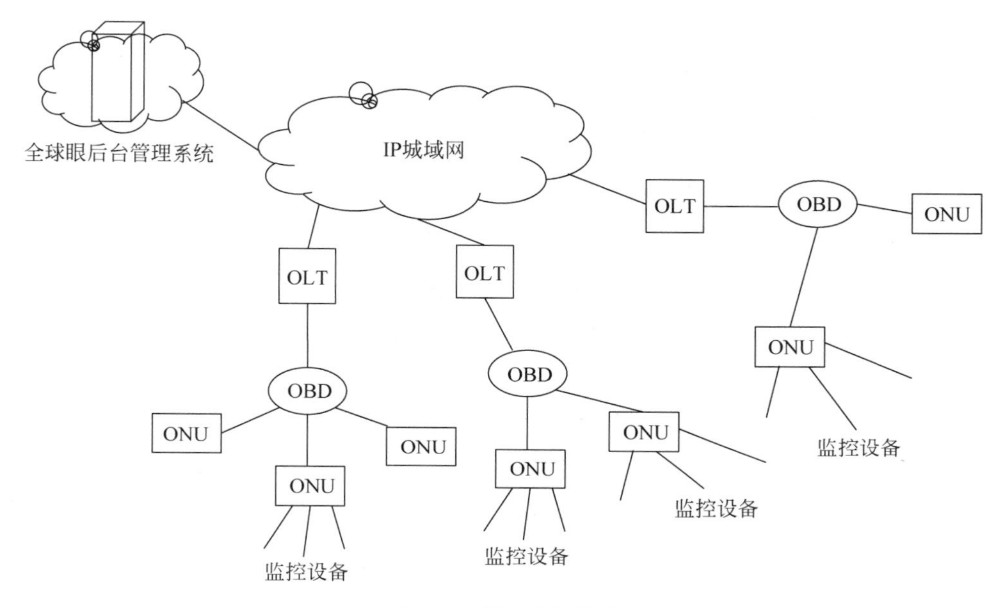

图 7-37　视频监控模式

7.6.2　EPON 组网技术

1. 设备

OLT 作为 EPON 的局端设备，是 EPON 中等级最高的网络节点，其主要作用是业务汇聚和转发。因此，组网设计时 OLT 主要考虑如下内容。

- 选址位置。
- 覆盖范围。
- 业务流量计算。
- 与上层网络的组网。

部署 OTL 时，一般采用集中部署方案，主要部署在现有主干光缆环的汇聚局点。如果分散部署，则容易造成局点过多，需要对 OLT 再次汇聚，导致网络层次多，不利于网络的扁平化和网络运行质量的提升。OLT 覆盖范围的大小直接关系到光缆的建设数量和局点数量，覆盖半径过小，光缆投资小，但 OLT 局点会增多，覆盖半径过大，减少局点的同时，又会加大光缆和管道的投资。因此，计算 OLT 覆盖范围时，需结合用户密度，选取合适的覆盖范围以获得最低的成本投资。进行业务流量的计算是为了使业务运行所需的带宽小于网络的最大带宽，保证网络不发生拥塞。OLT 上行组网时，其网络侧接口需根据所提供业务的需求配置，比如 GE/10GE 口采用光接口，一般可用于除 VoIP 业务外的以太网/IP 业务上联，业务量较大时可配置多个端口，FE 口一般用于 VoIP 业务上联，E1、STM-1 等接口与

SDH/DDN/FR/ATM网络相连，如需提供CATV业务，可在OLT侧外置WDM模块及CATV接口。

ONU是EPON中用户端的设备，为用户提供GE、FE、POTS、E1、CATV等业务接口。为了适应不同的FTTX接入场景，厂商开发了多类ONU产品，具体见表7-8。组网时，技术上应选择支持与OLT之间芯片级互通的ONU产品，形态上应根据接入场景选择。

表7-8 ONU设备及其主要特性

接入场景	设备形态	主要特性
FTTH/FTTO	单用户ONU	提供1～4个以太网接口，支持数据、IPTV、VoIP、CATV、以太网/IP业务，可安装在墙面、桌面或弱电箱内； 家庭网关型ONU提供1个WLAN接口和至少一个USB接口，支持TR-069远程管理； 单商户ONU提供E1接口，TDM业务(可选)
	家庭网关型ONU	
	单商户ONU	
FTTB/FTTN/FTTC	多住户ONU	至少8个用户侧接口(以太网、ADSL2+/VDSL2接口)； 支持VoIP、CATV、以太网/IP业务； 多商户ONU提供E1和POTS接口
	多商户ONU	

ODN是由馈线光缆、光分路器、配线光缆等无源器件和设施组成的点对多点的光分配网络，其网络结构主要取决于光分路器的设置。光分路器的设置方式根据分光级数一般有三种。

- 一级分光集中设置：一般选择分光比1∶64的分光器，分光器集中设置在小区的光分配点，适用于别墅、低层住宅小区及工业园区等用户密度较低的场景。
- 一级分光分散设置：几个楼层合设一个分光器，适用于高层住宅。
- 二级分光设置：分光比选择1∶4+4×1∶16、1∶8+8×1∶8或1∶16+16×1∶4等多种组合方式，一级分光器集中设置在小区的光交接箱或光交接间内，二级分光器设置在每个楼宇内，适用于低层住宅小区及工业园区等用户密度较低的场景。

2. ODN光功率预算

组网时，ODN的光功率预算非常重要，决定了EPON光路是否能满足传输要求。802.3ah规定，OLT侧发射功率大于2dBm，接收灵敏度小于−27dBm；ONU发射功率大于−1dBm，接收灵敏度小于−24dBm，整个光链路的损耗上行小于24dB，下行小于23.5dB。EPON上行1310nm和下行1490nm波长在G.652光纤中的损耗约为0.3dB/km。

影响光功率衰减的主要因素有：分光器的插入损耗(不同分光比有不同的插入损耗)、光缆本身的传输损耗(与长度有关)、光缆熔接点损耗、尾纤/跳纤通过适配器端口连接的插入损耗。光通道损耗为这些因素引起的损耗总和。工程设计时，必须控制ODN中最大的衰减值。多级分光时，要保证最后一个分光器的光功率预算能满足要求。

7.7 小结

在接入网络迅速向高速化发展的过程中，不管是设备制造商还是网络运营商都十分看好高性能的光纤接入技术，几乎都坚信光纤延伸入户的趋势，都坚信FTTH一定会实现。

因此，与光纤接入网(OAN)有关的光纤接入技术与设备，OAN 运行实验，一直是接入网领域的关注重点。

本章介绍了 OAN 的基本概念，重点介绍了 EPON 技术，包括 EPON 的系统结构、传输原理、参考模型及 MPCP 协议。EPON 的链路层承载的 PDU 是以太网的变长帧，从而可以简洁而高效地传送 IP 分组。EPON 技术由于其简洁、高效、高性能，得到了广泛的应用。

7.8　参考文献

[1] 陈雪. 无源光网络技术. 北京：北京邮电大学出版社，2006.

[2] 孙维平，郁建生，朱燕，等. FTTx 与 PON 系统工程设计与实例. 北京：人民邮电出版社，2013.

[3] Albert Azzam，Niel Ransom. 宽带接入技术. 文爱军，等译. 北京：电子工业出版社，2001.

[4] Kramer G，Pesavento G. Ethernet Passive Optical Network (EPON)：Building a Next-Generation Optical Access Network. IEEE Communications，2002，40(2)：66-73.

[5] Kramer G，Mukherjee B，Pesavento G. Ethernet PON (EPON)：Design and Analysis of an Optical Access Network. Photonic Network Communications，2001，3(3)：307-319.

[6] ITU-T G. 982. Optical access networks to support services up to the ISDN primary rate or equivalent bit rates，1996.

[7] ITU-T G. 983. 1. Broadband optical access systems based on Passive Optical Networks(PON)，1998.

[8] ITU-T G. 984. 1. Gigabit-capable Passive Optical Networks(GPON)：General characteristics，2003.

[9] ITU-T G. 984. 2. Gigabit-capable Passive Optical Networks(GPON)：Physical Media Dependent (PMD) layer specification，2003.

[10] ITU-T G. 984. 3. Gigabit-capable Passive Optical Networks (GPON)：Transmission convergence layer specification，2004.

[11] IEEE Std 802. 3ahTM. IEEE Standard for Local and metropolitan area networks Part 3：Carrier Sense Multiple Access with Collision Detection (CSMA/CD) Access Method and Physical Layer Specifications. Amendment：Media Access Control Parameters，Physical Layers，and Management Parameters for Subscriber Access Networks，2004.

第8章

电话铜线接入技术

8.1 概述

ADSL 是一种成本低廉、技术成熟的宽带接入技术，长期以来一直被大多数传统电信运营商所采用，开创了用户宽带接入服务时代。ADSL 是以电话铜线为传输介质的宽带接入技术，而电话铜线的有效传输带宽有限，传输环境复杂，这些因素限制了其信道容量和传输性能。随着一系列先进、高效的传输技术的出现和被使用，ADSL 克服了电话铜线种种通信性能限制，最终使得电话铜线接入由窄带接入迈入宽带接入时代。

ADSL 通过频谱划分，保证了话音与 ADSL 同时工作在不同的业务频段上，实现了“数话同传”。通过采用多载波调制技术，以及与多种抗干扰传输技术相结合，使得 ADSL 能够在电话铜线上建立起高速、可靠数字通道。为了承载变长的分组业务，ADSL 从早期的 STM、ATM 逐渐演进到 PTM 转移模式。ADSL 通过建立点到多点的接入结构，配合认证、管理等高层协议协同工作，形成了完善的电话铜线宽带接入系统。

本章围绕上述内容，较为详细地介绍了 ADSL 标准演进、DSL 接入网架构演进、传输技术、系统结构及应用等方面的内容。

ADSL 接入虽然目前正在大规模退出我国高速接入的市场，但是伴随 ADSL 引入的宽带接入技术理念和技术路线至今仍然深刻地影响着当今新一代接入技术。这也是需要较为深入地讨论 ADSL 技术的缘由。

8.2 标准发展

xDSL(Digital Subscriber Line，数字用户线)是基于用户铜线来实现数字传输的一系列 DSL 技术的总称。DSL 技术是在电话线上实现高速数据传输。xDSL 起源于美国贝尔通信研究所于 1989 年为推动视频点播(VoD)业务而开发的用户线高速传输技术，它以已经大量部署的电信用户接入段铜缆为基础，实现了用户设备高速接入骨干网络的快速部署。

为了将电话铜线改造成为数字用户线，需要在电话线两端，即用户侧和本地中心局，分别加装 DSL Modem 和 DSLAM(DSL Access Multiplexer),其中,DSLAM 中集成了多个 DSL Modem,与每一个用户侧的 Modem 相对应,同时还具有复用业务流的功能。关于 DSL Modem 和 DSLAM 的功能和原理将在后续小节中详细介绍。近年来,部分 DSLAM 的部署越来越靠近用户,从本地中心局迁移至路旁的小型机柜内,例如图中的远程 DSLMA(远程终端设备),这样可以有效地减小电话铜线的距离,使得 DSL 的数据速率进一步提升。

图 8-1 展示三种不同的 DSL 技术,分别是 ADSL(Asymmetric Digital Subscriber Line)、VDSL(Very high bit-rate Digital Subscriber Line)和 SHDSL(Single-pair high-speed Digital Subscriber Line)。其中,ADSL 和 VDSL 均可以与电话业务(Plain Old Telephone Service, POTS)同时在电话线上并行传输,而 SHDSL 技术则需要独占电话线,实现上、下行对称速率的传输。另外,由于局端设备 DSLAM 被部署到更靠近用户的路旁机柜中,使得 VDSL 工作线缆长度有效减小,所以与 ADSL 相比,VDSL 能够提供更高速的接入速率,典型地,1km 的电话铜线上,VDSL 可以提供下行 25Mb/s、上行 3.5Mb/s 的接入速率,相较之下,ADSL 最高只能提供下行 8Mb/s、上行 1Mb/s 的接入速率,但传输距离可以达到 6km。

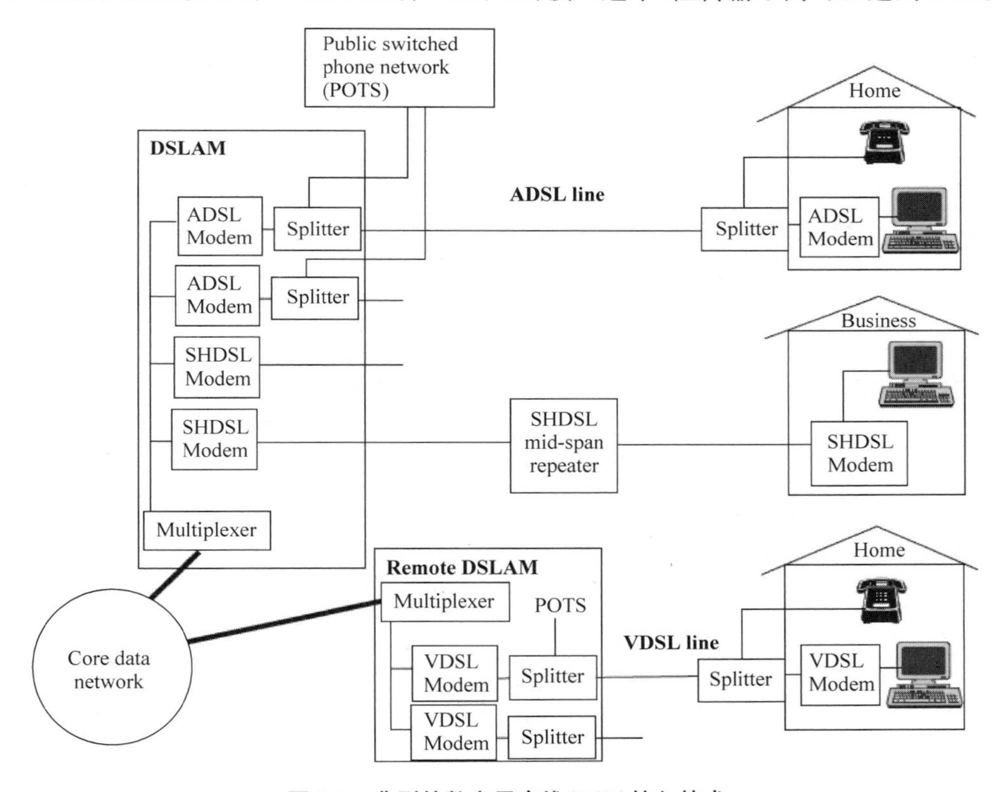

图 8-1　典型的数字用户线(DSL)接入技术

8.2.1　ADSL 标准演进

ITU-T 颁布了一系列关于 ADSL 的建议,主要包括如下内容。

- G.992.1—1999,也称 G.dmt 规范,定义 ADSL 收发器。

- G. 992. 2—1999，也称 G. lite 规范，定义无分离器 ADSL 收发器。
- G. 992. 3—2002，也称 ADSL2，定义 ADSL2 收发器。
- G. 992. 4—2002，定义无分离器的 ADSL2 收发器。
- G. 992. 5—2003，也称 ADSL2＋，定义增强功能的 ADSL2 收发器。

1999 年 ITU-T 颁布了 G. 992. 1—1999(G. dmt)和 G. 992. 2—1999(G. lite)作为第一代 ADSL 标准。而在接下来的几年里，ADSL 接入进入全速发展阶段。第一代的 ADSL 工作在 25kHz～1. 1MHz 的频段，为了适应不同的地区和运营商的不同环境，G. 992. 1 中定义了多种不同的工作方式，目前最常用的工作方式是 ADSL over POTS，即 ADSL 信号频段被安排在 POTS 信号频段之外，实现在电话业务和 ADSL 服务的分频同传。另一种工作方式是 ADSL over ISDN 模式，即在一对铜线上同时提供 ISDN 和 ADSL 业务。为实现在电话铜线这一复杂信道环境下高速传输，ADSL 建议采用了 DMT(离散多音频调制)技术。DMT 是一种重要的多载波调制技术，其核心思想是：将整个传输频带分成若干个子信道，每个子信道对应不同频率的载波，在不同载波上自适应地执行正交振幅调制(QAM)。第一代 ADSL 典型的传输性能是：在白噪声的情况下，当双绞线的线径为 0. 4mm，长度约为 2km 时，下行速率可以达到 6Mb/s；当双绞线长度约为 4km 时，最高下行速率大约降至 2Mb/s。

但是随着 ADSL 大规模部署和应用，ADSL 业务的运行和运维等方面都暴露出了一些难以克服的问题，例如，ADSL 技术所支持的线路诊断和检测能力较弱，随着用户数的不断增多，如何实现用户终端的远程管理以及线路的自动测试成为运营商十分头疼的事情；单一的 ATM 传送模式难以适应网络 IP 化的趋势；较低的传输速率难以满足一些高带宽业务的开展，如日益流行的流媒体业务等。

为了解决上述问题，2003 年 ITU-T 通过了第二代 ADSL 标准，包括 ADSL2(G. 992. 3)、无分离器 ADSL2(G. 992. 4)以及 ADSL2＋(G. 992. 5)标准。ADSL2 使用与 ADSL1 相同的工作频段。通过提高调制效率、减小帧开销、提高编码增益、采用更高级的信号处理算法等措施，使得 ADSL2 系统的传输性能进一步得到提升。G. 992. 3 标准规定 ADSL2 支持下行 8Mb/s、上行 800kb/s 的传输速率。ADSL2 定义了更灵活的帧结构以支持多种 QoS 等级业务的传输需求。另外，ADSL2 提高了线路诊断能力。ADSL2 系统可在初始化过程中及结束后，提供对线路噪声、线路衰减、信噪比等重要参数的测量功能，特别是定义了一种特殊的诊断测试模式，可在线路质量很差而无法激活时进行测量；在业务运行过程中提供对上述重要参数的实时监测能力。

G. 992. 5 规定的 ADSL2＋是在 ADSL2(G. 992. 3)基础上的进一步扩展，其频谱高端从 1. 104MHz 扩展到 2. 208MHz，其最大子载波数目也由 256 个增加至 512 个，从而大大提高了下行速率(最高可达 25Mb/s)。虽然 ADSL2＋扩展了频谱，但当线路长度增加到一定程度后(约为 3km)，信号在 1. 104～2. 208MHz 的范围内将严重衰减致使无法使用，所以 ADSL2＋在线路长度超过 3km 时下行速率与第一代 ADSL 几乎没有差异。

8. 2. 2 VDSL 标准

VDSL 技术是一种定位于短距离(1km 左右)的甚高速率 DSL 技术。电话铜线的频段分配方式是决定 VDSL 系统传送能力的根本因素。VDSL 频段的分配方式一般会根据各地区线路条件和应用需求等因素确定。ITU-T G. 993. 1 规定 VDSL 的频段划分框架如下：

VDSL 系统采用的起始频率为 25kHz,终止频率为 12MHz,而这一频谱范围可被进一步分割为若干下行(DS1、DS2)和上行(US1、US2)频段,不同国家和地区对上述频段划分方式有所不同。由于 VDSL 可能会产生高频信号的泄漏,从而对业余无线设施产生辐射影响。为了避免这种潜在的辐射,VDSL 技术针对业余无线电频段上的发送功率谱密度进行了控制,一般在业余无线电频段内将频谱密度发送信号需降低至－80dBm/Hz。第一代 VDSL 在调制方案上存在到底采用 DMT 还是 QAM 的争议,这也影响到了第一代 VDSL 的推广。

2004 年 6 月,ITU-T 启动 VDSL2 (G. 993. 2)标准的制定工作,2005 年 5 月在 ITU-T 会议上通过该标准草案,并于 2006 年 3 月予以正式发布。VDSL2 主要目标是要在短距离范围内达到高速率的数据传输,例如在 100 英尺* 的距离内能达到 100Mb/s 的上下行对称传输,在 5000 英尺内达到 25Mb/s 的高速下载。为了适应不同运营商的不同业务需求,G. 993. 2 标准中定义了多种不同的频率分配方案和功率谱模板,其工作频率上限为 8. 8MHz～30MHz。VDSL2 与 VDSL1 相比,除了在性能上有了长足的提高外,还定义了能够高效承载 IP 分组/以太帧的 PTM 成帧/承载方式,并提高了系统调制效率和抗脉冲干扰的能力。另外,与 VDSL1 最大的不同在于 VDSL2 要求具有与 ADSL 技术兼容的能力,因此 DMT 成为其无可争议的调制技术,同时也有利于系统从 ADSL 到 VDSL 的过渡。

8. 3 DSL 接入网架构演进

DSL 接入网是指以电话铜线为本地接入线缆的宽带接入系统。按照 IP 接入网标准,DSL 接入网的用户除了一般的终端用户外,也包括 ISP(Internet 服务提供者)、ASP(应用服务提供者)等其他网络运营商。而随着 Internet 迅猛发展,DSL 网络支持的业务类型也日益丰富,包括网页浏览、VoIP、VoD、视频会议、在线视频、在线游戏。因此,DSL 接入网的功能也从早期的尽力而为(Best-Effort,BE)因特网接入,逐渐发展成为能够按照不同业务的需求提供差异化的宽带接入。

虽然本章的重点是建立在电话铜线上的 ADSL 传输技术,但是本节通过对于 DSL 系统架构进行简要、清晰地介绍,将帮助读者更容易理解 ADSL 的设计原理和协议技术。

8. 3. 1 以 ATM 为中心的早期架构

DSL 接入网架构的发展经历了不同的阶段,早期的主要目标是给用户提供尽力而为(BE)的因特网接入。所谓“尽力而为的因特网接入”,首先需要为每一个接入用户分配 IP 地址,并保证其通信带宽,而且能够按照用户需要在接入网内直接切换 ISP 或 ASP。为此,早期的 DSL 接入架构分为三部分：本地 DSL 接入网链路部分、回程网连接部分和 ISP 互连链路部分,如图 8-2 所示。

DSL 接入网链路部分由用户终端设备和局端设备通过电话铜线连接而成,每一个用户终端设备通过一对独立电话线连接到 DSLAM 对应的某一个端口上。回程连接部分负责连接 DSLAM 和 IP 接入点(Point of Presence,PoP)/汇聚节点,回程链路部分一般是通过在高速光纤网络上建立一条干线连接,并在其上传输复用的汇聚业务量。ISP 互连链路部

---

* 1 英尺(ft)＝0. 3048 米(m),按行业惯例使用英尺。

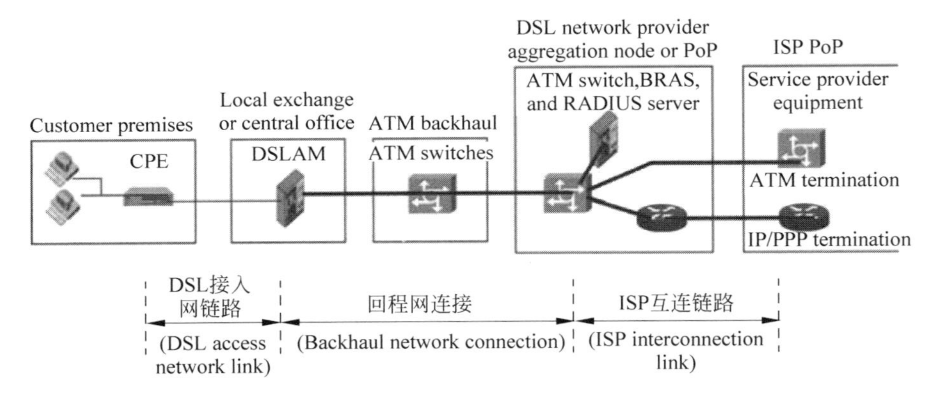

图 8-2 以 ATM 为中心的 DSL 接入网架构

分负责连接 PoP 与 ISP 网络，其带宽与速率可以根据 ISP 的需求进行定制。

基于 DSL 网络的基础设施，尽力而为的因特网接入是通过进一步在终端用户和与其选择的 ISP 网络之间建立起端到端会话而实现的。在 DSL 网络内，一条端到端会话就是一条逻辑连接，由两部分组成：端用户与 PoP 之间的 PPP 连接，以及 PoP 与 ISP 之间的 IP 隧道。显然，PoP 是端到端会话架构的核心设备，充当了每条会话的中间人，既负责与端用户建立起 PPP 连接，又负责为其在高速的 ISP 互连链路上建立起对应的 IP 隧道。需要说明的是：PoP 和 ISP 之间的互连链路本身是 IP 干线，被多个接入用户共享，而一条 IP 隧道虽然建立在 ISP 互连链路之上，但逻辑上是被一条会话独享的。有两种方式可以实现在干线上建立起多条逻辑上“独享”的会话链路：①PPP 端接方式(PPP Terminating，PT)方式，即 PoP 端接 PPP 协议连接，而各个用户的 IP 分组被复用到互连链路上；②L2TP 方式，在 PoP(作为 L2TP 接入集中器，LAC)与 ISP(作为 L2TP 的网络服务器，LNS)建立 L2TP 隧道，并将多个接入用户的 PPP 连接复用到该隧道上传输。

在早期 DSL 接入架构中，ATM 协议栈作为 DSL 接入架构的数据链路层，贯穿了整个 DSL 网络，既工作在终端用户和 DSLAM 间的 DSL 链路，也工作在 DSLAM 与 POP 之间的回程链路，还同时工作在 PoP 与 ISP 之间的互连链路。这当然与 DSL 技术产生的时代背景密切相关，在那个时期，能够同时支持包括 Internet、视频、话音在内的多种业务传输的协议架构唯有 ATM。所以早期的 DSL 接入架构又被称为是以 ATM 为中心的架构。

抓住 ATM 中心架构，对理解早期 DSL 接入结构的协议栈架构大有裨益。例如，实现终端用户和 DSLAM 之间的 PPP 连接功能有两种方式：PPPoA(PPP over ATM)和 PPPoE(PPP over Ethernet)。其协议封装如图 8-3 所示，虽然 PPPoE 是将 PPP 帧封装在 Ethernet 协议中，但是封装后的 Ethernet 帧仍然需要进一步封装在 ATM 信元，其原因就在于早期 DSL 结构是以 ATM 为中心的，每一个终端用户和 PoP 之间的 PPP 连接都必须建立在一条 ATM 的永久电路(PVC)之上的。

8.3.2 以 Ethernet 为中心的架构

ATM 的优势在于具备不同 QoS 类型业务的传输能力，从 BE 业务到各种类型的实时业务的传输都可以在 DSL 网络中实现。而相对于 ATM，IP 协议早期的功能十分简单，缺乏对于 QoS 业务传输的支持。在早期 DSL 接入网架构中 ATM 技术占主导地位。

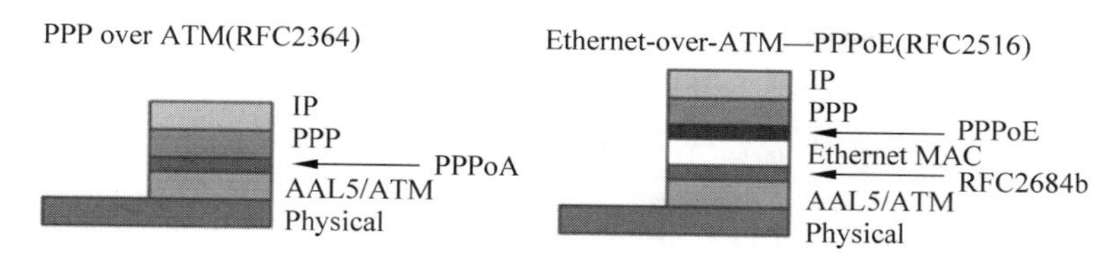

图 8-3 PPPoA 与 PPPoE 协议栈对比

但是近年来，随着 IP 协议功能的不断增强，包括 RSVP(Resource Reservation Protocol)、Diffserv(Differential Services)、MPLS(Multiprotocol Label Switching)等技术的出现，补强了 IP 在面向连接、QoS 管理等功能，整个通信网络都逐渐 IP 化，当然也包括 DSL 接入网络。与此同时，以太网(Ethernet)技术的迅速发展，也极大地推动了 DSL 网络的 IP 化的进程。随着 10G 以太网的广泛应用，可以极大提升回程链路和互连链路，使得原本十分重要的 ATM 流量工程和 QoS 管理功能逐渐弱化；另一方面，近些年来，以太网自身在控制平面和管理平面的功能也得到了极大发展，例如，IEEE 802.1ag 使得以太网具备 OAM 功能；IEEE 802.1ah 提出①以“MAC in MAC”的方式最多可以支持 224 种类型的业务；②PBT(Provider Backbone Transport)技术使得以太网执行连接管理和流量工程成为可能。这两方面因素最终促使以太网逐渐取代 ATM，成为 DSL 接入架构新一代的“数据链路层”，这就是以“Ethernet 为中心”的 DSL 接入新架构，如图 8-4 所示。

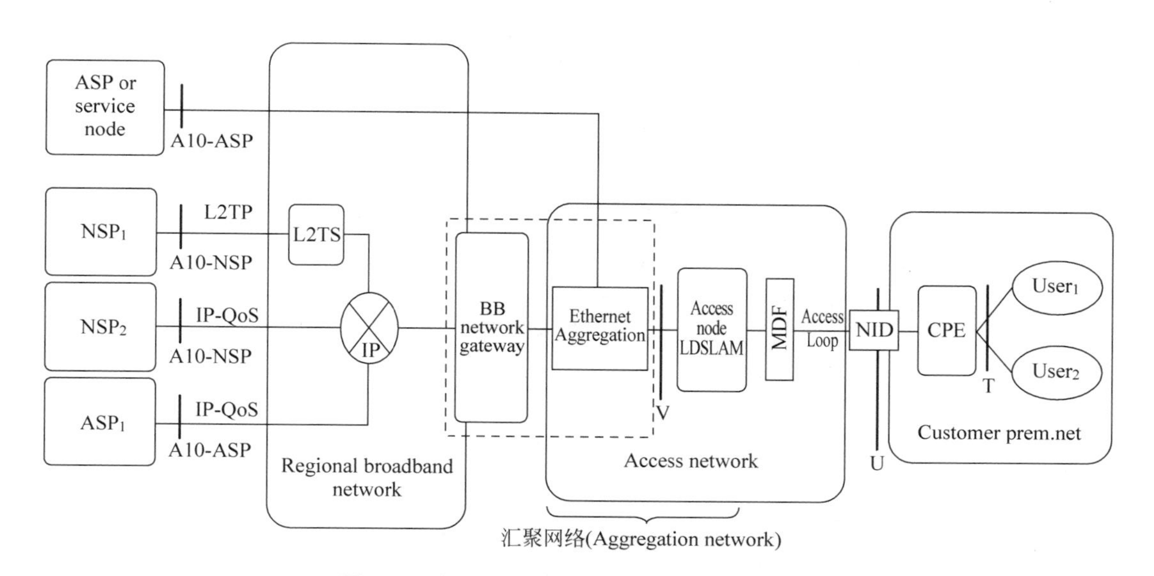

图 8-4 以 Ethernet 为中心的 DSL 接入网架构

在以 Ethernet 为中心的 DSL 接入架构中，汇聚网络是指 AN(Access Node，即 DSLAM)与 BNG(宽带网络网关，类比于早期架构 PoP 中的 BRAS)通过以太网接口或者以太汇聚网络(由多个 Ethernet 交换机组成)互连而成，通过应用 VLAN 技术，Ethernet 可以实现传统 ATM 所具备的流量识别、隔离等功能。因此在汇聚网络侧 Ethernet 协议彻底取代了 ATM 协议栈而在本地接入链路侧，IP 分组通过以太网封装后(IP over PPP over Ethernet)，进一步封装在 DSL 链路帧里传输。目前有新旧两种形式的 DSL 链路帧：PTM

和 ATM。PTM 原生承载变长的以太帧，而 ATM 方式则需要以太帧封装成 ATM 信元后方能传输，显然 ATM 方式与传统 DSL 本地链路工作方式一致，对于变长以太帧的承载效率较低，而保留这种方式是出于兼容现有设备的考虑。

8.4 电话铜线接入技术基础

电话铜线是双绞线（Twisted Pair wire，TP）中最常见的一种介质类型，是由两根具有绝缘保护的铜导线按一定的密度相互缠绕而成。把两根绝缘铜导线按一定扭矩相绞，每一根导线在传输中辐射的电波会被另一根导线上发出的电波所抵消，因而可降低信号干扰度。

8.4.1 电话铜线的传输性能

长期以来在电话铜线上传输的是模拟话音信息，PSTN 只使用 0～4kHz 的传输带宽。然而电话铜线的传输有效带宽远远不止 4kHz，要想充分利用电话铜线的带宽，并在有限的带宽下提高通信质量，则必须了解电话铜线的传输性能，考虑其对通信可能存在的影响因素。本小节就电话铜线的传输损耗、串扰和噪声、回波抵消等方面展开讨论。

1. 传输损耗

与所有其他介质一样，信号在铜线上传送时会随线缆长度的增加而不断衰减，如图 8-5 所示。在一条长距离的环路上总的衰减可达 60～70dB。影响信号损耗的因素除了用户环路长度外，还有双绞线芯径（主要在低频段）、桥接抽头（表现出振荡行为）以及信号的电磁频率。

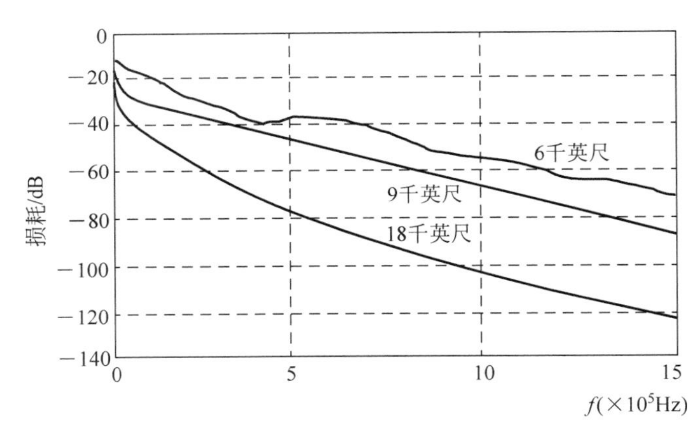

图 8-5 电话铜线上信号衰落与距离和频率的关系示意图

当信号衰落到小于噪声功率时，接收机就不能准确地检测到原始信号。根据铜线的传输损耗，可以得到信号噪声比（SNR 或 S/R），进而确定传输系统的最大容量。噪声主要包括白噪声、串扰、射频干扰和脉冲噪声。其中白噪声的来源主要是线路中电子的无规则运动，它在物理介质中总是存在的。大量白噪声源叠加在一起，形成加性高斯白噪声。另外三种噪声通常是突发产生的。

图 8-6 是双绞线上信号与白噪声比值模拟计算结果，其中假设了传送信号的功率谱密

度为-40dBm/Hz。3 英里* 长 0.4mm 芯径的双绞线环路，信噪比在 650kHz 左右降到 0dB。而 1 英里和 2 英里长的环路，可用频段要大于 1MHz。

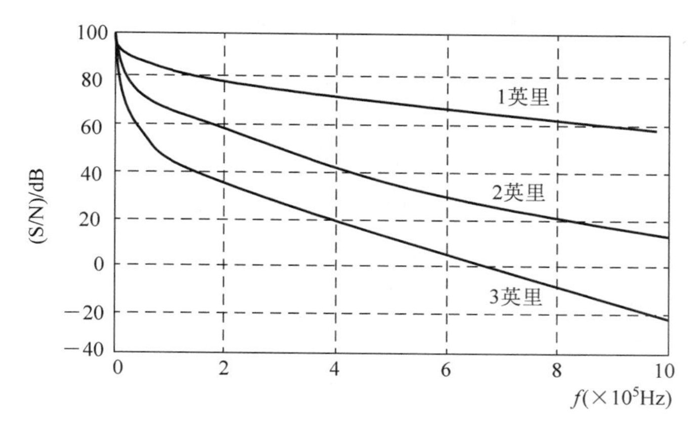

图 8-6　双绞线环路的信噪比与距离和频率关系图

有了传输系统的信噪比特性参数，就可应用著名的香农定理估算系统的最大容量。假设线路编码采用四电平幅度调制，误码率小于 10^{-2}，并设信号和噪声具有平坦的频谱特性，则由香农定理可以得到传输信道的容量为 $C=B\log_2(1+S/N)$，其中 B 为频宽，单位为 Hz。

作为计算示例，表 8-1 列出了话音信道(带宽为 4kHz)在不同信噪比下的容量。

表 8-1　话音频段的信道容量

(S/N)/dB	10	20	30	40	50	60
信道容量/(kb/s)	13.84	26.63	39.87	53.15	66.44	79.71

由上分析可知，信噪比与频率相关。通过简单的处理和计算，可以得到在白噪声环境下的电话铜线的容量。

2. 串扰和其他噪声

1) 串扰

从用户环路结构可知，多条双绞线组成扎组，多个扎组再组成一条电缆。尽管在直流特性上，线对之间具有良好的绝缘特性，但在高频段，由于存在电容和电感耦合效应，线对间均存在不同程度的串扰。串扰的表现形式是通话双方收听到另一对通话者之间的对话。串扰的作用相当于噪声，在功能上等效于增加了信道的损耗，会降低双绞线环路的信噪比和系统容量。

根据串扰的来源，可以将串扰分类为近端串扰(Near End CrossTalk，NEXT)、远端串扰(Far End CrossTalk，FEXT)、自串扰和外串扰。近端串扰和远端串扰的原理过程如图 8-7 所示。近端串扰的特点是干扰源和被干扰线对的收信机位于同一端，干扰信号耦合到被干扰线对，并回传到对应的收信机。远端串扰的特点是干扰源远离被干扰线对的收信机，干扰信号进入到被干扰线对，并沿其回传到被干扰线对的收信机。一般情况下，远端串扰并不会对信号传输产生很大的影响，这是因为随着距离增大，远端串扰经过信道传输将产生较大的

* 注：使用英尺和英寸是行业惯例与国际接轨。1 英尺(ft)=0.3048 米(m)，1 英里(mile)=1609.344 米(m)=1.609 344 千米(km)。

衰减，对线路影响较小，而近端串扰一开始就干扰发送端，对线路影响较大。另外，串扰是频率的函数，随着频率升高增长很快，由于话音属于一种相对低顿的业务，串扰干扰不会很严重，但是对于高频段业务，串扰将会对传输产生严重的影响。

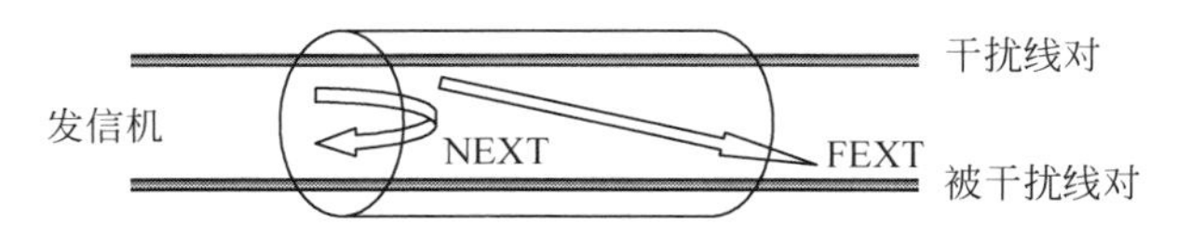

图 8-7 NEXT 和 FEXT 示意图

自串扰是指同类型双绞线之间的串扰。外串扰指不同类型的双绞线之间的串扰。在电话铜线上采用频分复用技术进行通信时，同端的发信机和收信机的工作频段互不重叠，通过带通滤波器就可过滤掉近端串扰，因此，远端串扰的影响起主要作用。而对于发信机和收信机使用同频段通信时，则主要串扰源来自于近端串扰。

2）脉冲噪声

短暂的电磁干扰产生脉冲式噪声。脉冲噪声的主要来源，包括空中闪电、家用电器的开关动作等。脉冲噪声具有随机脉冲波形，但比高斯类型的背景噪声要强得多。脉冲噪声的幅度通常为 5～20mV，发生频率为 1～5 次/min，持续时长为 30～150μs。

3）射频干扰

电话线是铜质线，对于无线射频信号，其作用相当于一个接收天线。由于采用对绞方式，电话线在低频段与地之间基本能达到平衡，因此射频信号的作用较弱。而在高频段，这种平衡作用随频率增加而减小，所以高速的通信系统易受射频噪声影响。主要的噪声源有调幅广播（频带为 560kHz～1600kHz）以及业余无线电。前者的频率一般是固定的，干扰可预测，而后者则存在跳动和不同功率电平，难以预测。

3. 回波抵消

传统电话通信中，需要在 1 对用户环路（二线）上进行实时全双工话音信号传输。其中一种重要双工技术就是回波抵消技术。使用回波抵消技术的用户环路上，两个方向上的信号在同一时刻，相同频段上传输。所以在线路上两个方向传输的信号完全混在一起，近端发送信号的回波即成为近端接收信号的干扰信号，而回波抵消技术是通过自适应滤波技术抵消回波以达到较好的接收信号质量。

回波抵消的系统原理图如图 8-8 所示。其中混合线圈的作用是实现二/四线变换（因此有时也称其为二/四线变换器），即将终端设备中的四线（收发各用一对线）变换为用户环路上的二线（收发共用一对线）。

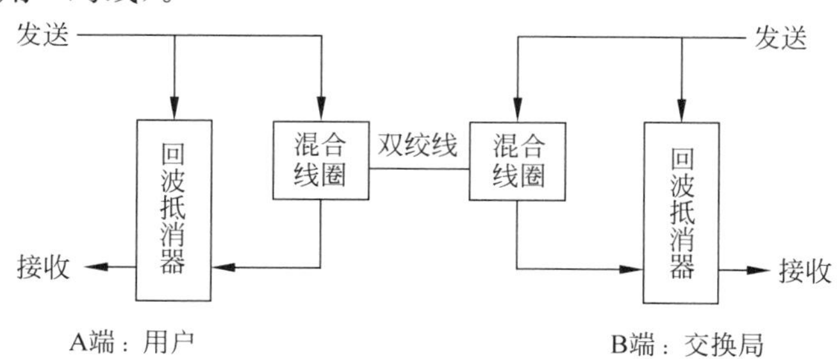

图 8-8 回波抵消法系统原理图

回波抵消器的作用是消除混在接收信号中的回波干扰，其原理图如图 8-9 所示。回波抵消器可以按照自适应时域均衡器原理来实现。自适应估值电路的输出 C0、T0 是对近端回波大小与时延的估值；C1、T1 是对远端回波大小与时延的估值。自适应估值电路是按照某种算法，根据发送信号和接收输出的残余回波，自动估算混入接收信号中的各种回波干扰的大小和时延；时域均衡器则以发送信号为样本，根据自适应估值电路输出的各种回波的大小和时延，产生一个极性相反的合成回波干扰，通过加法电路，将混入接收信号中的回波干扰消除。

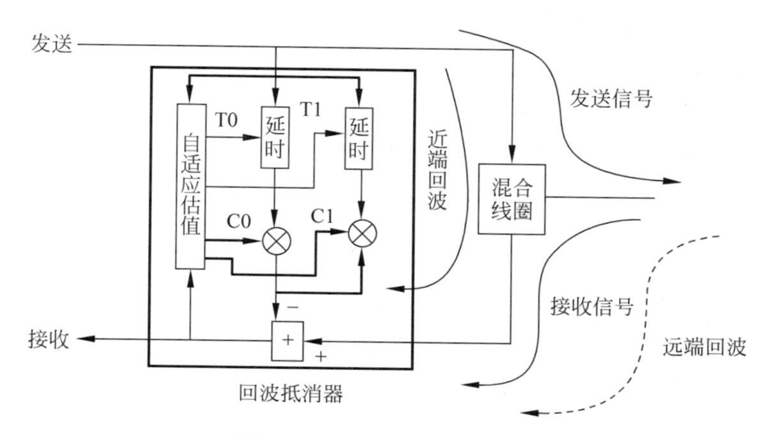

图 8-9　回波抵消器工作原理

4. ADSL 对电话铜线传输性能的要求

ADSL 设备的一个重要特点是可以根据信道质量自适应地调整传输速率(详见后文)，所以电话铜线传输性能与 ADSL 能提供的传输速率密切相关。ADSL 对线路传输性能的要求较高，如果线路质量无法达到 ADSL 规定的要求，ADSL 将无法提供服务质量保证。所以在开始 ADSL 业务之前，必须对传输线路进行测试和优化，包括测试线路长度、线路电阻、线路损耗、线路误码率等指标。

8.4.2　用户接入段上技术的演进

1. 用户环路结构

用户接入段最初的名字称为用户环路，是指用户到接入端局之间的线缆和传输设施，包括电话铜线线缆、分线盒、交接箱等，如图 8-10 所示。

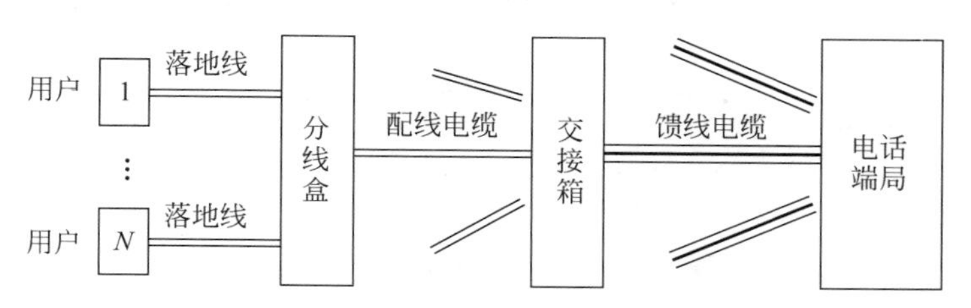

图 8-10　用户环路结构图

用户环路线缆的铺设方式通常有以下几种。

- 架空明线(挂在线杆上)。

• 直埋(于地下)。
• 地下管道(专用管道)。

架空明线比直埋和地下管道方式更易受到射频干扰(Radio Frequency Interference, RFI)的影响。早期的用户环路中,多数为架空明线方式。而随着城镇基础设施的不断完善,现在的线路安装则多数为地下管道方式。

从功能角度出发,可以将用户环路划分为三个主要部分。

• 馈线电缆:连接用户区和端局,也称为(接入)主干电缆。
• 配线电缆:连接用户区和馈线电缆。
• 落地电线:连接用户驻地和配线电缆。

在馈线电缆和配线电缆的连接点上,通常采用交接箱连接。而在配线电缆和落地电线之间,则通常采用分线盒连接。在实际应用中,根据服务区内用户数目的多少,交接箱可以级联实现分支。单个落地线通常用双根平行铜质线,长度较短,除潜在的辐射效应外,对环路的传输特性影响较小。

2. 话带 Modem 拨号接入

用户环路作为电话网的组成部分,最初的设计目的是提供 POTS 的接入,因此当初也只使用了电话铜线的 0～4kHz 频段来提供模拟电话业务。后来,人们希望能通过电话铜线提供数据业务,因此出现了话带 Modem 接入技术,通过话带 Modem 将数据调制成话带内的与模拟电话兼容的模拟信号,再通过用户环路传输到局端,借助于电话网接入数据网。话带 Modem 技术仍采用话带频段,目前的 56kb/s 的速率已达到了极限。

Modem 是 modulator 和 demodulator 的缩写,是基于 PSTN 的 IP 接入的主要设备之一,其主要作用是将计算机的数字信号转变成模拟信号在电话线上传输。Modem 的种类很多,有基带的、宽带的、有线的、无线的、音频的、高频的、同步的、异步的。其中最普及、最便宜的就是利用电话线作为传输介质的音频 Modem,常称话带 Modem。

基于公用电话交换网(PSTN)的 Modem 拨号接入是一种简单、便宜的接入方式。用户需要事先从 ISP(Internet Service Provider,Internet 服务提供商)处得到拨叫的特服号码、登录用户名及登录口令,经过拨号、身份验证之后,通过调制解调器(Modem)和模拟电话线,再经 PSTN 接入 ISP 网络平台,在网络侧的拨号服务器上动态获取 IP 地址,从而接入 Internet。图 8-11 给出了典型的通过 PSTN 拨号接入 Internet 网络的应用示意图。

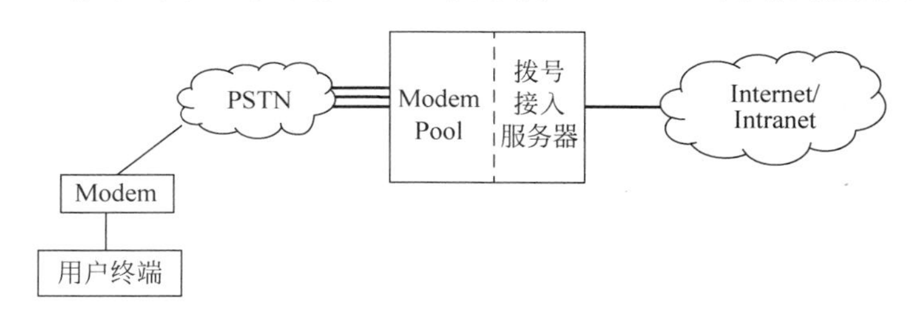

图 8-11 PSTN 拨号接入应用模型

用户拨号入网通常采用的链路协议为 PPP(Point to Point Protocol,点到点协议)。当用户与拨号接入服务器成功建立 PPP 连接时,会得到一个动态 IP 地址。在 ISP 的拨号服务器中存储了一定数量的空闲的 IP 地址,一般称为 IP Pool(IP 地址池)。当用户拨通拨号服务器时，服务器就从“池”中选出一个 IP 地址分配给用户计算机，这样用户的计算机就有了一个全球唯一的 IP 地址，此时，用户 PC 机成为 Internet 的一个站点。当用户下线后服务器就收回这个 IP 地址，放回 IP 地址池中，以备下次分配使用。

调制技术是 Modem 的核心技术。Modem 的基本调制方法有三种：幅度键控(Amplitude Shift Keying，ASK)、频移键控(Frequency Shift Keying，FSK)和相移键控(Phase Shift Keying，PSK)。随着对数据传输速率要求的不断提高，正交相移键控(QPSK)、正交幅度调制(QAM)等调制技术逐渐应用到 Modem 中，使得 Modem 的数据传输速率得到很大提高。

随着技术的不断发展和完善，Modem 的功能日益增多，各种 Modem 产品越来越多。为了保证各厂商生产的 Modem 采用相同的协议连接通信，ITU-T 颁布了一系列的建议，以保证不同厂家、不同型号的 Modem 之间彼此相互兼容，对等连接。关于 Modem 的主要系列标准如表 8-2 所示。

表 8-2　Modem 系列标准表

协　议	协议内容
V. 21	300b/s 全双工通信协议
V. 22	600b/s 和 1200b/s 半双工通信协议
V. 22bis	1200b/s 和 2400b/s 全双工通信协议，可以与 V. 22Modem 通信
V. 32	4800b/s 和 9600b/s 全双工通信协议
V. 32bis	将 V. 32 标准扩充到 7200b/s，12000b/s 和 14400b/s
V. 34	33. 6kb/s，同/异步，全双工协议
V. 90	56kb/s 数据传输标准(上行 33. 6kb/s，下行 56kb/s)
V. 92	缩短 Modem 建立连接时间，上行速度从 33kb/s 提高到 48kb/s，下行保持 56kb/s，增加 V. 44 压缩和 Modem-On-Hold 功能
V. 42bis	规定了 Modem 的 LAPM(Link Access Procedure for Modem，链路接入规程)，具有差错控制和数据压缩功能，V. 92 Modem 支持 V. 42bis

3. ISDN 拨号接入

ISDN(Integrated Services Digital Network，综合业务数字网)是由电话综合数字网(IDN)发展而来，是数字交换和数字传输技术的结合。ISDN 实现了在用户环路上以数字的形式进行传输，提供端到端的数字连接，同时保证传输质量。ISDN 的目标是为用户提供多种“新的”(相对于单一话音业务)数字业务，这包括多种：承载业务、电信业务和增值业务。

ISDN 提供的主要承载业务包括：数字化语音(64kb/s)，速率为 64kb/s 整数倍的电路交换数字信道、分组交换虚电路和数据报业务。电信业务包括电报、传真、可视图文等。增值业务包括：身份认证、呼叫转移、呼叫等待和电话会议等业务。ISDN 采用时分复用的方式实现数话同传，对于基本速率接口，最高数据传输速率可达 144kb/s。

ISDN 的接入模型如图 8-12 所示。ISDN 的设备分为网络终端(NT1)、终端适配器(TA)和 ISDN 卡三种设备。

1) NT1(Network Terminal，网络终端)

NT1 是用户传输线路的终端装置。它是实现在普通电话线上进行数字信号传送和接收的关键设备。该设备安装于用户处，是实现 N-ISDN 功能的必备硬件。网络终端分为基

图 8-12　ISDN 拨号接入应用模型

本速率 NT1 和一次群速率 NT1 两种。

NT1 提供了 U 接口和 S/T 接口之间物理层的转换功能，使 ISDN 用户可以在现有的电话线上通过 NT1 提供的接口，直接接入标准 ISDN 设备。NT1 向用户提供 2B+D 两线双向传输能力，它能以点对点的方式支持最多 8 个终端设备接入，可使多个 ISDN 用户终端设备合用一个 D 信道。

2）TA(Terminal Adapter，终端适配器)

TA 是将传统数据接口如 V.24 连接到 ISDN 线路，使那些不能直接接入 ISDN 网络的非标准 ISDN 终端与 ISDN 连接。它支持单台 PC 上网，还可以接多个(如普通模拟电话机、G3 类传真机、调制调解器等)设备进行通信。

3）ISDN 卡

ISDN 卡一般安装在计算机的扩展槽中，将计算机连接到 NT1。

ISDN 定义了 3 类通道，通过这三类通道的组合为用户提供不同的数字接口。3 类通道包括：B 通道、D 通道和 H 通道。B 通道是 64kb/s 信道，用于传输一个电路交换连接、X.25 业务。D 通道的速率为 16kb/s 或 64kb/s，主要用于传输信令或者低速的分组交换业务。H 通道提供了 384kb/s、1536kb/s 或 1920kb/s 的信道，用于传输高速率的业务。

ISDN 提供两种类型的接口：BRI(Base Rate Interface，基本速率接口)和 PRI(Primary Rate Interface，基群速率接口)。

1）BRI 接口

电信局向普通用户提供的均为 BRI 接口，即 2B+D。BRI 接口可在一对双绞线上提供两个 B 通道和一个 D 通道，D 通道用于传输信令，B 通道则用于传输话音、数据等，所以总速率可达 144kb/s。因为一路电话只占用一个 B 通道，因此，可同时进行通话和上网。

2）PRI 接口

分为 30B+D(30×64kb/s+64kb/s——欧洲标准)和 23B+D(23×64kb/s+64kb/s——美国/日本标准)两种，用于需要传输大量数据的应用，如 PBX、LAN 互联等。

ISDN 在欧洲一些国家(如德国)得到广泛应用，但是在美国等国家发展得并不理想。我国电信部门早在 1996 年就开始大力建设 ISDN 并推广应用。当时由于 ISDN 具有数字信号传输质量好、线路可靠性高、可以同时使用多个终端、通话建立时间短等优点，曾经吸引了大量的用户。但 ISDN 接入需要在用户端安装终端适配器，造成使用成本增加。随着 ADSL 等宽带技术的日趋成熟和成本的降低，ISDN 在我国也逐渐成为一种过渡技术，失去了市场。

随着用户宽带接入需求的不断增长，ISDN 的接入速率已不能满足需求。无论是电信运营商还是设备制造商，从来都没有停止过对电话铜线频段资源的进一步开发。xDSL 技术就是充分开发电话铜线频段资源，并采用先进的调制技术而产生的一种新型电话铜线接入技术。

8.5　ADSL 传输技术

8.5.1　频谱划分

ADSL1(G. 992. 1)下行信道带宽为 0～1. 104MHz，被划分为 257 个子信道，其中 255 个是带宽为 4. 3125kHz 的通频带(Passband)子信道，其中心频率为 4. 3125kHz 的整数倍；其余两个是带宽为 2. 15625kHz 的子信道。按照频率递增的顺序对这 257 个子信道编号，序号为 0～256。各子信道编号及中心频率如图 8-13 所示，其中，ADSL 系统不使用 0 号子信道和 256 号子信道。

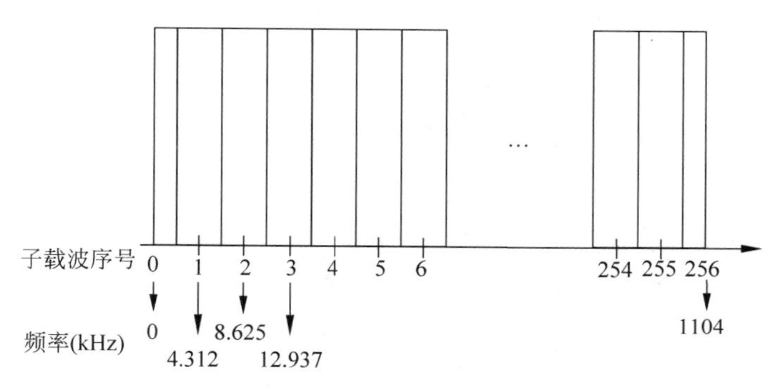

图 8-13　ADSL 信道离散化示意图

对于普通电话线，一种典型的 ADSL over POTS 频谱划分方案是：将电话铜线 0～1. 104MHz 的带宽划分为三个互不重叠的业务信道：其中一个业务信道用于传输传统的 POTS 业务，包含子信道＃0～＃5，其中话音占用 0～4kHz，其余子信道作为 POTS 业务与 ADSL 业务的保护频段；另外两个信道包括一个可配置的双工低速信道与一个下行专用的单工高速信道。低速双工信道的工作频率范围为子信道＃6～＃31(25. 875kHz～138kHz)，一般作为上行信道使用，也可配置成为下行信道使用；下行单工信道的频率范围为子信道＃33～＃255(142kHz～1104kHz)。频谱划分方案如图 8-14 所示。

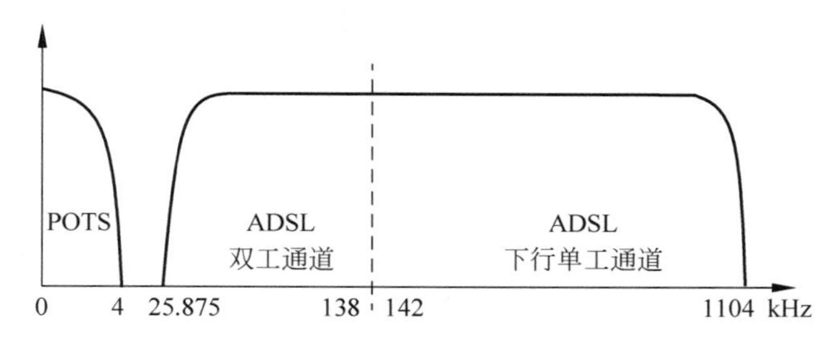

图 8-14　ADSL 的工作频带

8.5.2　调制编码技术

1. 多载波调制技术

调制是指将待传输的数据比特映射成为适合在传输介质上传播的信号波形。通常将映射到同一个信号波形上的一组比特称为一个符号(Symbol)。通过改变一种或多种调制参数,可以将不同的符号调制成不同的波形。在数字用户线系统中常用的调制技术可以分为两大类:单载波调制(Single-Carrier Modulation)技术和多载波调制(Multi-Carrier Modulation)技术。单载波调制是指将整个可用带宽作为一个子载波,使用该子载波传输固定数目的比特。换句话,单载波调制在整个频段上具有固定频谱效率(频谱效率的单位是bps/Hz)。在ADSL系统中,典型的单载波调制技术有QAM(Quadrature Amplitude Modulation,正交幅度调制)和CAP(Carrierless Amplitude/Phase modulation,无载波幅相调制)。与单载波调制不同,多载波调制将可用带宽划分成一组子信道(子载波),而根据每个子信道的信道质量,将不同数目的信息比特分配到各个子信道上,即各个子载波上的频谱效率可以根据子信道质量灵活设置。在ADSL系统中,采用的多载波调制技术称为DMT(Discrete Multi-Tone,离散多音)。

正如前面提到的,电话铜线的衰减特性受线缆长度、线径以及线缆周边环境等因素影响而变化很大,所以铜线带宽内不同频段的信噪比往往呈现出起伏变化。如何针对电话铜线动态变化的传输特性,最大化信道容量,是ADSL调制技术的关键。而多载波调制技术因其灵活的信道使用方式正好适合于ADSL传输信道。也正因为如此,虽然实现难度较高,ITU-T G. 992.1物理层标准还是选择了DMT技术。

DMT根据电话铜线传输特性,利用数字处理技术中的自适应算法来调整滤波器的参数,使得信道容量最大化。其技术思路是:通过使用离散傅里叶反变换(IDFT)把信道带宽平均分成若干个独立、等宽、相互不交叠的并行子信道,采用与之相适应的调制方式,从而把输入的数据(比特)自适应地分配到每一个子信道分别传输。图8-15展示了DMT是如何根据子信道质量而进行比特分配的。

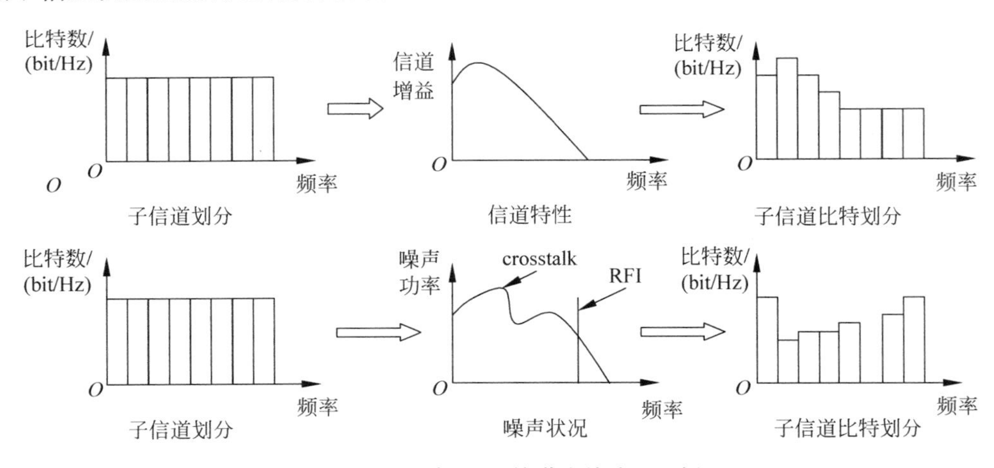

图8-15 两种DMT信道比特分配示例

如图8-16所示比特被分配在多个子信道独立调制,每个调制后的信号被称为子符号(Subsymbol),每个子符号具有相同的时隙长度,将多个子符号叠加在一起形成一个"DMT符号",而一个DMT符号就是最终电话线路上传送的一个多载波符号。一个DMT符号可以承载成千上万比特的信息,但是每个子信道却具有较低的符号率(symbol rate)。从这意义上讲,可以将DMT调制理解成由多个具有较低符号率的子载波并行工作的调制系统。

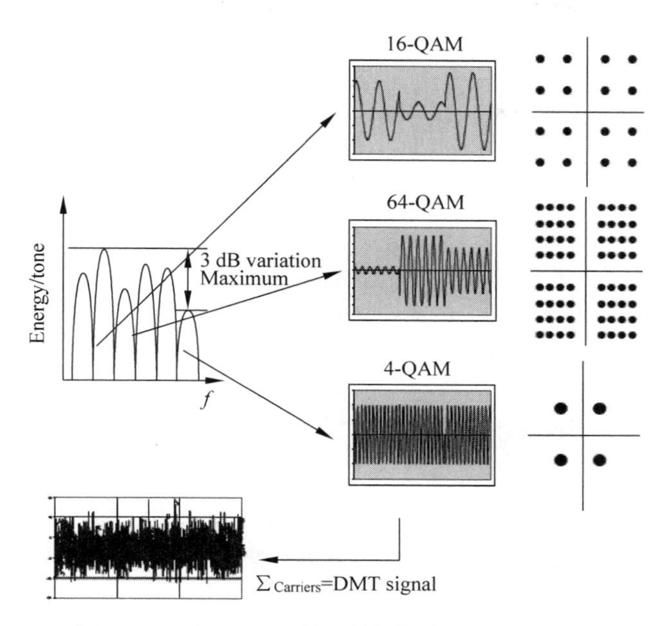

图 8-16　3 个 DMT 子符号叠加构成 1 个 DMT 符号

DMT 对每个子信道采用 QAM 调制。根据子信道的传输能力，可以选取不同星座点数的 QAM 调制方式进行调制。选取的基本依据是：传输能力越强(信噪比高，噪声小，衰减弱)的子信道，采用编码效率越高的 QAM 调制方式(星座图越密)，即信道质量好的子信道将分得更多的比特数。例如，假设电话铜线的传输能力都处于较好状态，除 0 号子信道用于话音传输，以及相邻的 1～5 号子信道作为保护频段，ADSL 的可用信道数为 250，每个子信道采用 QAM-256 进行调制，调制速率为 4000Bd(baud，波特)，那么 ADSL 理论最大下行速率为 250×8bit/Hz×4000baud＝8Mb/s，理论最大上行速率为 26×8bit/Hz×4000baud＝832kb/s。

那么，在 ADSL 系统中，如何确定子信道的信道质量的好坏？又该如何给每个子信道分配与之匹配的比特数？这是采用 DMT 技术必须要解决的关键问题，下面进行简要说明。

在发送数据“DMT 符号”之前，DMT 预先发送一个训练序列，以测得每个子信道的特性(信噪比)，根据子信道发送数据的能力，将数据自适应地分配给各子信道，不同子信道，传送能力不同，分配的比特数也不同。这样就可避开噪声大的频谱区。如果某个子信道的质量下降以致影响系统的纠错性能，可降低该子信道的数据速率，把多余的信息转移到其他噪声小的信道。当子信道噪声过大时，对该子信道予以关闭。对那些受串音和射频载波干扰的环路，ADSL 能够自适应地选择每个子信道的调制方式，从而得到好的信道容量。

DMT 调制技术的原理如图 8-17 所示，输入信号经过比特分配和缓存，将输入数据划分为比特块，经 TCM 编码后再进行 512 点 IDFT 变换将信号从频域变换到时域，这时，比特块将转换成 256 个 QAM 子字符，随后对每个比特块加上循环前缀(用于抵消码间干扰)，经数模变换(DA)和发送滤波器将信号送上信道。关于 DMT 调制技术的详细技术，本书不作进一步讨论，感兴趣的读者可以参考 ITU-T G. 992. 1 建议中的相关内容。

值得注意的是，要使 DMT 每个子载波独立，必须设置保护频带。另外，DMT 根据各子信道的误码率情况，自适应分配比特率，有时甚至关闭干扰大的子信道，实质上是一种干扰

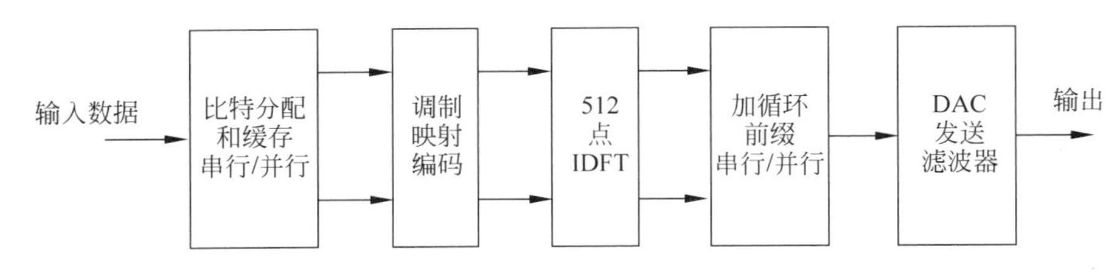

图 8-17 DMT 调制原理

避让的策略，是以牺牲带宽来提高抗干扰能力的。DMT 的确很适合抗窄带固定频段的射频干扰，但对于频段经常摆动的窄带射频干扰，DMT 并不能总是具有很好的抵抗能力。这是因为信道的快速变化将会引起频繁的初始化过程，可能导致正在传输的数据丢失。

DMT 是一种多载波调制技术，通过对传输带宽的离散化，可以灵活实现频谱利用率和传输可靠性的折中，因此具有较强的适应性。而作为 DMT 技术的发展，OFDM（Orthogonal Frequency Division Multiplexing，正交频分复用）调制技术通过保持子信道间的正交化，从而允许相邻子信道可以部分交叠，进一步提升了多载波调制技术频谱利用率。OFDM 以其卓越的调制性能被众多新一代网络标准广泛接纳成为物理层首选的调制技术。

2. 差错控制编码

由于 ADSL 系统需要在现有的电话线上进行传输，传输环境难以控制，例如线缆老化、射频干扰、天气变化、相邻线缆的干扰等因素，从而导致传输过程中可能产生各种不同类型的传输差错。而差错编码技术可以通过向待传信息中增加冗余比特实现检错和纠错的功能，从而限制传输差错的影响。

针对不同类型的差错，ADSL 系统采用了多种差错控制编码技术，包括 CRC 校验、扰码、前向纠错以及交织等技术。

1) CRC 校验

CRC（Cyclic Redundancy Check，循环冗余校验）码是一种常用且有效的差错检测码。通过对传输信息的计算得到一组校验数据并附在信息尾部一同发送，而接收端根据接收信息重新计算校验信息进而判断是否存在差错。在 ADSL 系统中，采用 CRC-8 校验码，每个超帧针对快速数据和交织数据各产生一个 CRC 校验码。

2) 扰码和前向纠错

所谓扰码，就是对待发送的信号进行“随机化”处理，使之能够比较均匀地出现电平的转换，而不是持续出现某种（连 0 或连 1）固定电平，这样才能使对端方便地提取同步信号。对于发射端加有扰码的信息传输，接收端有相应的解扰手段，才能从获得的加扰信号中恢复原始的发射信号。在 ADSL 技术中，从快速和交织缓存出来的二进制数据流，需要分别进行扰码。

前向纠错（Forward Error Correction，FEC）则是指收端收到错误的数据后，能够纠正错误而不需要发端重传。在 ITU-T G. 992. 1 的 ADSL 建议中选用的前向纠错编码是 Reed-Solomon 编码。Reed-Solomon 编码具有较强纠错能力，同时开销相对较小。文献指出，如果每 n 个符号增加 r 个冗余符号，采用 Reed-Solomon 编码可以实现 $\lfloor r/2 \rfloor$ 个符号的差错纠正。

3）交织技术

前面介绍的 FEC 编码主要适用于纠正持续时间较短的随机性错误，但是对于持续时间较长的突发性错误，FEC 编码则无能为力。交织编码的目的就是把持续时间较长的错误分散为多个持续时间较短的错误，再利用 FEC 编码进行纠错。因此，交织技术适合于纠正持续时间较长的突发性错误。图 8-18 是块交织（block interleave）工作原理。编码后的信息（码字）按照列的方式顺序写入一个矩阵中，而发送时则按照行的顺序依次从矩阵中读取码字发送。假设矩阵有 i 行、d 列，i 被设置成为一个码字的长度，而 d 被称为交织深度（interleave depth）。图中一个 7×4 的矩阵，对应码字长度为 7，交织深度为 4，传输过程中发生 8 比特的突发比特错，假设系统结合 FEC 编码使得收接收端可以纠正 2 比特/码字的差错，那么通过交织可以将 8 比特的突发差错平均分散到 4 个码字中，从而使得接收端可以分配纠正每个出错的码字，最终实现对连续突发比特差错的纠正。

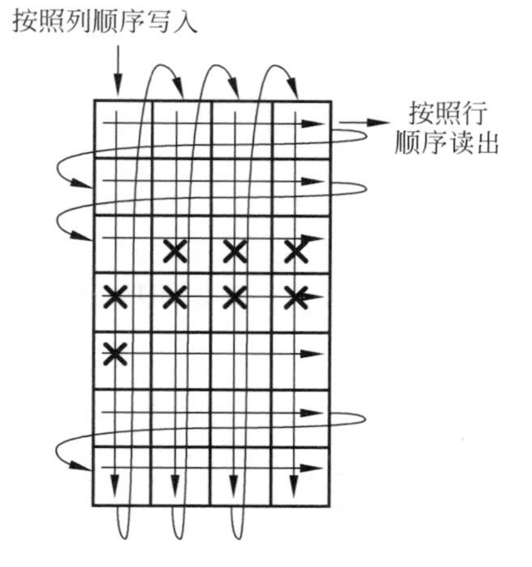

图 8-18　块交织原理

对于实际系统，交织是根据交织深度 d，对 R-S 编码中的每个字节延迟 $(d-1)\times i$ 个码字再输出。交织会引起数据的延迟，对于快速缓冲器输出的数据不进行交织处理。

8.5.3　ADSL 中的 STM 和 ATM 模式

随着互联网的迅速发展，分组业务越来越普遍和重要。而与 IP 分组“天然匹配”的链路层协议是 Ethernet，即便是 IP over PPP，也可以通过 PPPoE 协议将 IP 分组封装成以太帧。但是，在 ADSL 系统发展的前期，IP 技术和以太网的发展远不及现今水平，而在当时，基于统计复用的 ATM 技术才是分组交换网络（核心网）的主流技术。所以，早期 DSL 链路很自然地选择 ATM 作为其数据链路层，用于承载和传输分组业务，可以十分方便地与当时 DSL 系统的核心网络部分相适配。因此，作为第一代 ADSL 标准的 G. 922. 1 只支持两种转移模式：STM（用于兼容比 ATM 更早的核心网）和 ATM。

1. STM 模式

STM 模式是 DSL 早期的转移模式，即在 DSL 链路上承载并传送 STM 帧。STM 模式按照同步时分复用模式划分固定通路，每个通路长期占有固定带宽，模仿了传统电路交换，在 DSL 链路上承载流式业务，也称电路仿真业务。SMT 本身的工作特点是：对任意特定的通话呼叫，为其分配一个固定速率的信道资源，且该分配资源在整个通话期间被其专用。在数字传输系统中，通信双方的信息以周期出现的固定时隙为传输载体，故称为同步转移模式。

STM 模式虽然也可以用于传输数据服务单元，但是并不适合传输变长分组，例如以太帧，其最大的缺点是封装/拆封方式相当复杂。其主要原因是由于 STM 工作方式原本是设计用来传输连续的、时延敏感的业务，所以它采用了基于严格的同步时隙的复杂技术，而对于数据分组业务来说，由于各类数据业务的速率相对独立，并不存在严格的、同步的时延要求。

ADSL1 标准中局端和远端设备工作在 STM 模式下的参考模型如图 8-19 和图 8-20 所示。

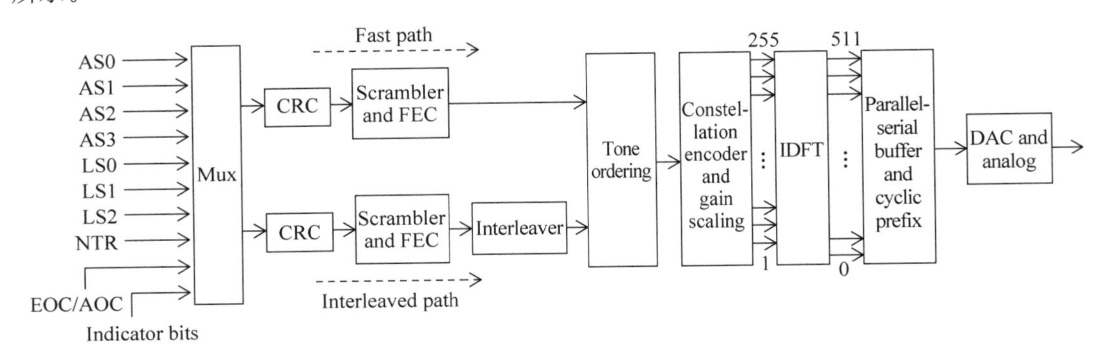

图 8-19 G. 992. 1 ATU-C(局端)参考模型中的 STM 接口

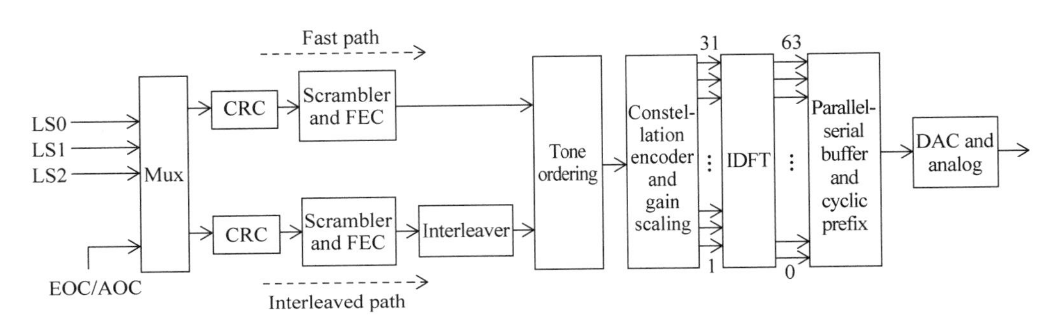

图 8-20 G. 992. 1 ATU-R(远端)参考模型中的 STM 接口

在参考模型中,使用 STM 转移模式的 ADSL 为高层(数据链路层)提供了 7 个逻辑信道,分别称为: AS0、AS1、AS2、AS3、LS0、LS1、LS2。这 7 个逻辑信道的传输速率都是可以配置的。在 ADSL 的 STM 模式下,高层协议需要先根据应用的业务类型和要求,确定每类业务需要使用的传送等级;而每种等级都详细规定了使用的上述逻辑信道的个数和每个信道的速率。所以在 STM 转移模式下,ADSL 最多支持 7 种不同速率的数据业务并行传输。这种具有特定速率的逻辑信道称为"承载信道(Bearer Channel)"。通过划分承载信道来承载传输不同速率要求的业务,这种设计思想来源于传统电信网,最初用于传输具有不用速率的连续业务流,显然对于具有突发特性业务并不合适。

ADSL 为 STM 定义的 7 种承载信道中,包含 4 个下行单工承载信道 AS0、AS1、AS2、AS3 和 3 个双工承载信道 LS0、LS1、LS2。其中双工信道 LS0、LS1、LS2 还可以配置成为独立的上行或者下行单工信道。ATU-C(局端设备)最多支持 7 个承载信道,至少需要支持 AS0 和 LS0 两个承载信道;而 ATU-R(远端设备)只支持 LS0、LS1、LS2 这 3 个数据信道。

ADSL 收发设备按照每秒 4000 次的速度处理(与 DMT 码元速率同步)高层待发送数据,将其复用、混合后,分别分配到两个独立的数据缓冲器中(快速缓冲器和交织缓冲器)。针对这两个缓冲器中数据的处理,ADSL 定义了两套处理流程,并将其称为快速路径(fast path)和交织路径(interleaved path)。两条路径对各自缓冲区器内的数据独立地进行循环冗余编码、扰码和纠错编码,如图 8-19 和图 8-20 所示;二者不同之处在于:从交织缓冲器出来的数据还需要进行交织。正如 8. 5. 2 节提到的,交织可以进一步提高接收端的纠错能力，却是以增加额外的发送/接收处理时延为代价的。所以交织路径并不适用于那些对时延敏感型业务数据处理，例如视频会议业务。STM 下行链路上必须支持两类时延路径，而上行链路对时延路径的支持是可选的。

通过两条路径处理后的数据进一步进行统一的 DMT 调制，包括载波排序（tone ordering）、星座编码器和增益调整块（constellation encoder and gain scaling）、IDFT。载波排序确定子载波比特加载的顺序以每个子载波上应该承载的比特数。每个子载波所能承载的比特数是由该子载波所选用的星座编码方式直接决定的，而星座编码方式是在 ADSL 系统初始化时自动计算确定的。最后，数据通过 DAC 处理，被调制成在用户环路上传输的模拟信号。

2. ATM 模式

ATM 转移模式，即在 DSL 链路上承载并传输固定长度的 ATM 信元。ATM 是一种基于固定长度（53 字节）信元的异步转移技术，它是为传送综合业务而设计的。各种类型的信息流（包括语音、数据、视频等）均被适配成 53 字节固定长度的“信元”进行传输。随着通信业务需求的发展，在 20 世纪 90 年代初，ATM 开始流行起来，DSL 系统为了支持多种业务，采用了承载 ATM 信元的异步转移模式。

ATM 是重要的分组承载方式，需要传输的分组被分片成 48 字节的载荷并封装在 53 字节的 ATM 信元中。但是 ATM 主要问题之一是 ATM 信元封装方式开销巨大，每一个 ATM 信元都存在 5 字节的开销。据统计，采用 ATM 模式承载分组业务，有高达 15%的 ADSL 链路容量浪费在传输 ATM 引入的开销上。

ADSL1 标准中局端和远端设备工作在 ATM 模式下的参考模型如图 8-21 和图 8-22 所示。与 STM 不同的是，ATM 模式在 ATU-C（局端设备）和 ATU-R（远端设备）都最多支持 2 个承载信道，其中 AS0 和 LS0 是必须支持的。

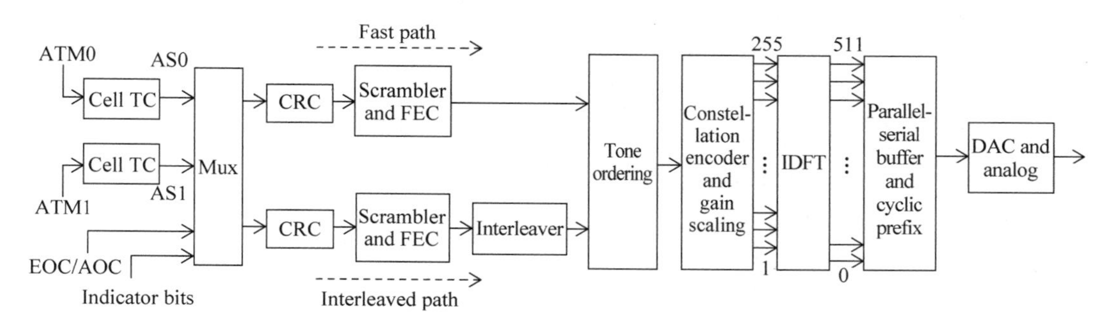

图 8-21 G. 992. 1 ATU-C（局端）参考模型中的 ATM 接口

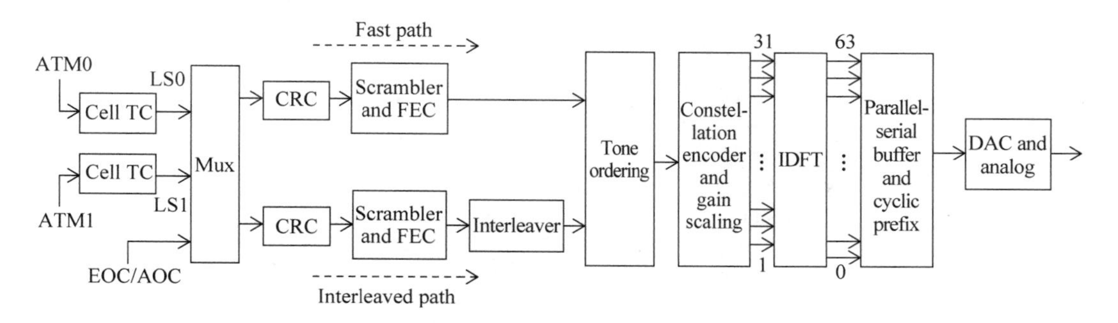

图 8-22 G. 992. 1 ATU-R（远端）参考模型中的 ATM 接口

8.5.4 ADSL成帧技术

在ADSL系统中，用户环路的带宽被划分成若干子频带（子载波），比特被分配到不同的子频带内分别调制，所有子信道的调制信号合起来形成一个DMT码元，而一个DMT码元被定义为一个ADSL帧，若干个ADSL帧进一步组成ADSL超帧。ADSL超帧结构如图8-23所示。

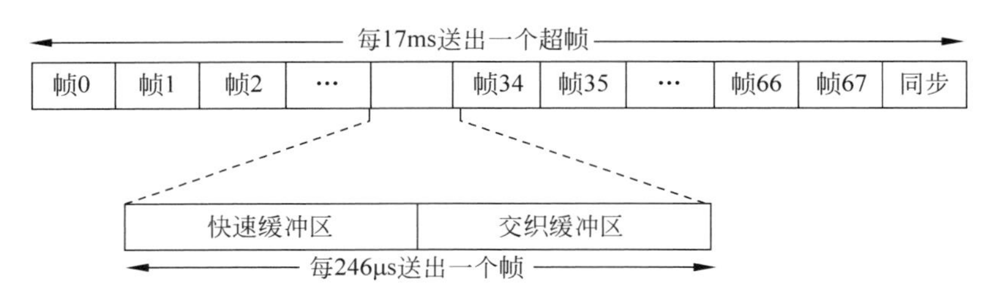

图8-23 ADSL超帧结构

每个超帧由68个ADSL数据帧和1个同步帧组成，每个ADSL帧对应一个DMT码元，所以每个ADSL超帧实际上就对应时间上相继的69个DMT码元。其码元速率为4000Bd，即250μs产生一个DMT码元，所以一个数据帧的时间即是250μs，那么一个超帧的时长应为250μs×68=17ms。而实际上每个超帧中还要加入一个同步帧。同步帧不携带任何用户数据。为了保证数据传输的实时性，同步帧的加入不能影响超帧的时长，即加入同步帧的超帧时长仍保持17ms，因此实际每个帧（即1个DMT码元）的时长为68/69×250μs=246μs。

如图8-24所示，ADSL帧由两部分组成，包含来自快速缓冲区和交织缓冲区的数据，而这两种缓冲区的大小是在初始化时决定的。无论是对快速数据缓冲区还是交织数据缓冲区，在1个ADSL帧内都会按照AS0、AS1、AS2、LS0、LS1、LS2的顺序依次传输各个承载子信道的数据。需要指出的是：如果某个承载信道没有被配置，那么该承载信道就不会出现在ADSL数据帧内，即不会占用ADSL数据帧传输时间，相应地，那些被配置的承载信道可以获得更多的传输时间。

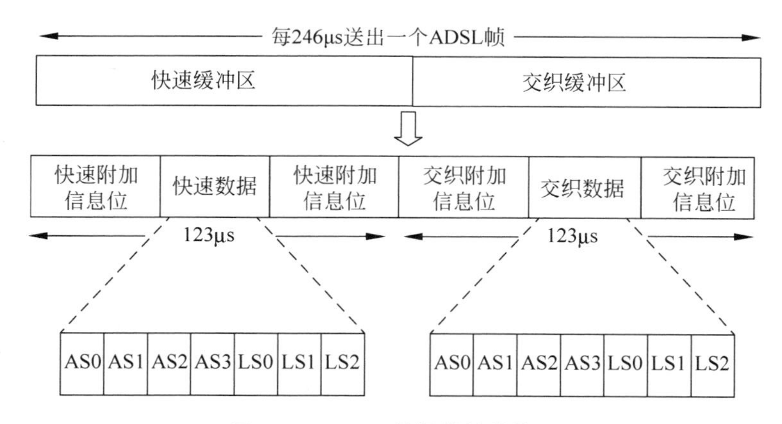

图8-24 ADSL数据帧的结构图

正如 8.5.3 节提到的，存储在快速缓冲区的快速数据一般对应时延敏感而容错性较好的业务（如音频、视频），这类业务在传输时首要考虑尽可能减小其时延。存在交织缓冲区的交织数据用于对时延不敏感，但对差错要求严格的业务（如文件传输），而交织后的数据不容易受噪音的影响，为了实现交织，是以牺牲处理速度和增加传输时延为代价的。既支持快速数据通路也支持交织数据通路的 ADSL 系统被称为双时延 ADSL。所以双时延 ADSL 可以同时支持时延敏感业务和时延不敏感业务。但是 ADSL 规范本身没有规定填充快速和交织缓冲器的条件，这可以由 ADSL 设备制造商来完成。

8.6 ADSL2 传输技术的改进

ADSL2(G.992.3)是 ADSL1(G.992.1)演进版本，其工作频段虽然与 ADSL1 完全相同，但在性能和互操作性上都有较大提高，对应用、服务和配置都提供了更多的支持，并在数据传输速率、性能、测试和转移模式方面都做了改进。

8.6.1 第三种转移模式：PTM

如 8.5.3 节所述，如何在 DSL 链路上承载和传输变长分组与采用的转移模式密切相关。早期 ADSL 标准定义了 STM 和 ATM 两种转移模式，但正如前面所分析过的，STM 和 ATM 并不适合于传输变长分组承载，为此，ITU-T SG15 和 IEEE 802.15 工作小组分别定义了两种新方法来实现在 DSL 链路上传输分组业务。这些方法能够在 DSL 链路上以较低的复杂度高效地传输变长分组，并且引进了诸如抢占(preemption)等传输优化机制，以实现按优先级的分组传输。这类新的分组传输机制被称为分组传输模式(PTM)。

所以，ADSL 的转移模式总共有三种，如图 8-25 所示。

- STM(Synchronous Transfer Mode，同步转移模式)。
- ATM(Asynchronous Transfer Mode，异步转移模式)。
- PTM(Packet Transfer Mode，分组转移模式)。

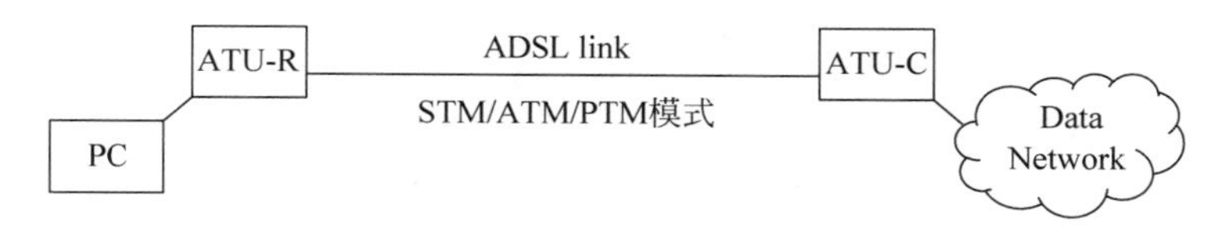

图 8-25 STM/ATM/PTM over ADSL 示意图

1. 数据分组传输关键需求

不同的数据网络采用各种不同的通信协议和格式，这就要求分组传输机制必须独立于用户的数据分组，即定义出来的 DSL 分组传输协议必须能够支持变长分组的传输，而分组内容（包括分组头、分组载荷、分组尾）对于传输协议是完全透明的。其次，新的分组传输机制应该比采用 ATM 进行分组传输更加高效。另外新的机制还应该提供传输错误检测的功能，并能够将检测到的错误上报高层分组协议进行进一步的处理。

2. PTM 功能模型

PTM 功能模型如图 8-26 所示。当传输数据分组时，PTM 实体(PTM entity)从应用接口(application interface)处获得需要在 DSL 链路上传输的数据分组。例如，如果数据链路层协议采用的是以太网协议，那么应用接口就是以太网的 MII（Media Independent Interface，介质无关接口）。PTM 实体根据业务的时延要求，选择相应的 DSL 时延路径，并通过 γ 接口传输给 DSL 收发器。通过 γ 接口，分组被送到 PTM 传输汇聚（PTM Transmission Convergence，PTM-TC）功能模块进一步处理。PTM-TC 负责将分组封装成为 PTM-TC 帧发送给物理介质特定传输汇聚（Physical Medium Specific Transmission Convergence，PMS-TC）功能模块最终实现在 DSL 链路上传输。接收分组时，PTM-TC 负责对从物理层传递的帧进行拆封处理，并通过 γ 接口将数据传递给 PTM 实体，最终由 PTM 实体将数据传递给数据链路层。TPS-TC（Transport Protocol Specific Transmission Convergence）模块负责对类似传输差错等性能参数的检测。

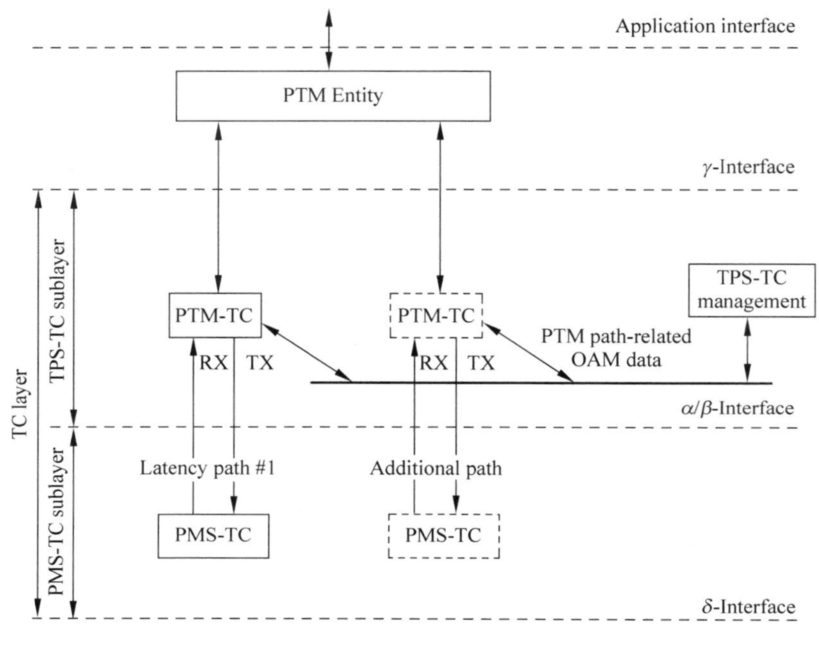

图 8-26 PTM 功能模型

目前采用 PTM 模式的 ADSL Modem 通常只支持一种 ADSL 时延路径，所以针对不同时延要求的业务，需要通过改变对该时延路径的通用时延参数分别来满足。但是如果某些业务有特殊的时延要求，那么 ADSL Modem 就需要增加新的时延路径，例如在图中用虚线表示的第二条时延路径，这条路径上的 FEC（前向纠错编码）和交织器等参数都与第一条时延路径不同。

PTM-TC 主要有两大功能：信息的封装以及速率的适配。

为了在 DSL 线路上区分一个分组的开始和结束，PTM-TC 将每一个分组封装成为一个 PTM-TC 帧。目前有两类 PTM-TC，一类是 ITU-T G. 992. 3 定义的 GPTM-TC（Generic PTM-TC），一类是 IEEE 802. 3 定义的 ETM-TC（Ethernet PTM-TC）。GPTM-TC 提供任意大小和内容的分组传输，而 ETM-TC 限制了每一个分组的最小长度，而且二者在封装开销上也有所不同。GPTM-TC 为 ADSL2（ITU-T G. 992. 3）和 VDSL1（ITU-T G. 993. 1）定义的封装格式是基于 HDLC（High-level Data Link Control）协议的，即 $\text{GPTM-TC}_{\text{HDLC}}$。由于采

用了 HDCL 封装，所以 GPTM-TC 对分组的长度没有任何限制，然而由于 HDLC 采用比特填充首尾定界，会在发送信息中插入冗余信息，所以 HDLC 会引入额外的传输开销，而且这部分开销的长度与所封装的数据长度有关。而 ETM-TC 定义的封装格式称为 64B/65B。64B/65B 封装协议要求最小分组长度为 64 字节，所以封装开销与封装数据无关。近期，ITU-T 进一步通用化了 64B/65B 封装协议，取消了最小分组的限制，制定出新一代 GPTM-TC 的封装协议，应用在 VDSL2 标准(ITU-R G. 993. 2)之中。

除了封装功能外，PTM-TC 还负责将高层协议的发送速率与底层 DSL 链路所能提供的速率进行适配。为此，PTM-TC 通过 γ 接口为 PTM 实体提供了一套简单的流控机制及相关控制信号量，如表 8-3 所示。例如，在数据发送方向上，根据 PTM-TC 发送缓冲的使用情况，PTM-TC 通过设置传输许可(Tx_Enbl)标志可以阻止 PTM 实体的发送；而在接收方向上，PTM-TC 通过设置接收许可(Rx_Enbl)标志通知 PTM 实体接收。当发现接收帧发生差错，PTM-TC 会将设置接收差错(Rx_Err)标志，并会同错误帧一起传递给 PTM 实体，而由 PTM 实体采用更为复杂的差控机制来完成对出错分组的处理。

表 8-3 γ 接口信号量

Signal	Description	Direction
	Transmit direction	
Data	Transmit data packets	PTM→PTM-TC
SoP,EoP	Start and end of the transmit packet	PTM→PTM-TC
Tx_Enbl	Set by the PTM-TC,allows the PTM entity to send data	PTM←PTM-TC
Tx_Err	Transmit signal error indicator Receive direction	PTM→PTM-TC
Data	Receive data packets	PTM←PTM-TC
SoP,EoP	Start and end of the receive packet	PTM←PTM-TC
Rx_Enbl	Set by the PTM-TC,allows the PTM entity to retrieve data from PTM-TC	PTM←PTM-TC
Rx_Err	Received signal error indicator	PTM←PTM-TC

在分组的开始和结束边界处，PTM-TC 子层会分别插入 SoP 和 EoP 标志来指示。如果是发送方向，将由 PMT 实体插入标志，而接收方向则由 PMT-TC 插入。

Tx_Err 标志用于特殊的场景，例如某些应用程序需要取消现有分组的发送，那么 PTM 实体会产生 Tx_Err 标志，从而控制 PTM-TC 清空当前的发送缓存。

在收、发方向上，都会由 PTM 实体产生数据时钟信号，这些时钟都会比实际的 DSL 链路数据率快很多，其目的是通过快速地读写 PTM-TC 的缓存以减小分组在 γ 接口处的处理时延。例如，如果高层是 10Mb/s 的以太网应用，那么 PTM 实体的时钟速率一般设置成 100Mb/s，而实际的 ADSL 有效速率可能小于 1Mb/s。

3. PTM 封装

1) HDLC 封装

$GPTM\text{-}TC_{HDLC}$封装格式如图 8-27 所示。一个 HDLC 帧的开始和结束处均填充了相同 8bit 的标识字段(即 $7E_{16}$)，以同步数据帧。而地址字段和控制域一般被设置成为默认值。数据字段用于承载数据分组。两个 8 位组的 FCS(共 16bit)用于差错校验，例如可以采用 CRC-16 校验。相邻两帧的时间间隙将填充额外的标志码型。

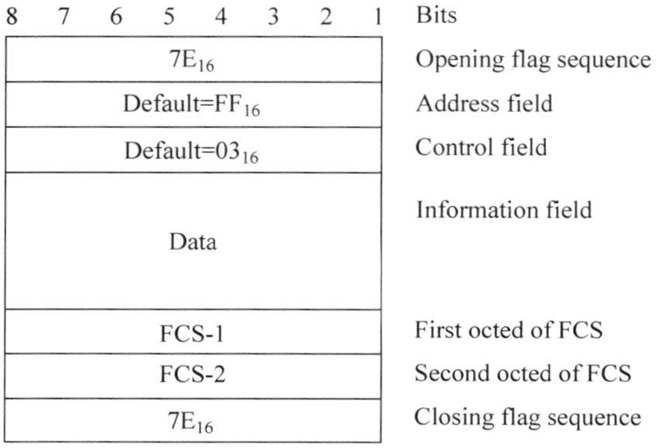

8 7 6 5 4 3 2 1	Bits
$7E_{16}$	Opening flag sequence
Default=FF_{16}	Address field
Default=03_{16}	Control field
Data	Information field
FCS-1	First octed of FCS
FCS-2	Second octed of FCS
$7E_{16}$	Closing flag sequence

图 8-27 HDLC 封装

2）64B/65B 封装

根据 64B/65B 封装方式，信息按照 65 字节长码字进行连续传输。每个码字都是由一个同步字节(即 sync 字节)开始，后面紧跟 64 字节的数据字段，数据字段中，每一个字节可以都是数据，也可以包含控制字节。64B/65B 的编码规则见表 8-4。协议采用 *S*-byte 和 *C*-byte 标识一个分组的开始和结束，而 *Z*-bytes 表示空闲字节，填充在相邻帧间。*Y*-byte 用于指示远端接收方 PTM-TC 失去同步，即在 *Y*-byte 后紧跟的是 *Z*-bytes，而非数据。

对于 *C*-byte 的计算方法是：$C_k=k+10_{16}$，而 $Z=00_{16}$，$S=50_{16}$，$Y=D1_{16}$。

与 HDLC 相比，64B/65B 封装最大的特点是具有稳定和较小的开销。从表 8-4 中可以看出对于只承载数据的帧开销是一个字节，而对于包含开始和结束字节的帧开销一般只有 2～3 字节。

表 8-4 64B/65B 编码规则

Codeword Type	Codeword Contents	Sync Byte	Codeword Fields, Bytes 1-64									
Data	Data octets(*D*)only	$0F_{16}$	D_0	D_1	D_2	D_3	D_4	D_5	…	D_{61}	D_{62}	D_{63}
End of packet	Control byte(C_k)followed by *k* bytes of data, others are idle(*Z*)	$F0_{16}$	C_k	D_0	D_1	D_2	D_3	…	D_{k-1}	Z	…	Z
Start of packet while idle	First *k*-bytes are idle(*Z*), last $64-k-1$ bytes are data. S-byte indicates start of the packet	$F0_{16}$	Z	Z	S	D_0	D_1	…	…	D_{k-3}	D_{k-2}	D_{k-1}
End of packet and start of the next packet	Control byte(C_k) followed by *k* data bytes. Last *j* bytes are data (next frame). S-byte indicates start of the packet	$F0_{16}$	C_k	D_0	…	D_{k-1}	Z	…	S	D_0	…	D_{j-1}
Idle	Idle octets(*Z*)only	$F0_{16}$	Z	Z	Z	Z	Z	Z	…	Z	Z	Z
Idle, out-of-sync	Y-byte followed by *Z*-octets only	$F0_{16}$	Y	Z	Z	Z	Z	…	Z	Z	Z	Z

8.6.2 传输性能提升

与 ADSL1 相比，ADSL2 传输性能得到了提升，其理论最高下行速率可以达到 12Mb/s，最高上行速率可以达到 1.2Mb/s。

在 ADSL2 中规定使用网格编码(trellis code)，而在 ADSL1 中网格编码只是一个可选项。网格编码的基本思想是每一个符号中都增加额外的比特,用作纠错,从而降低出错的可能性。虽然网格编码会引入开销,对于某些短距离的DSL链路开销会带来较明显的性能下降,但是对于大多数DSL链路来讲,网格编码都使得传输效率显著提升,网格编码和EFC联合使用,可以使得编码增益提升5dB左右。ADSL2允许使用1bit QAM,保证在较低的信噪比条件下,在较长的传输线路上也能获得一定传输速率,而ADSL1没有定义单比特的星位图调制,在远距离上信噪比小的时候无法建立连接。

ADSL2优化了初始序列,使得初始信号的随机性提高,同时还设计了快速初始序列,使得ADSL Modem能够快速地重新建立连接,而避免因需要重新全面初始化而引入的时延。

ADSL2减少帧开销,采用可编程的帧头,使每帧的帧头可根据需要从4kb/s到32kb/s灵活调整(ADSL每帧采用固定的32kb/s的开销),提高了信息净负荷的传输效率。ADSL2提高了编码增益,在ADSL帧RS编码结构方面,其灵活性、可编程性也大大提高。ADSL2从RS编码中获得更高的编码增益。

8.6.3 功率控制技术

为了降低系统的功率,ADSL2定义了三种功率模式。

- L0:满功率模式,用于高速率连接。
- L2:低功耗模式,用于低速率连接。
- L3:睡眠模式,用于间断离线。

ADSL2可以根据系统的工作状态(高速连接、低速连接、离线等),灵活、快速地转换工作功率,其切换时间可3s之内完成,以保证业务不受影响。

例如,用户下载文件时一般工作在L0模式,L0表示正常工作下的满功率传输;而当用户没有进行数据传输时,如用户浏览网页,局端设备会快速进入L2低功耗状态,当用户再次进行数据传输时,局端设备将快速返回L0状态;当在一段限定时间内,用户一直没有发出数据传输时,局端和用户端都会进入L3的睡眠模式,进一步降低发射功率,此时,物理层链路仍然连接,但是没有有效负荷传送,当再次有数据传输要求时,“经过约3s的快速训练”进入L0模式。

8.6.4 抗干扰能力的增强

ADSL2提供了两种新的传输功能:动态速率分配(Dynamic Rate Repartitioning,DRR)和无缝速率自适应(Seam-less Rate Adaptation,SRA)。

DRR允许在一个具有多个通道的连接上,各个通道可以自动重新分配比特速率,而不需要Modem重新训练。例如:1个通道传输视频会议,另一个通道负责数据传输,DRR允许传输速率在这两个通道动态地重新分配,所以当视频会议传输结束后,分配给它的速率可以重新分配给数据子通道。

SRA功能是在Modem重新训练的前提下,允许改变一条连接上所分配的比特速率。而ADSL1并不支持在运行状态下调整速率,因为在ADSL1中要改变一条连接的速率必须重新训练Modem,根据当前的信道质量确定速率。而这一缺陷使得ADSL1线路往往呈现出不稳定的状态。因为当在运行过程中线路质量发生变化时(如串扰、无线电干扰),可能导致噪声超过门限,那么无码率将无法保证,进而使得线路断链。SRA通过接收端实时监测链路通信质量，从而建立起自适应的速率调整工作机制，进一步提高了传输的可靠性，例如当一条链路的噪声增强，以至于在目前比特传输率下，无法达到所需信噪比门限，那么 SRA 会自动降低比特传输率以适应现行的信噪比。

除此之外，ADSL2 还提供了以下多种抗干扰技术。

➢ 更快的比特交换(bit swap)，一旦发现某个传输子通道受到噪声影响，就快速地将其承载的比特转移到信号质量好的子通道。
➢ 子通道(tone)的禁止，当某些子通道的噪音干扰非常大时，这些子通道将会被禁止使用，从而提高系统稳定性。
➢ 增强的子通道排序，接收端根据各子通道噪音的大小，将子通道进行重新排序，然后进行 trellis 编码，从而将噪音的影响降到最小。

8.6.5 ADSL2+

ADSL2+是在 ADSL2 的基础上发展起来的，ADSL2+拥有 ADSL2 所具有的一切特性，ADSL2+标准 G. 992. 5 初稿于 2003 年 1 月通过。ADSL2+将频谱加倍，从 1. 104MHz 扩展至 2. 208MHz，支持的子载波数达到 512 个，所以其下行速率大大提高，理论上可达 24Mb/s，可以支持多达 3 个视频流的同时传输，大型网络游戏、海量文件下载等都成为可能。上行速率与 ADSL2 相同。用户接入的距离也增加到了 6km。图 8-28 和图 8-29 分别描述了 ADSL/ADSL2/ADSL2+所占用的频带关系和 ADSL2/ADSL2+的下行数据传输速率比较。

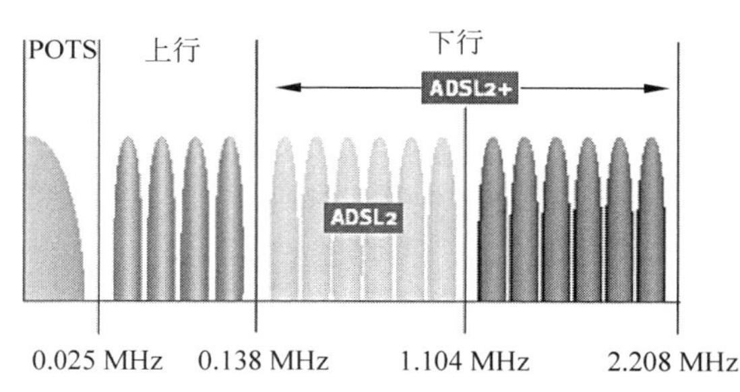

图 8-28 ADSL/ADSL2/ADSL2+占用的频带

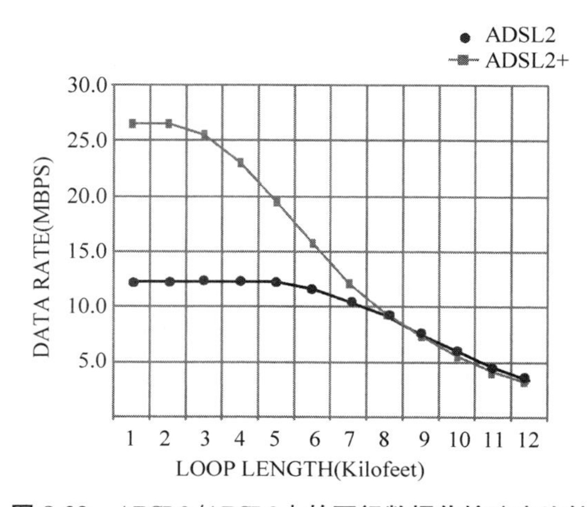

图 8-29 ADSL2/ADSL2+的下行数据传输速率比较

除了高速的速率外,ADSL2+的另一个优点就是减少CO(中心局)与RT(远程终端)之间的线路串扰。通常DSLAM会放置在中心局,但有时对一些密集用户,运营商会在邻近客户的地方放置一些小型的DSLAM,这称作RT(远程终端)。DSL线路面临的最大的干扰就是来自临近线路的DSL信号串扰,而这种情况在来自CO的线缆与来自RT的线缆被捆成一匝一齐走线的时候更加严重。如图8-30所示,来自RT的下行信号,由于距离短,信号幅度大,耦合到附近接到CO的线缆,耦合噪声与已经衰减的CO下行信号频谱占用完全一致,无法被接收Modem滤波器滤除,造成性能大幅下降。

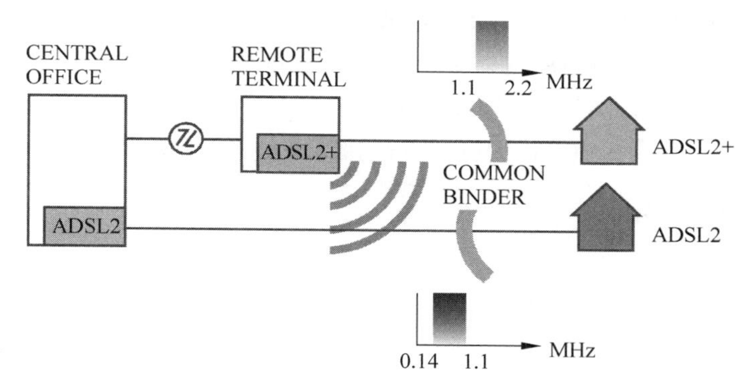

图 8-30 ADSL2+降低串扰

由于ADSL2+有扩展的带宽,RT可以将1.1MHz以下的信号降得很低,而主要使用1.1MHz和2.2MHz之间的带宽传送数据,由于这段带宽在传统ADSL传送带宽之外,耦合噪声可以被接收端滤波器过滤,不会影响性能。

8.7 ADSL体系结构

8.7.1 ADSL系统参考模型

ITU-T G.992.1提出的ADSL系统参考模型如图8-31所示。

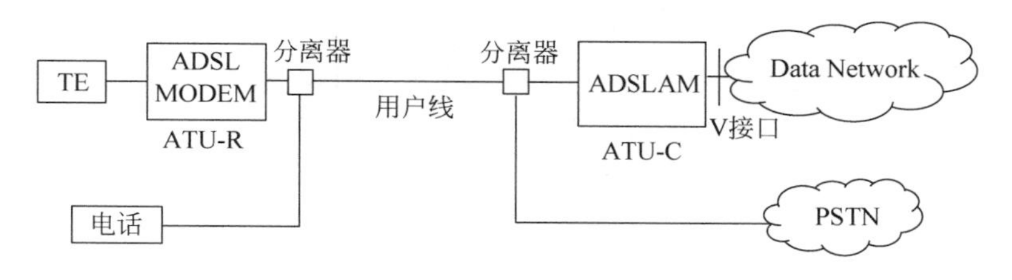

图 8-31 ADSL系统参考模型

模型中各部分定义如下。

- ADSLAM(ADSL Access Multiplexer,ADSL接入复用器)。
- ATU-C(ADSL Transmission Unit-CO side,ADSL局端传输单元)。
- ATU-R(ADSL Transmission Unit-Remote side,ADSL远端传输单元)。
- TE(Terminal Equipment,终端设备),如PC。

ATU-C和ATU-R都属于ADSL Modem设备,分别位于局端和用户端。每条ADSL

链路连接一对 ATU-C 和 ATU-R，进行数据传输。在局端，将多个 ATU-C 进行集成，构成了 ADSLAM 设备。

分离器(Splitter)由高通滤波器和低通滤波器组成，主要作用是通过高通和低通滤波器，将高频段的 DSL 数据信号和低频段的话音信号进行分离，以避免 DSL 数据信号和话音信号相互干扰。分离器可以是有源的，也可以是无源的，其位置可以内置于 ATU-R/ATU-C 中，也可以与 ADSL 调制解调器分开。独立的分离器有三个端口，分别用于连接 POTS 设备(电话机或程控交换机)、ADSL 调制解调器和用户与局间的电话线。在局端，ADSLAM 收发器通过 V 接口与 ATM 网络或高速以太网连接，接入数字骨干网络。

ATU-C 和 ATU-R 在局端和用户端可以提供多种网络接口以实现各种业务和不同功能模块间的互联，包括以太网接口、POTS 接口、ATM 接口和 USB 接口等。例如，ATU-R 一般会提供以太网接口或者 ATM 接口，实现与驻地网中的设备相连。

8.7.2 ADSL. Lite

1. ADSL. Lite 的提出

ADSL. Lite(G. Lite)也称为消费者 ADSL 或者无分离器的 ADSL，它是由全速率 ADSL 技术发展起来的。

全速率 ADSL 技术虽然能够达到较高的速率，但它的商业应用初期发展缓慢，究其原因是由于 ADSL 系统在建设初期需要较大的投资，而且安装复杂，在用户端需要安装分离器(Splitter)，所以增加了安装成本，也导致 ADSL 用户承担较高的费用。为了加速 ADSL 商业应用的进程，ADSL 的生产厂商意识到牺牲 ADSL 部分速率可以很容易解决 ADSL 所面临的上述问题。因此出现了简化的 ADSL，其最大下行速率为 1.5Mb/s。尽管远低于全速率 ADSL 的 6Mb/s 的下行速率，但这个速率对于当时大部分用户来说已经足够了。更为重要的是，在用户端的分离器可以取消。对于用户来说，安装 ADSL Modem 和安装普通 Modem 一样简单，这对 ADSL 的商业化推广至关重要。

2. ADSL. Lite 的体系结构

如图 8-32 所示，ADSL. Lite 结构中只在局端有 POTS 分离器。在用户端没有 POTS 分离器。此结构中，局端设备具有 ADSL 线路收发、SNI 终结、系统管理控制等功能，如果和 ATM 交换机相连的话，还要具有 ATM 信元处理、ATM VP/VC 交叉连接和复用等功能。在用户端，ATU-R 具有 ADSL 线路收发、UNI 终结、局域网网桥或 IP 路由功能，如果在 ADSL 链路上传输 ATM 信元，还应具有 ATM 信元处理。

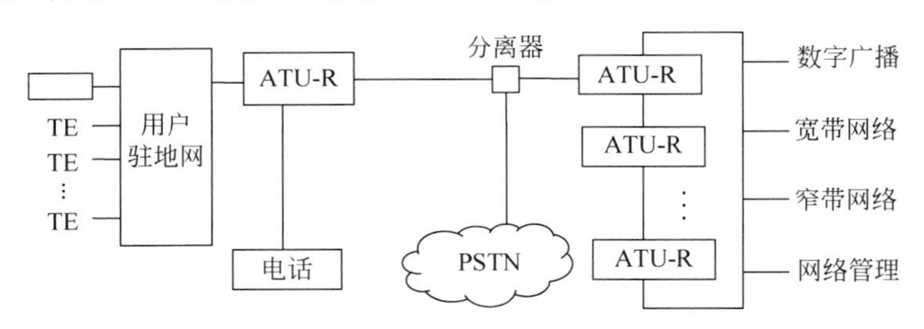

图 8-32 ADSL. Lite 系统参考模型

3. ADSL. Lite 的技术特点

- 由于 ADSL. Lite 在用户端不再需要话音分离器，因而其安装简单，用户使用方便。
- ADSL. Lite 仍采用抗干扰性好的 DMT 线路编码方式，下行速率为 64kb/s～1.5Mb/s；上行速率为 32kb/s～512kb/s，信息速率仍为非对称。
- 技术复杂度小，有着比传统 ADSL 更好的性价比。
- ADSL. Lite 必须要抵抗来自电话机非线性干扰和串入用户室内布线的干扰，同时电话机摘挂机阻抗的变化对其传输也会产生较大影响。
- ADSL. Lite 有较好的兼容性，不同厂家的设备可以互通。
- 其传输速率的下降带来了传输距离的增加，最长可至 7km，提高了覆盖范围。
- ADSL. Lite 定位于 Internet 接入，主要支持 IP 业务，面向家庭用户和小型商业用户。

8.8 ADSL 的应用

8.8.1 ADSL 设备

1. ADSL Modem

ADSL Modem 是 ADSL 接入的用户端设备，即 ATU-R。其作用是完成用户端的接入功能。图 8-33 和图 8-34 是一种典型的 ADSL Modem 面板和接口图。

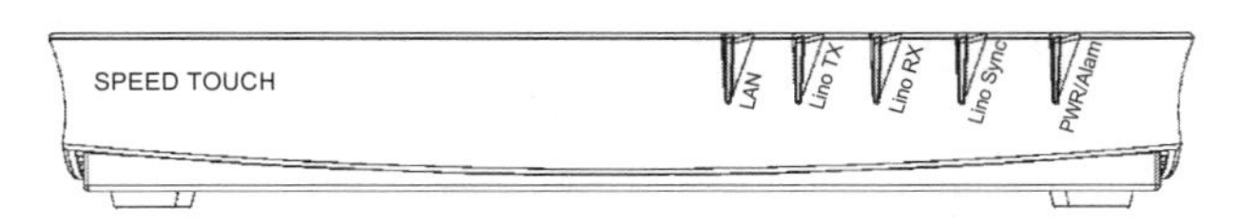

图 8-33 一种 ADSL Modem 的面板

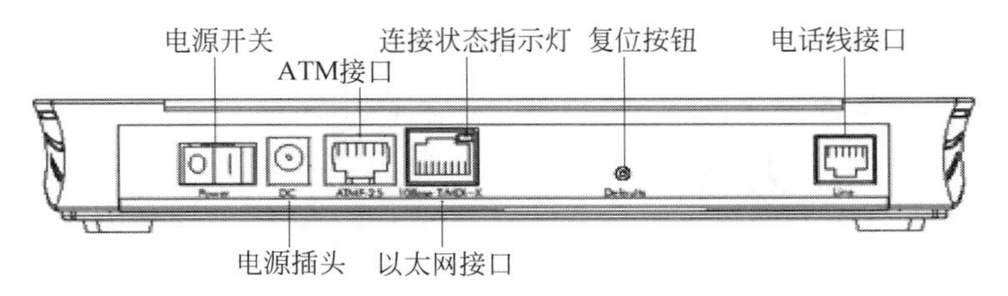

图 8-34 一种 ADSL Modem 接口

- 指示面板电源指示：指示是否接通电源。
- 线路同步指示：指示 Modem 是否同步。Modem 检测到线路上的同步信号，则该指示灯一直亮，如果闪动则说明 Modem 正在检测同步信号。
- 线路发送指示：当用户有上行数据发送时，该指示灯闪烁。
- 线路接收指示：当用户有下行数据接收时，该指示灯闪烁。
- 以太网连接指示：指示 PC 与 DSLAM 之间的以太网连接是否正常。正常情况下该指示灯亮。
- 电话线接口：用来连接用户的电话机。
- 以太网接口：用来连接用户的具有以太网接口(RJ-45)的 PC。
- ATM-25 接口：用来连接用户具有 ATM 网卡的 PC。

ADSL Modem一般需要与分离器相连，分离器可以是内置的，也可以是外置的。通过ADSL Modem，可以连接用户的计算机和电话，另一端通过电话线接至局端。

市场上ADSL Modem种类很多，名称也很多，根据ADSL Modem具体功能的细节差异，各厂商也有不同称呼，如ADSL Modem、ADSL桥、ADSL接入终端、ADSL路由器等等。

ADSL桥是指带有以太网接口或ATM接口的ADSL Modem。可以直接通过以太网接口或ATM接口和用户计算机相连。由于现在带有以太网卡的计算机最普及，所以大部分ADSL Modem都具有以太网接口。

ADSL路由器则在ADSL Modem上实现了PPPoE或PPPoA、DHCP、NAT等功能，可以实现多个用户计算机的接入，ADSL Modem可以自动给接入的计算机分配IP地址，并实现它们之间的通信。用户也省去了虚拟拨号的步骤，而由ADSL Modem来完成。所以ADSL Modem看起来就像一台路由器一样，但实际上并不是一台真正的路由器。

市场上还出现了一些ADSL的扩展产品，如ADSL Modem＋AP、ADSL＋交换机等。这些产品在原有的ADSL Modem功能上都做了扩展，使其应用更加灵活方便。

2. DSLAM

DSLAM是DSL系统中核心局端设备，其体系结构大致经历过三次重大变化。而这三次变化是由通信网络中主流应用改变而引起的，即从VoD应用到高速因特网接入应用，再到集成话音、视频和数据的综合应用。

正如前面提到的，ADSL技术起源于VoD业务的发展。20世纪90年代初，美国和英国的主要电信运营商分别都开展了VoD的部署。而利用最初的ADSL技术，可以在电话线上形成一个单向的高速下行数据信道，用于传输MPEG(Moving Picture Experts Group)视频流，同时提供一个低速的双向信道，用于传输控制信息。在此基础上，ADSL标准制定者们又将当时主流的网络接口都集成到了DSLAM设备之中，形成了第一代DSLAM，如图8-35所示。第一代DSLAM采用STM模式传输信息，将ADSL下行信道划分成4个承载信道(AS0～AS3)传输VoD业务，以及3个双向低速信道(LS0～LS2)负责传输VoD控制信息、Internet数据等业务。DSLAM通过不同的网络接口与不同的业务网络相连。由于要集成众多的业务网络接口，使得第一代DSLAM设备非常复杂。

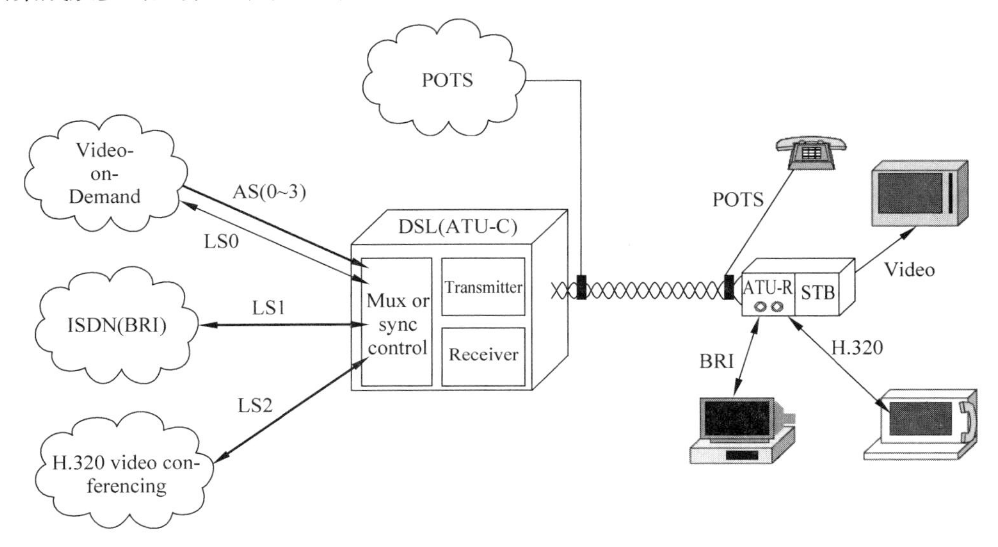

图8-35 第一代DSLAM

随着互联网的兴起，Internet 接入成为电信网络发展的主要推手。相对于 STM，ATM 更加适合传输具有突发特性的 Internet 业务，因此 AMT 迅速形成核心网主流技术。与此同时，传统电信网络也从多张业务网络并存的架构逐渐向单一网络结构演变，即由 ATM 网络传输多种电信业务。随着核心网络的 ATM 化，DSLAM 也从 STM 演进到 ATM，并通过统计时分复用的方式将多路 DSL 链路的信元复用到一个上联网络接口，如图 8-36 所示。

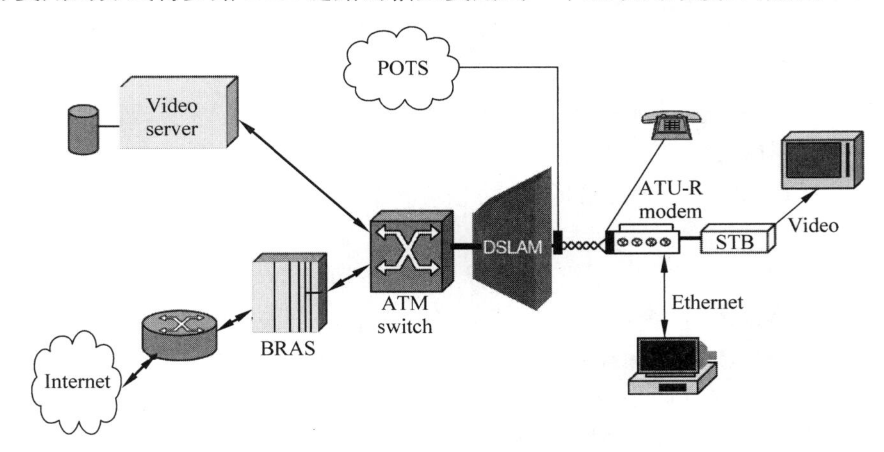

图 8-36 基于 ATM 的第二代 DSLAM

基于 ATM 的 DSLAM 系统结构如图 8-37 所示。DSLAM 整个核心功能都采用 ATM 技术，包括地址转换、流量工程、统计复用等功能；DSLAM 中每一张 DSL 卡(即 ATU-C)都与一个用户的 ATU-R 相对应。需要指出的是：为了简化设计，每一个 ATU-R 都设置成为具有相同 VPI 和 VCI(VPI＝0，VCI＝32)，而由 DSLAM 负责区分来自不同 ATU-R 的信元，并为其分配唯一的 VPI 和 VCI。DSLAM 上联口连接的是 ATM 核心网络，因此，通过 DSLAM 处理，每一条来自用户侧的 PPP 会话被映射成为一条 ATM 虚连接，穿越 ATM 核心网，最终与 Internet 的 PoP 形成一条完整的端到端逻辑连接。由于从 DSL 链路一直到上联口都采用 ATM 模式，所以称这一代 DSLAM 具有纯 ATM 结构。

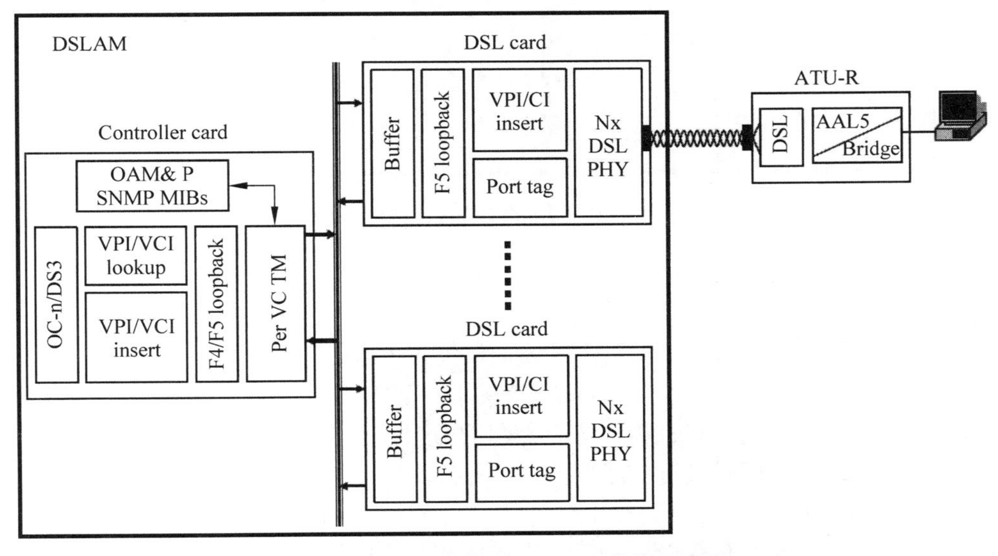

图 8-37 基于 ATM 的 DSLAM 结构示意图

在 ADSL 业务发展初期，由于 ADSL 用户数目较少，具有这种结构的 DSLAM 是一种较好的解决方案，但是随着 ADSL 用户数的不断增多，ATM 网络的需求也不断扩大，这就意味着需要构建大容量的 ATM 核心网络，而 ATM 设备本身成本较高，导致 ATM 核心网络的建网成本高昂，也就最终导致接入网络的建设成本越来越高。

而随着 Internet 的迅猛发展，业务 IP 化的趋势越来越明显，话音业务从 TDM 到 VoATM 再到 VoIP，视频业务从 MPEG 到 ATM 再到 IP，更不用说数据业务基本全是基于 IP 协议的。由于 IP 分组的特点，再采用 ATM 封装承载，显然并不合适。而在此期间，越来越多新建的园区网（校园网、企业网、商业园区网）普遍放弃使用 ATM，而是采用更简单、廉价且高效的链路层协议（如以太网）来承载 IP 业务分组。这种变化最终推动了 ADSL 第三种转移模式——PTM 模式正式出现，与之相应，DSLAM 设备迎来再一次升级，即 All-IP DSLAM。

All-IP DSLAM 系统结构如图 8-38 所示，核心功能都是基于 IP 技术的，并集成了 MPLS、Diffserv 等技术，甚至还可以将部分接入控制功能也集成到 DSLAM 之中。由于 DSL 链路采用 PTM 模式，每一个用户都可以透过 DSL 链路向 DSLAM 直接收发 Ethernet 帧，而 DSLAM 的上联口则可以通过 L2TP 方式与 Internet 的 PoP 建立起 IP 隧道，最终为每一个用户形成一条完整的端到端 IP 连接。

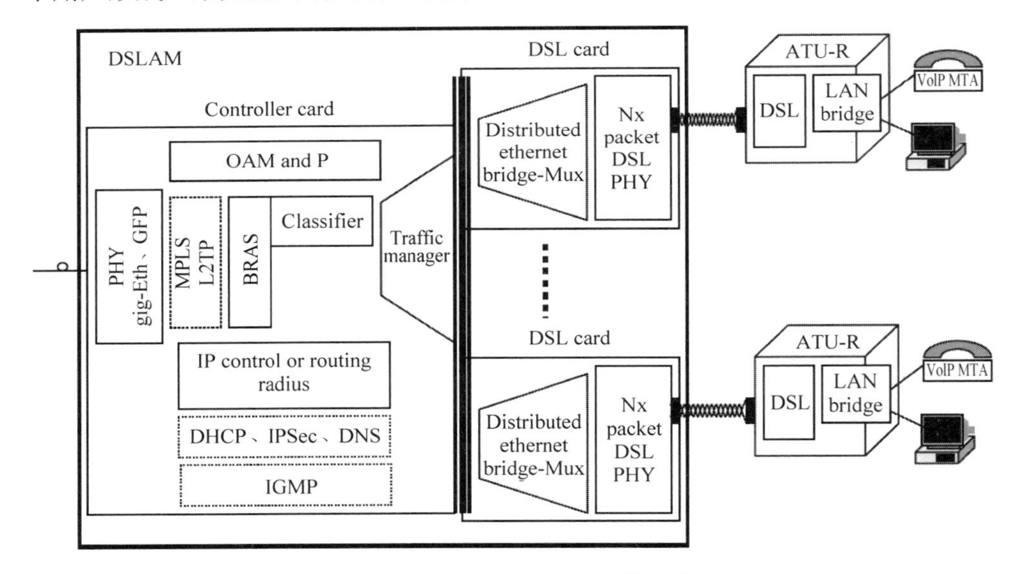

图 8-38 基于 IP 的 DSLAM 结构示意图

8.8.2 ADSL 接入的典型应用

ADSL 接入的应用有多种，如接入 Internet、接入 Intranet、Intranet 互连等。ADSL 用户可能是专线用户（一般是企业用户），此种情况下一般需要静态分配 IP 地址。但绝大多数用户都是通过虚拟拨号、动态获取 IP 地址上网的，这种方式是目前最常用的应用模式。以下将对两种典型的应用模式进行描述。

1. ADSL 桥接应用

如图 8-39 所示，描述了 ADSL 桥接应用示例和互连协议模型。图中的互连接口和转移模式只是一种典型应用案例，也可以是其他标准接口。本案例中，PC 和 ATU-R 之间的接口为 Ethernet，BRAS(宽带接入服务器)和 ATU-C 之间也通过 Ethernet 互连，而 ATU-R 和 ATU-C 之间采用 ATM 转移模式。ADSL Modem(ATU-R)只具有第二层的透明桥接功能。此时需要在 PC 上安装 PPPoE 虚拟拨号软件，PC 通过 PPPoE 虚拟拨号与 BRAS 建立连接，通过认证后由 BRAS 为每个 PC 动态分配一个 IP 地址，PC 就可以上网了。

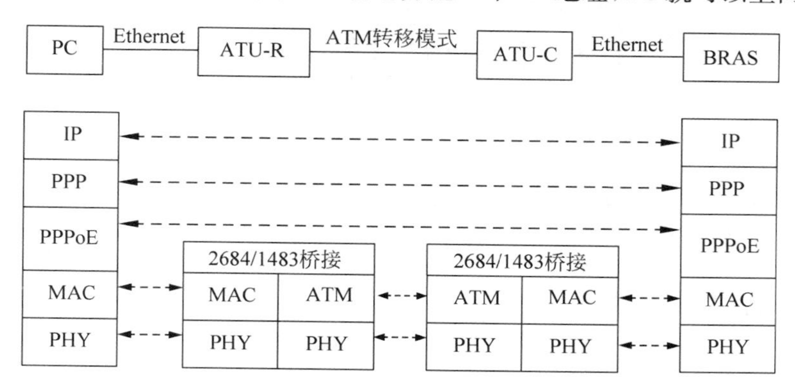

图 8-39 ADSL 桥接应用与互连协议模型

图 8-40 展示了 ADSL 系统的一种典型通信协议栈，该协议栈仍然沿用了基于"一个用户建立一个会话"电信传统接入方式。PPP 协议用于建立从端用户到 ISP 的端到端的 IP 会话。关于 PPP 会话帧的封装存在两类典型的方法，一种是直接将 PPP 会话帧封装在 ATM 里，即 PPPoA(RFC2364)；另一种方式是将 PPP 会话帧封装在以太帧中，即 PPPoE(RFC2516)，再将以太帧封装在 ATM 中(采用 RFC2684)。而 ATM 信元将在电话铜线上 ADSL 链路和光纤上 SDH 链路传输。

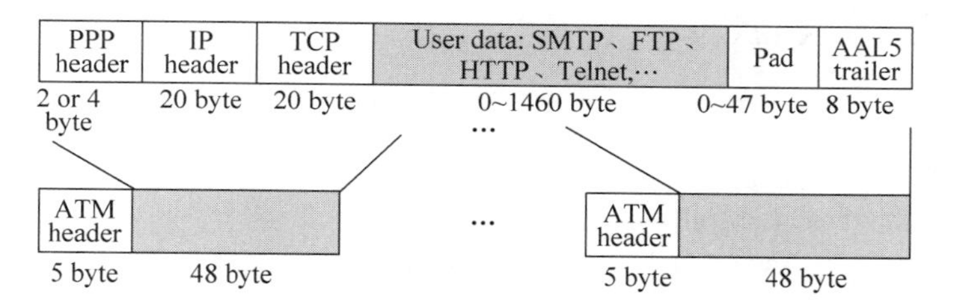

图 8-40 PPP 会话分片封装在 ATM 信元中

2. ADSL 路由器接入

图 8-41 描述了 ADSL 路由器应用示例和互连协议模型。图 8-41 中各互连接口与图 8-39 完全一样，不同的是 ADSL Modem(ATU-R)具有第三层功能，即 NAT 和 DHCP 功能，此时 ATU-R 可以连接一个以太网交换机，多个 PC 可以连接到交换机，共享一个 ATU-R 接入，而 ATU-R 作为这些 PC 的接入网关，为其分配内部 IP 地址，并负责将这些内部 IP 地址映射成公共 IP 地址，以便 PC 能够上网。

在这种情况下，ATU-R 具有 PPPoE 虚拟拨号功能，负责与 BRAS 建立 PPPoE 连接，通过身份验证后，由 BRAS 给 ATU-R 分配一个 IP 地址，作为多个 PC 上网时的映射地址。而各 PC 上不需进行 PPPoE 虚拟拨号，直接通过以太网协议与 ATU-R 通信即可。

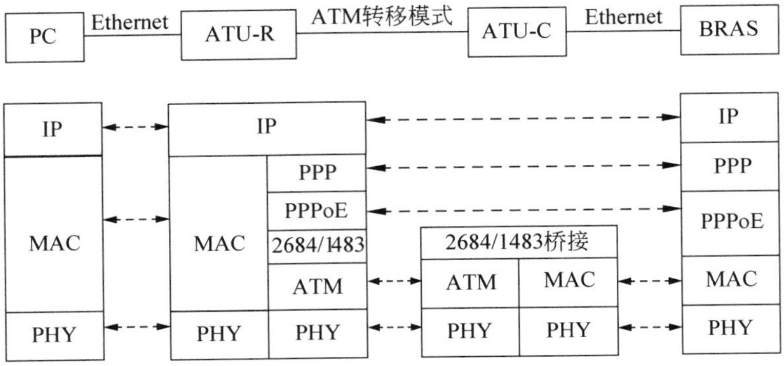

图 8-41 ADSL 路由器应用与互连协议模型

8.9 小结

本章介绍了电话铜线接入技术，着重对 xDSL 技术作了较详细的介绍。虽然使用电话铜缆进行高速接入不是宽带接入技术发展的长远方向，但由于电信运营商几十年来积累了庞大的电话接入铜线资源，为 xDSL 技术提供了巨大的应用空间。众多的电信运营商利用的 xDSL 技术主要是 ADSL 技术，极为充分地发挥了自己拥有的巨大资源——电话接入铜线的作用，在高速/IP 接入领域迅速占据了最大的市场份额。这一事实再次印证了：采用适用的技术，即使并不是最先进的技术，只要合理规划、合理应用、合理管理，也可以取得令人瞩目的市场效益。

8.10 参考文献

[1] ITU-T G. 992. 1 ADSL transceivers,1999.
[2] ITU-T G. 992. 2 Splitterless ADSL transceivers,1999.
[3] ITU-T G. 992. 3 ADSL transceivers2,2002.
[4] ITU-T G. 992. 4 Splitterless ADSL transceivers2,2002.
[5] ITU-T G. 992. 5 ADSL transceivers2+,2003.
[6] ITU-T G. 993. 1 VDSL foundation,2001.
[7] ITU-T G. 993. 2 Very high speed digital subscriber line transceivers2,2006.
[8] DSL 论坛网站：http://www. dslforum. org.
[9] P. Golden, H. Dedieu, K. Jacobsen, Implementation and Applications of DSL Technology, CRC Press, 2007.
[10] S. Gorshe, A. Raghavan, T. Starr, S. Galli, Broadband Access: Wireline and Wireless—alternatives for Internet Services, Wiley, 2014.

第9章

HFC接入技术

9.1 概述

有线电视网络，随着电视业务的普及而深入千家万户。由于同轴电缆相对于电话铜线具有更宽的带宽和更强的抗干扰能力，而相对于光纤成本又相对低廉，使其成为20世纪有线电视网络的理想传输介质。虽然网络侧的主干传输介质早已采用了光纤，然而用户侧的配线网络至今仍然保留了同轴电缆。而随着Internet的迅速发展，使得数据业务的接入需求不断增加。相对于新兴网络运营商而言，传统网络运营商的优势却不一定是其技术方面，而是在其规模惊人的接入线缆。对于有线电视服务商而言，由于同轴电缆的性能远远优于电话网络的双绞线，使其在宽带接入服务上具有天然的优势。各种建立在有线电视网络之上的宽带接入方案应运而生，基于双向HFC网络的DOCSIS标准是其中较为成功的技术方案。

但是基于DOCSIS标准的接入网络经过一段快速发展期后，遭遇了瓶颈期。特别是面对xDSL、以太网以及无线宽带接入技术的竞争，DOCSIS接入网络的带宽优势却未能在数据业务方面充分发挥出来。其主要原因在于：DOCSIS标准始终坚持在电视网络体系内发展数据业务，因此，在整个HFC网络内，数据信号始终服从于电视信号传输的种种限制。由于电视仍然是HFC网络的基础业务，为了兼容电视传输，其上传输的数据信号也只能运行在一个电视频道内并作为一路特殊的电视信号来处理，例如频段划分、传输技术等方面。这极大限制了DOCSIS对数据业务的接入性能。

相对于DOCSIS标准，较晚出现的EoC(Ethernet Over Cable)技术则放弃了在一个电视频道内传输数据业务的设计思想，只是在分配网络频段时保持不与电视业务频道划分相冲突，并在接入汇聚网络采取与EPON技术相结合的技术方案。这样既发挥了同轴电缆的宽带传输的优势，同时又摆脱了HFC网络频道划分的种种限制，使得EoC在宽带接入技术中异军突起，成为近年来关注的热点。本章将对DOCSIS标准的工作环境、基本原理，各层协议展开详细讨论；同时简要介绍了发展中的EoC关键技术。

9.2 标准发展

20 世纪 90 年代初，面对数据业务急剧增长而带来的巨大商机，有线电视服务提供商们纷纷致力于电缆数据(Data over Cable，DoC)技术标准的研究与制定。以美国为例，1994 年 11 月，IEEE 802.14 工作组成立，开始着手制定基于 HFC 的数据通信标准。但是由于该小组在标准制定的过程中，不合时宜地坚持采用 ATM 技术来承载各种多媒体数据业务，最终导致在 2000 年 3 月该工作组宣布解散，因而 IEEE 802.14a 也仅停留在标准草案阶段。

同一时期，由美国四家主要的 HFC 运营商(包括 Comcast Cable Communications Inc.、Cox Communications、Tele-Communications Inc. 和 Time Warner Cable)在 1995 年 11 月自发成立了 Multimedia Cable Network System (MCNS)组织，开始制定承载 IP 业务的 DOCSIS 标准，并逐渐成为最具影响力的电缆数据网络的国际标准。2006 年 8 月 6 日，新一代的电缆数据服务接口规范即 DOCSIS 3.0 被正式发布。

DOCSIS 标准的制定过程大致分为两个阶段：前期是由美国有线电视网主要运营商论坛组织研制的多媒体有线电视网系统(MCNS)规范，而后期则是由美国有线电视实验室在 MCNS 基础上制定的 DOCSIS 规范。本节将介绍 DOCSIS 标准的沿革，一探 DOCSIS 标准演进之路。

9.2.1 多媒体有线网络系统(MCNS)

MCNS 论坛组织的宗旨是制定 HFC 网络上的数据传输标准。1995 年 12 月以后，MCNS 陆续发表了 8 份文件，统称为电缆数据服务接口规范，即后来的 DOCSIS 标准。其中包括了对各类接口、安全协议、电缆调制解调器终端系统(CMTS)及电缆调制解调器(CM)等多方面的规定。

9.2.2 DOCSIS 标准

DOCSIS 规范的第一个标准 DOCSIS 1.0 是由有线电视实验室(Cable Television Laboratories，CableLabs)于 1998 年年初发布的，该标准基于 MCNS 所制定的 8 份技术文件建立。标准定义了如何通过有线调制解调器提供双向数据业务的方法，标准采用了许多当时已经被广泛应用的标准和协议(例如，下行物理层采用 MPEG 时分复用技术，数据链路层选用 IEEE802.2，网络层选用 IP 协议，传送层选用 TCP 协议)，并进一步制定了 DOCSIS MAC 层协议。很快在 1998 年 3 月，DOCSIS 1.0 被 ITU 接纳成为国际标准，符合该标准的产品进而迅速占领了市场。该标准的目标是在用户家庭设备和有线电视运营商的前端设备之间提供高速、廉价的数据业务。

1999 年 CableLabs 发布了 DOCSIS 1.1 版本，作为 1.0 版本的扩展。它增加了多方面的规范，包括：适用于上行和下行带宽的动态 QoS；在上行中提供 CMTS 控制的分段分组；用有效负载包头抑制提高上行和下行带宽的利用效率，以及支持 VoIP 等对时延敏感的多种业务。

2001 年 12 月 CableLabs 发布了 DOCSIS 2.0，作为 DOCSIS 1.1 的扩展。它增加了基于直接序列扩频系统(DS-SS)的同步码分多址(S-CDMA)接入方式，使上行信号能在更低载噪比(C/N)的上行信道上传送,从而减少了上行信道汇聚噪声的影响,以扩展上行信道容量。

1999—2002年,为适应双向HFC网络多功能业务开发的需求,在DOCSIS 1.1标准的基础上,CableLabs先后发布了开放电缆(Open Cable)、分组电缆(Packet Cable)、电缆家庭(Cable Home)等三个业务应用层面上的技术规范,使DOCSIS 1.1成为一个相当完整的标准体系,其增强的协议功能得以更充分地应用。

Open Cable经多次修改后于2001年4月~2002年2月间陆续发布,包括有线电视电信工程师协会(SCTE)提出的10份文件。它描述了在DOCSIS 1.1系统上接入多业务商用的用户驻地设备(CPE)的网络接口特性和规范,即在双向HFC网上建立开放式的业务应用平台(Open Cable 1.0/2.0),以适应视、音频、数据及紧急发布系统(EAS)等多种业务开发的需求。

Packet Cable经多次修改后发布于2001年12月—2002年1月,包括了Packet Cable 1.0的11份规范和6份技术报告、Packet Cable 1.1的5份规范和4份技术报告以及Packet Cable 1.2的2份规范和1份技术报告等多个文件。它描述了在DOCSIS 1.1系统上建立VoIP(Packet voice over IP)和视频会议(Packet video over cable)等通信业务的接口规范,即在双向光纤电缆混合(HFC)网上建立实时多媒体业务应用平台,以适应IP电话、视频会议、交互式游戏等多种业务开发的需求。

Cable Home经多次修改后发布于2002年4月,包括了Cable Home 1.0等6份文件。它描述了通过DOCSIS 1.1系统上的CM在双向HFC网上管理家庭网络的接口规范,即充分利用HFC网络的宽带特性,通过住宅网关使网络运营商为客户提供更多的服务。

2006年8月4日发布了DOCSIS 3.0,扩展了DOCSIS 2.0标准,其中包括物理层规范(CM-SP-PHY V3.0)、介质接入控制层(MAC)以及更高层协议接口规范(CM-SP-MULPI 3.0)、操作支持系统接口规范(CM-SP-OSSI 3.0)和安全规范(CM-SP-SEC 3.0);还包括2004—2006年间陆续发布的10个相关规范。DOCSIS 3.0是Cable Labs在众多有线电视运营商、系统设备及芯片提供商参与下制定的,旨在优化DOCSIS网络结构,提高双向传输速率,扩展网络传输功能,使HFC网络成为更具优势的宽带双向结构的多业务传输系统,以较低的成本来满足CM用户更高速的宽带接入业务的需求。

DOCSIS 3.0在保持DOCSIS 1.1的通信协议和DOCSIS 2.0的S-CDMA接入方式等特性的基础上,采用了信道绑定方式来提高上/下行传输速率、扩展网络节点的传输容量,为此在物理层和MAC层均作了极为有益的改进。例如,规定CM应具有同时接收多个绑定的下行信道和发送多个绑定的上行信道的能力,绑定信道至少为4个;而在前端系统中设置了集成式(Integrated)和模块式(Modular)两种模式的CMTS来支持这种分组绑定(Packet bonding)方式。这样,若上/下行均采用4个6MHz带宽的信道绑定,就可使下行在256QAM调制时,其速率可达160Mb/s;上行在64QAM调制时,其速率可达120Mb/s。为适应信道绑定对频带占用的需要,规范允许对射频频谱作适当扩展,例如,将HFC网络的下行频率范围从108~862MHz扩展为108~1002MHz,上行频率范围可从5~42MHz扩展为5~85MHz。

另外,考虑到IPv6具有超大的IP地址空间(2^{128}个IP地址),网络安全及支持移动设备等优异特性,并兼顾IPv4向IPv6过渡等因素,DOCSIS 3.0全面支持IPv6,标准规定其CM

应能预置 IPv4 管理地址、IPv6 管理地址或两者均有，还能提供透明的 IPv6 到 CM 后面的 CPE 之间的传输，并具有全部 QoS 支持。

DOCSIS 3.0 同样具有后向兼容性，即符合 DOCSIS 3.0 的 CM 可无缝连接到 DOCSIS 2.0/1.1/1.0 的系统，而 DOCSIS 3.0 的 CMTS 则可无缝支持 DOCSIS 2.0/1.1/1.0 的 CM。DOCSIS 3.0 可适用高速宽带互联网业务、分层业务、VoIP、电视会议、商业服务及视频娱乐等多种业务。

9.3 CATV 网络和 HFC 网络

9.3.1 CATV 网络

电视网络最初采用无线传输的方式向用户广播电视信号，但是采用这种方案接收到的信号质量并不理想。因此，一种新的高质量的电视网络逐渐应运而生——有线电视(Community Antenna Television，CATV，原指共用天线电视，现在通常指有线电视)网络。

CATV 网络利用屏蔽同轴电缆向用户传送清晰多路电视信号，各路信号强度相同且互不干扰。这时用户接收到的电视信号质量大幅提高，电视节目的频道数也显著增加。20 世纪 60 年代和 70 年代，有线电视网络拓扑结构为树状或分支状。CATV 系统结构如图 9-1 所示。

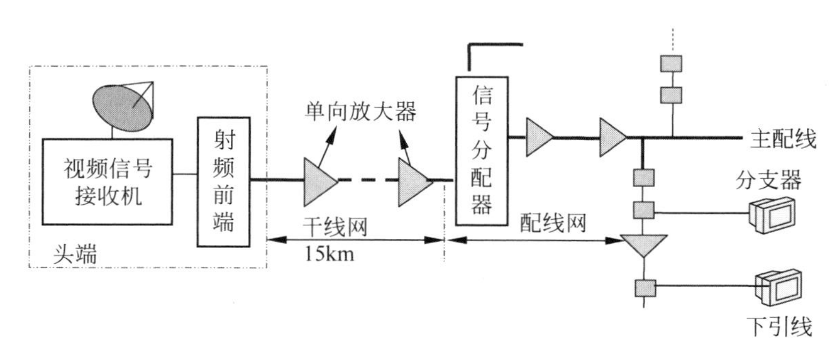

图 9-1 CATV 系统结构、拓扑示意图

图 9-1 拓扑结构中共有 5 种功能元素。

- 有线电视头端(headend)。
- 长距离传输干线(trunk)。
- 分配网络或馈线(feeder)。
- 下引线(drop)。
- 放大器。

1. 头端

有线电视头端系统负责接收来自各种电视信号源的信号，并对这些信号进行频分复用(Frequency Division Multiplexing，FDM)，将它们调制到不同的频段内，再输出到长途传输干线上。

有线电视头端系统由两部分组成：信号源和射频前端。有线电视的信号源可以有以下几类：开路广播电视信号、卫星电视信号、微波电视信号以及运营商制作的本地电视节目信号。射频前端是处理和混合多个信号源的设备,其输出信号的频率为5MHz～1GHz。以北美NTSC模拟有线电视为例,每个频道的带宽为6MHz,所有电视信号都被调制到50～550MHz下行频段传输。

2. 长途传输干线

长途传输干线负责将从头端输出的电视信号传输到用户分配网络,这部分线缆的长度可以长达十几千米。它的主要功能有:光、电信号转换,信号传输,以及光、电信号的放大。为了保证电视信号的质量,干线部分一般采用高质量的同轴电缆。

3. 分配网络(馈线)

分配网络负责将从传输干线传来的信号分配到楼群、单元。分配网络中同轴电缆较短,一般为1～3km,主要由分支线、分支器、分配器等设备组成。

4. 下引线

下引线负责将电视信号从分配网络引到用户的家中,完成电视信号到户的任务。

5. 放大器

由于同轴电缆的传输特性,信号传输一定距离,就会产生衰减。同时,在传输过程中信号功率会分配到各分支电缆,也会造成信号的衰减。因此在传输干线和分配网络部分必须补偿这部分衰减的信号功率,这一功能是由放大器完成的。在传统有线电视网络中,这些放大器都是单向的,即在网络中只存在对从头端到用户的下行信号的处理。

虽然用同轴电缆传输电视信号比无线传输要优越,但随着CATV网络不断发展,这种传统的电视网络逐渐暴露出一些严重的问题。随着城市规模的扩大,CATV网络覆盖范围也在不断增加,这使得干线电缆也随之不断增长,被分割的次数逐渐增多,最终导致网络中使用的放大器数目不得不剧增,而一个网络中如果串接过多的放大器,由于放大器非线性失真的影响,会导致信号的严重失真,从而影响CATV性能;同时随着有源器件的大量增加,故障点出现的概率也随之增加,使得网络维护越来越困难。另一方面,CATV网络用户对交互式业务(如视频点播)的需求在不断增加,而CATV网络本身只是一个单向的广播媒介,它只是传输下行模拟电视信号,所以势必要对CATV网络进行双向改造,从而满足双向通信的需要。

然而,在以同轴电缆为传输介质的CATV网络上进行的双向改造是非常困难的。此时,有线电视业面临危机。不过危机同时也是转机,新一代的有线电视网络——HFC网络应运而生,它给有线电视带来了勃勃生机。

9.3.2 HFC网络

1. HFC网络系统结构

HFC(Hybrid Fiber Coaxial,光纤同轴混合)网络是一种目前被各运营商广泛采用的有线电视网络形式,其系统结构如图9-2所示。HFC常见的拓扑结构与CATV的拓扑结构类似,都是以树型分支拓扑为特点。不同的是,在HFC中,头端到光接点之间的传输介质使用的是光纤,而在分配网络中仍然采用同轴电缆,这就是光纤同轴混合网络的含义。

与同轴电缆相比,光纤是一种更为优良的传输介质,它的信道衰减小,噪声干扰小,使得在光纤干线上不再需要放大器,这样,在头端和用户之间的放大器个数减少,这样既改善了信号的质量,同时又提高了系统的可靠性,并且也为CATV的双向改造带来了希望。为什

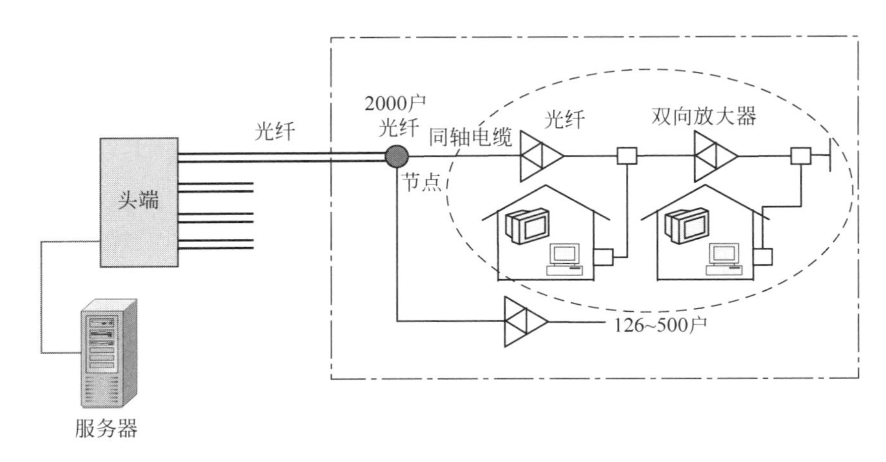

图 9-2　双向 HFC 网络

么不在整个 CATV 网络中都用光纤，而采用光纤与同轴分配线相结合的方式呢？这样做的原因是：当时全光纤电视网络的造价太大，尤其是电视机成本太高。所以，具有较好性能、成本相对较低的 HFC 网络才被广大运营商和用户所接受。

HFC 网络采用的是光纤到服务区的结构，一个光纤节点可以连接多个服务区。而在一个服务区内，通过下引线接入的用户共享一根线缆，所以在光纤网络中，服务区越小，各个用户可用的双向通信带宽越大，通信质量也越好。然而，随着光纤逐渐靠近用户，成本会迅速上升。所以 HFC 网络才采用了光纤和同轴电缆的混合结构。早期，一个服务区可以接入126～500 户用户，而一个光节点可以连接 4～8 个服务区，所以一个光纤节点可以接入 500～4000 户用户。这样既保证了足够小的服务区，又避免了加大成本，从而基本解决服务与成本这对矛盾。近些年来，宽带数据业务的迅猛发展，使得接入用户对带宽的需求也日益增加。为了满足接入用户的宽带需求，每个光节点接入的用户数也在逐渐减少，从最初的2000 户逐步减少为 500 户，进而发展到 64 户。由于通过同轴电缆共享同一个光节点的用户数变少了，使得每一个用户可以获得的带宽变宽了。

2. HFC 频谱划分

HFC 系统的带宽是由同轴缆的传输带宽决定的。由于电信号在同轴缆上传输会产生损耗，特别是在高频段下，同轴缆会产生较强的趋肤电流、信号泄漏、介质损耗，从而导致信号严重衰减。所以，目前 HFC 同轴缆实际使用的带宽为 5MHz～1500MHz。需要说明的是，HFC 的频谱划分是与 HFC 业务演进相适应的，特别是电视业务对其频谱使用产生了重要影响。

1) FDM 体制

早期，为了传输模拟电视信号，HFC 在同轴电缆部分采用了 FDM(频分复用)传输体制，即将有线电视频段(5MH～1GHz)按照 8MHz 的固定带宽(北美地区为 6MHz)，划分成若干子信道(即电视频道)，并将多路电视节目分别调至不同的电视频道上传输。除兼容无线(开放)电视频段外，一些原本由于在无线空间干扰严重而未被无线电视使用的频段，也被HFC 系统划分成增补电视频道，纳入了 HFC 的业务频段之内。

随着业务的发展，HFC 网络的业务已从模拟电视拓展到数字电视、数据、话音等多业务，其对应的频谱划分也随之发生变化。目前，HFC 系统将频谱划分为低、中、高三段，其中，为了兼容无线电视的频道划分，仍然将中段用于（模拟或者数字）电视业务传输，而低段用于数字上行业务，高段用于新型数字业务。由于受到各国频谱管理部门的制约，不同地区和国家的 HFC 频谱的实际划分又有所不同，下面，按照我国相关标准和规定简要介绍 HFC 频谱划分规范。

2）我国 HFC 频谱划分

2000 年 2 月，我国颁布了《有线电视频道配置》国家标准（GB/T 17786—1999）。按照国家标准，有线电视频道带宽为 5MHz～1GHz，如图 9-3 所示。其中 5MHz～65MHz 为上行频段，用于上行数据业务。65MHz～85MHz 为双向传输网过渡带，未分配业务。87MHz～1GHz 为下行频段，其中 87MHz～108MHz 用于传输调频广播节目，111MHz～1GHz 以 8MHz 为带宽，划分出 63 个电视频道（DS6～DS68）和 42 个增补频道（Z1～Z42），用于模拟电视、数字电视、数据业务传输，低频段用于传输模拟电视，中频段用于传输数字电视，而高频段则根据业务需要分段开发。需要指出的是：对于模拟电视，一个电视频道容纳了一路图像信号和伴音信号，以及邻频之间的保护带宽；而对于数字电视信号，一个电视频道内可容纳多路电视业务。所有的数字/模拟电视频道均可邻频使用。

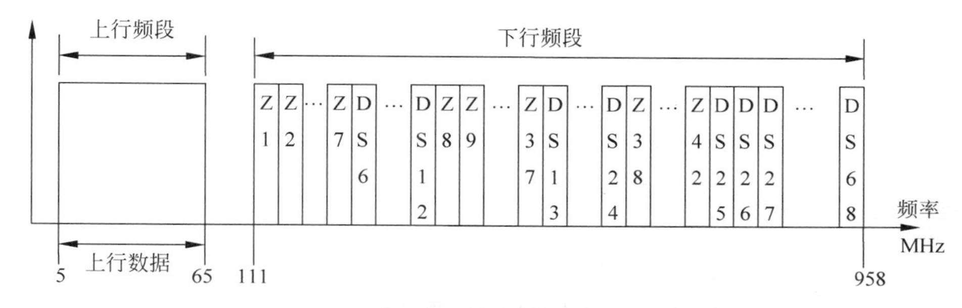

图 9-3　我国有线电视频道配置示意图

2006 年 9 月，广电总局颁布了《有线数字电视频道配置指导性意见（暂行）》，进一步规范了 HFC 网络中数字电视频道配置。《意见》指出：随着数字电视的发展，将逐步停止在 HFC 网络上传输模拟电视，而高频段的数字电视将平移到模拟电视频段，其空闲出来的电视频道可供未来新业务使用。

根据配置建议，我国有线数字电视频谱被划分成 A（111MHz～223MHz）、B（223MHz～463MHz）、C（470MHz～566MHz）、D（566MHz～862MHz）、E（862MHz～958MHz）五个频段，如图 9-4 所示，其中，数字电视业务优先选用 B 段，再考虑选用 C 段、D 段，由于 A 段存在较多的无线信号干扰，所以对于数字电视，A 段是禁用/避免使用的，而 E 段属于待定频段。

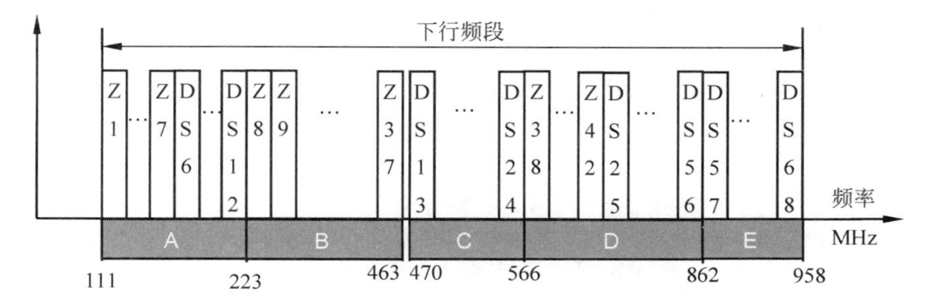

图 9-4　我国有线数字电视频道配置示意图

3）IP接入网使用的频段

为了在HFC网络上部署IP接入业务（数据业务），DOCSIS标准采用了与电视业务频段兼容的频谱使用原则，即从HFC的上行频段（5MHz～65MHz）和下行频段（B/C/D段）中分别选出两个未被使用的电视频道作为数据业务的上行和下行信道，如图9-5所示。为了实现更高速的接入速率，最新的DOCSIS标准允许绑定多个空闲电视频道并行使用。

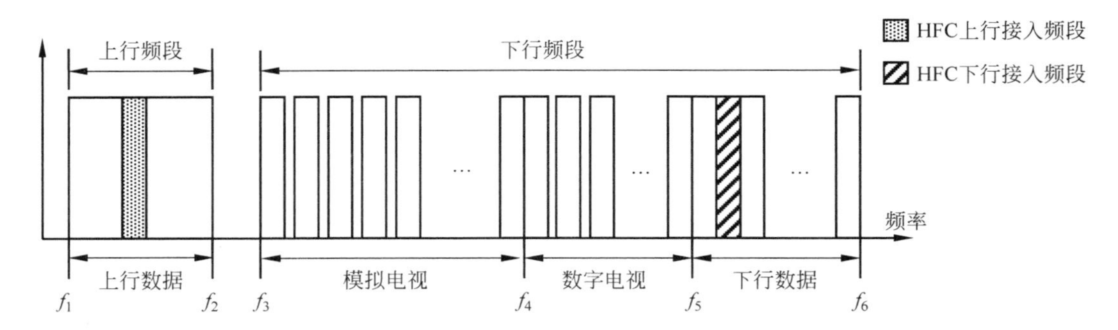

图9-5 HFC频谱划分示意图

而新一代宅域网（Home Area Network，HAN）技术（如ITU G.hn、IEEE 1901等）则放弃了利用空闲电视频道传输的方式，而是使用电视业务禁止/避免使用的低频段，除原先规定数字上行频段5MHz～65MHz外，还可以包括更高的频段（65MHz～108MHz），甚至可以使用数字电视A段，对应接入频段为5MHz～223MHz，高达200MHz的带宽。还有一些基于HFC的新型接入技术，例如HiNOC（High performance Network Over Coaxial cable）标准，则选用了HFC的高频段（750MHz～1006MHz）作为数据业务双向接入信道。

3. HFC面临的技术难点和问题

双向HFC网络同时也面临许多技术难点和问题。主要包括：上行信道噪声问题，可靠性问题，安全性，以及操作、管理和维护等方面问题。

HFC网络上、下行传输信道是分开的，下行信道频段在50MHz以上，这段频带具有较好的传输特性和较高的信噪比，但上行信道频段一般在50MHz以下，在这段频带上，噪声干扰比较大，例如无线干扰、家用电器的脉冲噪声干扰以及各种工业干扰，并且由于HFC网络拓扑呈树枝状，在用户向头端发送信号的同时，在用户端和网络内部产生的噪声和入侵干扰会通过上行信道在树根即HFC的头端处汇聚，并且这部分噪声正比于接入同一树状网络的用户数。这种噪声的汇聚现象称为噪声漏斗效应，或称为汇聚干扰，这是在HFC网络双向改造时需要着重解决的问题。

一般认为网络噪声的来源有以下三个方面。

- 用户家庭的噪声（70%）。
- 下引线（25%）。
- 同轴设备（5%）。

传输设备必须根据HFC网络的信道特征，来不断改进自己MAC层和物理层规范。

目前，避免和抑制噪声的主要方法如下。

- 合理设置网络结构，减少光纤节点的用户：减少HFC网络中每个光纤节点的服务用户数是较为彻底的解决方法，但会增加系统造价。一般来说，每个光纤节点的用户数不超过500户。

- 采用具有较强的抗干扰能力的调制方式和合适的编码方式。
- 采用上行通道滤波器。例如，使用高通滤波器阻止入侵干扰进入上行信道。
- 采用纠错技术。采用前向纠错技术可以有效地消除脉冲噪声带来的影响。
- 确保线缆设备在机械和电气方面都密封良好，避免产生侵入噪声和脉冲噪声。

另外在可靠性方面，HFC分配网络中某个放大器故障会导致整个临近区域的服务中断；而交流电供电故障，更会造成整个服务区的服务中断，所以必须考虑对HFC的放大器等设备提供备份电源。

由于HFC采用了共享介质的拓扑结构，安全性问题尤为突出，比如黑客的攻击行为不仅损害到合法用户的权益，同时还可能会影响同一分支内的其他合法用户的正常通信。而失灵的设备也可能会造成同一分支内的其他用户无法正常使用网络。

而如何向用户提供更加完善的服务、可靠的管理和有效的维护也是每一个HFC运营者所必须面对的问题。

9.4 Cable Modem 系统原理

9.4.1 Cable Modem 系统组成

HFC网络采用基于DOCSIS标准的Cable Modem(CM)技术来实现IP数据的双向传输。CM系统主要由两部分组成：电缆调制解调器端接系统(Cable Modem Termination System，CMTS)和电缆调制解调器CM。CM系统组成如图9-6(a)所示。CMTS负责连接运营商的网络和HFC网络，而CM则负责连接HFC网络和家庭网络。

图9-6(b)说明了CMTS和CM的基本功能。CMTS主要功能是负责在二者之间转发分组，即在HFC网络的上行和下行信道间传送分组。CMTS的接口主要包括网络接口、调制器和解调器。CMTS通过以太网/ATM网络接口与计算机网络相连，该网络既可以是本地服务器组成的网络，也可以是Internet；CMTS通过调制器完成数据到RF转换，并与有线电视的视频信号混合，送入HFC网络传输到用户端接收；而解调器负责接收通过HFC网络送来的用户上行数据。

CM通过以太网接口连接用户终端设备(CPE)，包括家庭路由器、机顶盒和PC等。CPE可具有IPv4/IPv6地址。CM与普通话带Modem的传输机理相似，都是将数据调制到电缆的某个频率范围内传输，接收时再解调，需要指出的是：CM是在HFC网络的不同传输频带上分别进行调制与解调；并且CM属于共享介质系统，一个服务区内的所有用户共享线缆的带宽，而不像普通话带Modem，其传输介质在用户与交换机之间是独立的，即用户是独享通信介质的。CM由调谐器、解调器、脉冲调制器、处理器和计算机接口组成。调谐器将HFC网络输出的RF信号变频为IF信号，调谐器还通过双工器来完成对上、下行信号的分离；解调器对输入的IF信号进行解调；脉冲调制器则负责对上行信号进行处理。

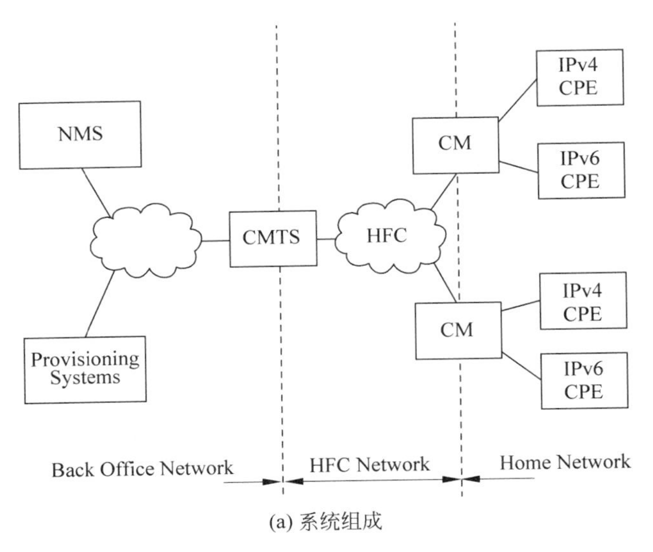

(a) 系统组成

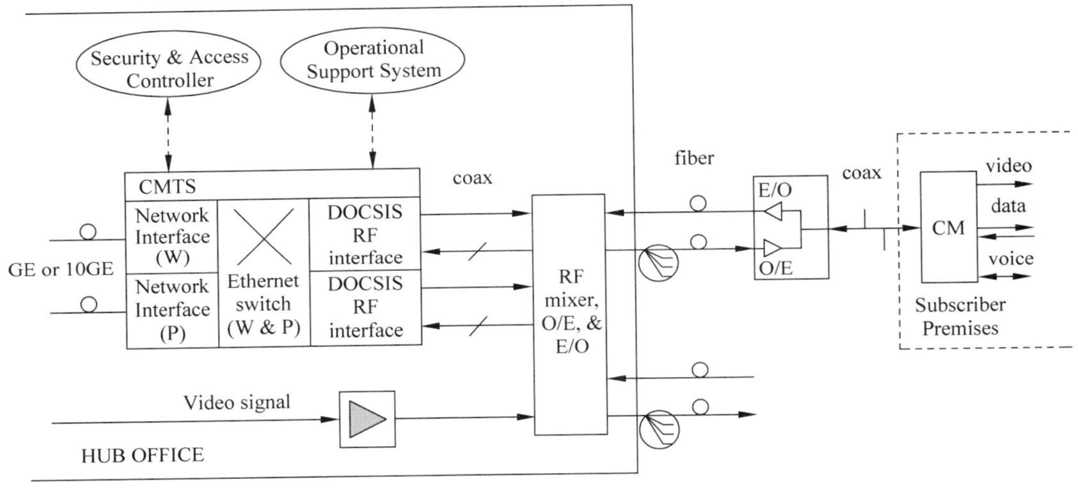

(b) CMTS和CM功能

图 9-6 CM 系统

9.4.2 Cable Modem 与 CMTS 交互操作要点

CM 的功能是实现用户和线缆间的高速数字通信，图 9-7 描述了 CM 是如何与头端的 CMTS 协同工作的。

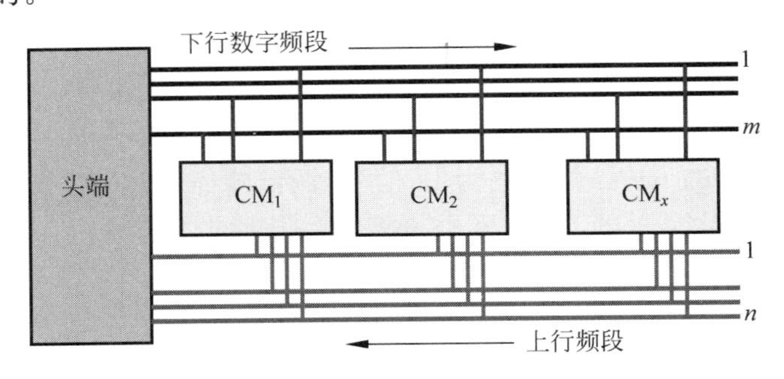

图 9-7 CMTS 与 CM 协同工作原理图

HFC的下行数字信道频带为450MHz～750MHz(以北美为例)，每一个频道的带宽是6MHz，假设下行信道上有m个频道，对于CM来说，为了能接收头端的数据，必须要能够调谐到这m个频道中的任意一个。上行信道数字信道频带为5MHz～42MHz，每一个频道的带宽也是6MHz，假设上行信道上有n个频道，同理，CM必须要能够把信号调制到任意一个频道上发送给头端。

CM在注册到网络时，必须先确定下行信道，并根据从该信道收到的头端的子系统频率分配信息，进一步确定自己所使用的上行信道，并用这个指定的上行信道向头端发送注册请求，在收到头端的确认后，进行测距、认证、初始化等操作，从而建立起CM与CMTS之间的正常通信，并向用户提供服务。

CM与CMTS按照以下流程建立通信。

(1) 首先CM与CMTS建立同步。

CM选择一个可用的下行信道。一般CM都有一个存储器，其中存放上次的操作参数，CM将首先尝试重新获得存储的那个下行通道，如果尝试失败，CM将连续地对下行信道进行扫描，直到发现一个有效的下行信号。CM判断一个有效的下行信号的步骤是：与QAM码元定时同步，与FEC帧同步，与MPEG分组同步并能识别由CMTS周期性发送的定时同步(SYNC)MAC报文，从而完成MAC层上的同步。

(2) 获得上行信道的传输参数。

在建立与CMTS的同步之后，CM必须等待一个上行信道描述符(Upstream Channel Descriptor，UCD)，以获得某个潜在可用的上行信道传输参数。CMTS会周期性地广播所有可用的上行信道的UCD。CM必须根据UCD中所描述的信道参数确定它是否使用该上行信道。若该信道不适合，那么CM必须等待，直到有一个信道描述符指定的信道适合于它。如在一定的时间内没有找到这样的上行信道，那么CM必须连续扫描，找到另一个下行信道，再重复该过程。在找到一个上行信道后，CM必须进一步从UCD中取出参数完成相应设置，再等待下一个同步报文，从中取出上行小时隙的时间标记，并且继续等待所选上行信道的带宽分配映射(MAP)信息，然后CM可以按照MAC协议和带宽分配机制在上行信道中向CMTS发送信息。

(3) 测距和自动调整。

CM会向CMTS发送测距请求，并根据CMTS发送的测距响应来调整CM自身的传输信号的电平、频率等参数。另外，CMTS还会周期性地给各个CM发周期维护报文，用于对CM进行周期性的调整。

(4) 建立IP连接。

CM在完成本地参数调整后，使用动态主机配置协议(Dynamic Host Configuration Protocol，DHCP)，从头端的DHCP服务器上获得分配给它的IP地址以及其他任何与建立IP连接相关的参数。

(5) 建立时间。

CM必须要与CMTS建立统一的日期时间。CM通过头端的服务器时间来建立本地时间，并通过DHCP响应的定时时偏来调整。

(6) CM从CMTS处获取工作参数。

CM使用简单文件传输协议(Trivial File Transfer Protocol，TFTP)从TFTP服务器上

下载配置参数文件。

(7) 注册。

当 CM 完成参数设置之后，必须被 CMTS 授权后才能向网络转发数据。CM 的授权是通过注册操作完成的。CM 向 CMTS 注册自己相关的配置信息，并等待 CMTS 的注册响应。CMTS 根据 CM 的注册信息完成对 CM 的授权。

(8) CM 安全性初始化。

至此，CM 与 CMTS 通信建立完成。

9.4.3 Cable Modem 协议模型

CM 基本功能是在头端和用户之间实现 IP 分组的透明传输。按照 DOCSIS 协议规定，CM 和 CMTS 之间的通信是建立在 IP 协议基础之上的，其工作方式类似于 IEEE 802 标准定义的具有 IP 层和 LLC 层的主机间的通信。图 9-8 定义的是 CM 系统射频(Radio Frequency，RF)接口上 DOCSIS 协议栈。

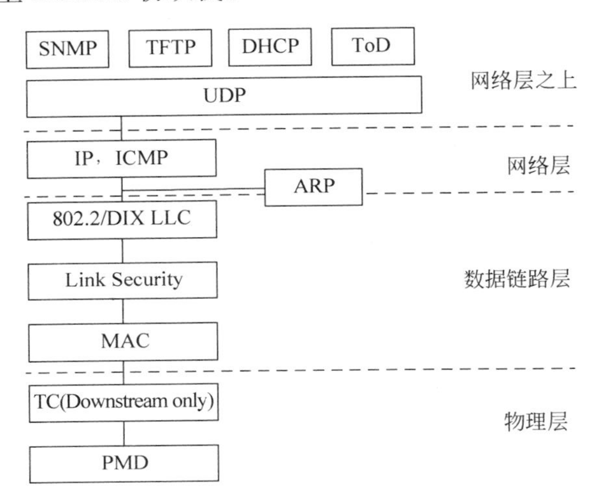

图 9-8 DOCSIS 协议栈

CM 的用户可以通过 IP 协议承载各种类型的高层业务，而这些业务对于 CM 而言是透明的。除了传输用户的高层应用数据，CM 还需要一些基于 IP 的网络管理、运行协议的支持。包括：

- 简单网络管理协议(Simple Network Management Protocol，SNMP)用于网络管理，CM 系统必须支持该协议。
- 简单文件传输协议(Trivial File Transfer Protocol，TFTP)，CM 用此协议从 CMTS 下载运行软件和配置信息。
- 动态主机配置协议(Dynamic Host Configuration Protocol，DHCP)，用来为用户分配 IP 地址等网络参数，CM 系统必须支持该协议。
- 日期时间(Time of Day，TOD)协议，用于获取日期时间，CM 系统必须支持该协议。

CM 系统的网络层协议采用 IP(Internet Protocol)协议，支持 IPv4 和 IPv6。

CM 系统数据链层分为三个子层：逻辑链路控制(Logical Link Control，LLC)子层、链路安全(Link-Layer Security)子层和介质访问控制(Media Access Control,MAC)子层。其中,LLC与ISO/IEC10039标准一致,链路安全子层提供IP包传输所需的安全性。MAC子层定义了上、下行两类信道。下行信道只有一个发送者——CMTS,所有的CM侦听下行信道上传输的所有帧,并接收目的地址与自己匹配的帧。上行信道具有多个发送者——CM,而只有一个接收者——CMTS。上行信道是分时隙的,CMTS提供时钟参考信息,并且控制每一个时隙分配和使用,而CM通过预约或者竞争的方式获得上行时隙的使用。

CM系统的物理层分为:物理介质相关(Physical Medium Dependent,PMD)子层和传输汇聚(Transmission Convergence,TC)子层,其中TC子层只在下行方向定义,如图9-9所示。

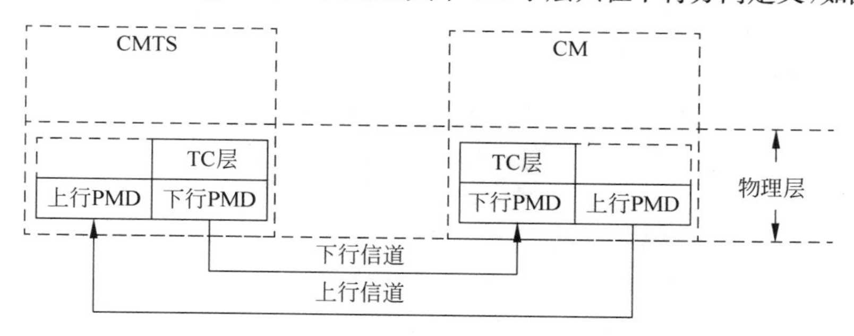

图9-9 CM系统的物理层

下行TC子层的引入为在物理层bit流上承载额外的业务(如数字视频)提供了可能。TC子层被定义成为一系列连续的188字节长的MPEG分组。每一个MPEG分组都具有4个字节的头部和184字节载荷。CMTS将下行MAC帧封装在MPEG分组内。

可能有多个下行MAC帧被封装在一个MPEG分组内传输;也有可能出现某个MAC帧被分割成两部分,分别封装到不同的MPEG分组的情况,为了实现该功能,下行TC层必须能支持PDU定界功能,来重组被分片的MAC帧。

PMD子层主要的功能是对线缆上的射频(Radio Frequency,RF)载波进行调制/解调,并实现对比特流同步编码和差错校验。一般来说,PMD子层都是以ITU-J. 83建议作为标准制定的。由于HFC网络上下行信道是分离的,所以PMD子层又进一步分为下行PMD和上行PMD,分别针对下行信道和上行信道不同的特点。

9.5 Cable Modem物理层技术要点

9.5.1 下行信道物理层规范

下行信道物理层规范是基于ITU-T J. 83视频信号的数字传输附件B(ITU-T J. 83B)。ITU-T J. 83定义了数字多节目电视、语音和数据信号在有线电视网上传输的帧结构、信道编解码和调制/解调。该建议包括四个附件,分别描述了四种数字有线电视系统的技术规范。根据附件B规定的规定,调制方式采用64QAM或256QAM,分别对应了两种传输模式,其参数指标如表9-1所示。采用QAM调制的下行信道的可靠性是由ITU-T J. 83B所定义的前向纠错(Forward Error Correction,FEC)功能来保证的,多层的差错检验和纠正以及可变深度的交织保证了信道的误码率较低。DOCSIS下行FEC包括可变深度交织、RS编码、TCM和数据随机化等。当采用EFC,并且DOCSIS下行信道在64QAM调制和

256QAM 调制 C/N 分别达到 23.5dB 和 30dB 时，信道的误码率为 10^{-8}。高数据率和低误码率保证了 DOCSIS 的下行信道是一个带宽高效的信道。

表 9-1　下行信道 QAM 参数

调 制 方 式	64QAM	256QAM
中心频率	91MHz～857MHz	
信道占用带宽	6MHz	
码元速率	5.056 941MBd	5.360 537MBd

采用交织技术可以使得突发噪声只影响不相关的码元，而不会破坏很多连续的相关码元，并且 FEC 能纠正被破坏的码元；但是交织同时也增加了下行信道的时延。交织的深度与所引起的时延相关，DOCSIS 标准的最深交织深度能提供 95ms 的突发错误保护，代价是 4ms 的时延。而 4ms 的时延对观看数字电视或进行 Web 浏览、E-mail、FTP 等 Internet 业务来说是可以接受的，但是对于对端到端时延有严格要求的准实时恒定比特率业务(如 IP 电话)来说，可能会有影响。可变深度交织使得系统能在需要的突发错误保护时间与业务所能容忍的时延间进行折中选择。交织深度也可由 CMTS 根据信道的情况进行动态控制。

在下行信道物理层规范中定义了下行 TC 子层，其目的在于提高下行解调的鲁棒性，方便使用通用的接收硬件来同时接收视频和数据，并为今后在下行 PMD 比特流上实现对视频信号和数据的多路复用预留下扩展空间。TC 子层由连续的 MPEG 分组构成，每个 MPEG 分组固定长度为 188 字节，其中头部 4 字节、载荷 184 字节。DOCSIS 载荷部分可以是数据 MAC、视频信息，或其他类型的数据。图 9-10 下行 MPEG 分组数据、视频交替传输示例是数据 MAC(DOC)和视频(video)交替在下行信道上传输的例子。

header=DOC	DOC MAC payload
header=video	digital video payload
header=video	digital video payload
header=DOC	DOC MAC payload
header=video	digital video payload
header=DOC	DOC MAC payload
header=video	digital video payload
header=video	digital video payload
header=video	digital video payload

图 9-10　下行 MPEG 分组数据、视频交替传输示例

使用承载 DOCSIS 数据的 MPEG 分组格式如图 9-11 所示，由 4 个字节的 MPEG 头部、1 个字节的指针域(可选)和 183 或 184 字节的 DOCSIS 载荷等三部分组成。

MPEG Header (4 byte)	pointer_field (1 byte)	DOCSIS Payload (183 or 184 byte)

图 9-11　MPEG 分组格式

MPEG 头部的具体格式如表 9-2 所示。其中 PID 用来区分载荷的类型,对于数据 MAC 其对应的 PID 是 0x1FFE。在 MPEG 分组的载荷域中,MAC 帧之间的空隙由填充字节(stuff_byte)来填满。选择 0xFF 作为填充字节,这是因为 MAC 帧的第一个字节不会出现 0xFF。

表 9-2 MPEG 头部格式

字　段	长度/bit	描　述
同步字节(Sync)	8	0x47;MPEG 数据包的同步字节
传输-错误-指示(transport-error-indicator)	1	发送时置 0,传输时发生差错则置 1
净负荷-单元-起始-指示(PUSI)	1	置 1 时表明指针域存在,并且是净负荷字段的第一个字节
优先权	1	保留,置为 0
标识(ID)	13	业务标识 PID
加扰控制	2	保留,置为 00
适配段控制	2	置为 01,不允许 DOCSIS PID 使用
连续计数	4	循环计数器

MPEG 分组中的指针域(pointer_field)是否有效是由 MPEG 头部的 PUSI(payload_unit_start_indicator)比特来指示的。若 PUSI 为 1,则 MPEG 分组头后的第一个字节为指针,它指示了 CM 在接收时必须跳过的字节数。指针可以指向 MAC 帧的起始位置,也可以指向 MAC 帧前面的填充字节,因此 CM 在接收时,首先跳过指针所指的字节数,再跳过后面可能有的填充字节,当出现第一个非 0xFF 时,意味新的一个 MAC 帧开始了。MAC 帧可以出现在 MPEG 分组的任意位置,它可以跨越多个 MPEG 分组,或是几个 MAC 帧合并在一个 MPEG 分组当中,图 9-12 表示了几种可能出现的情况。图 9-12(a)是指针域为 0 的情况,MAC 帧紧跟在指针域之后,中间没有填充字。大多数情况是图 9-12(b),MAC 帧前有上一个 MAC 帧的尾部和若干个填充字。这时指针域指向前一个 MAC 帧结束后的第一个字节(可能是个填充字),CM 接收时从这个位置开始搜索新的 MAC 帧。这种结构使 CMTS 在 MPEG 头部和指针域已经被发送后,不用等到下一个 MPEG 分组就能立即插入一个新的 MAC 帧并继续发送。图 9-12(c)是一个 MPEG 分组中出现多个 MAC 帧的情况。MAC 帧可以彼此首尾相接,或由填充字分割。图 9-12(d)则是一个 MAC 帧跨越多个 MPEG 分组,在最后一个 MPEG 分组中,指针域指向 MAC 帧 1 结束后的第一个字节。

9.5.2 上行信道物理层规范

上行 PMD 子层定义了两类调制模式:时分多址(TDMA)模式和同步码分多址(Synchronous Code Division Multiple Access,S-CDMA)模式。TDMA 模式准确来说是频分多址(FDMA)和时分多址(TDMA)技术的组合,而 S-CDMA 模式则是频分多址(FDMA)、时分多址(TDMA)、码分多路复用(CDM)以及码分多址(CDMA)等多种技术的混合。从 DOCSIS 1.0 起,规范就支持 TDMA 模式,而 S-CDMA 是在 DOCSIS 2.0 中定义的。

通过 FDMA 技术将 HFC 网络上行带宽划分成多个 RF 信道,CM 在指定的某个上行 RF 信道传输。TDMA 技术将每个上行的 RF 信道进一步划分成若干时隙,共享某条 RF 信

MPEG Header (PUSI=1)	Pointer_field (=0)	MAC Payload (最多183字节)	Stuff_byte (≥0)

(a) MAC帧紧跟在Pointer_field域之后

MPEG Header (PUSI=1)	Pointer_field (=M)	MAC帧1的尾部 (M字节)	Stuff_byte (≥0)	MAC帧2的头部

(b) MAC帧前存在填充字

MPEG Header (PUSI=1)	Pointer_field (=0)	MAC帧1	MAC帧2	Stuff_byte (≥0)	MAC帧3

(c) 多个MAC帧封装在一个MPEG帧中

MPEG Header (PUSI=1)	Pointer_field (=0)	Stuff_byte (≥0)	MAC帧1的头部(最多183字节)	
MPEG Header (PUSI=1)	MAC帧1(184字节)			
MPEG Header (PUSI=1)	Pointer_field (=M)	MAC帧1的尾部 (M字节)	Stuff_byte (≥0)	MAC帧2的头部

(d) 一个MAC帧封装在三个MPEG帧中

图 9-12　MPEG 帧封装 MAC 帧实例

道的 CM 通过动态分配时隙实现突发的数据传输。而 S-CDMA 技术通过采用正交码区分不同 CM,从而使得多个 CM 可以在同一条 RF 信道上,相同的时隙内同时进行数据传输。

上行信道通过 TDMA 划分成时隙,将每个时隙称为微时隙(miniSlot),如图 9-13 所示。1 个微时隙就是上行信道带宽分配的基本单位。1 个微时隙代表系统传输固定个数的符号所需要的时间。在 TDMA 模式下,1 个微时隙的长度为 $6.25\mu s$ 的 2^n 倍,$n=1,2,3,4,5,6,7$。而在 S-CDMA 模式下,1 个微时隙的长度则是与调制速率、扩展码数等因素有关。

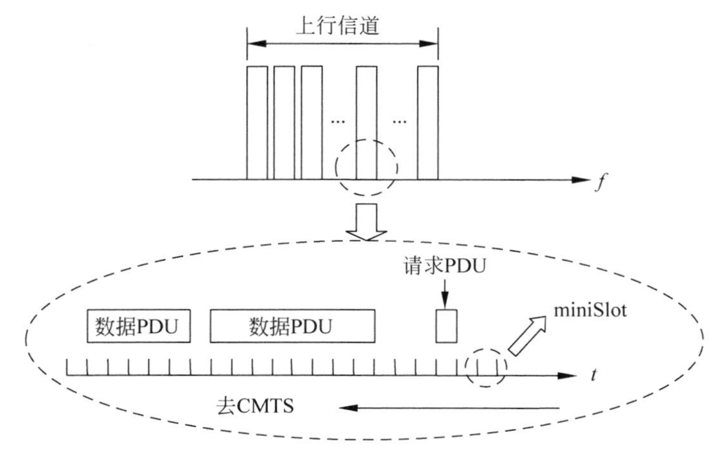

图 9-13　miniSlot

MAC层PDU可以由1个或者多个微时隙构成。一种特殊的MAC层PDU——请求PDU,它只占1个微时隙,又称为微PDU(miniPDU)。请求PDU中携带的是CM向CMTS提出分配多个微时隙来传输数据的请求。请求PDU是可能发生冲突的,但是由于其时间长度仅为一个微时隙,所以即使冲突浪费的带宽也不大。而数据PDU则包含多个微时隙,微时隙的个数则是由CMTS根据CM的请求PDU中的要求,执行分配算法决定的。CMTS通过下行信道将分配的微时隙通知给对应的CM,CM就可以在分配的微时隙内无竞争地传输数据。

当CM在发送数据PDU时,如果上层又送来PDU要求发送,这时CM可以将新的发送请求捎带在数据PDU内一起发给CMTS,而不用再次竞争发送请求PDU。这种技术称为捎带(Piggyback)技术。

9.6 Cable Modem MAC层技术要点

在树状分支结构的HFC网络里,下行信道是一种点对多点的广播信道,发送者只有CMTS,通过广播的方式传输MPEG分组,而CM侦听信道上传输的所有帧,并接收属于自己的数据。所以下行通信较为简单。而上行信道是一种共享信道,它的使用就比较复杂了。同一分支上的(一个服务区内)CM共享信道,可能存在多个CM同时向CMTS发送数据的情况,所以上行通信存在竞争和冲突。为使CM能够共享一根线缆的容量与带宽,就必须采用某种介质访问控制(MAC)技术。CSMA是一种常见MAC技术,但对于双向HFC网络却并不适用。原因是双向HFC网络的上、下行(发送、接收)信道在不同的频段,彼此隔离,所以在下行信道上CM只能发送信号,而无法像以太网上的站点那样去侦听其他CM的发送,进而也就无法检测到冲突。所以,HFC网络中要实现共享信道仅靠CM自身的分布式处理是不可行的,必须要有CMTS的参与,并利用下行信道的部分带宽来传输有关头端对上行信道的控制信息,以与用户端CM协同实现。

另外,Cable Modem的MAC将面对大量的具有高带宽、严格服务质量要求的交互式多媒体业务。所以Cable Modem的MAC层协议还必须加入有关服务质量的设计。

双向HFC网络模型中的MAC层需要考虑最核心的问题就是上行信道的分配问题。围绕这个核心并结合其他方面的考虑,可以认为HFC网络模型中的MAC层需要实现以下功能。

- 上行信道的分配。
- 冲突解决(Collision resolution),减少因冲突而造成的带宽浪费。
- MAC层的同步(Synchronization)。
- 安全性和保密。

由于同一个服务区内的多个CM是共享信道的,这就使得HFC的安全和保密问题不同于传统的点到点有线网络,并且更难解决。在MAC层协议中规定了接入安全机制,用来保证共享介质接入网的安全性与非共享介质接入网的安全性相当。该机制的主要思想是CM在注册期间向头端发送表明自己身份的ID号(如IEEE802的MAC地址),头端根据该ID的合法性,决定是否接受CM的注册;如果ID合法,头端与CM进行密钥交换过程;CM用获得的密钥对MAC帧中的数据负荷进行加密传输。

本节将围绕上行信道的分配、冲突解决以及同步机制展开讨论。

9.6.1 上行信道的分配

在物理层技术中有关“时隙划分”概念的基础上，可以进一步总结出 HFC 网络上行信道的分配算法：CM 在传输数据前先向头端申请上行信道，由 CMTS 分配信道（即分配 n 个微时隙给 CM），并将结果通过下行信道发送给 CM，CM 再在分配的时间里完成无竞争的传输。

在上行信道带宽分配过程中，CMTS 采用映射机制，将上行信道各个微时隙的分配情况通过 MAP 管理消息周期性地通告给 CM。在 MAP 中，明确指定了每一个时隙的使用者和用途，包括：哪些时隙是已经分配给某些特定 CM 传输数据，哪些时隙是用来让有上行传输需要的 CM 发出传输请求，哪些时隙是用来让新加电的 CM 加入网络。

MAP 帧中包含了多个信息元素（Information Elements，IE），每一个 IE 定义了一定数目的时隙的使用情况。每一个 IE 是由一个 14bit 的 SID（Service ID）、一个 4bit 的 Type Code 和一个 14bit 的 Starting Offset 所组成。其中 SID 用来标识每一个 CM，SID 既是一个设备标识号，同时也是对服务级别的一种管理；Starting Offset 以微时隙为单位，在 CM 系统中，CMTS 不是直接给出每个 IE 管理的时隙的时间范围，通过 IE 的 Starting Offset 字段给出一个相对于该 MAP 的有效开始时间的一个偏移量，IE 在 MAP 中的顺序要严格遵守各种 IE 的 Starting Offset 顺序。考虑到网络延时，CMTS 需要在 MAP 帧的有效时间之前发送。每个 MAP 帧所描述的微时隙个数可以不相同。1 个 MAP 帧最少可以描述 1 个微时隙，最多可以描述 240 个 IE，每一个 IE 最多可以描述 256 个微时隙，但是 1 个 MAP 所描述的微时隙总数不能超过 4096 个。提供给 CM 发送传输请求的 IE 称为请求 IE（Request IE）。所有的 CM 必须扫描 MAP 中所有的 IE 来获知上行信道是如何分配的。

综上，上行带宽分配机制应包含以下步骤，其状态图见图 9-14。

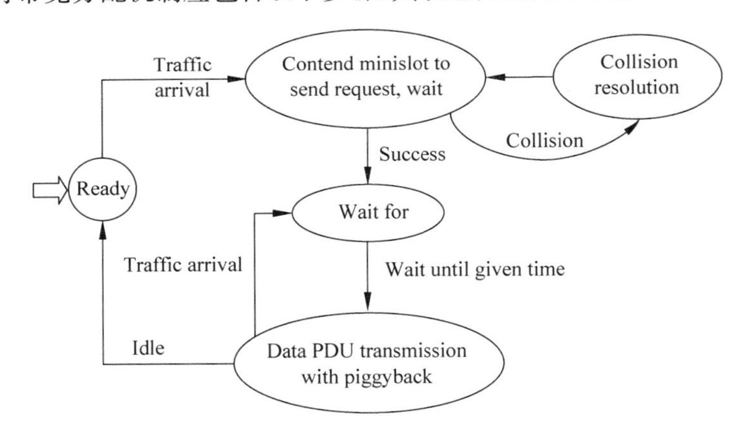

图 9-14 CM 上行信道分配算法

- 当一个 CM 需要发送数据时，首先从下行信道上获取 CMTS 广播的 MAP，从中选取一个空闲的请求微时隙，用来发送请求 PDU。
- CM 发送请求 PDU，该 PDU 包含该 CM 的 ID、申请的微时隙的个数等信息；发送后等待 CMTS 的 ACK。

- 当 CM 收到 CMTS 广播的请求响应，如果 ACK 表示冲突，那么 CM 执行冲突解决算法，按照算法发送请求 PDU。
- 如果请求成功，则 CM 进入等待状态，等待 CMTS 为该 CM 发送信道分配信息，该信息包含头端分配给该 CM 发送时段的开始时刻，即头端开始接收该 CM 所发送信息的起始时刻。
- 当 CM 收到信道分配信息，根据内部算法计算出发送时刻，以确保头端能在规定时间收到数据帧。
- 在发送过程中，CM 可以使用 Piggyback 技术，连续无竞争地发送数据 PDU。

图 9-15 就是一个 CM 有数据请求时与 CMTS 的交互时序图。

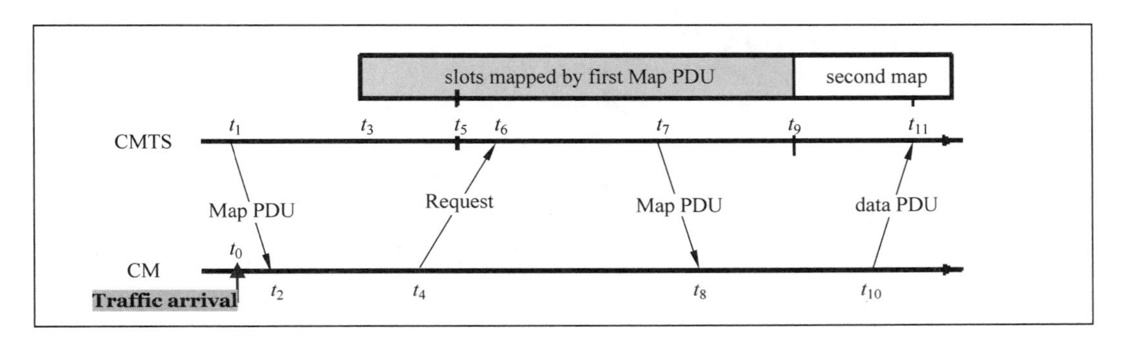

图 9-15 CM 发送数据的时序图

(1) 在 t_0 时刻，上层数据到达 CM 的 MAC 层，CM 等待 CMTS 发送的 MAP 消息，准备竞争信道向 CMTS 发送请求信息。

(2) 在 t_1 时刻(CMTS 实际发送 MAP 帧的时刻)，CMTS 发送一个 MAP，这个 MAP 所指示的有效开始时间是 t_3。假设在这个 MAP 中存在着一个请求 IE，该 IE 分配的发送时刻是 t_5。

(3) 在 t_2 时刻，CM 接收到 CMTS 发出的 MAP，然后 CM 对其进行解析并寻找传输机会。为了降低冲突概率，CM 选择 t_6 时刻作为其发送。t_6 时刻的选择是基于"截短的二进制指数回退算法"确定的。

(4) 在 t_4 时刻，CM 发送出请求帧。在该帧中，包含了 CM 为了发送自己的数据 PDU 所需的微时隙个数。为了补偿 HFC 网络的延时，使得请求帧在 CMTS 所规定的时刻接收，CM 必须提前发送分组，这个提前量是由初始的定时和测距决定的。这里，CM 就必须在提前于 t_6 时刻的 t_4 时刻发送，以使该请求帧能够在 t_6 时刻准时达到 CMTS。

(5) 在 t_6 时刻，CMTS 接收到 CM 发出的请求帧，再在下一个 MAP 中为其分配带宽，在 t_7 时刻，CMTS 向将要为其分配带宽的 CM 发送下一个 MAP，该 MAP 的有效开始时间是 t_9，在这个 MAP 中，将包含一个 IE，由它规定 CM 在 t_{11} 时刻开始发送数据 PDU。

(6) 在 t_8 时刻，CM 接收到 CMTS 发给它的带宽分配 MAP。于是，它对其进行解析并寻找授权给它的发送机会。

(7) 在 t_{10} 时刻，CM 发送其数据 PDU。之所以选择 t_{10} 发送，也是为了补偿上行延时，以便于数据 PDU 能够在 CMTS 规定的 t_{11} 时刻到达 CMTS。

在上述上行数据发送过程中，有几点需要进一步说明。

- CM 发送的请求帧时（步骤（4））可能会发生冲突，从而导致 CMTS 不能正确接收 CM 发送的请求帧。但是 CMTS 并不直接检测是否发生了冲突，而只关心正确收到的请求。对于 CM 而言，如果接收到的下一个 MAP 中不包含对它的带宽请求的确认，于是冲突就发生了。此时，CM 必须执行的二进制指数回退算法并进行重试。
- 在步骤（2）中，MAP 通告时间 t_1 和对应的开始时刻 t_3 之间存在时延，主要考虑是：
  - 下行传播时延，以便于 CM 能接收到此 MAP。
  - CM 对 MAP 的处理时间。
  - 上行传播时延，以便 CM 发送的首个上行数据能够在 t_3 时刻到达 CMTS。

9.6.2 上行信道的冲突解决

为了解决 CM 向 CMTS 发送数据时有可能发生冲突的问题，DOCSIS 采用截短二进制指数回退（truncated binary exponential back-off）算法。回退窗口的初始值与最大值都由 CMTS 控制。这两个窗口值分别由 MAP 消息中的“Ranging Backoff Start”与“Ranging Backoff End”两个字段表示。需要指出的是，这两字段的数值指示的都是 2 的指数，例如，如果 Ranging Backoff Start 字段数值是 2，表示初始窗口为 $0\sim2^2-1$。CM 发送数据时，首先从回退窗口中随机地选择一个数值，这个数值表示了 CM 在启动发送之前必须等待的竞争时隙的个数。举例说明：假设一个 CM 准备发送请求帧，它的初始化回退窗口是 0～15，如果 CM 随机地选择一个数值 11，那么该 CM 必须推迟 11 个竞争时隙执行发送。当 CM 从 MAP 消息中发现第一个可用的请求 IE（Request IE）为其提供了 6 个竞争时隙的等待，那么该 CM 将不使用该请求 IE，而是等待 6 个时隙，并且还剩 5 个竞争时隙需要推迟，如果第二个请求 IE 又给它提供了 2 个竞争时隙，CM 仍然不使用该请求 IE，继续等待 2 个时隙，则还剩 3 个竞争时隙需要推迟，如果第三请求 IE 提供了 8 个时隙的等待，那么该 CM 将等待 3 个时隙，并在第 4 个时隙发送请求 PDU。

在请求帧发出之后，CM 会等待下一个 MAP 中所描述的数据授权（Data Grant）或数据确认（Data Acknowledgement）回复，一旦得到上述任何一个回复，则 CM 的本次请求竞争成功。但是，如果 CM 接收到的下一个 MAP 中，不存在数据准许或者数据确认，那么 CM 竞争发送失败，原因是请求帧发生了冲突。当 CM 发现传输出现了冲突后，它将以 2 的倍数来增加它的初始回退窗口（但是扩大后的窗口必须小于最大回退窗口），CM 再随机地在它的新的初始回退窗口中选择一个数值，重新执行上述的操作，如果重试次数超过 16 次，则 CM 将删除该数据请求。

9.6.3 MAC 层的同步

对于 HFC 网络，用户的数据只能在分配的帧时隙内传输，即不同的时隙分配给不同的用户。这是时分多址所具有的特点。所以，对于时分多址系统，全网的定时同步十分重要。但是对于 HFC 网络，各个 CM 距离 CMTS 的物理距离存在远近之分，这就使得每个 CM 对于头端的传播时延会存在差异，给全网的同步带来困难。这与以太网有很大的区别，所以 HFC 的 MAC 层必须要处理这种远近效应，以确保所有的 CM 所发送的数据都能在分配的时隙内准时到达头端。

DOCSIS标准的MAC层规定CM通过以下两个信息来实现与CMTS的时隙同步。

(1) 全局定时参考。这个值由CMTS产生,并以同步帧格式通过下行信道发送给每个CM。同步帧中包含了一个32位的微时隙计数值,该值表示该SYNC帧的发送开始时隙。当CM接收到同步帧后,比较实际收到时间与该SYNC帧的实际发送时间,并根据比较结果相应地调整自己的本地定时参考。

(2) 定时偏移量。偏移量的值由CM通过初始化测距与周期性测距过程得到。测距的一个目的是计算CM与CMTS之间的往返延时,CM通过提前发送时间以补偿这个延时,以达到与CMTS的时隙对齐。测距的另一个目的是CMTS调整CM的发射功率等工作参数。CM上电之后,首先从下行信道获得同步帧,以校准本地定时参考。由于网络传输时延的存在,CM校准后的本地定时参考将会有一个时延t。然后CM在收到的MAP帧中寻找初始测距时隙,并在其中发送请求帧。

9.6.4 MAC层帧结构

DOCSIS协议的帧格式如图9-16所示。由于HFC网络上行信道的数据是各个CM通过竞争方式传输的,所以MAC帧是CM与CMTS在数据链路层上进行数据交换的基本单元,并且MAC帧的长度是可变的。

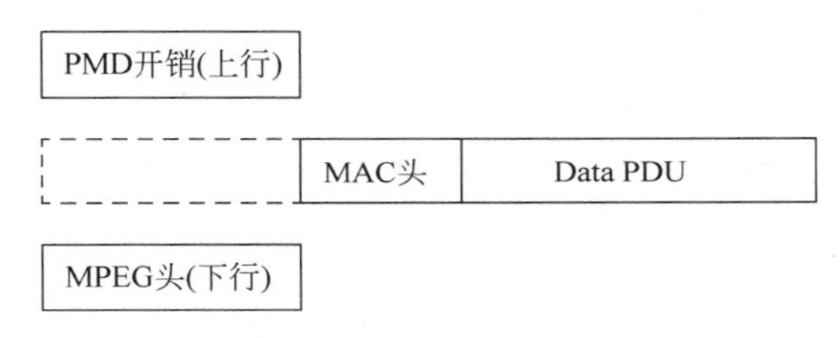

图9-16 DOCSIS协议帧格式

由于每一个上行的FDMA信道进一步实行TDMA,所以上行帧帧头部分的PMD开销是用来指明该MAC帧的起点,即该MAC帧分配的miniSlot的起始点。对于MAC层来说,它只需要知道总的PMD开销,以便在带宽申请时将这一部分计算在内。

1. MAC帧头格式

MAC帧头格式如图9-17所示。对于DOCSIS定义的所有帧,该MAC头格式是通用的。

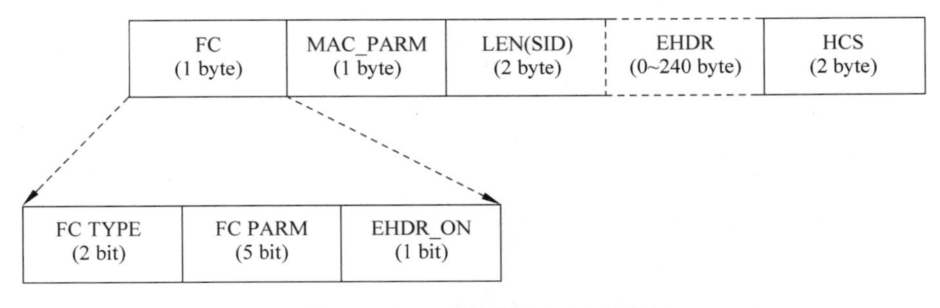

图9-17 DOCSIS协议MAC帧头

其中，帧控制(Frame Control，FC)域定义了该帧的类型，决定了其他控制域的内容，其格式如表9-3所示。

表 9-3 帧控制域

FC域	含　义	长　度
FC_TYPE	MAC Frame Control Type field 00：Packet PDU MAC Header(可变长数据分组) 01：ATM PDU MAC Header 10：Reserved PDU MAC Header 11：MAC Specific Header(MAC专用字头)	2bit
FC_PARM	Parameter bits，use dependent on FC_TYPE	5bit
EHDR_ON	EHDR_ON = 1，indicates that EHDR field is present	1bit

MAC_PARM域的含义依赖FC的定义，如果EHDR_ON=1，MAC_PARM域表示扩展帧头(Extended Header，EHDR)的长度(0～240个8位组)；如果该帧类型是串联字头，MAC_PARM域表示串联的MAC帧个数；如果该帧是请求帧，MAC_PARM域则表示请求的miniSlot的个数。

MAC头的第三个域(LEN/SID)有两种含义，当该帧是请求帧时，该域表示请求CM的Service ID；除此之外该域表示MAC帧的长度。

Extended Header(EHDR)域提供MAC帧格式的扩展，以增加对额外功能(包括数据链路的安全性和帧的分组等功能)的支持。

MAC字头检测序列(Header Check Sequence，HCS)域是一个16bit的CRC，用来检测MAC字头的差错情况。

2. MAC专用字头

MAC专用字头用来实现一些专门功能，包括下行信道的定时，上行信道的测距或功率调节，带宽分配请求，以及分段和串联多个MAC帧等功能。当FC_TYPE =11(表示该帧类型是MAC专用字头)，并结合FC_PARM域，DOCSIS协议定义了5类MAC专用字头，如表9-4所示。

表 9-4 5类MAC专用字头

FC_PARM	Header/Frame Type
00000	Timing Header(定时字头)
00001	MAC Management Header(MAC管理字头)
00010	Request Frame(请求帧)
00011	Fragmentation Header(分段字头)
11100	Concatenation Header(串联字头)

本节简要介绍一下各MAC字头的功能及其帧格式，更详细的信息请查阅DOCSIS标准。

1) 定时字头

在下行信道中，该字头用来传送全球定时参考(Global Timing Reference)，以便系统中的CM全网同步；在上行信道中，该字头用作测距请求消息的一部分，用来调整CM的定时和功率，其帧格式如图9-18所示。

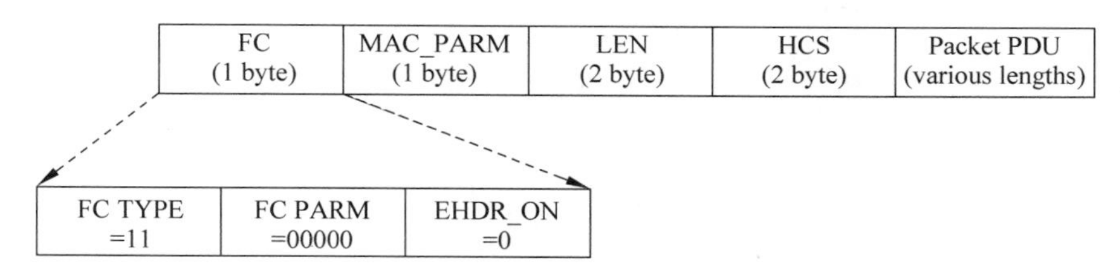

图 9-18 定时字头帧格式

2）MAC 管理字头

用来承载所有的 MAC 管理消息。MAC 管理消息帧格式如图 9-19 所示，它由 MAC 帧头、MAC 管理消息组成。

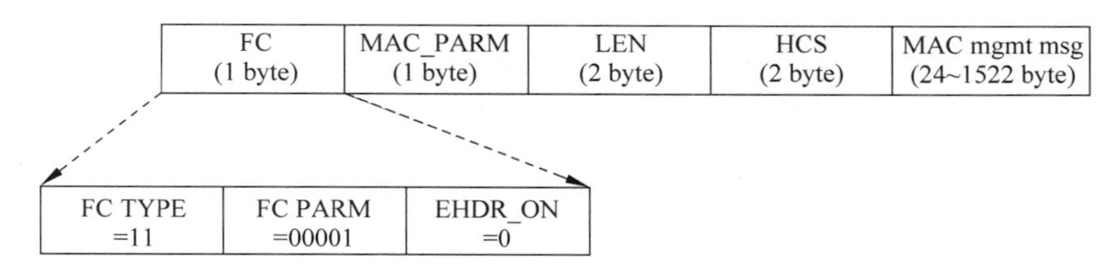

图 9-19 MAC 管理字头帧格式

MAC 管理消息又由 MAC 管理消息头、管理消息负荷以及 CRC 校验三部分组成，如图 9-20 所示。

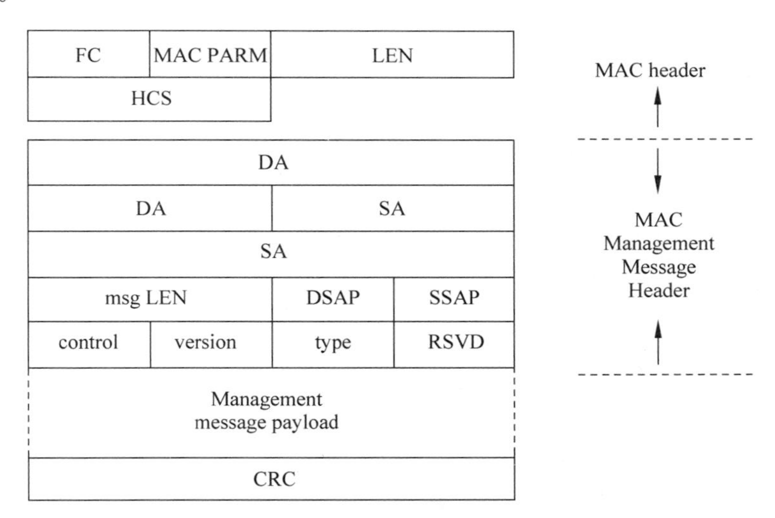

图 9-20 MAC 管理消息

MAC 管理消息的类型有很多种，目前协议定义了 31 种管理消息。这些管理消息主要涵盖了定时、同步、测距、信道分配、注册等功能。

3）请求帧

是 CM 请求带宽分配的基础，只适用于上行信道。该管理帧没有数据部分，所以帧头中的 LEN 域此时代表 CM 的 Service ID，请求的内容就是准备传输数据所需的 miniSlot 数，其帧格式如图 9-21 所示。

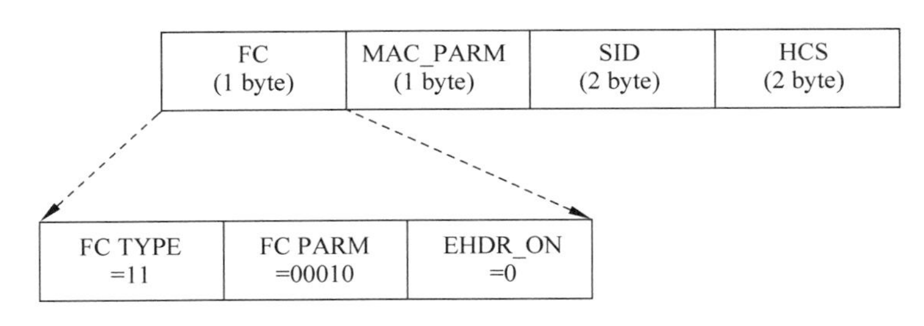

图 9-21　请求帧格式

4）分段字头

该字头用来实现 CM 将较大的 MAC PDU 分段，并分别传输，在 CMTS 端重组的功能，其帧格式如图 9-22 所示。

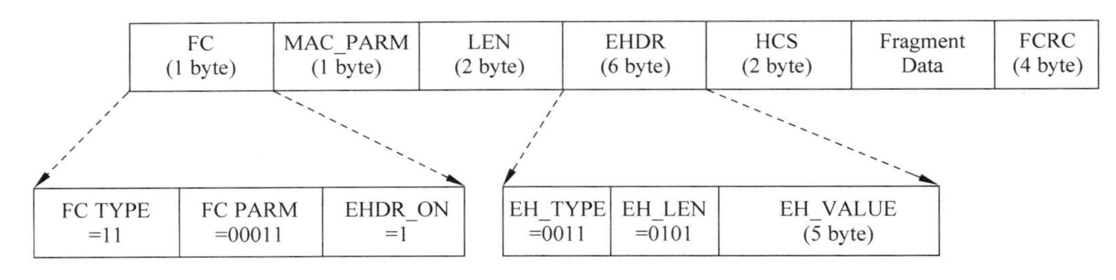

图 9-22　分段字头帧格式

5）串联字头

该字头用于将多个 MAC PDU 串联在一个 MPEG 帧里传输。该字头只能用于上行帧，其帧格式如图 9-23 所示。

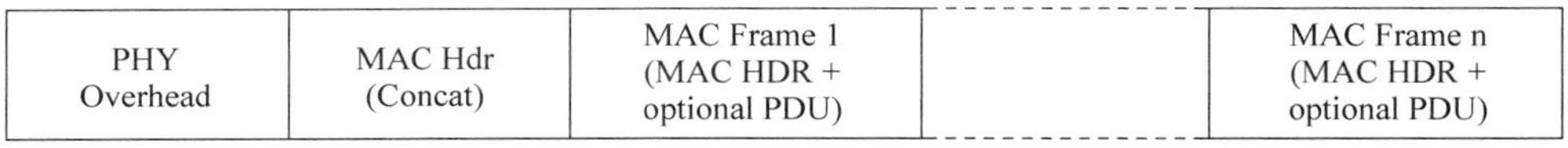

PHY Overhead	MAC Hdr (Concat)	MAC Frame 1 (MAC HDR + optional PDU)		MAC Frame n (MAC HDR + optional PDU)

图 9-23　串联字头帧格式

9.7　基于同轴线缆的以太接入技术

与其他宽带接入网络一样，HFC 接入网也面临着如何更好地适应以 IP 技术为基础的 Internet 迅猛发展。而以太网无连接的工作方式，变长的帧结构，以及对高层协议的直接封装、承载等特性，使其成为 IP 业务最天然的承载协议。所以如果能够在传输电视信号的同轴电缆上同时直接传输以太帧，这势必将极大提高 HFC 网络的接入能力。秉持这一设计理念，近年来在 HFC 接入领域涌现出来了一系列新的技术解决方案，并统称为 EoC (Ethernet Over Cable)技术。

EoC 技术采用 FDM 方式将以太网数据信号与有线电视信号复用到同轴电缆上传输。通过采用 EoC 技术，可以实现在现有有线电视网络基础设施(同轴电缆)上为用户同时提供有线电视业务以及双向、高速的数据业务。

EoC 技术与 CM 技术存在重大的区别。首先在系统架构上，EoC 技术专注于接入网络的底层部分(即同轴电缆)的传输技术,而对于接入网高层部分(即接入汇聚网络)则是采用EPON这类成熟的接入技术,构建起一个与HFC网络完全独立接入汇聚网络,因而不需要对HFC进行双向改造。其次,由于体系架构上与HFC网络保持独立,使得EoC摆脱了以前为了兼容电视传输体制而对数据传输额外增加的种种限制(例如按照电视频道带宽划分信道等),进而在物理层采用了更多旨在优化数据传输的物理层新技术。

就像HFC+CMTS/CM开创了"宽带接入"的新时代一样,EPON+EoC必将成为下一代广播电视网具有里程碑意义的技术方案。早期的EoC技术方案众多,但是随着ITU-T G.hn和IEEE 1901的正式颁布,EoC技术正式迈入了新的发展阶段。本节首先回顾种类繁多的早期EoC技术,然后重点介绍新一代的EoC国际标准及其相关技术。

9.7.1　早期EoC技术简介

早期EoC技术没有统一的国际标准,包括HomeRF、HomePNA、HomePlug等技术规范,呈现出百家争鸣的局面。为了避免干扰家庭网络铜线介质上原有业务(如有线电视业务)的正常运行,电磁兼容性是这些技术必须认真考虑的问题。按照其工作频段,EoC一般可以分为低频段EoC技术(如基带EoC、HomePlug AV、HomePNA)和高频段EoC技术(如同轴WiFi、MoCA)。需要指出的是,随着EoC国际标准的颁布,这一时期涌现出来的各类EoC技术将逐渐被淘汰。

1. 基带EoC

根据9.3.2节可知同轴电缆带内频率是5～1500MHz,而在实际的应用中,5～100MHz频段由于杂散信号干扰严重,电视信号一般未使用这一频段,所以有线电视系统工作于111～860MHz。而以太网是基带传输系统,以10Mb/s(10BASE-T)速率传输时,以太网信号的功率谱主要集中在0.5～15MHz。这就为在同轴电缆网络中建立以太网提供了频率资源。

基带EoC可以理解为运行在HFC网络上的10M以太网。原有以太网络帧格式和MAC层协议都没有改变,而以太网电信号从双极性(差分)信号转换成单极性信号(便于同轴电缆传输。由于基带EoC是通过同轴电缆实现100m距离无中继的10BASE-T通信,所以又称为无源EoC技术。

2. HomePNA技术

HomePNA是Home Phoneline Networking Alliance(家庭电话线网络联盟)的简称,利用Home PNA技术,用户可以方便快捷地使用家庭已有的电话线路组建家庭局域网。从HomePNA 3.0版起支持采用同轴电缆传输。该版本方案与2005年5月被ITU-T接受成为国际标准(G.9954)。2006年12月所推出的3.1版,其传输速率为320Mbps。

HomePNA系统主要工作在三个频段:4MHz～21MHz,12MHz～28MHz,36MHz～52MHz,其大部分频点可以采用256QAM调制技术,并可根据信道实际的SNR要求自适应地使用128QAM、64QAM、32QAM、16QAM、8QAM。

HomePNA over Coax工作频段为4～28MHz,采用FDQAM(Frequency Diverse QAM)调制方式。HomePNA的覆盖能力主要依据为其传输距离和带宽,以HomePNA 3.0为例,其传输距离一般为300m,覆盖2～3栋住宅楼,带宽最大提供128Mb/s,考虑到同时在线率等因素,HomePNA 3.0可以为每个在线用户提供2Mb/s以上的带宽。

3. Home Plug AV

Home Plug AV是由家庭电力线网络联盟(Home Plug Alliance Announces)制定,最初是基于电力线传输的。由于电力线本身信道干扰较多且复杂,所以Home Plug AV的物理层采用了具有较强抗干扰能力的OFDM调制方式以及较强纠错性能的Turbo卷积码。Home Plug AV已经被广泛应用于同轴电缆,其工作频率为5~30MHz,物理层速率可达72Mb/s。

4. 同轴WiFi

研究表明:在一定的应用环境和条件下,同轴电缆可以传输频率高于1GHz信号,并且性能突出。相对于衰减严重的无线信道来讲,同轴电缆的传输性能十分优异,例如当传输距离小于60m时,同轴电缆对2.4GHz信号的传输性能优于无线传输,可达50dB以上。正是基于这一优势,将WiFi(IEEE 802.11写一系列)与同轴电缆相结合的“同轴WiFi”接入技术孕育而生。

同轴WiFi分为非降频和降频两类。非降频的同轴WiFi技术将2.4GHz射频信号经过阻抗变换后送入同轴电缆传输。用户端既可以使用专用接收设备从同轴电缆上收发数据,也可直接使用IEEE 802.11系列无线网卡收发数据。

降频同轴WiFi技术为了避免与上限为860MHz的电视信号的冲突,将2.4GHz射频信号降频到960MHz~1060MHz频带内,送入同轴电缆传输。降频WiFi传输方案可以进行多通道的复用。假设每个20MHz的信道可以提供54Mb/s的物理层速率,那么N个通道总共可以提供$N\times 20$Mb/s传输速率。

5. MoCA

MoCA(Multimedia over Coax Alliance)即同轴电缆多媒体联盟,其目标是推进建立在同轴电缆上家庭网络技术研发。MoCA希望能够以同轴电缆来提供多媒体视频信息传递的途径。MOCA1.0技术工作频段为800~1500MHz频段,每个信道带宽为50MHz,总共可有15个信道。每个信道可以支持一个局端设备。MOCA采用OFDM调制和时分多址/时分双工技术。每个载波最高可进行128QAM调制,每个信道理论上最大的物理数据速率为270Mb/s,有效数据速率可达130Mb/s。

MoCA的带宽能够同时满足一个高清电视、一个ATSC数字电视、两个标清电视和10Mb/s的数据流,并且可以对视频流进行远程控制。MoCA作为家庭多媒体互联,对家庭内部网络是很好的解决方案之一,在北美运营商家庭互联得到广泛应用。

9.7.2 新一代EoC技术概述

如今的Internet,早已不是telnet、bbs这类简单应用的时代,而诸如Web、VoIP,IPTV等IP业务量迅速飙升,足以值得为其建设一个独立的IP接入网络,从而告别IP业务与其他业务(电话、电视)在接入网汇聚段的“同传”的局面。建设专门的接入汇聚网络,可以针对IP业务进行传输优化,全面提升接入性能。要真正实现下一代网络的全IP架构,就必须进一步实现接入网底层与IP的兼容。而在接入网底层,电话线、同轴电缆和电力线是主要的三种传输介质,过去几十年来,如何实现在接入网底层线缆上传输IP业务,业界曾做出过种种尝试却并不成功,例如早期ADSL使用定长ATM信元承载IP,又如CM采用ITU-T J.83定长帧承载IP。而真正与IP“天然”匹配的协议是802.3协议(即以太网协议),这是因为以太网是一种无连接的、变长帧结构的数据链路层协议，IP 分组被直接封装在以太帧中传输，实现了与 IP 的完全兼容。EoC 技术选择直接承载以太帧的技术方案，进而实现了与 IP 的兼容。

新一代 EoC 技术选择工作在 2～100MHz 频段，按照频分复用的方式实现与电视信号在接入网底层线缆上的传输。在工作频段之内，不再受限于电视信号传输方式（即必须按照 8M 固定电视频道带宽来划分信道），从而可以选择更加灵活、高效的介质访问方式。

新一代 EoC（Ethernet over Coax）技术标准于 2010 年颁布。新一代 EoC 具有远超前一代技术的高接入速率，物理层采用了 OFDM 和强纠错（LDPC 编码技术）等一系列新技术，这使得新一代 EoC 技术不仅可以应用于同轴电缆、电话线，也适应于干扰环境复杂的电力线传输，从而向"One device, any wire"家庭网络的目标迈进一大步。然而，新一代 EoC 技术的重要意义远不止于此。当宅域网（新一代家庭网络）开始成为融合网络中业务呈现的最前端延伸时，新一代 EoC 技术是 HAN 的统一接入技术，成为业务融合网络的基本传输技术。

1. 新一代 EoC 标准

HomePNA 和 HomePlug 两大企业联盟经过长期的努力，最终于 2010 年分别推出了各自支持的技术标准：ITU-T G. hn 和 IEEE 1901。这两个标准业已成为新一代 EoC 技术主流标准。

ITU-T G. hn 是一个 2010 年 6 月获批的国际标准，由 ITU-T（国际电信联盟-电信标准部）颁布，提供速率可高达 1Gb/s、可运行于多种家庭铜缆上的统一接入技术。ITU-T G. hn 不是一个单一标准而是一个标准族。

IEEE 1901 是一个 2010 年 9 月获批的具有国际影响力的标准，由 IEEE（美国电气电子工程师协会）颁布，提供速率可达 500Mb/s 以上、可运行于多种家庭铜缆上的统一接入技术。

制定 ITU G. hn 和 IEEE 1901 的技术思路和技术路线基本相似，然而由于诸多原因，最终的技术规范却互不相容。新一代 EoC 标准的颁布，为前一代 EoC 技术，包括 HomePNA 和 HomePlug 画上了终结号。

2. EoC 系统组成

新一代 EoC 接入网架构由接入汇聚网络和接入底层网络组成。接入汇聚网络采用 EPON 等技术构建：OLT 设备通过 OBN 与 ONU 设备相连，ONU 设备的部署可以到小区、楼宇或楼道。

接入底层网络由 EoC 头端和 EoC 用户前端组成，如图 9-24 所示。对于下行方向，EoC 头端设备负责将数据信号调制到指定频段（100MHz 以下频段），经 EoC 头端处理的数据信号与来自 HFC 的电视信号经过合路器频分复用到同轴电缆上传输。在用户侧，通过分路器将电视信号和数据信号解复用，数据信号经用户前端设备解调后送往用户数据终端设备。对于上行方向，EoC 用户前端负责将上行数据信号调制到相应频段，通过同轴电缆网络送至 EoC 头端，EoC 头端将上行数据信号解调之后注入数据干线网络。

3. 典型 EoC 接入方式

按照 EoC 头端系统距离用户的远近，典型的 EoC 接入方式包括 FTTC 和 FTTB 两种。

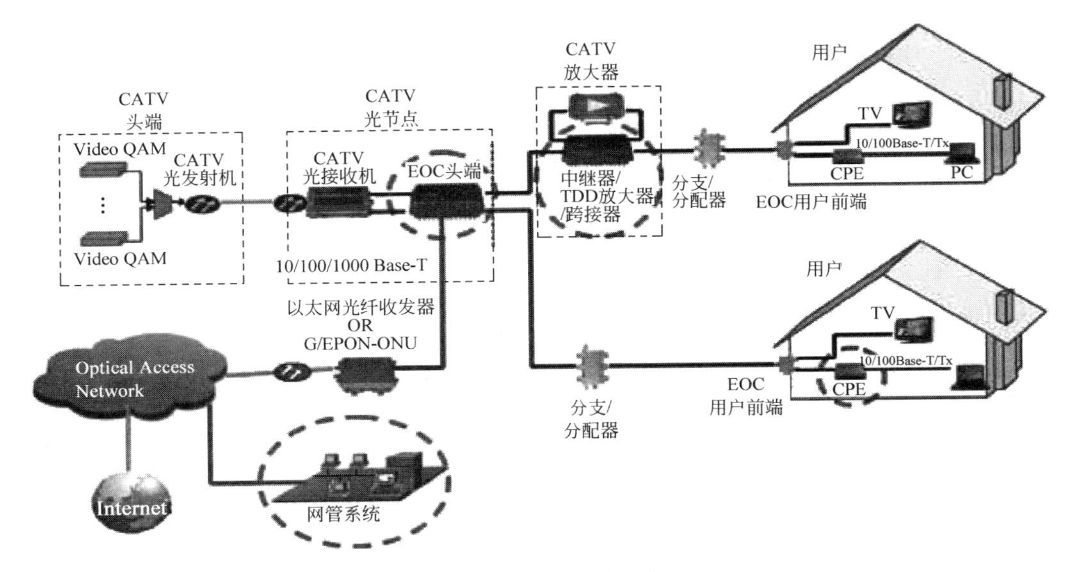

图 9-24 EoC 系统组成

1）FTTC 方式

在 FTTC 方式下，EPON 的 OLT 部署在电信接入网络机房，通过 ODN 连接部署在各个小区交接箱内的 ONU 设备。同样，HFC 网络也需要将光纤或者同轴电缆延伸至小区交接箱。在小区交接箱内，来自 EPON 的数据信号与来自 HFC 的有线电视信号分别接入 EoC 头端设备，按照频分复用的方式，经调制之后送入小区同轴网络。部署在用户侧的 EoC 头端设备通过同轴电缆接收到信号，并将信号解调后分别发送给电视机和用户数据终端。

FTTC 方式适用于小区用户密度较低的接入场景。

2）FTTB 方式

在 FTTB 方式下，EPON 系统的 ONU 将下移至楼内交接箱，同样，HFC 网络也需要通过将光纤或者同轴电缆将电视信号送入交接箱。在小区交接箱内，数据信号与有线电视信号分别接入 EoC 头端设备，按照频分复用的方式，经调制之后送入小区同轴网络。部署在用户侧的 EoC 头端设备通过同轴电缆接收到信号，并将信号解调后分别发送给电视机和用户数据终端。

FTTB 方式适用于小区用户密度较高的接入场景。

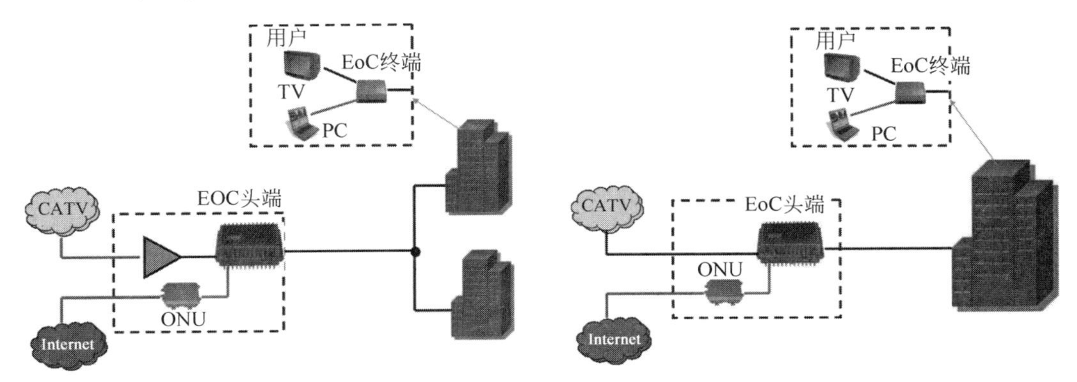

图 9-25 FTTC 方式的 EoC 接入系统　　**图 9-26 FTTB 方式的 EoC 接入系统**

9.7.3 ITU-T G. hn 标准

ITU-T G. hn 标准的目标是为下一代家庭网络收发设备开发一个世界范围的统一标准，能够适合电话线、电力线、同轴电缆和 5 类线缆，比特率达到 1Gb/s。ITU-T G. hn 技术的应用目标是居住和公共场所，如住宅、MDU、旅馆和办公室。ITU-T G. hn 家庭网络既能支持机顶盒、电视机、电脑、影音设备等智能设备的互联，也能够为照明、电表、水表、空调等家庭自动化装置提供无缝连接。

1. ITU-T G. hn 标准轮廓

ITU-T G. hn 包含三个主要的基础建议：G. 9960，G. 9961 和 G. 9972。2008 年 12 月 ITU-T 公布了 G. 9960 建议，该建议是 G. hn 的基础，定义了系统结构、绝大部分物理层和一部分 MAC 层。2010 年 6 月支持功能完善的 QoS 控制和组播功能的数据链路层建议（G. 9961）获得通过。而共存性规范（G. 9972）定义了与 HAN 中其他宽带电力线通信系统良好共存。

其他基础建议还包括 G. 9962、G. 9963、G. 9964 等。

现在，G. hn 建议已经发展为多个建议系列。

- G. hn LCP：用于描述低复杂度设备技术轮廓的一组规范，由于设备采用了低复杂度的技术，使其具有很强的低成本优势。采用 G. hn LCP 规范的技术，使铜介质上在占用带宽不高于 25MHz 的情况下，数据传输率可达 2～18Mb/s，这样的设备可用于家庭自动化和车联网，也可广泛用于各种低能耗的“绿色”应用。这种技术有利于实现宅域网内多种物联网应用。
- G. hnem：用于能源管理的一组规范，采用 OFDM 调制实现 NB-PLC（窄带电力线通信）上的高数据率，能源供应商使用 G. hnem 规范可以在供应端和需求端实施能源管理，实现配电自动化、AMI（自动抄表）、家庭自动化等功能。G. hnem 规范包括物理层规范（G. 9955）和数据链路层规范（G. 9956）。

从上述 G. hn 标准族概要可以理解，G. hn 并不仅是一种 EoC 技术，同时可以用于宅域网内多种铜介质上的统一接入技术。G. hn 技术既可以运行在同轴电缆上也可运行在电力线上（也支持家庭内电话线上），既可以工作于高速率的宽带接入也可以工作于共存性良好的窄带接入，既可以用于高吞吐能力互联网接入和视频业务也可以用于低成本的家庭自动化控制和能源管理。因此，G. hn 可以承载融合网络上的多种业务，是新一代家庭网络成为融合业务的最前端呈现点的重要支撑技术。

2. G. hn 规范的技术特征

G. hn 的参考模型如图 9-27 所示。

其中 G. hn 数据链路层分为三个子层。

- 应用层协议汇聚层（Application Protocol Convergence，APC），负责从上层接收数据帧（通常是以太网帧），并封装成 APC 协议数据单元（APDU）。每个 APDU 的最大有效载荷为 2^{14} 字节。
- 逻辑链路控制层（LLC），负责加密、聚合、分段和自动重传等功能。
- 介质访问控制层（MAC），负责信道访问。

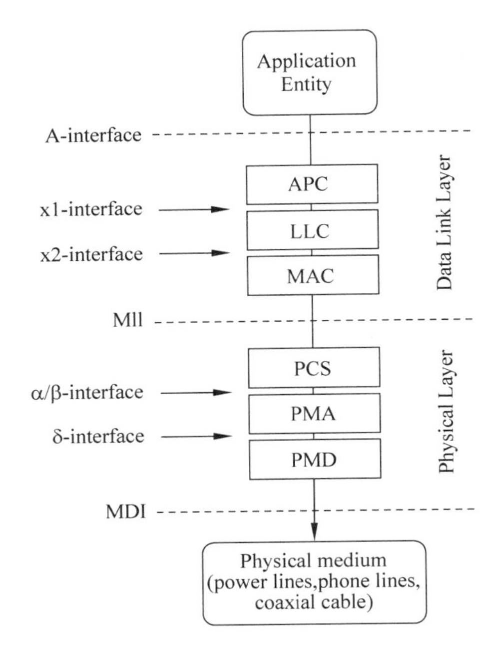

图 9-27　G. hn 协议参考模型

G. hn 物理层分为三个子层。

- 物理编码子层(Physical Coding Sub-layer,PCS),负责产生的 PHY 头。
- 物理介质附加层(Physical Medium Attachment,PMA),负责加扰和 FEC 编码/解码。
- 物理介质相关层(PMD),负责对 bit 加载和 OFDM 调制。针对不同的传输线缆,有不同的 PMD 规范与其对应。

G. hn 物理层采用了 FFT-OFDM 调制方式。OFDM 系统将信号分配到不同的子载波进行调制,每个子载波可以根据子载波信道质量选用不同阶数($2^1 \sim 2^{12}$)的 QAM 调制。针对不同传输线缆(电话线、电力线、同轴电缆)的特性,G. hn 标准的子载波间隔是可以参数化配置的。标准规定子载波频率间隔 $2^k \times 24.4140625$kHz,其中 $k=0,1,2,3,4$,子载波数为 2^n,$n=8 \sim 12$。一般地,同轴电缆的子载波频率间隔设置为 195. 31kHz($k=3$),电话线子载波频率间隔设置为 48. 821kHz($k=1$),而对于电力线,子载波频率间隔设置为 24. 41kHz($k=0$)。

G. hn 物理层采用 QC-LDPC 码作为前向纠错编码,其编码速率有 5 种,分别是 1/2,2/3,5/6,16/18 和 20/21。根据传输介质信道质量,选取合适的编码速率,以平衡传输效率和可靠性。

G. hn 通过适当调整物理层参数,使单一技术可适应多种铜介质。物理参数的典型优化是,调整 OFDM 的子载波间隔(因而同步调整了子载波带宽)可以适应不同的窄带干扰密度。同轴电缆具有优良的抗外来干扰能力,采用相对大的载波间隔可以提高实现的性能,以获取高速率传输。电力线环境中电磁干扰十分密集,采用相对小的载波间隔参数并不使用受干扰子载波,可以最低代价避开电磁干扰。为此,G. hn 规范的子载波间隔默认参数,在同轴电缆环境中是 195. 312kHz,在室内电话线环境中是 48. 828kHz,在电力线环境中是

24.414kHz。合理设置不同的参数适应不同的介质，使得 G.hn 成为宅域网中多种介质上的统一接入技术。

G.hn 的 MAC 协议是 TDMA+CSMA/CARP。G.hn 网络由一个或多个域组成。一个域由彼此能够直接通信的节点组成。域主控机(DM)作为域管理者，负责域内设备按照 TDMA 方式接入。具体地，每一个 G.hn 的 MAC 周期被分成若干时间区间(称为 TXOP)，为设备提供发送机会，而这些发送机会是由 DM 按照业务类型进行分配的。

针对不同 QoS 要求的业务，G.hn 定义了以下几类 TXOP。

(1) 无竞争 TXOP (Contention-Free Transmission Opportunities, CFTXOP)：采用 TDMA 方式分配系统时间，在每个 TXOP 中仅允许一个节点发送。这类 TXOP 适合于固定带宽和严格 QoS 的业务(如视频业务)的传输。

(2) 共享 TXOP(Shared Transmission Opportunities, STXOP)：用于多节点共享信道，STXOP 被划分成若干时隙(Time Slots, TS)。标准定义了两类 TS。

① 无竞争时隙(Contention-Free Time Slots, CFTS)，这类时隙用于实现节点间按照“隐”令牌方式的访问信道。具体说，DM 为各个节点分配连续的 CFTS，并通过广播通告所有节点，而所有节点按照事先确定的发送顺序，顺序发送，而不会产生冲突，而实现确定的发送顺序就相当于是隐式令牌控制节点对信道的访问。这类 TS 一般用于带宽可变的 QoS 业务(如 VoIP、游戏、交互式视频业务)。

② 基于竞争的时隙(Contention-Based Time Slots, CBTS)，该类时隙采用 CSMA/CARP 访问方式，这是一种基于优先级的竞争方式，该方式源自 IEEE 802.11e。

9.7.4 IEEE 1901

2005 年 6 月 IEEE 成立了 1901 工作组，其任务是开发一个 100MHz 带宽的、物理层传输速率高于 100Mb/s 的电力线通信设备标准。该标准涵盖了物理层和数据链路层。

标准定义了两个物理层标准：基于 FFT 的 OFDM 物理层以及基于 Wavelet 的 OFDM 物理层。这两个物理层互不干扰。为了实现两种物理层对信道的公平共享，标准定义了物理层层间协议(IPP)。标准采取时分多址(TDMA)方式实现两类物理层设备的共享。

IEEE 1901 定义了主从式网络基本结构，主控机(QoS 控制器)授权和认证网络中的从属站。标准数据链路层采用了 CSMA/CA 和智能 TDMA 混合式介质访问方式，与之相适应，传输周期被划分为竞争周期(CP)和无竞争周期(CFP)，以适应不同业务的传输要求。

2010 年 10 月 IEEE Std 1901-2010 版正式通过。

9.8 小结

本章介绍了在双向 HFC 网络上使用的 Cable Modem(CM)接入技术。CM 接入曾经在全球(尤其是在北美地区)取得了广泛的市场份额，是当年有线电视运营商进军宽带接入市场，与 ADSL 接入竞争的最有力的武器。然而，由于坚持“在电视网络体系内发展数据业务”设计理念，CM 接入不可避免地遇到了技术瓶颈，市场占有率逐年下降。但是随着 EoC (Ethernet Over Cable)技术的出现，摆脱了频谱使用上必须兼容电视业务频道的限制，并在接入汇聚网络采取与 EPON 技术相结合，使 HFC 接入进入了一个崭新的发展阶段。

9.9 参考文献

[1] GB/T 17786—1999.有线电视频率配置,1999.
[2] 国家广播电影电视总局.有线数字电视频道配置指导性意见,2006.
[3] GY/T 265—2012. NGB宽带接入系统HINOC传输和媒介接入控制技术规范. 2012.
[4] Gorshe S, Raghavan A, Starr T, et al. Broadband Access: Wireline and Wireless--alternatives for Internet Services, Wiley, 2014.
[5] Shlomo Ovadia著.宽带有线电视接入网:从技术到应用.韩煜国,等译.北京:人民邮电出版社,2002.
[6] Albert Azzam. Niel Ransom著.宽带接入技术.文爱军,等译.北京:电子工业出版社,2001.
[7] Cable Television Laboratories Inc. Data-Over-Cable Service Interface Specifications DOCSIS 2.0: Radio Frequency Interface Specification SP-RFIv2.0-I04-030730,2003.
[8] Ying-Dar LIN, Wei-Ming YIN, Chen-Yu Huang. An Investigation Into HFC MAC Protocols: Mechanism, Implementation, and Research Issues, The IEEE Communications Surveys & Tutorials, 1998.

第四篇　无线接入技术

本篇包括了第 10、11 两章，主要讨论各种无线接入技术。这些技术基于无线介质传输，具有接入灵活方便、技术发展快等优点，深受广大用户追捧。

第 10 章是无线局域接入技术，主要讨论使用 IEEE 802.11(WiFi)技术实现 IP 接入。WiFi 接入是当前最流行的接入技术，每到一个新的环境，用户急不可耐地希望知道："有 WiFi 吗"和"WiFi 密码是什么"。基于 802.11 技术的接入，几乎成为广大 IP 用户外出接入首选，甚至宅在家中也图方便而使用 WiFi 接入。

第 11 章是无线广域接入技术，主要讨论使用移动通信网络实现 IP 接入。近年来移动通信技术发展十分迅速，从 3G 到 4G、从 4G 到 5G，网络升级不断加速。3G 的网络覆盖使得 IP 广域接入得以铺开，4G 的迅猛发展使得广大移动用户看到了高性能，5G 大潮扑面而来使得移动用户十分憧憬。基于 4G/5G 的广域接入可称为业务发展得益于技术进步的范例。

第10章

无线局域接入技术

基于 WLAN 的无线局域接入是当前无线接入的首选技术。无论何时何地，只要能搜寻到“WiFi”网络，用户大都会尽可能连接上去。经历了长期发展的无线局域接入，吞吐能力迅速提高，速率从最初的 2Mb/s 已经提升到 300Mb/s 并正在达到 1Gb/s 数量级；成本不断降低；部署迅速普及，可供接入的“WiFi 热点”随处可见。

本章讨论的主要内容包括：

- 无线接入的兴起。
- WLAN 的标准 IEEE 802.11。
- 802.11 系统架构和参考模型。
- 802.11 的 MAC 层和物理层，以及接入安全性的技术要点。
- 无线局域接入的典型应用。

10.1 引言

无线局域接入经历了长期发展的艰辛，终于迎来了广泛应用的辉煌。

本小节讨论无线接入的兴起，各种无线接入技术的特定应用范围，以及无线局域接入技术的发展历程。

传统的无线通信技术主要用于长距离、大覆盖的通信系统，典型系统是短波/超短波通信和卫星通信。这些传统无线通信系统在传输全程基于电波传播，传输距离很远，无线电波的广播特性使系统覆盖广阔。

无线接入则是另一种技术体系。无线传输仅供无线终端进入通信系统，仅是通信链路全程的“最后一公里”。无线终端通过无线链路进入通信网络的边缘接入点，接入点通过有线链路直接或间接进入核心网。

移动通信系统可以认为是一种典型的无线接入系统，是一种采用无线广域接入技术的话音网络。移动手机通过无线链路接入移动通信基站，基站经过汇集或多次汇集进入核心网，核心网将呼叫传递到对端基站再经无线链路连接到远端手机，完成呼叫的全程连通。移动手机与通信基站构成网络 RAN（无线接入网），多个 RAN 汇聚后通过 CN（核心网）互连构成了完整的移动通信网络。

基于无线局域网(Wireless LAN,WLAN)的无线局域接入则是另一类通信系统,传统上被称为无线数据通信系统。移动终端通过无线链路接入 AP(Access Point,接入点),AP 通过有线链路高质量地接入主干网,完成移动终端的入网过程。

无线接入的兴起源于这是一种最为自由的接入方式,对不受约束的便利接入的执着追求强烈推动着无线接入技术的发展。长期以来,无线通信技术面临的重重困难抑制了无线接入需求的实现。无线传输是一种极为困难的传输技术:无线传输的信号损伤很大,传输环境的变化起伏不定,无线频谱是一种不可再生的宝贵资源并且缺乏充分的带宽可供大规模的应用。经过多年来多方面的持续努力,无线通信技术取得了辉煌的进展,无线接入开始步入大规模的应用。当前,移动通信网络(传统上主要是话音业务,近年来已经迅速扩展到话音数据全业务)的发展大大快于固定电话网络,专注于数据业务领域的无线局域接入的发展也大大快于有线接入。

无线局域接入有效接入范围为 100m,不具有广域的快速移动性,最合适的应用场景是基本不移动或在小范围内慢移动的接入场合。近年来电信运营商在机场、车站、咖啡馆等场所大量部署"热点"(hot point),甚至基于 WiFi 技术建设"无线城市",都是无线局域接入普及的范例。

另一个广为人知的无线接入是基于无线广域网(Wireless Wide Area Network,WWAN)的移动接入(Mobile Access)。移动接入基于移动通信网,可以快速(如车速)移动接入,移动范围可达成千上万公里,可达移动通信网的所有覆盖区。随着移动通信 3G/4G 的迅速覆盖,并从专注于话音业务拓展到话音数据全业务,无线广域接入正在迅猛发展。

基于无线个域网(Wireless Personal Area Network,WPAN)的无线短距离接入覆盖范围约为 10m,典型例子是蓝牙接入。使用蓝牙技术可以释放主设备上的一大捆连接电缆。

上述系统均是陆基无线接入系统。另一类空基接入系统则将移动终端或固定终端接入到通信卫星,包括低轨卫星、中轨卫星、高轨卫星(同步卫星)。这些系统覆盖广阔甚至可达全球,当然设备费用和运行费用也会高许多。

本章讨论无线局域接入系统,其他无线接入将在后续章节讨论。

10.2 802.11 标准

无线局域接入基于 WLAN(无线局域网),当前主导 WLAN 的 IEEE 802.11 标准在系统级、MAC 级、物理级等三方面都极具特色。

802.11 标准的系统描述使用了实体、服务、SAP、服务原语等抽象表述,全面覆盖了传送平面、管理平面和控制平面的功能实体。

802.11 标准的 MAC 层基于 CSMA/CA(Carrier Sense Multiple Access with Collision Avoidance,载波侦听冲突避免)协议,这个协议精致而复杂,堪称 MAC 协议的典范,为后来的一系列网络协议所借鉴。

802.11 标准的物理层技术更新十分快,紧跟通信技术的发展,采用了 SS、OFDM、MIMO、LDPC 等一系列最新技术。

本节重点讨论 802.11 标准以及标准化发展过程，主要包括：

- 802.11 标准的发展历程。
- 802.11 的基本标准和增补标准。
- 关于 WiFi。

10.2.1　标准发展历程

802.11 标准经历了长期艰难的发展过程，终于进入了快速发展的通道。回顾标准发展历程可对无线数据网络技术的复杂性有所了解。

1987 年，802.4 工作组就积极地开展了对无线局域网 MAC 协议的初期研究。初期研究的 MAC 协议采用总线模型和令牌传递机制，当时认为这种技术机制可以较好匹配无线局域网环境并可以借鉴已有的协议。研究结果表明：在无线环境中，这种协议不但效率相当低，而且协议机制也相当复杂。

1990 年，IEEE 802 委员会成立了一个新的工作组——802.11 工作组，专门负责无线局域网领域的工作；历经七年，在 1997 年发布了 802.11 标准的第一个版本，802.11-1997；随后在 1999 年将 802.11 标准的网络管理协议从烦琐的 OSI 体系改为简洁的 TCP/IP 体系，从而形成了 802.11 标准的第二版，1999 编辑版。这两个版本的物理层速率都仅为 2Mb/s。

从 1997 年到现在，802.11 标准持续进展，已颁布 4 个标准版本和 30 余次修正(标准增补)，实现了更快的速率、更高的 QoS、更强的安全性，等等。

802.11 技术的快速进展大大提高了标准的地位。802.11 标准已经战胜了其他同类标准(例如欧洲主导的 HiperLAN)，成为 WLAN 领域权威的国际性标准。802.11 标准近年来还在持续地发展，其发展前景一片辉煌。

10.2.2　基本标准

IEEE 802 系列的基本标准包含完整的文本，每一次新版都补入前一版本以来的所有增补。802.11 的基本标准有如下 5 个版本。

- IEEE Std 802.11—1997。
- IEEE Std 802.11—1999 Edition。
- IEEE Std 802.11—2007。
- IEEE 802.11—2012。
- IEEE 802.11—2016。

上述 5 个版本中，除 1999 版是编辑版外，其他 4 个版本都是法定标准，802.11 标准的当前法定版本是 2016 版。

1997 版是 802.11 标准的第一版，它定义了无线局域网(WLAN)中 MAC 层与 PHY 层的规范。1997 版中定义的 3 个 PHY 实体，最高速率均为 2Mb/s。三个实体分别使用三种无线传输技术：工作在 2.4GHz 的扩频技术，包括直接序列扩频(Direct Sequence Spread Spectrum，DSSS)与跳频扩频(Frequency-Hopping Spread Spectrum，FHSS)，以及工作于 850nm 的红外(IR)传输技术。

1999 版是一个编辑版。编辑版虽然未经过正式投票表决，并不是一个法定标准，但 1999 版却是长期以来最常使用的标准版本。与 1997 版相比，1999 版主要是对 WLAN 的网管协议体系做出了重大更动。1997 版采用 ISO/OSI 协议体系，使用 CMIP 协议定义 WLAN 的网管功能，而 1999 版则改为采用 TCP/IP 协议体系，顺应了互联网兴起的大潮，使用 SNMP 协议定义 WLAN 的网管功能。

从 2005 年开始，802.11 工作组加快了标准制定的步伐，基本标准也开始快速更新。802.11 颁布了 2007 版、2012 版和 2016 版标准。这些新版标准补入了从 1999 年以来所有的标准增补，包括了一些十分重要的更正。

值得注意的是，WLAN 还有一个法定的国际标准——ISO 8802.11。这是一个 ISO 的国际标准，这个标准的级别很高，但是更新速度不快。ISO 8802.11 标准等同采用 IEEE 802.11 标准，显著加强了 802.11 标准在 WLAN 全球推广中的地位。

10.2.3 物理层增补

802.11 标准的物理层增补为 WLAN 体系增加了多个新的物理实体，实现了 WLAN 速率的持续提升，受到了广泛的关注。物理层标准增补相当多，主要增补如下。

- 802.11a—1999：PHY 高速扩展，5GHz，54Mb/s。
- 802.11b—1999：PHY 高速扩展，2.4GHz，11Mb/s。
- 802.11g—2003：新一代高数据率扩展，2.4GHz，54Mb/s。
- 802.11n—2009：高吞吐率(HT)，2.4GHz/5GHz，300Mb/s。
- 802.11ac—2013：甚高吞吐率(VHT)，低于 6GHz，>1Gb/s。
- 802.11ad—2012：甚高吞吐率(VHT)，60GHz，>1Gb/s。
- 802.11af—2013：电视空白频道(TVWS)运行。

10.2.4 其他增补

增补标准中有大量不属于物理层规范，其中一些相当重要的增补列举如下。

- 802.11e—2005：MAC 层 QoS 增强。
- 802.11i—2004：MAC 层安全增强。
- 802.11p—2010：车载环境的无线接入。
- 802.11s—2011：Mesh 网。
- 802.11aa—2012：MAC 增强，可靠视频流传送。
- 802.11ae—2012：优先级帧和管理帧。

从上面增补可以看出，WLAN 的 MAC 开始具备内在的 QoS 能力，在链路级具备了提供音视频流业务的能力；MAC 内在的安全性增强，在链路级具备了相当的保密能力；WLAN 不仅可以用于慢移动环境而且可以用于车载网环境。

今天，WLAN 不再只适合数据业务，正在向融合业务提供全面的接入服务。

10.2.5 关于 WiFi

在讨论 802.11 标准时，不能不提及 WiFi(Wireless Fidelity)。

WiFi 联盟是一个推进 802.11 标准的非营利机构。WiFi 联盟成立的初衷是对符合 802.11 的产品、特别是工作在 2.4GHz 频带的产品进行一致性测试，确保不同厂商的产品、采用不同芯片组的产品能够“无差异”地(这就是“fidelity”的原意!)实现 802.11 标准的规格，可以相互兼容地工作，可以互联互通。通过测试的产品则可以带“WiFi Certified”认证标志。WiFi 联盟希望通过开展的一系列活动，在执行 802.11 标准的设备制造商和芯片厂商之间形成一种有序竞争的关系。

在 WiFi 的工作进程中，开始形成将各厂商的开发需求反映到标准制订中的机制。

实际上，WiFi 联盟成为标准化团体“院外集团”的色彩越来越浓，这个“非营利机构”越来越代表了成员单位的利益。汇总设备厂商与芯片厂商的需求，就标准化问题向 IEEE802.11 工作组施加影响开始成为 WiFi 联盟的重要任务。在 WLAN 的安全标准——IEEE802.11i 的标准化过程中，就出现过按照 WiFi 联盟的要求大幅提前完成标准制订和标准发布的情况。

今天，WiFi 已经是风靡一时，WiFi 联盟的市场化运作非常成功。在不少人的心目中，“WiFi 网络”几乎成为 802.11 网络的代名词。

10.3　网络架构与参考模型

符合 802.11 标准规范的网络可称为 802.11 网络(有时也直接称为 WLAN)，可以具有复杂的功能和组成。本节讨论 WLAN 网络的基本结构、网络组件和系统构成，以及基本参考模型。

10.3.1　无线传输环境

1. 无线介质

众所周知，电磁波传播并不依赖任何实际的物理介质。WLAN 是一种采用无线传输技术的局域网络，讨论网络的底层传输时本质上并不需使用“介质”术语。但是为了统一有线网络和无线网络对传输介质的讨论，802.11 标准中引入了“WM”(Wireless Medium，无线介质)这一术语，扩大术语“传输介质”的外延，包括实际的物理介质和逻辑的 WM 介质，使得无线局域网的传输讨论可以借鉴有线局域网中成熟的传输介质讨论模式。

2. 无线覆盖

无线电波传输具有广播特性，但与总线型有线局域网差异相当大。无线传输的最重要的特点如下。

- 无线覆盖并不存在一个简单的边界。
- 覆盖范围内缺乏全连通性，覆盖范围外未必没有泄漏和不可侦听。
- 外来信号易于侵入共享的无线介质。
- 网络拓扑结构经常动态变化，变化可能源于终端移动也可能源于信号衰变。
- 无线介质虽然具有广播特性但并不宜于简化为总线型模型。

下面简要说明这些特点。

在 WLAN 的初期研究中，IEEE 802.4 工作组曾经希望将 WM 传输环境简化为总线型拓扑结构。但在研究中发现，即使在局域网的小覆盖环境中，无线介质的传输环境也并不具有总线拓扑的良好特征：边界清晰、传输良好、干扰很小、接收容易、双向一致、拓扑稳定等。WLAN 中的 WM 虽然具有广播特征但不宜于使用简单的总线模型来表示。

在 WLAN 中，虽然经常使用术语“覆盖范围”并用一个有清晰边界的平面区域予以表示，但是，实质上这仅是一个概念性的区域，只是为了使问题的描述简洁，而不是认定无线覆盖就是一个简单的二维区域，实际上并不存在一个边界明确的静态覆盖区。无线站点的无线电场强分布是一个动态的三维图，电波传播特性动态变化，无论是无线站点的移动还是传播环境的变化，无线场强通常都随传播距离的增加而逐渐减弱，但是并无一个明显的边界。因而网络的无线覆盖是一个边界模糊且动态变化的三维区域，并不存在一个易于确定的明确的覆盖边界。电波传播时的空间强度分布(由场论中的“梯度”定义)是三维递减，而不是在边界上截然而止的。在覆盖区域之内的站点未必可以良好接收 WLAN 帧，而覆盖区域之外的站点则并不一定接收不到 WLAN 帧。而且，覆盖区域与实际环境关系很大，建筑物的阻拦与外界干扰都会使覆盖范围明显改变。

WLAN 的 WM 是一个开放空间，这个空间中的无线电波并没有内外之分。外来信号侵入共享的 WM 对 WLAN 的正常通信构成干扰，同时 WLAN 的内部信号易于泄漏从而形成网络的安全隐患。

一般而言，WLAN 的网络拓扑通常都是动态拓扑结构。无线站点的移动，包括物理移动和逻辑移动，都会形成拓扑的动态改变。这里，物理移动是指无线站点的地理位置移动，逻辑移动是指由于信号传输性能变化而形成的拓扑改变。构成网络拓扑基础的是链路，WLAN 中的无线链路远不如有线链路稳定。无线链路的传输时延有可能变化，传输的时延和误码率有可能变成不对称，致使双向信道有可能变成单向信道。

3. 隐蔽终端

无线局域网中的无线电波广播环境与有线局域网中的总线结构有一定程度的类似。两者都是广播式传输，一个站点发送数据，信道上所有的站点都能接收到这个数据；当信道上有多于两个站点发送数据时，信号可能产生冲突(collision)，相互干扰而无法识别。因此，两种环境都可以采用载波侦听型 MAC 协议，均以在同一信道上控制多个站点接入共享介质为基本出发点：发送前侦听载波，信道空闲才可启动发送以避免冲突。

但是发生在无线环境里的冲突情况却与有线方式有着很大的区别，如图 10-1 所示。图中的 A、B、C、D 四个站点都工作在同一共享信道上，图 10-1(a)是无线局域网环境，图 10-1(b)是总线型有线局域网环境。同样是位于同一信道，在无线环境中，D 不会干扰 A 与 B 之间的通信，但在有线环境中任两个站点均会相互干扰。深入分析图中每个站点的无线信号覆盖范围(图中虚线表示的圆圈)，就会发现站点之间的信号覆盖范围并不是完全重叠的，而在有线信道上则是完全重叠的。这使得在同一个无线信道上多个站点之间的冲突情况有多种组合，特别重要的是会产生隐蔽终端效应和暴露终端效应。

图 10-1(c)中，A 启动对 B 的发送前侦听信道上的载波，而此时 C 正在向 B 发送数据。由于 C 不在 A 的无线覆盖范围之内，A 未能监测到 C 的信号，A 以为信道空闲从而启动对 B 的发送。于是在 B 站出现了 A、C 信号相互干扰，数据此时混叠而无法识别。这种现象是由于目标站点背后隐藏了一个没有监测到的站点正在发送信号而造成，习惯上称为“隐蔽终端”问题。图 10-1(a)中，如果 B 正在向 A 发送数据，采用 CSMA/CA 协议，C 会侦听到 B 的载波，此时 C 即使有数据要发给 D，也不会发送。其实 C 向 D 发送与 B 向 A 发送并不干扰，但 C 根据 CSMA/CA 规则会抑制发送，称 B 和 C 为暴露终端。

总之，WM 的特性对 WLAN 的协议设计有深刻影响。WM 对传输的复杂与不利严重影响到 WLAN 的系统性能，使得研究高效可靠的 MAC 协议成为一个极为复杂的任务。

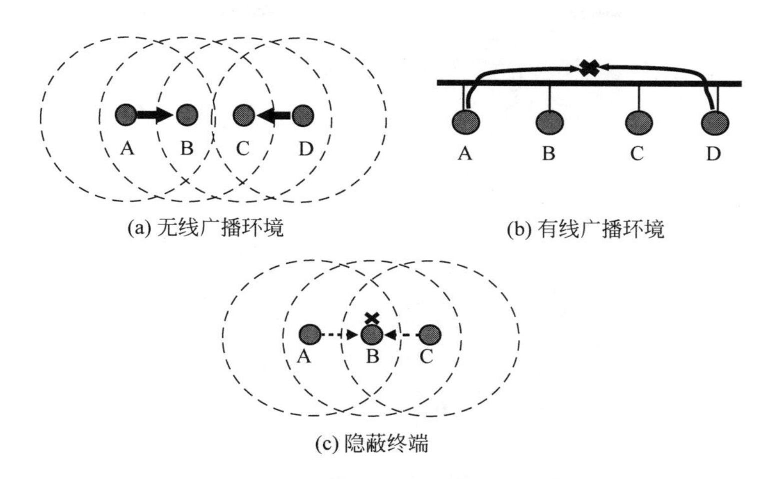

图 10-1 无线局域网中的广播环境与隐蔽终端

10.3.2 网络基本结构

传统的无线网络，包括话音网络和数据网络，都可以划分为两种基本类型：无中心网和有中心网。有中心网络中有一个"群首"站点，负责管理群内其他所有站点；无中心网络内所有站点地位平等，平等自治并协同完成群管理。802.11 标准支持两种组网模式，相应可以组成 Ad Hoc 和 AP 两类网络，如图 10-2 所示。

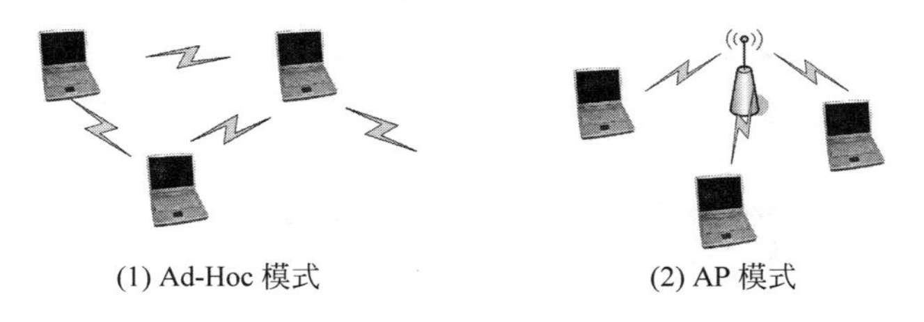

图 10-2 IEEE 802.11 的网络结构

Ad Hoc 网络是一个无中心网络，网内的所有站点(STA)地位平等。

AP 网络内所有站点以 AP(接入点)为中心组网。AP 通常作为基础设施预先建设，所以也称 AP 网络为基础设施(infrastructure)模式网络。

AP 模式网络中的 AP 通常具有桥接功能，通过 AP 桥接可以将网内所有站点接入上一级网络，特别有利于接入网应用。

上述两种网络都是单跳网络：Ad Hoc 网络中的所有站点直接连通，AP 网络中的所有一般站点均直接连通 AP 点，站点间的互通经 AP 转发实现。

最初的 802.11 标准只支持单跳网。802.11s-2011 推出无线 Mesh 网，为 802.11 网络增添了拓扑结构复杂的多跳网格网，试图为多跳接入的车载网提供基础支撑。

10.3.3 网络服务

802.11 标准以十分抽象的方式定义了 WLAN 的网络功能，并称之为 802.11 网络的系统级服务(architectural services)。随着 802.11 标准增补不断发布，802.11 的系统架构也不断增强，802.11 网络服务也随之不断丰富。

在 802.11 原始版中只定义了 9 种系统级服务，后来在标准增补 802.11h—2003、802.11i—2004、802.11e—2005 中均有所补充和增强。802.11 系统级服务可分为以下几类。

- 支持站点之间的数据投递的服务：6 种。
- 接入控制和机密性的服务：3 种，由 802.11i—2004 增强。
- 频率管理的服务：2 种，由 802.11h—2003 增加。
- QoS 设施的服务：2 种，由 802.11e—2005 增加。

系统级服务与网络的系统部件(components of the architecture)相关联。一类是单纯由无线站点即可以提供的服务(Station Service，SS)，另一类则需要分发系统(DS，见后文)配合方可提供的服务(Distribution System Service，DSS)两大类。

SS 服务包括 MSDU 投递、认证、机密性、频率管理、QoS 设施等服务。

DSS 服务包括关联、分发、整合、QoS 流量调度等服务。

802.11 系统级服务中最基本的服务是 MSDU 投递(MSDU delivery)，即在对等实体之间投递 MSDU。典型的例子是：作为 MAC 客户的本地 IP 实体将 IP 分组作为 MSDU 下发 MAC 实体，本地 MAC 实体投递该分组到远端 MAC 实体并上交客户，即远端 IP 实体。这样就实现了本地和远端之间对等 IP 实体的 IP 分组传送。

其他 802.11 系统级服务将在后文涉及有关内容时介绍。

10.3.4 服务组与服务组标识

802.11 标准将网络基本单元定义为网络服务组。本小节讨论服务区、服务组、服务组标识等基本概念。

1. 服务区

802.11 中的服务区(Service Area，SA)是指一个 802.11 网络中的无线站点可以相互通信的区域，用以表示一个无线网络覆盖区域的概念。AP 网络中的服务区通常就是 AP 的无线覆盖区。

服务区通常表示为一个具有明确边界的二维图形，但是由于实际上并不存在一个边界明确的静态覆盖区，所以服务区实质上仅是一个概念性的区域。

2. 服务组

802.11 标准使用术语服务组(Service Set，SS)表示 802.11 网络中的基本网络单元。服务组表示位于同一服务区并用同一 MAC 协议相互协调的一组站点。

构成一个服务组的条件如下。

- 无线信号共同覆盖范围内的一组站点，特别是一个 AP 的无线覆盖范围。
- 一组站点使用一个 MAC 协议协调对 WM(无线介质)的接入控制。

802.11 中的服务组可以分为基本服务组与扩展服务组两种类型。

1) 基本服务组(Basic Service Set，BSS)

基本服务组是指位于一个基本服务区内的一组站点，这些站点执行同一 MAC 协议并相互协调、有序接入无线共享信道。

这些站点配置为 Ad hoc 模式时，所有站点间可直接互通。站点配置为 AP 模式时，所有站点均可直接连通 AP 并可通过 AP 中继实现站点的间接互通。

BSS 中的站点可以组成 IBSS(Independent Basic Service Set,独立的基本服务组)。IBSS 是指一个没有外部链路连接的 BSS。IBSS 自成一个独立的小系统,不再与其他系统互连,通常用于描述一个工作于 Ad hoc 模式的小型工作组网络。

2) 扩展服务组(Extended Service Set,ESS)

扩展服务组是指使用分发系统互连起来的多个 BSS,这些 BSS 协同工作形成一个更大的服务组。实际组网时,ESS 通常是通过 DS(Distrbution System,分发系统)互连多个 AP,以这些 AP 为中心的多个 BSS 协同而形成的。典型的 DS 是以太网,典型的 ESS 是通过以太网互连的一组 AP,接受共同的管理。

802.11 标准中还使用了基本服务区(Basic Service Area,BSA)和扩展服务区(Extended Service Area,ESA)这两个术语表示 BSS 和 ESS 相应的服务区。

3. 服务组标识

802.11 标准定义了服务组标识(Identifier,ID)用以标识服务组。对 BSS 和 ESS 分别有 BSSID 和 ESSID。

BSSID(Basic Service Set Identification,基本服务组标识)是一个 48 比特的无符号整数,用以唯一标识每一个 BSS。值得注意的是,BSSID 的唯一性概念直到近年来网络虚拟化潮流中才有所扩展。

在 AP 网络中,BSSID 通常是 AP 的 MAC 地址,Ad Hoc 网络中的 BSSID 通常是"群首"站点的 MAC 地址。

ESSID(Extended Service Set Identification,扩展服务组标识)用以表示一个 ESS 的身份,ESSID 可视为 802.11 网络的一个名称,并不具有唯一性。

802.11 标准称 ESSID 为 SSID(服务组标识)。SSID 是一个长度为 0～32 个八位组串,通常配置为长度为 1～32 的用户可读字符串,长度为 0 只用于特定帧中的 SSID 的通配表示。

SSID 的默认值是设备厂商标识。

802.11 标准支持多 SSID(Multi-SSID),即一个 ESS 可配置多个 SSID,也即一个 ESS 可以具有多重身份。在一个 ESS 内的每一个 AP 均可配多个 SSID,此 ESS 内的入网站点可以选择其一 SSID 匹配。

在无线局域接入中,可以将 SSID 与 VLAN 绑定,使每一 SSID 可分别与某个 VLAN 绑定,入网站点使用不同的 SSID 入网可进入不同的 VLAN。使用多 SSID 可为 ESS 用户建立不同的安全关联,站点入网可具不同的认证、VLAN、加密等特性。这种使用同一套物理设备构成多个逻辑网络的组网方式可以用于大型园区网络,例如校园网的免费内网和运营商收费外网。

10.3.5 WLAN 系统构成

802.11 网络的系统构成如图 10-3 所示。

从图 10-3 可以看出,典型的 ESS 可由 DS 互连多个 AP 模式的 BSS 构成。BSS1 包含两个无线站点 STA1 和 STA2,而 BSS2 包含两个无线站点 STA3 和 STA4,BSS1 和 BSS2 中的 STA2 与 STA3 均是 AP 设备。我们可以将 AP 设备理解为一个网桥,除了具有 WLAN 接口外还具有一个"DS 接口",用之与 DS 连接。图中的 DS 互连两个 AP,从而将两

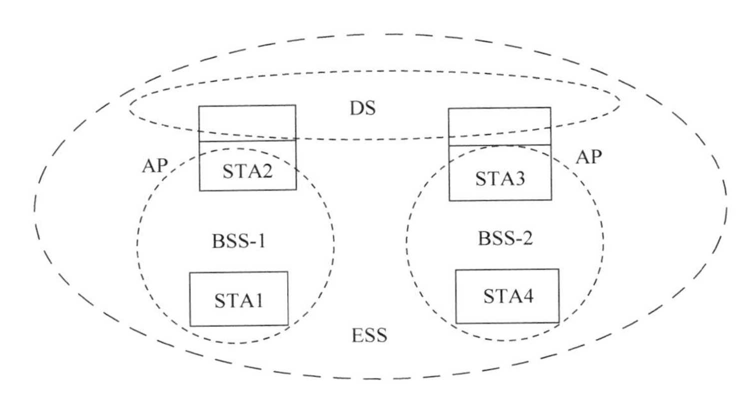

图 10-3　802.11 网络系统构成

个 BSS 连成一个 ESS。

应当注意，802.11 标准中的“AP”仅是一个具有特定管理控制功能的无线站点，具有承担 BSS 内群首的全部功能。而在很多场合中的“AP”通常是指一个 AP 设备，典型的 AP 设备是一个具有 L2 功能的“AP 网桥”，具有两个网络端口：802.11 端口和 802.3 端口，可以桥接两端口实现信息传递。在具体应用中，AP 网桥通常简称 AP，具有 L3 功能的 AP 设备通常称为 AP 路由器。

802.11 网络的多 SSID 特性与 VLAN 划分绑定，可以在一个“物理的”WLAN 内形成多个“逻辑的”WLAN。例如在一个校园网内部署多个 AP，每一个 AP 都配置 Campus_Net 和 Carrier_Net 两个 SSID 并在 AP 的上联端口划分相应的 VLAN。在不同的 VLAN 建立不同的安全关联，包括用户名、接入密码、接入权限等。用户使用“Campus_Net”的 SSID 接入 WiFi 则进入校园网，接入免费但只能访问校园网的内部资源；用户使用“Carrier_Net”的 SSID 接入 WiFi 则进入运营商网络，则可以访问外部的互联网资源但接入是付费的。这样，在校园网覆盖范围内部署一套 AP 的物理系统，实质上可以得到两个相互隔离的 WiFi 接入系统、两个逻辑网络。

10.3.6　分发系统

802.11 中的分发系统(DS)是一个值得进一步讨论的内容。分发系统的基本作用是互连多个 BSS 构成一个 ESS。802.11 标准声明：DS 仅是一个逻辑概念，DS 既可以是有线网络也可以是无线网络，既可以是 802 网络也可以是非 802 网络。802.11 定义 DS 为一个逻辑实体是合理的，可以使标准具有了更大的适应性。

抽象的 DS 理解起来较为困难，我们将 DS 具体化，以典型实现帮助理解。由于以太网是当前使用最广的局域网，所以常见的 DS 都用以太网桥(交换机)予以实现，这样可以更容易实现与以太网的兼容和整合。图 10-4 是用以太网作为 DS，连接 AP 网桥，互连 BSS 成 ESS 的示意图。

使用 AP 网桥互连以太网与 802.11 无线局域网十分方便。当前的“AP 设备”几乎都带以太网接口，这使得系统安装非常简单。在互连起来的网络中，无线站点看起来就是一个以太网站点：所有的接入，不管是无线对无线还是无线对有线，都与以太网站点互访是一样的，似乎就是一个单一的以太网，因此，业界甚至广泛称 802.11 网络为“无线以太网”。

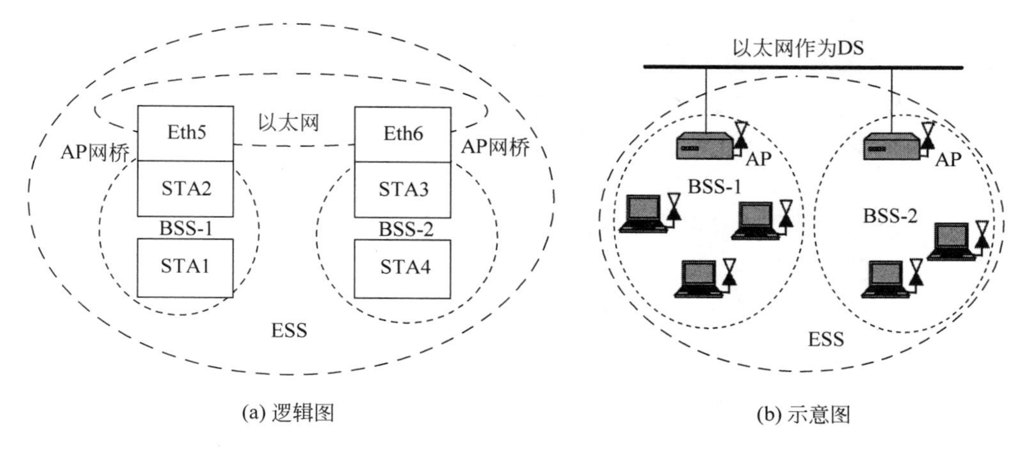

图 10-4 DS 的以太网实现系统

10.3.7 参考模型

在 IEEE 802 标准系列参考模型中，802.11 标准定义的 WLAN 参考模型与 OSI 参考模型一致性最好，可以认为是 OSI 参考模型的一个经典实例。

本小节讨论 802.11 基本模型和增强模型，并以三平面系统架构的观点分析 802.11 参考模型。

1. 基本模型

802.11 基本参考模型在 802.11—1997 中提出，在 802.11—1999 中重申，并在 802.11i—2004 中予以增强。如图 10-5 所示，参考模型包括了 MAC 子层和 PHY 层两层，这与 802 网络参考模型架构一致。MAC 通过 MAC_SAP 向 MAC 客户提供服务，PHY 通过 PHY_SAP 向 MAC 层提供服务。

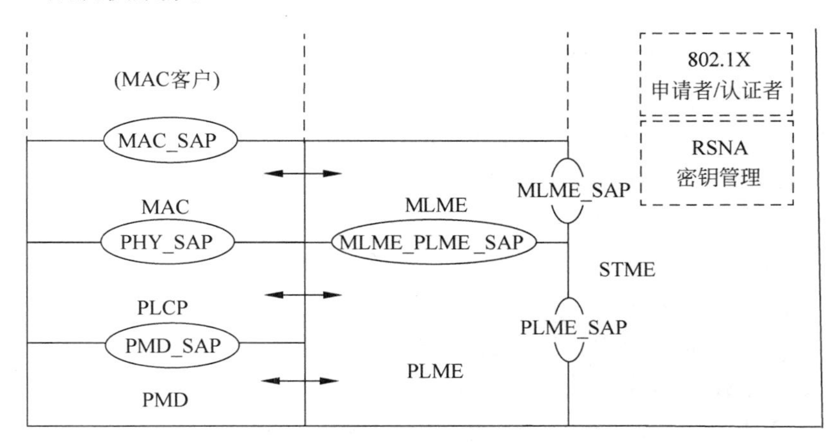

图 10-5 802.11 参考模型

基本模型将 PHY 层划分为 PMD 和 PLCP 两个子层。PMD 与物理实体技术密切相关，通过 PMD_SAP 向 PLCP 提供服务。PLCP 独立于具体的物理技术，对外代表 PHY，通过 PHY_SAP 向 MAC 提供一致的服务。

802.11 基本模型将物理层划分为物理介质相关和物理介质无关两部分，符合 802 系列标准的惯例。物理层划分为两个子层更接近于 802 实现模型，更便于细化讨论物理实体规范、更便于分别细化 802.11 标准中的多物理实体规范。

802.11 基本模型中包含了 3 个子层和 3 个管理实体以及相应的 SAP 点。

1）子层

MAC 子层与 802 通用参考模型一致，解决多个无线站点接入共享无线介质时的冲突，有序接入无线信道并提高无线信道的使用效率。

PLCP(Physical Layer Convergence Procedure，物理层会聚过程）子层将多个特定 PMD“会聚”于统一的 PHY 服务，完成将多种差异颇大的 PMD 帧会聚成格式统一的 MAC 帧的过程。

PMD(Physical Medium Dependent，物理介质相关）子层是为了适应多种物理实体规范的特点而设计的一个子层。各种不同的无线接收与无线发射技术，例如 IR、FHSS、DSSS、CCK_DSSS 和 OFDM 等，在编码、调制、纠错、同步等多方面，技术都是不尽相同的。PMD 系统面对特定无线收发技术而优化设计，向上提供的物理帧不尽相同，多种有差异的物理帧交由 PLCP 子层“会聚”成一致的 MPDU，上交 MAC 子层处理。

2）管理实体

基本模型定义了两个层管理实体：PLME 和 MLME。PLME(物理层管理实体）实施物理层（包括 PLCP 子层与 PMD 子层）的内部管理，MLME(MAC 子层管理实体）实施 MAC 子层的内部管理。层管理实体通过一个内部接口对相应子层实施管理，MLME 和 PLME 均通过内部接口与 MAC 子层、PLCP 子层和 PMD 子层中的实体交互。

MAC 子层之上的 MAC 客户在括号中，表示从严格意义上讲，MAC 客户应当不属于 802.11 标准的内容。实际上，STMEL 站管理实体也不全是 802.11 基本模型的一部分，在后面会进一步讨论。

3）SAP

802.11 基本模型与 OS/BRM 一致性相当好，各层通过标准的 SAP 点向上提供服务。802.11 的 SAP 可以分为两类：通用 SAP 提供基本层面（即是后面讨论的传送平面）层间的原语交互，管理 SAP 则专门提供管理实体之间（即是后面讨论的管理平面）的原语交互。通用 SAP 有 3 个，分别是 MAC_SAP、PHY_SAP 与 PMD_SAP。管理 SAP 也有 3 个，分别是 MLME_PLME_SAP、MLME_SAP 与 PLME_SAP。

2. 增强模型

802.11 标准在发展中不断丰富参考模型，在 802.11i—2004 中提出安全性增强参考模型，后面的版本对参考模型又有进一步增强的发展。

802.11i 安全增强模型在站管理中增加了 RSNA(Robust Security Network Association）密钥管理实体和 802.1X 的申请者/认证者实体。这些实体的功能并不完全属于 802.11 标准（例如属于 802.1X 标准），但都可以位于 802.11 参考模型中的系统管理，本书对此不做进一步讨论。

802.11 参考模型简洁清晰、框架覆盖全面，虽然多次添加增强内容但整体框架一直沿用至今。这表明参考模型遵循 OSI/BRM 的基本框架，具有良好的适应能力和扩充能力，为 802.11 标准的发展提供了良好的系统架构支撑。

3. 参考模型中的平面属性

802.11 参考模型覆盖全面，功能较为复杂。若使用包含传送平面、管理平面和控制平面的三平面架构，可对 802.11 基本模型的认识更为简洁而清晰、全面而深刻。

基本模型中的 MAC、PLCP 和 PMD 实体的功能是典型的传送平面功能。MAC 客户将 MSDU 下发 MAC 实体，并经 MAC 实体间将用户数据传递到远端的对等 MAC 实体。实际上这就是 MSDU 投递功能。这三个实体典型的位于传送平面，传送用户数据，实现用户间的数据交换，因此传送平面也被称为数据平面或用户平面。

基本模型中的 MLME 和 PLME 是层管理实体，层管理和站管理实体具有 802.11 站点的配置功能、故障管理、账务管理、性能管理、安全管理等管理平面功能，因此层管理和站管理实体典型地属于管理平面。

增强模型中增添的 802.1X 接入控制实体实现用户接入控制，则是典型的 IP 接入网控制平面功能。802.1X 等实时控制功能典型地位于控制平面。

在 802.11 参考模型中，管理平面与传送平面之间的数据接口表述为双向箭头而不是 SAP 点，这是因为这是 802.11 系统的内部接口而非开放系统之间的标准接口，是同一系统内不同平面间的内部接口。

10.4 MAC 层

802.11 网络面对的通信环境要比 802.3 网络复杂得多，因此 WLAN 的 MAC 协议自然会比以太网的 MAC 协议复杂得多。

802.11 标准遵循 ISO/OSI 系统架构。因此，本小节也随之讨论 MAC 服务、MAC 结构、MAC 帧结构以及 MAC 协议等部分内容。

10.4.1 MAC 服务

1. MAC 服务涉及的基本概念

802.11 标准使用 OSI 参考模型中的标准术语描述 MAC 子层对上层提供的服务。涉及的基本概念主要包括：

(1) MAC 服务：MAC 子层向邻接上层(MAC 客户)提供的能力。

(2) MAC 服务访问点(MAC_SAP)：MAC 实体向上层提供服务的接口。

(3) 物理层服务访问点(PHY_SAP)：MAC 实体使用物理层服务的接口。

(4) MSDU：MAC 服务数据单元(MAC_SDU)。

通过本端 MAC 实体传送到位于远端的对等 MAC 实体的数据单元。MAC 子层不解释也不改变 MSDU。

(5) MPDU：MAC 协议数据单元(MAC_PDU)。

对等 MAC 实体根据 MAC 协议交互的数据单元。最简单的情况下，MPDU 就是由协议控制信息与用户数据(PCI+UD)构成，这里 UD 指用户数据。

2. MAC 服务定义

802.11 定义的 MAC 服务包括：

1）数据服务（data service）

为对等 MAC 客户实体（包括 LLC 实体）提供 MSDU 交换能力。对最常见的“IP over MAC”协议栈，数据服务就是为对等 IP 实体提供的 MSDU 传送能力。

2）安全服务（security services）

提供无线站点的认证服务以及 WEP、TKIP、CCMP 等安全机制。

3）MSDU 排序（MSDU ordering）

网络中的数据传送通常要求按序投递，为此，802.11 标准提供了 MSDU 排序服务，使数据单元的接收顺序与发送顺序相同。但是，当实施 QoS 管理时，可能要求对传送的数据单元按照优先级重新排序，因此，这一服务在 802.11e—2005 中得到了补充。

4）MAC 服务原语

MAC 服务由一系列 MAC 服务原语实现，802.11 标准定义的 MAC 服务原语主要是 MSDU 转移原语，包括请求（MA-UNITDATA. request）、指示（MA-UNITDATA. indication）和证实（MA-UNITDATA. confirm）三个原语。

10.4.2 MAC 结构

802.11 标准中使用了复杂的 MAC 功能和 MAC 协议，也定义了复杂的 MAC 结构。

802.11 的 MAC 结构如图 10-6 所示。DCF 和 PCF 在 802.11 原始版中定义，HCF/EDCA/HCCA 在 802.11e-2005 中增添。

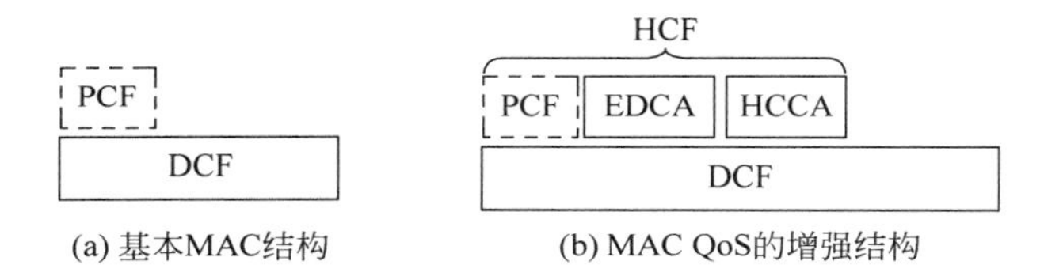

图 10-6 MAC 层结构

图中缩写如下。

- DCF（Distributed Coordination Function，分布协调功能）。
- HCF（Hybrid Coordination Function，混合协调功能）。
- PCF（Point Coordination Function，点协调功能）。
- EDCA（Enhanced Distributed Channel Access，增强分布式信道接入）。
- HCCA（HCF Controlled Channel Access，HCF 受控信道接入）。

DCF 是 802.11 标准中 MAC 结构的基础。是 802.11 网络的基本 MAC 机制，提供争用型服务的 DCF 除了直接提供基础的 MAC 服务外，还是其他功能（包括 PCF/EDCA/HCC）的基础支撑。

DCF 使用 CSMA/CA 协议，使得多个物理层兼容的无线站点可以有序共享无线介质。CSMA/CA 协议的基本机制是信道接入的随机争用与分布协调，采用了一系列提高无线环境中传输成功率的算法，在冲突高发期极力减小冲突概率。CSMA/CA 协议是一个十分精致且相当复杂的协议。

PCF 建立在 DCF 支撑之上，提供无争用服务。这是 802.11 标准规定的选项，在实际的产品中几乎没有实现该功能。PCF 功能由一个中心点采用类似于轮询的机制仲裁其他无线站点的接入请求，实现对无线信道接入的集中仲裁。PCF 功能设计仅适合于 WLAN 中的 AP 模式。

HCF 是在 802.11e—2005 中新增加的。HCF 功能包含了原有的 PCF 以及新增加的 EDCA 与 HCCA，提供了由 DCF 支撑的混合协调功能。新增的 EDCA 提供基于竞争的信道接入，而 HCCA 则是 QoS 感知的中心协调。

上述讨论表明，802.11 定义的 WLAN 已经从最初的平等争用型网络发展成具有优先级调度能力网络，已经从单纯的数据网络发展成支撑多业务的网络。详细讨论上述各种功能的细节已经超出本书的范围。由于 DCF 的核心协议 CSMA/CA 不仅成功地用于无线局域网及其 QoS 增强版本，而且是近年来很多其他网络协议效法的范例，因此我们将在专门小节中予以进一步的讨论。

10.4.3　MAC 帧结构

802.11 标准中使用了复杂的 MAC 协议，也使用了相当复杂的 MAC 帧。

1. 通用帧格式

802.11 的 MAC 帧通用格式如图 10-7 所示。

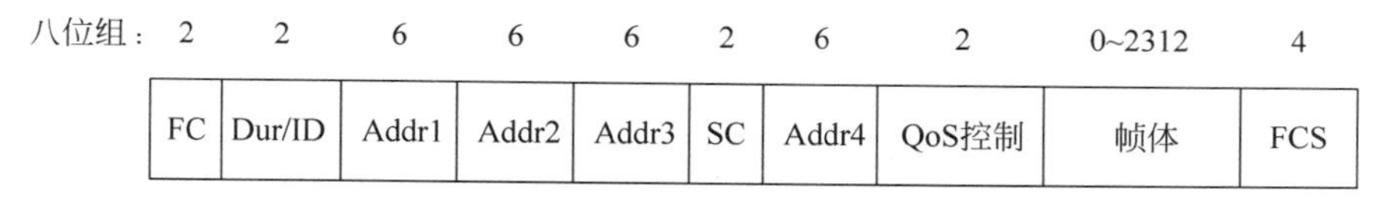

图 10-7　MAC 帧格式

MAC 帧通用格式中包含如下字段。

- FC：帧控制字段。
- Dur/ID：持续时间字段。
- Addr1～Addr4：地址字段，随帧类型不同而最多可达 4 个地址段。
- SC：序列控制字段。
- QoS 控制字段：802.11e 中新增，用于标识 TC(traffic category)、TS(traffic stream)等 QoS 相关信息。
- 帧体：包含的信息与帧类型相关，是变长字段。最短长度为 0，最大长度可包括 MSDU(最大 2304)及 WEP 封装信息(8)。
- FCS：帧校验序列，根据 CRC-32 多项式生成。

注意：帧格式中字段长度的单位是八位组(octet)。

对于 802.11 的通用帧结构，需要注意下面两点：

- 802.11 标准中的 MAC 帧也就是 MPDU(MAC 协议数据单元)。
- 通用格式中所列的 9 个字段是 MAC 帧组成的最大可能。最短 MAC 帧只包含 4 个字段：FC、Dur/ID、Addr1、FCS，最短帧长度仅为 14 个八位组。

通用格式中的 FC 字段定义了帧类型等基本属性，其格式如图 10-8 所示。

FC 字段中的各个子字段含义如下。

- Protocol：协议版本号。当前标准的版本号为 0。
- Type：帧类型。

B0 B1	B2 B3	B4 B7	B8	B9	B10	B11	B12	B13	B14	B15
Protocol Version	Type	Subtype	To DS	From DS	More Frag	Retry	Pwr Mgt	More Data	WEP	Order
Bits: 2	2	4	1	1	1	1	1	1	1	1

图 10-8 帧控制字段

- Subtype：帧的子类型。
- ToDS/FromDS：流入/流出 DS，决定了帧格式中各地址段的具体含义。
- MoreFrag：是否有后继分片，供 MSDU/MMPDU 的分片/合片使用。
- Retry：是否重发帧，接收站协议应答时避免帧的重复接收。
- PwrMgt/MoreData：省电模式控制。
- WEP：是否使用 WEP 安全模式。
- Order：是否使用严格排序(StrictlyOrdered)服务等级。

2. MAC 帧类型

802.11 标准定义了 3 类(Type)帧，帧类由 FC 中的 Type 字段值定义。

00：管理帧。

01：控制帧。

10：数据帧。

11：保留。

具体的每一类帧又包含若干型(Subtype)，由 FC 中的 Subtype 字段定义。

1) 数据类帧

数据类帧是 802.11 中最基本的 MAC 帧，类帧中包含了数种型。数据类帧中可以含有数据、也可不含数据；在无争用(CF)模式中还可捎带轮询和确认。

功能最单纯的数据类帧也称为数据(Data)帧，这是最简单也是最常用的一种帧类型。值得注意的是，数据帧的帧体最大长度为 2312 个八位组，足以封装最长的以太帧，这为 WLAN 与有线以太网的整合提供了良好的基础。

2) 控制类帧

控制类帧的类型很多，可以分为以下几组。

- 节电模式轮询(PS-Poll)帧。
- RTS/CTS(Request To Send、Clear To Send)帧。
- 确认(Acknowledgment，ACK)帧。
- 无争用模式(Contention-Free)结束(CF-End)帧。
- 无争用模式结束并捎带确认(CF-End + CF-Ack)帧。

控制帧中最常用的是 ACK 帧、RTS 帧和 CTS 帧。这三种类型的帧长都十分短：RTS 帧长为 20 个八位组，CTS 和 ACK 帧长为 14 个八位组。在 CSMA/CA 协议中用于快速短促交互，对提高协议性能很有好处。

3) 管理类帧

管理类的帧包括：

- 关联请求/响应(Association request/response)帧。

- 重新关联请求/响应(Reassociation request/response)帧。
- 解除关联(Disassociation)帧。
- 认证/解除认证(Authentication/Deauthentication)帧。
- 探询请求/响应(Probe request/response)帧。
- 信标(Beacon)帧。
- ATIM(Announcement traffic indication message)帧。

由上可见,802.11 标准定义的帧类型相当复杂,功能也十分齐备,后文将会择要介绍。

3. 地址段

802.11 标准使用 802 标准族通用的 48 位 MAC 地址,并根据帧通用格式中的 To/FromDS 字段值决定帧中地址段的表示意义。

需要注意的是,MAC 地址不仅用于表示 WLAN 中的一个无线站点的 MAC 实体,也用于标识一个基本服务组。802.11 规定,在 AP 模式下,可使用 AP 的 48 位 MAC 地址作为 BSSID(基本服务组标识)。

802.11 的 MAC 帧最多可以具有 4 个地址段。

- DA:宿站地址(destination address)。
- SA:源站地址(source address)。
- RA:接收地址(receiver address)。
- TA:发送地址(transmitter address)。

DA/SA 用以标识 MAC 帧的宿地址和源地址。RA/TA 用以标识无线路径中本跳的接收和发送地址,这对多跳网络中的路径选择十分重要。

WLAN 中帧转发的不同路径段,MAC 帧中的地址段含义如表 10-1 所示。

表 10-1　MAC 帧格式中的地址段表示

ToDS	FrDS	Addr1	Addr2	Addr3	Addr4
0	0	DA	SA	BSSID	N/A
0	1	DA	BSSID	SA	N/A
1	0	BSSID	SA	DA	N/A
1	1	RA	TA	DA	SA

ToDS/FrDS=00 意味着当前 MAC 帧既不是发向 DS 也不是发自 DS,即该帧只是在本 BSS 内转发。通常表示 Ad-hoc 方式下的通信。因此,只需要表示宿地址与源地址,并且标明所属的 BSS 即可。这时的 MAC 帧需要使用 3 个地址段,其中 Addr3 用于放置本 BSSID "群首"的 MAC 地址。

ToDS/FrDS=01,用于 AP 模式,意味着当前 MAC 帧是发自 AP/DS,即该 MAC 帧是由 AP 向所属 BSS 内的站点发送,这时的 MAC 帧需要使用 3 个地址段,其中 Addr2 用 BSSID(AP 的 MAC 地址)。

ToDS/FrDS=10,用于 AP 模式,意味着当前 MAC 帧是发向 AP/DS,即该帧发送者是 BSS 的一个站点,该帧直接接收者是 AP(但 AP 不是目的站),这时的 MAC 帧需要使用 3 个地址段,其中 Addr1 用 BSSID(AP 的 MAC 地址)。

ToDS/FrDS=11,用于 AP 模式,且此时通常 DS 为无线局域网,意味着当前 MAC 帧既是发向 DS 也是发自 DS，即该 MAC 帧是在 DS 中转发以实现分发功能，即此帧是由一个 AP 转发，另一个 AP 直接接收（但不是目的），MAC 帧需要使用 4 个地址段，分别用于放置接收地址（接收 AP 的地址）、发送地址（发送 AP 的地址）、宿地址、源地址。这种 4 地址段的模式可以适应多跳转发的复杂无线网络，对 WLAN 进一步发展是十分必要的。

4. 其他字段

通用帧格式中的其他字段包括：

1）Duration/ID 字段

长度为 16 比特，取值为 0～32 767 时，表示发射持续期，虚拟载波侦听过程中用于更新 NAV 值。

取值＞32 767 时，用于 PCF 模式中的 PS-Poll 等帧中。

2）SC（Sequence Control，序列控制段）

长度为 16 位，分成 FN 与 SN 两个子段。

SN（Sequence Number，序号）子段，长度为 12 位。与 MAC 帧中的源地址（SA）共同形成 WLAN 中的帧唯一标识。

FN（Fragment Number，分片号），长度为 4 位。用于后面要讲述的 MAC 帧的分片/合片过程。

5. 典型过程——扫描与入网涉及的帧

与 802.3 单一的 MAC 帧类型相比，802.11 定义的 MAC 帧类型是十分复杂的。深入讨论 WLAN 中的扫描入网过程，可以进一步理解各种帧类型在 802.11 标准中的作用。

802.11 网络的 MAC 协议 CSMA/CA 是一种时隙式 CSMA 协议。该协议要求一个 BSS 中的所有 STA 在时隙起始点同步。为此，802.11 定义了 BSS 的 TSF（定时同步功能），周期性同步 BSS 内的所有站点。

所有 802.11 的 STA 中均有一个 TSF 定时器，TSF 服务就是定期性同步同一 BSS 内所有 STA 中的定时器，当 WLAN 组成 AP 模式时，TSF 过程的执行由 AP 周期性发射信标（beacon）帧启动。

信标帧的帧体中含有执行 TSF 功能所需的字段，包括 SSID、信标间隔和时戳。

SSID 用于标识一个 ESS 或 IBSS，是一个不长于 32 的字符串，可以认为是一个 WLAN 的命名。信标间隔用于表达信标发射的时间间隔，以 TU（time unit）为单位。时戳用于表示 TSF 定时器的当前值。

信标帧中含有本 AP 的 TSF 定时器的当前值，可以对 AP 模式中所有 STA 的 TSF 定时器同步。同一 BSS 中的所有 STA 接收 AP 发来的信标帧并根据帧中 AP 的 TSF 当前值同步 STA 自身的 TSF 定时器，完成 BSS 中所有 STA 的 TSF 定时器同步。

STA 使用 MLME 提供的同步服务实现扫描并启动入网过程，一个 BSS 中的 STA 在启动时通过扫描可以加入此 BSS。STA 的扫描入网可以工作在被动扫描模式，也可以工作在主动扫描模式。

扫描入网过程中使用的 MAC 帧类型可能有信标帧、探询请求帧和探询响应帧。

1）被动扫描入网的典型工作过程

- 信道扫描：STA 在所有指定的无线信道接收信标帧。
- SSID 检查：STA 检查收到信标帧中 SSID 的类型与值。

- 匹配入网：匹配信标帧并送入网处理。如果并未指定SSID，则可以列出收到信标的SSID列表，通知用户选择适当的AP入网。

2）主动扫描入网的典型工作过程

- 探询请求：STA主动发射含有所需SSID的探询请求帧，等待合适的AP响应。
- 探询响应：AP收到探询请求，若SSID符合则回应相应的探询响应帧。
- 匹配入网：STA收到的匹配的AP回应的探询响应帧，并进行入网处理。

站点通常使用被动扫描入网。被动扫描模式入网提供了组网的方便性，STA不需要预先知道AP的SSID即可以方便地入网。但是AP可以关闭信标帧的广播，这种情况下STA就必须使用主动扫描模式才可能入网。关闭信标广播可以提高无线局域网的安全性，是一种入门级的WLAN安全措施。

10.5 CSMA/CA协议

MAC层的基本功能是分布仲裁功能(DCF)，支撑DCF的基础机制是CSMA/CA协议。

CSMA/CA是一个十分有效的协议，然而也是一个十分复杂的协议。CSMA/CA协议接入无线信道的基本方法是一个WLAN(更准确地说，是一个BSS)中的站点用以确定自身是否可以在共享的WM上实施传输的核心机制，协议中还采用的一系列辅助增强算法则是提高共享有效性的重要的辅助机制。

必须注意，虽然CSMA/CA被称为MAC协议，然而面对复杂的无线传输环境，为了使WM的共享效率更高，CSMA/CA协议中含有协议跨层设计的理念。当物理层采用不同的具体技术、定义不同的物理层规范时，802.11标准中定义的不少CSMA/CA协议参数都可能不同。这种与不同的物理实体密切相关的参数被称为PHY相关参数。802.11标准中的PHY相关参数十分繁杂，在本节中为了加深理解而列举PHY相关参数时，通常举例都是采用DSSS(直接序列扩频)技术、数据率最高为2Mb/s的规范(IEEE 802.11—1997)中的相应参数。

10.5.1 概述

CSMA/CA协议是无线局域网的MAC子层的最基本、最重要的协议。CSMA/CA在实现CSMA算法的基础上针对无线传输环境作了许多有效的扩展，使用了多种辅助算法和定义，形成了一个精致而复杂的MAC协议。CSMA/CA协议精巧、全面、复杂，是不少新型MAC协议的参照，是近年来文章讨论的热点，是学习MAC协议的范例。

1. CSMA/CA协议的基本思想

CSMA/CA协议是一种时隙式CSMA协议的扩展，其基本框架如下。

站点有数据待发时，则启动侦听无线介质(WM)；

若：WM空闲，则立即启动数据发送；

否则：推迟接入，继续侦听WM直到信道空闲，启动随机退避过程；

随机后退计数器启动并继续侦听WM；

若：后退计数器时间到，则启动数据发送；

若：数据发送时产生冲突，则区间加倍并再次启动随机后退。

2. CSMA/CA 协议要解决的问题及解决方法

- 面对复杂的无线环境，如何提高载波侦听的效果？
- 载波侦听时，如何降低隐蔽终端带来的危害？
- 如何得知数据传输是否成功？如何提高无线信道上的传输成功率？
- 数据发送当中，能否检测冲突并采取适当动作？
- 信道空闲时间如何累计？即，若等待中途变忙，随机退避应当如何处理？
- 后退区间长度的倍增算法及其相应的参数值？
- 其他待发站如何动作？

针对上述问题，CSMA/CA 协议提出了一系列解决方法，包括一些新概念和一系列辅助算法，形成了一个避免冲突相当有效的协议框架。

- 通过不同的帧间间隔实现对信道的控制。
- 在实施物理侦听的同时，增添 MAC 层虚拟侦听，使载波侦听更为有效。
- 使用 RTS/CTS 交互机制，尽可能避免隐蔽终端的危害。
- 将长帧分成短片传输，实施单帧等待确认机制，降低无线信道突发干扰的危害。
- 后退区间算法：区间长度根据二进制指数算法增长，参数值与 PHY 相关。
- 多站点公平等待机制。等待中信道变忙则计数器值冻结，一旦信道空闲则从冻结值继续计数。站点的等待时间并不因多次冲突而无效，这种空闲信道等待时间有效积累算法可提高各站点等待接入的公平性。

由于 CSMA/CA 协议相当复杂，为了便于理解，我们将在下面的小节中概要讨论 CSMA/CA 协议的基本概念和重要算法。从最简单的情况开始，逐渐讨论完整的协议。

10.5.2 时隙与帧间间隔

802.11 标准中有两个与时间基准有关的重要概念：时隙与帧间间隔，两者都是与 PHY 相关的参数。802.11 标准针对每一种 PHY(即，使用了各种具体技术的物理实体)定义了相应的参数值。这些时间参数中的基础：时隙值和基本的帧间间隔(SIFS)，其值都是固定值，而其他的帧间间隔则通过一定的公式导出。

1. 时隙

CSMA/CA 协议是一种基于时隙(time slot)的 CSMA 协议。

所有站点都只能在时隙的起点启动发送过程，这样可以将站点间的接入冲突概率降低大约一半。站点的接入失败时也只能在时隙起点启动随机退避过程，这样也可以提高站点等待的随机性，降低站点重发的冲突概率。

采用时隙 CSMA 协议付出的代价是执行同一协议(同一 BSS 中)的所有站点必须时隙同步，实现的复杂性显著增加。

802.11 对采用 DSSS(直接序列扩频，速率为 1Mb/s 和 2Mb/s)的 PHY 规范，典型的时隙值是 20μs。

2. 帧间间隔

在所有基于分组的网络中，分组传输时必须留有适当的时间间隔以保证前后分组不会重叠而相互干扰，在共享信道的网络中更是如此。这个时间间隔通常称为 IFS(Inter Frame Space，帧间间隔)，不管是有线(例如 802.3)网络还是无线(例如 802.11)网络，都需要定义适当的 IFS 参数值。

WLAN 中的 IFS 是 MAC 帧在 WM 上传输时，前后帧之间间隔的时间，这是无线站点的接口电路进行收发切换、发射功率稳定、同步建立等动作时，都需要的一个时间缓冲值。IFS 参数值本质上取决于收发信号的接口电路，取决于接口电路的电气特性。例如，以太网中的 IFS 值就是由接口电气特性决定的一个基本参数，用以保证各个站点公平地竞争共享信道的使用权。

然而在 802.11 标准中，IFS 发展成了 WLAN 的一个更具重要作用的参数。在 802.11—1999 中定义的多个 IFS 值已经是 CSMA/CA 协议有效性的基础支撑，在 802.11e—2005 中又进一步扩展了 IFS 的使用，为 WLAN 具备链路级的 QoS 能力做出了重要贡献。

值得注意的是，IFS 值的大小具有优先级的含义。原本意义上的 IFS 值，用于决定无线站点察觉到无线介质变成空闲时仍需继续等待发射的间隔时间。由于 IFS 意味着站点接入介质必须等待的时间，所以 IFS 自然可以用于优先级处理。使用不同的 IFS 值，就意味着可以控制站点接入介质的优先程度：IFS 值小则意味着以高优先级处理，IFS 值大就意味着以低优先级处理。

由于 IFS 的具体值与不同的物理层技术相关，所以在 802.11 标准中使用不同的物理层技术时，IFS 的参数值是不相同的。

3. SIFS、PIFS 与 DIFS

在当前的 802.11 标准中一共使用了 5 种 IFS，其中 4 种在 802.11-1999 文档中定义，另外一种则是在 802.11e 文档中增补的。5 种帧间间隔分别如图 10-9 所示。

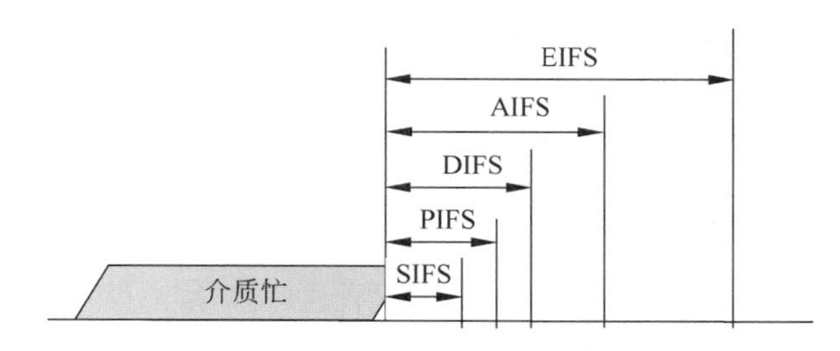

图 10-9　各种帧间间隔的相对长度

- SIFS(short interframe space)：短 IFS，具有最短间隔值。
- PIFS(PCF interframe space)：PCF IFS，具有次短间隔值。
- DIFS(DCF interframe space)：DCF IFS，具有一般间隔值。
- AIFS(arbitration interframe space)：仲裁用 IFS，802.11e 新增，具有较长间隔值。
- EIFS(extended interframe space)：扩展 IFS，具有最长间隔值。

SIFS＜PIFS＜DIFS＜AIFS＜EIFS

各种 IFS 具体的参数值取决于具体的物理层技术，在 802.11 标准中规范各种物理层技术的章节中对此有具体的规定。在最基本的 DSSS PMD 规范中，IFS 的典型值如下。

- SIFS：10μs。
- PIFS：30μs。

- DIF：50μs。

AIFS 值与 EIFS 值的导出更为复杂，这里就不列举了。

4. IFS 的优先级处理

实际上，根据 IFS 参数值的不同进行相应的优先级处理，是完全符合“优先”的本意的：优先意味着等待时间短。

- SIFS：最短等待，处理最高优先级的“紧急”事项，例如 ACK、CTS、多片阵发等需要立即响应的场合。
- PIFS：次短等待，处理次高优先级事项，例如 AP 模式下的中心调度。
- DIFS：一般等待，处理一般优先级事项，通常用于普通站点争用共享的无线介质。
- AIFS：较长等待，专门用于提供 QoS 设施。802.11e 新增 AIFS 意图是使 WLAN 可以实现链路级 QoS，以便为话音、视频等实时流媒体业务提供支持。
- EIFS：最长等待，处理最低优先级事项，例如对不能解读帧的处理等。

详细讨论各种处理流程已经超出本书的范围。若有需要，读者可以查阅相应的标准文档。在本书后面的内容中，我们将只涉及对 SIFS 和 DIFS 的讨论。

10.5.3 载波侦听

CSMA 协议最基本的机制就是基于载波侦听实现多路接入。在以太网中实现载波侦听并不是十分困难，然而在 WLAN 中实现载波侦听却是一项难度相当大的任务。

在 WLAN 中，站点确定 WM 的占用状态并不是一件十分容易的事，站点单纯在物理层难以实现有效的载波侦听。因此，802.11 标准使用物理载波侦听加上虚拟载波侦听的方法，综合这两种得到的结果判定无线介质的占用状态。

802.11 标准中，在物理层对 WM 进行信道空闲评估实施物理信道的侦听，MAC 层使用网络分配向量来预估对 WM 的占用状态实施虚拟侦听，并认为两种侦听中的任何一种侦听指示信道忙均可被认为是 WM 忙。802.11 中定义的二元侦听机制较好地克服了 WM 空闲侦听这一难题。

1. 物理级侦听

802.11 标准在物理级中使用了信道空闲评估(Clear Channel Assessment，CCA)技术对物理信道进行侦听，这是物理层载波侦听的功能，用以确定 WM 的当前占用状态。

具体的 CCA 方法与物理层采用的技术密切相关。例如，在使用 DSSS 技术的物理层执行 CCA 的方式通常是检测到 DSSS 信号且 ED 超限，其中的 ED(Energy Detection，接收能量检测)超限是对接收天线收到的信号能量进行检测并据此做出相应的判断。

实现物理级侦听的具体技术取决于物理层的无线通信、调制编码等方式。进一步的讨论，例如，如何才是“检测到 DSSS 信号”，如何判断“ED 超限”，已经超出本书的范围了。

2. MAC 虚拟侦听

虚拟侦听是 MAC 子层的功能。802.11 标准使用 NAV(Network Allocation Vector，网络分配向量)实现虚拟侦听。

MAC 帧中的 Dur/ID 字段中存放的“持续时间”，用于发射该帧的无线站点向监听该无线信道的所有站点通告自己预估的“本次发射”持续时间。由于在 802.11 中使用了多片阵发、单帧等待确认等技术(详见后文)，所以“本次发射”是指标准规定的、不应当被中断的、多片“连续发送”的完整交互序列。这个持续时间是由 CSMA/CA 协议针对共享的 WM 环境分配的、传输一个由多个分量构成的“网络向量”所使用的,因此命名为“网络分配向量”。每个无线站点维护自身的 NAV 变量,根据对 WM 的预计占用时间及时更新 NAV,并将最新的 NAV 值放入待发帧的 Dur/ID 字段,使用当前的 NAV 值向全网通告自己根据 CSMA/CA 协议而分配到的对 WM 的最必要的占用时间。所有收到 NAV 的站点则据收到帧中的 NAV 值认为“虚拟地”侦听到信道将被占用 NAV 值指示的时间。

10.5.4 ACK 与 RTS/CTS

802.11 标准针对十分不良的无线传输环境,采取了多种措施改进 CSMA/CA 协议的性能。针对传输不可靠采用了 MAC 级的确认,针对无线网络中的隐蔽终端采用了 RTS/CTS 交互机制。

1. MAC 级确认 ACK

众所周知,无线传输面临阻拦、衰减、干扰等许多不利因素,无线信号受损严重致使传输失败经常发生。因此,通信协议对数据传送是否成功进行确认是十分必要的,而且在越接近差错发生的底层实施确认,协议的效率越高。在 802.11 标准中,针对传输不够可靠的无线环境,采用了 MAC 级的确认。

802.11 的 MAC 级确认是在链路级的基本协议中采用单帧等待确认机制。单帧等待确认式传送协议又称停等协议,协议的基本运行机制是逐帧等待确认、超时引起重发。

在这里特别需要强调的是,必须分清服务与协议这两个基本概念的区别。在 802.11 标准中,MAC 子层对上提供无确认的服务,而对等 MAC 实体之间的协议却是确认式协议。服务与协议、服务数据单元与协议数据单元(SDU/PDU)等术语对有时十分相似,在 IEEE 802 标准中有时并未严格区分,例如 802.3 标准就未对这些功能加以区分,但是在 802.11 标准中,服务与协议、SDU 与 PDU 等概念是有明确区别的,读者应当予以充分注意。

2. RTS/CTS 交互

无线传输环境是一个广播环境,但是远比同是广播环境的总线型网络复杂得多,其中重大的区别就是无线环境中的隐蔽终端与暴露终端。

CSMA/CA 协议采用 RTS/CTS 握手机制大大降低了隐蔽终端效应对 CSMA 协议的干扰。

RTS/CTS 机制的基本原理是:发射站点与接收站点以最短时间间隔(高优先级)快速地交替发射短促的 RTS 帧与 CTS 帧,这样做可以在第一时间通告双方覆盖范围内的所有无线站点:信道即将占用,请勿干扰。RTS/CTS 机制中采用在 SIFS 后抢先发送短促帧,可以显著降低冲突概率。RTS/CTS 交互机制是 802.11 标准规定的选项。

RTS/CTS 握手的基本特点是:快速、短促和交互。进行 RTS/CTS 急促交互的一对站点可以在双方的覆盖区域内及时通告自己对共享的无线介质的占用,方便其他站点尽可能不干扰这一次传输过程。RTS/CTS 握手相当成功地克服了 WLAN 中的隐蔽终端效应。

10.5.5 随机后退

一个站点当需要传送 MPDU 时,将调用载波侦听机制以确定无线介质的忙闲状态。如果介质空闲就可以启动数据发送,如果介质忙则需要推迟对介质的接入以避免对当前接入的干扰。执行推迟接入过程要求站点持续监听介质直到空闲时间持续 DIFS,甚至,当站点的前一帧接收不正确(例如帧接收产生 FCS 错)时,需要介质空闲时间持续 EIFS,才开始执行随机后退过程。

执行随机后退过程时,站点将产生一个均匀分布的随机整数放入站点的后退计数器,守候这一个随机后退时段,在实施发送之前增加一个附加的延迟。

值得注意的是,在 CSMA/CA 中,站点执行随机后退时,要求等待介质空闲的"累计"时间达到在计数器中设定的后退时段初值。为了跟踪记录介质空闲的累计时间,802.11 标准采用了"后退计数冻结"的技术:在执行随机后退的过程中,如果站点侦听到介质变忙,则计数器保持当前值并暂停计数值的递减,直到介质变成空闲并且持续时间达 DIFS 时,重新启动计数递减。

多个站点由于同一次介质变忙,同时执行推迟接入可能引发冲突。冲突退避过程最小化了同一争用期中站点产生冲突的概率。

802.11 标准中定义了争用窗口(contention window,CW)。冲突发生后,各个站点在争用窗口[0, CW]内随机选用一个时隙进行后退等待,以降低冲突再次发生的概率。后退时间到则启动重发,如果重发不成功、冲突再次发生则在加大的窗口中继续随机后退,直到 CW 达到最大值 aCWmax 为止。一旦发送成功,则站点恢复 CW 的初始值。

随机的后退时间由以下公式确定。

$$\text{后退时间} = \text{Random}() \times \text{aSlotTime}$$

其中,

Random()为伪随机整数,在区间[0,CW]中均匀分布。

aSlotTime 为 PHY 相关参数,由 PHY 特征而相应定义的时隙值。

CW 为区间[aCWmin,aCWmax]中的一个整数,限定本次随机数选用的上限。

CW 定义了本次的争用窗口上限。CW 的值从 aCWmin 开始,并随后退次数的增加而逐次递增,直到达到 aCWmax 为止。在 802.11 标准中定义的 CW 最小值(aCWmin)和 CW 最大值(aCWmax)都是 PHY 相关参数。

CW 的递增采用二进制指数增长算法,递增倍数的序列由以下公式产生。

$$2^n - 1$$

其中,n 为后退次数。

在 802.11 标准的 DSSS 规范中规定了 PHY 相关参数 CW 上下限值。

aCWmin:31。

aCWmax:1023。

由此可以推断,采用 DSSS 技术的 PHY 实体,CW 值的增长序列值为:31、63、127、255、511、1023。

值得注意的是,与 802.3 标准不同,802.11 标准中的最大后退重试次数并不是直接由后退时间的公式确定,而是由协议中恢复过程的重发次数限制确定。实际上,对采用 DSSS 技术的 PHY 实体,CW 可能增长到 1023 个时隙并维持数次,也可能还没有增长到 1023 个时隙,由于重发次数超限引发恢复过程终止,退出了 CW 指数增长的过程。

CSMA/CA 协议中的随机退避算法是一种有效化解冲突的算法,但在站点接入信道的公平性方面并没有令人满意的性能。

802.11 标准中的 CSMA/CA 协议与 802.3 标准中的 CSMA/CD 协议的冲突退避过程都是采用随机后退、并根据二进制指数增长算法逐次增加后退均值，但是两个标准中的算法存在相当大的差别。准确认识两个算法的同异可以加深对协议的理解。

10.5.6 多片阵发传输

针对无线局域网传输环境中的突发干扰，802.11 标准采用了分片传输与多片阵发的技术，以降低无线干扰带来的传输损伤。

分片与合片(Fragmentation & Defragmentation)是分割一个 MSDU，形成多个较小的 MPDU 的过程与逆过程。

分片是将高层送来的较大的 MSDU(MAC 服务数据单元)分割形成多个较小的 MPDU (MAC 协议数据单元)。合片则是分片的逆过程，对等 MAC 实体收到较小的 MPDU 后进行合片，将多个 MPDU 去掉头部恢复成原样的 MSDU 提交高层。

由于较小的 MPDU 在无线介质中传输时受到干扰损伤的概率变小，所以采用分合片处理可以提高无线传输的成功率。

除了对 MSDU 可以进行分合片外，也可对 MMPDU(MAC 管理协议数据单元)进行分合片处理。

MAC 分合片功能使得无线局域网可以使用与 802.3 的 MAC 服务兼容的较大的 MSDU，同时又可以使用能提高在高损伤无线环境的成功传送率的较小的 MPDU。但是分合片功能带来的一个新的问题是合片必须在收到所有分片后才能完成对 MSDU 的恢复，任何一个分片的丢失意味着其他所有分片的成功传输都失去了意义。因此必须提高后续分片传输的成功率，这样才可以提高协议的整体性能。

802.11 标准采取了多片阵发(fragment burst)技术，当传输了第一个分片之后，立即尽可能快地连续发送后续的分片，保证合片的顺利进行。

在 802.11 标准中，将所有后续分片置为高优先级，让这些高优先级帧尽快抢占无线信道，为后续分片形成局部无竞争环境，将所有分片组成一个快速传输的帧序列，并逐片进行确认，从而提高了 MSDU 传送的整体成功率。

10.5.7 DCF 访问过程

在讨论了 CSMA/CA 协议中的关键性的要点之后，本小节讨论由上述关键技术构成的 DCF 模式中 CSMA/CA 协议的访问过程。

CSMA/CA 协议中完整的访问过程内容相当繁杂。将完整的访问过程分解并逐步讨论可以使复杂的协议更容易理解，本小节将由浅入深地讨论以下内容。

- 基本访问方法。
- 随机退避过程。
- 恢复过程。
- NAV 的设置。
- 信道控制。

1. *基本访问方法*

CSMA/CA 协议中的基本访问方法，是涉及同一分布协调功能域中的站点用以确定是否可以在共享的无线介质上传输的核心机制。

CSMA/CA 协议的基本访问方法如图 10-10 所示。

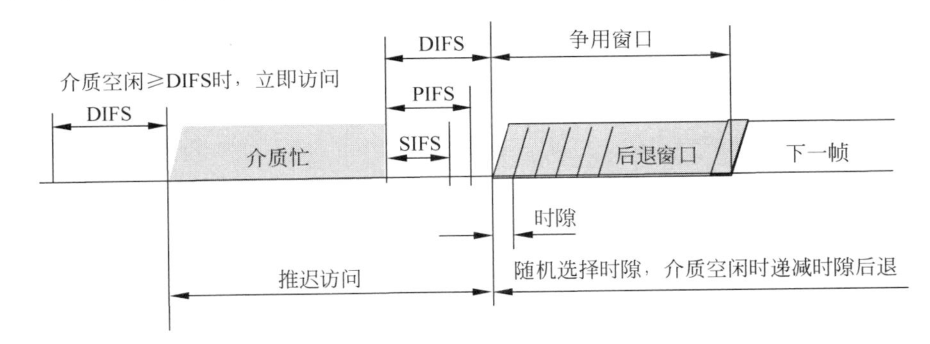

图 10-10 基本访问方法

图 10-10 中的基本访问方法可用下面的框架算法表示。

```
站点有数据待发时启动载波侦听
if 介质空闲≥DIFS
  then 立即访问介质
  else 推迟访问
    继续侦听，当介质空闲达 DIFS 时，启动随机退避过程
```

2. 随机退避过程

当站点待发数据而载波侦听机制(物理侦听或虚拟侦听)检测到介质忙时，站点将调用后退过程，等待一个长短随机的时段以避免访问的冲突。当站点判断自己前一发送失败时也需调用后退过程以避免冲突激化。后退过程如图 10-11 所示。

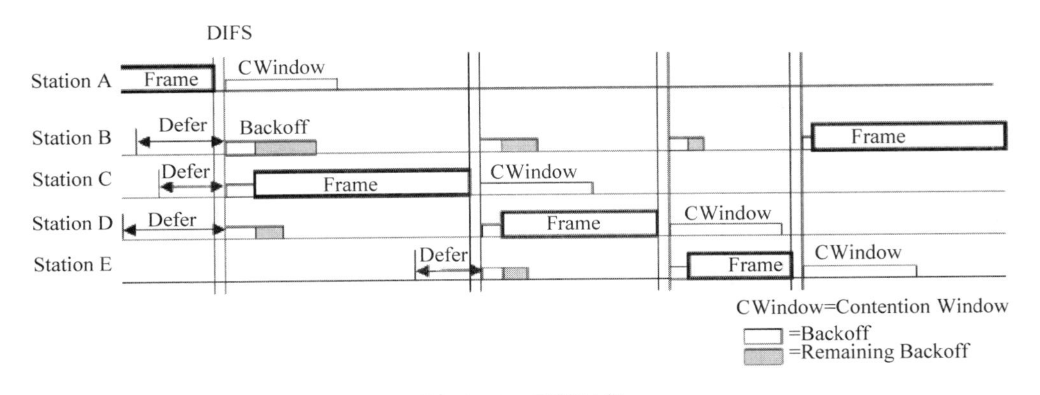

图 10-11 后退过程

站点启动后退过程时，首先用前面已经讲到的公式选定一个随机整数置入本站点的后退计数器，并据此决定后退的时隙个数。站点等待介质空闲持续达 DIFS 时启动后退计数器递减，开始对后退时隙计数。当前一接收帧错误时，站点更是必须等待介质空闲达 EIFS 时方能开始计数后退时隙。

在后退过程中，站点必须使用载波侦听机制以确定每一个时隙中介质中是否存在其他的访问活动，如果介质持续空闲则后退计数器持续递减。如果在某一时隙介质变忙，则后退

过程暂时挂起，计数器从变忙的时隙开始停止递减计数，计数器当前值冻结，等待介质变成空闲达到 DIFS 或 EIFS 时，后退过程恢复，从冻结值开始递减计数。

当后退计数器的计数值到零时，站点开始发送。

多站点分布执行后退过程的结果是，当多个站点同时推迟访问、进入随机后退并争用对介质的访问时，随机选择到最小后退时间的站点将在这次争用中胜出。

对待后退过程中的介质变忙，CSMA/CA 协议采用冻结计数而不是从头开始计数，降低了多个后退等待的站点之间的不平等性。

3. 恢复过程

站点的一次发送可能由于多种原因产生传输错误而失败，必须有适当的恢复机制从一次失败中恢复。

产生错误需要恢复的情况是多种多样的。例如，RTS 帧发出后没有返回 CTS 帧，可能是由于其他站点的发送产生了冲突，也可能是在 RTS/CTS 交互期间无线信道受到干扰，还可能是 RTS 帧接收站发觉了 RTS 帧的发送站不能侦听到的隐蔽站点。

恢复过程的基本机制是：发起帧传送（包括分片化的短帧和未分片的长帧）的站点判断传输失败（例如确认等待超时）时，恢复过程将试图通过重发以从错误中恢复。发起传送的每一次失败都会引发新一轮的重发，直到传送成功，或重发次数达到相应的重发限制为止。

所有站点都会为每一个待发的 MSDU 或 MMPDU 维护相应的 SRC（Short Retry Count，短重发计数）和 LRC（Long Retry Count，长重发计数）。SRC 和 LRC 分别用于短帧和长帧（长短帧的界定是一个 PHY 相关参数）的重发控制，这些计数的递减与复位均是相互独立的。

一个站点发出 RTS 帧后就会等待 CTS 帧返回。若等待超时则 SRC 递增、重发 RTS 帧，直到成功收到返回的 CTS 帧，或重发次数超限。

一个站点发出一个需要确认的帧（包括分片）时就会等待 ACK 帧的返回。若等待超时则 SRC 或 LRC（取决于帧的长短）递增、重发此帧，直到成功收到返回的 ACK 帧，或重发次数超限。

当重发由于次数超限而被终止时，启动发送的站点将会丢弃待发帧，包括数据型的 MPDU 和管理型的 MMPDU。当采用分片传输时，一个分片的丢弃将导致该分片涉及的 MSDU 被丢弃。

4. NAV 的设置

站点收到任何目的地址不是本站地址的一个合法帧，将会使用接收帧中 dur/ID 字段信息形成新 NAV 值，并在新 NAV 大于本站的当前 NAV 值时用新值更新当前值。

实际上，根据接收帧中信息更新的 NAV 值就是该帧的发送站通告的即将占用无线介质的时间（通常是一个完整帧交互序列的时间）。这样，接收站就“虚拟侦听”到了介质忙的持续时间，并据此推迟自身对介质的访问。

1）采用 RTS/CTS 的 NAV 的设置

站点监听信道，根据收到帧中的信息用虚拟侦听机制设置 NAV 如图 10-12 所示。

- 使用 RTS 帧和 CTS 帧通告后续的帧序列 DATA/ACK 即将对介质的占用。
- 其他接收站通过虚拟侦听机制更新自身 NAV，分布式地协调对共享介质的访问。

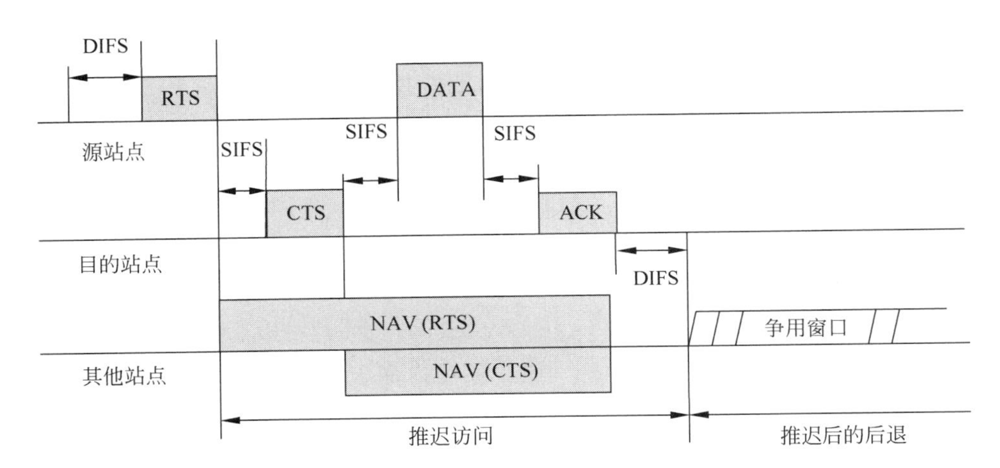

图 10-12　NAV 的设置

从图 10-12 可以看出,源站点发出 RTS 帧与目的站点响应 CTS 帧,就通告了这两个站点覆盖范围内所有站点无线介质的占用,其他站点的物理侦听功能应当检测到这一占用。而其他站点根据 RTS 与 CTS 帧中 Dur/ID 段中信息更新自身的 NAV 值,则是接受了介质即将占用时间的通告,物理侦听只能检测到 RTS 与 CTS 的结束,而虚拟侦听可以预测到介质忙将会持续到 ACK 结束。

2) 多片阵发过程中的 NAV 设置

在图 10-13 示例中,源站点与目的站点以高优先级交换一个帧序列,双方覆盖范围内的所有其他站点(包括隐蔽终端)根据虚拟载波侦听进行 NAV 的设置。NAV 告知直到下一 ACK 之前预计的介质占用时间,直到最后分片发送并进行确认。

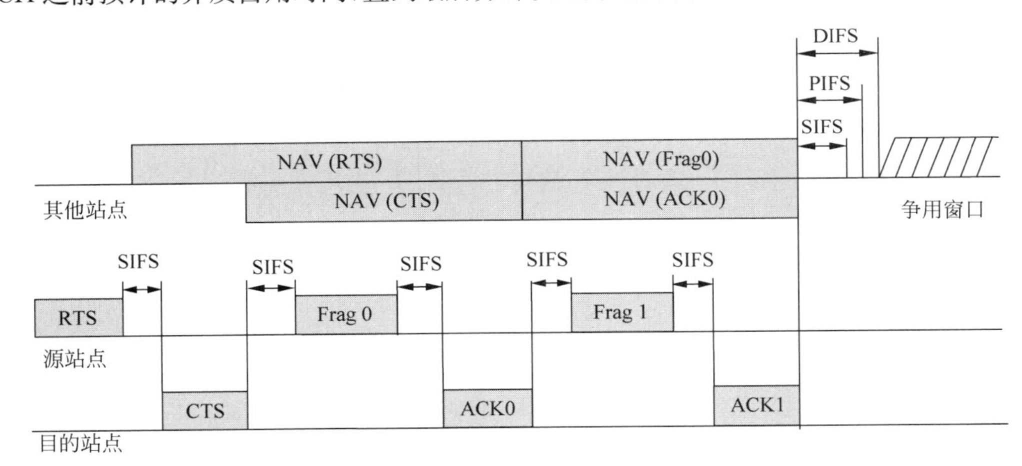

图 10-13　多片阵发过程中的 NAV 设置

5. 信道控制

802.11 标准中 CSMA/CA 协议体现了信道控制的重要理念。

为了尽可能避开无线传输环境中的脉冲干扰,在 CSMA/CA 协议中采用了分片技术,将一个较长的 MSDU 分片形成多个较短的 MPDU 送上无线信道传输,可以大大降低数据传输时遭遇脉冲干扰的概率。但是,丢失构成一个 MSDU 的任何一个分片将导致该

MSDU合片的失败。因此当首个分片发出后，尽可能优先保证后续分片的成功传输，对提高无线介质的有效利用率是十分重要的。在CSMA/CA协议中，采用了以高优先级尽可能快速地抢先发送后继分片的思路，以提高构成MSDU的所有分片传输的一次成功率。

分片阵发是指一个站点争得信道后连续发出多个分片的过程。为了尽可能提高分片阵发的成功率，CSMA/CA在分片阵发的过程中还采用了信道控制(control of the channel)的机制。

信道控制分片阵发就是等待最短的SIFS后，立即连续发送包含多个分片的帧交互序列，这是一个传递MSDU的有效机制。一旦通过竞争占用了信道，站点即持续地发出分片，一直到由单个MSDU或MMPDU构成的所有分片全部发出。

掌控了信道控制权并实施分片阵发的过程中，源站点发出一个分片后就释放信道并立即监视信道上返回的确认。目的站点发出确认，并为源站点保留SIFS时段，作为源站点发送后续分片的优先机会。

分片阵发中的站点通常只需等待最短间隔SIFS就可抢先发送，只要具备下列条件之一：

- 站点刚刚收到需要确认的分片。
- 站点已经收到前一分片的确认，且还有同一MSDU的分片需要发出。

CSMA/CA协议采用信道控制分片阵发的机制，实质上是在共享的无线介质上形成一个局部无竞争环境，显著降低了信道的无效占用。

实际上，信道控制的机制并不是只可以用于分片阵发的过程。当MPDU的传输不采用分片时，信道控制机制仍然可以显著提高传输的成功率。当源站点成功发出RTS帧后，目的站点立即抢先占用信道发出CTS帧响应。RTS/CTS交互一旦完成，源站点和目的站点将尽可能快地交替控制信道、完成DATA/ACK交互。

CSMA/CA协议在帧序列交互过程中采用信道控制的机制大大提高了协议的有效性。

深入分析CSMA/CA协议中的信道控制机制并与其他协议中的一些行之有效的重要机制进行比较，可以发现看起来差别很大的机制却反映了相同的基本理念。比较分析不同协议中的基本机制，理解这些机制反映的共同理念，可以融会贯通加深对协议基本要素的理解。进行这种比较，不仅可以更好地认识分片阵发中的信道控制机制，还可以对用以比较的协议机制有更深刻的理解。

CSMA/CA协议认为，在平等争用的前提下，抢占信道十分不易，一旦争得使用权，就必须控制信道，使信道占用实现数据的有效传输。这就是CSMA/CA信道控制的实质。

10.5.8 CSMA/CA小结

CSMA/CA协议是一个精致、复杂、高效的MAC协议，是许多新型MAC协议的参照。

CSMA/CA协议从CS(载波侦听)、CA(冲突避免)等方面采取了多种措施。值得特别重视的措施包括：

- 灵活使用多种IFS实现帧的优先级处理。这既是协议的基本需要，更是实现链路级QoS的必须。
- 单帧等待确认与超时重传机制用于应对MAC帧无线传输的高丢失率。
- 传输分片以避开脉冲干扰，分片阵发以提高MSDU传送的一次成功率。
- 载波侦听采用了物理侦听与虚拟侦听相结合，有力地弥补了无线传输环境中的侦听效果不良。

- 随机后退过程是冲突避免的重要机制。精心设计随机后退算法与后退均值逐次加倍最小化了多站点争用产生的冲突概率。
- 短促 RTS/CTS 交互是一种冲突避免机制。这一机制减弱了隐蔽终端效应，避开了源/目的站双方覆盖区内的大多数冲突。

了解了这些要点之后，重新审视本节开始时描述的 CSMA/CA 协议框架，可以加深对协议的整体掌握。

10.6 PHY 层

IEEE 802.11 物理层(PHY)的标准快速发展，物理规范不断丰富、网络性能不断提高，极大地推动了 WLAN 的广泛应用。802.11 网络的传输速率从最初的 2Mb/s 提高到了 54Mb/s、150Mb/s、300Mb/s、450Mb/s，甚至达到 1Gb/s 以上。

802.11 标准及其增补定义了 WLAN 的多个物理规范，实质上，每个规范都定义了一个或多个不同的物理实体，这些物理实体通常也被简称为 PHY。

本节从介绍无线通信的基础知识开始，以 802.11 物理层系统架构与基本模型为指导，逐步展开 802.11 标准物理规范的讨论。

10.6.1 无线通信基础

WLAN 是一个无线网络，基于无线通信技术传输信息。本小节介绍无线通信必要的基础知识，以利于对 WLAN 物理层的准确理解。

1. 工作频带

无线通信最基本的要素是无线频率，这是无线通信赖以存在的基本资源。频率不可再生，是一种越来越稀缺的资源。近年来，无线频率被简称为 RR(Radio Resource，无线资源)，无线资源管理(RRM)是 802.11 网络中新近发展起来的一种重要技术。

无线频率由全球统一规划，由国家具体监管，在使用通信频率之前通常需要申请频率使用许可证。

在全球统一规划下，各国都分配了一些免证波段(Unlicensed band，UB)供科学实验、医疗卫生以及一般工业设备使用，并经常被称为“ISM 频带”。由于无需烦琐的申请和审批，UB 波段的使用要方便得多。在全球范围内，WLAN 大多使用 UB 波段。几乎不需要事前申请，大大简化了应用的开通，并大大促进了 WLAN 的广泛应用。

在 IEEE 802.11 标准发展初期，频率使用安排(通称频率规划)只考虑了美国联邦通信委员会(FCC)的相关规定。随着等同采用 IEEE 802.11 的 ISO 8802.11 标准的颁布，802.11 加快了国际化的步伐，标准中的频率规划也增加了适应多国监管规定的内容。

802.11 网络主要使用以下一些频带。

1) 2.4GHz 频带

频率范围 2.400～2.4835MHz，总带宽 83.5MHz。

2) 5GHz 频带

频率范围 5.15～5.25GHz、5.25～5.35GHz，总带宽 200MHz。

频率范围 5.725～5.850GHz，总带宽 125MHz。

3) 60GHz 频带

频率范围 50～60GHz，可用带宽高达数 GHz。

这个极高频带在 802.11ad—2012 中引入使用，频谱干净，容量巨大。

根据 2014 年开始实施《中华人民共和国无线电频率划分规定》，上述 802.11 网络的工作频带，分别属于 UHF（称为特高频或分米波）、SHF（称为超高频或厘米波）、EHF（称为极高频或毫米波）三个频带。

2. 无线调制

通常，网络终端处理的源数据和宿数据通常都是基带信号，而不是适合于无线传输的射频信号。将基带信号频谱搬迁，转变成适合于无线传播的射频信号，这就是无线调制的基本作用。载波（Carrier）是调制的一个重要参数，频谱搬迁就是搬迁基带信号到以载波"为中心"的射频频带。

模拟基带信号的调制称为模拟调制。模拟调制主要包括 AM、FM 和 PM 三种方式。

数字基带信号的调制称为数字调制。数字调制主要包括 FSK、PSK 和 QAM 三种方式。

3. 频分复用

频分复用（Frequency Division Multiplex，FDM）是无线通信系统中最基本、最常见的一种复用技术。FDM 将一个宽阔的工作频带划分为多个适合于系统技术需求的较窄频带（经常被称为频道），多个通信系统可以复用同一工作频带。

FDM 划分的频道之间不能重叠，为了降低相互干扰，邻近频道间还应当留出保护间隔。频道之间互不重叠和频道之间预留保护间隔，大大降低了频谱的有效利用率。

无线广播电台和无线电视台都是工作在模拟通信系统 FDM 体系中的典型实例。

在 802.11 标准中，一系列物理规范都是在 FDM 体系上构建。

4. 正交频分复用

正交频分复用（Orthogonal Frequency Division Multiplexing，OFDM）可以认为是 FDM 的一种改进。

在 OFDM 系统中，系统带宽被划分为若干个窄带的子信道，所以这也是一种 FDM 体系。但是与传统的 FDM 体系的重大区别是，OFDM 系统中的子信道并不要求互不重叠，也不要求预留保护间隔，而只是要求各个子信道相互正交。

信号分析可知：子信道不交叠当然正交，子信道交叠但满足特定条件也可正交。使用 DSP（数字信号处理）技术可以找到子信道正交重叠的条件。

典型的 FDM 子信道划分和 OFDM 子信道划分示意如图 10-14 所示。

从图 10-14 可以看出，OFDM 比 FDM 的频谱利用率高得多。在 FDM 体系中，邻近子信道不可重叠且需留频谱间隔以避免邻道干扰；而在 OFDM 体系中，邻近子信道之间频谱可重叠 50%，OFDM 的频谱利用率可比 FDM 高出一倍。

实现 OFDM，通常使用傅里叶变换，也可使用小波变换。

使用 OFDM 划分窄带的子信道，在 OFDM 窄带子载波上实现基带信号的调制解调，通常称为 OFDM 调制。OFDM 调制基于多个正交子载波实现，可以认为是一种优化的 MCM（多载波调制）技术。

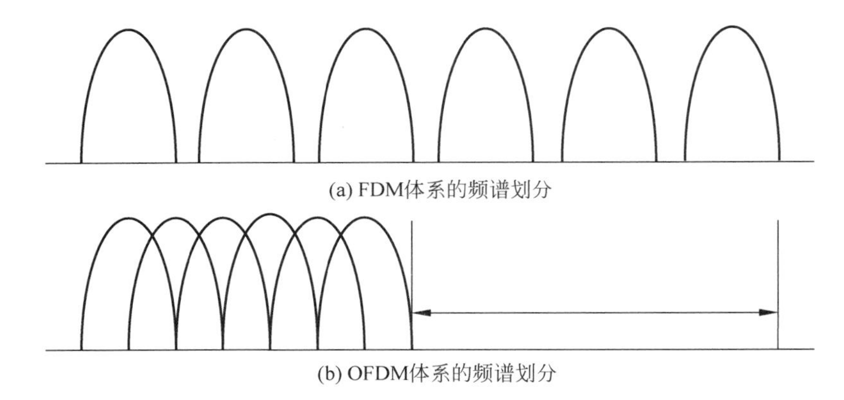

图 10-14 FDM 与 OFDM 频谱划分示意图

使用傅里叶变换实现 OFDM 调制，调制端使用 IFFT，解调端使用 FFT。

10.6.2 系统架构与模型

1. PHY 架构

IEEE 802.11 标准认为，PHY（物理层）由两大功能实体构成：

- PHY 会聚功能。此功能使 PMD 系统能力与 PHY 服务相适应，由 PLCP 子层支持。
- PMD 系统。此功能定义了两个站点之间通过无线信道（WM）收发数据的方法及其特性。

在 WLAN 的持续技术进步中，802.11 工作组紧跟最新技术发展制定了多个物理层增补，802.11 标准的初始物理层规范及其增补形成了一系列规范，形成了多个 PMD 实体。这些物理规范采用了不同的物理介质相关（PMD）技术，包括扩频（包括跳频和直扩）、红外、OFDM 等多种新技术，使得网络速率、网络吞吐率不断提高。这一系列 PMD 实体（可能另有专用的 PLCP 实体），会聚到基本上是单一的 PLCP 实体，形成一致的 PHY 服务向 MAC 实体提供服务。

802.11 物理层形成了由单一的 PLCP 实体会聚多个 PMD 实体的体系，如图 10-15 所示。

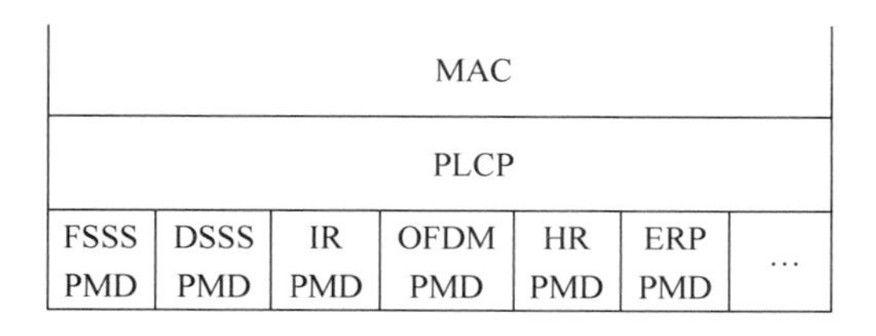

图 10-15 802.11 物理层多 PMD 体系

这个多 PMD 实体的模型包含了单一的 PLCP 实体和多个 PMD 实体。可以看出，物理层使用单一的 PHY 原语组与多个略有差异的 PMD 原语组（可以称之为 PHY 相关的 PMD 服务原语）之间的关系，这种表述便于从整体上理解 802.11 标准，包括原始标准及其增补。

2. 参考模型

802.11 标准定义的 WLAN 参考模型(参见图 10-5)是参照 OSI 基本模型定义的。参考模型在物理层中定义了一些子层、功能实体、服务原语。基于该模型可以导出 PHY(物理层)参考模型如图 10-16 所示。

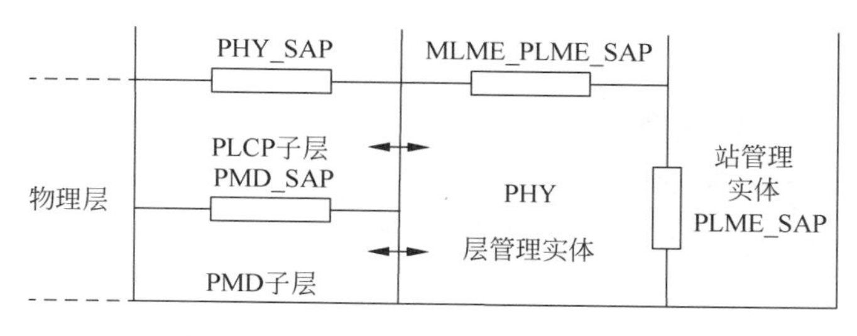

图 10-16　IEEE 802.11 PHY 参考模型

可以认为,这个物理层参考模型涉及两个平面:传送平面与管理平面,其中定义了 2 个子层、3 个功能实体以及 4 个服务访问点。

传送平面上划分了 PLCP 和 PMD 两个子层,子层中分别含有 PLCP 和 PMD 两个功能实体,实体间定义了 PHY_SAP 和 PMD_SAP 两个访问服务点。

管理平面上含有 PHY 层管理和站管理两个实体,实体间定义了 MLME_PLME_SAP 和 PLME_SAP 两个访问服务点。可以看出,管理平面既涉及管理物理层本身的层管理实体,也涉及全部七层的系统管理实体。

传送平面和管理平面之间通过内部接口联系,并不定义开放系统中的访问服务点。

这个参考模型对每一个 PMD 实体单独表示。不同 PMD 实体及 PLCP 实体的参考模型基本类似。

802.11 参考模型依据 OSI 的概念使用了不同的术语来描述多种数据单元(DU)。包括

1) MAC 子层

MSDU:MAC 服务数据单元。

MPDU:MAC 协议数据单元。

MMPDU:MAC 管理协议数据单元。

2) PLCP 子层

PSDU:PHY 服务数据单元。

PPDU:PHY 协议数据单元。

区分使用这些术语,可以更准确地理解 802.11 标准文档。

802.11 标准也定义了一系列 PHY 服务原语,本书就不进一步讨论了。

10.6.3　PMD 系统概要

紧跟通信技术的持续发展,802.11 工作组制定了一系列新的物理实体,不断提高 WLAN 的性能。802.11 标准称这些与底层技术密切相关的物理实体为 PMD 系统。本小节概要讨论 802.11 的 PMD 系统。重点讨论 PMD 系统的外部参数,尽量不深入系统内部复杂的技术细节。

1. 802.11 PHY

802.11—1997 是 802.11 标准的第一版。第一版标准中定义了 3 个 PMD 系统:工作

在 850～950nm 波段红外通信技术的 IR PHY，以及工作在 2.4GHz 频带上、基于扩频(SS)技术的 DSSS PHY 和 HSSS PHY。在实用化过程中，只有 DSSS PHY 得到了广泛应用，也只有 DSSS PHY 的技术在后继标准中得到继承和发展。因此，本书在讨论 802.11 的物理层规范时，都以 DSSS PHY 为主。DSSS PHY 的要点如下。

- 工作频带 2.4GHz，子信道带宽 22MHz。
- 使用 DSSS(直接序列扩频)技术，码片速率 11Mchip/s，波特速率 1MBd。
- 数据接入速率(Access Rate)：2Mb/s 和 1Mb/s 自适应。
  - ✓ 基本访问速率(BAR)：1Mb/s，采用 DBPSK 调制。
  - ✓ 增强访问速率(EAR)：2Mb/s，采用 DQPSK 调制。

DSSS PHY 将 2.4GHz～2.485GHz 频带划分为若干个带宽的子信道使用。在 IEEE 802.11-2007 标准中，子信道编号为 1～14，信道中心频率间隔为 5MHz，信道规划如表 10-2 所示。

表 10-2 DSSS PHY 频率信道规划

CHNL_ID	1	2	3	4	5	6	7	8	9	10	11	12	13	14
频率(MHz)	2412	2417	2422	2427	2432	2437	2442	2447	2452	2457	2462	2467	2472	2484

不同的国家使用的信道数有所不同。在美国可以使用 1～13 信道，在中国可以使用 1～14 信道。

应当注意，子信道的带宽是 22MHz 而信道间隔通常只有 5MHz，所以邻近信道是部分重叠的。在整个工作频带内的不重叠信道数最多为 3 个。

DSSS PHY 规范的单信道最高数据速率为 2Mb/s，当信道的传输质量不良时，系统可以自动降低数据率为 1Mb/s。正常情况下的传输距离约为 100m。

虽然，DSSS PHY 规范的传输性能不是很高，制约了 WLAN 的广泛应用。但是在涉及无线数据通信底层技术的规范中提出的若干基本技术思路都相当好，例如工作在 UB(免照)频带并划分子信道使用、数据率根据传输环境自动降速、采用直扩技术等，在以后的标准增补中都得到了继承。

2. 802.11a PHY

802.11a 发布于 1999 年，这是一个高速率的物理层规范，定义了数据率可高达 54Mb/s 的 OFDM PHY 规范。802.11a 最大的特点是在 802.11 标准中引入了先进的 OFDM 技术，开创了 OFDM 调制进入实用领域之先河。但由于其工作在 5GHz 频段，因而与后继发布的许多 PHY 规范不兼容，市场应用并不见好。

802.11a 的 PHY 规范采用了 OFDM(正交频分复用)技术，通常被简称为 OFDM PHY 规范。OFDM PHY 是一个高速率的物理层规范，系统提供的数据承载能力为 6、9、12、18、24、36、48 和 54Mb/s。系统使用 52 个子载波，调制方式可以为 BPSK、QPSK、16QAM 和 64QAM。FEC(前向纠错编码)采用卷积码，码率是 1/2、2/3 或 3/4。

OFDM 系统的标准信道间隔是 20MHz，也可运行于 10MHz 或 5MHz 信道间隔，相应的数据载荷能力也会随之下降。

OFDM PHY 的重要参数如下。

- 信道间隔：20MHz、10MHz、5MHz。
- 子载波总数：52，其中数据子载波为 48、导频数为 4。
- 符号速率：0.25MBd。
- 符号周期：4μs(20MHz 信道间隔)。
- 调制方式：BPSK、QPSK、16QAM、64QAM。
- FEC 编码：卷积码，约束长度为 7，码率可以为 1/2、2/3、3/4。

OFDM PHY 的数据率与调制方式、纠错码率的关系如表 10-3 所示。

表 10-3 OFDM PHY 速率相关参数

调制方式	纠错码率	载荷数据率(Mb/s)		
		20MHz	10MHz	5MHz
BPSK	1/2	6	3	1.5
	3/4	9	4.5	2.25
QPSK	1/2	12	6	3
	3/4	18	9	4.5
16QAM	1/2	24	12	6
	3/4	36	18	9
64QAM	2/3	48	24	12
	3/4	54	27	13.5

在最佳信道环境中、采用 64QAM 调制、3/4 卷积编码、48 个数据载波，可以得到：

$$0.25\text{Msymb/s}\times 6\text{b/symb}\times 3/4\times 48=54\text{Mb/s}$$

即，OFDM PHY 的最大载荷数据率为 54Mb/s。

OFDM PHY 规范规定：对 20MHz 信道，载荷数据率 54Mb/s、24Mb/s、12Mb/s 和 6Mb/s 是强制性的，而 48Mb/s、36Mb/s、18Mb/s 和 9Mb/s 则是可选项。信号质量好时可以使用最高速率传输，信号质量差时可以逐步降低数据率以提高传输成功率。

802.11a 规范工作于较为干净的 5GHz 频段。传输环境虽然较好但与后继的一些 PHY 规范(包括 802.11/11b/11g)均不相容，加之 5GHz 频带工作的元器件价格相对较高，所以 802.11a PHY 应用一直不够广泛。近年来随着厘米波元器件价格的迅速下降，802.11 工作组重拾 5GHz 上的 OFDM 技术，制定了一系列新的、高性能的 PMD 系统。

OFDM 调制的基本思路是：化单个宽带调制为多个窄带调制，并利用子载波的正交性实现高效率的频率复用。

高速传输需要使用大的信道带宽，但是无线通信环境中的宽带传输面临诸多不利因素。例如，传输特性的不平坦性导致难以选择适合的技术，窄带强干扰会给传输造成很难抵消的损伤。采用多载波调制(Multiple Carrier Modulation，MCM)技术可以将一个宽带信道划分化为多个窄带信道，并根据各个子信道的传输特性选用与之适应的技术。但是，多个子信道之间的保护带宽大大降低了频谱利用率。OFDM 可以认为是一种优化的 MCM 技术，子信道隔离是利用子载波之间的正交性而不是子载波之间的间隔，不但不需额外的保护带宽，反而可以利用子载波之间的正交性实现频率复用，可以大大提高频谱利用率。

OFDM调制具有MCM的所有优点：使用了窄带调制因而可以避开无线宽带传输的不平坦性，各子载波的调制方式可根据传输特性有所不同，特别差的子载波甚至可以不使用；在窄带信道上使用低速宽脉冲串有利于抗多径展宽形成码间串扰，因此抗多径干扰性能优良。优良的抗多径性能特别有利于城市中多建筑物环境中的无线传输。

OFDM的实现通常都使用DSP技术。使用OFDM技术，将一个高速的宽带调制变成多个低速的窄带调制，对DSP硬件而言，就是将一个高速的DSP处理变为多个并行的低速DSP处理，这也匹配了当前DSP硬件发展的潮流。

OFDM技术具有抗多径、抗衰落、信道利用率高诸多优良特性，长期以来就是一种优秀然而难以实现的技术。由于DSP算法的改进和微电子技术的进步，OFDM技术步入成熟并开始大量应用。

在802.11标准中引入OFDM调制是一个意义深远的技术进步。在合理利用大带宽的无线通信中，OFDM调制技术具有诸多优良特性，不但在"数据网络"（例如LanMan）领域开始得到广泛的应用，在移动通信（4G/5G）和其他网络（例如宅域网）也成为重要的基石。

5GHz上的OFDM调制，在802.11a未能取得成功，却在新一代PMD规范中独领风骚。

3. 802.11b PHY

802.11b也发布于1999年，是一个数据率可以高达11Mb/s、与DSSS PHY可以兼容工作的物理层规范。

针对802.11原始标准的数据率太低的缺点，802.11b提出了速率可以高达11Mb/s且兼容于标准第一版的HR（High Rate，高速率）PHY规范。HR PHY与DSSS PHY兼容，所以也称为HR/DSSS PHY规范。

HR PHY继承了DSSS PHY规范中的2.4GHz工作频段、13/14个子信道划分、DSSS方式、自动数据率降低等特性，因而与DSSS PHY规范可以运行兼容。

HR PHY采用了相当复杂的CCK（Complementary Code Keying，补码键控）调制，使最高数据率可以达到11Mb/s。

当无线信道传输质量不良时，数据率可以从11Mb/s降到5.5Mb/s，如果无线传输质量仍然不好，则继续下降到2Mb/s、1Mb/s，并与DSSS PHY规范完全兼容。

HR/DSSS PHY的技术要点如下。

- 与DSSS PHY无线兼容：包括2.4GHz工作频带、子信道带宽和频率规划。
- 与DSSS PHY速率兼容：数据率可高达11Mb/s和5.5Mb/s，但自动降速到2Mb/s后则与DSSS PHY兼容。
- 调制方式：CCK（补码键控），码片序列长8位。
- 扩频码长8位，基带调制：QPSK。
- 每符号承载8bit时数据率为11Mb/s，承载4bit时数据率为5.5Mb/s。

补码键控（Complementary Code Keying，CCK）技术是基于DSSS的一种高效调制技术，CCK扩频补码是多相补码的一种特殊形式。随着OFDM调制铺天盖地而来，更有效的OFDM调制抑制了CCK调制的进一步发展。

4. 802.11g PHY

802.11g定义了被称为ERP（extended rate PHY，更高速物理层）的规范，简称ERP

PHY 规范。该标准发布于 2003 年 6 月，并迅速得到了推广，引导了 802.11 网络在 2004 年的迅速普及，对促进 802.11 标准的推广作用极大。

ERP PHY 工作在 2.4GHz 并在该频带上首次引入 OFDM 调制，使数据率理论上达到了 54Mb/s。ERP PHY 兼容于 DSSS PHY 和 CCK/DSSS PHY，引入先进的 OFDM 技术使承载数据率可以高达 54Mb/s，这些都是 ERP PHY 的技术亮点。

ERP PHY 的基本技术思想是，尽可能保持与 802.11 和 802.11b 规范兼容，要点如下。

- 调整源于 802.11a 的 OFDM 技术参数以适应 2.4GHz 频段。
- 协调 DSSS、CCK、OFDM 的诸多参数，使之协调运行。
- 无线兼容：工作频带及信道规划与 802.11b 相同。
- 速率兼容：采用自动降速机制。
- 2Mb/s 与 1Mb/s：采用 DSSS，兼容 802.11。
- 11Mb/s 与 5.5Mb/s：采用 CCK/DSSS、兼容 802.11b。
- 54Mb/s～6Mb/s：采用 OFDM 调制、源自 802.11a。

ERP PHY 可采用多种调制方式。分析帧格式中不同的前导与头部可以得知：兼容性好的调制方式和 PLCP 格式，同步时间和有效吞吐量都会较差；性能好的调制方式和 PLCP 格式，兼容性则不会太好。在实际配置时，应根据应用环境优化选用。

在 6Mb/s～54Mb/s 之间多种速率上，有不止一种调制方式可以采用。具体采用何种调制方式取决于 WLAN 的系统配置。

5. 802.11n PHY

802.11 标准发布于 2009 年，称为 HT(Higher Throughput，更高吞吐率)PHY，基本特点就是提供更有效的高吞吐率。802.11n 当前实用的最高吞吐率可以达到 150Mb/s 和 300Mb/s。

为了提高 WLAN 的有效吞吐能力，802.11n 在物理层和 MAC 层都采用了多种措施。

1）物理层的措施

- MIMO 技术。使用多天线发射与多天线接收，形成空间的多流复用。
- 保护间隔(Guard Interval，GI)减短技术。GI 值在 802.11a 中为 800ns，在 802.11n 中可压缩到 400ns。当 OFDM 符号长度不变(例如同为 3200ns)时，802.11a 的符号周期为 4000(3200＋800)ns，而在 802.11n 中可以压缩到 3600(3200＋400)ns。

2）MAC 层的措施

- 块确认(Block ACK)机制。在 802.11e 中已经定义，802.11n 开始广泛投入使用。
- MSDU 汇聚(Aggregated MSDU)机制(A-MSDU)，汇聚多个短 SDU 成一个长 SDU，同时增大 MSDU 长度限制，从 2.3KB 增大到 8KB。这一机制特别有利于话音短帧的传输。
- MPDU 汇聚(Aggregated MPDU)机制(A-MPDU)，汇聚多个最大长度为 2.3KB 的 MPDU 为一个最大长度为 64KB 的“巨帧”。

802.11n 物理规范的主要参数如表 10-4 所示。

表 10-4　HT PHY 速率相关参数

802.11n 数据率	数据率(Mb/s)			
	20MHz 信道		40MHz 信道	
	单流	双流	单流	双流
GI=800ns 2.4GHz	6.5,13,19.5,26,39,52,58.5,65	13,26,39,52,78,104,117,130		
GI=800ns 5GHz	6.5,13,19.5,26,39,52,58.5,65	13,26,39,52,78,104,117,130	13.5,27,40.5,54,81,108,121.5,135	27, 54, 81, 108,162,216,243,270
GI=400ns 2.4GHz,5GHz	7.1,14.4,21.7,28.9,43.3,57.8,65,72.2	14.4,28.9,43.3,57.8,86.7,115.6,130,144.4	15, 30, 60, 90,120,135,150	30, 60, 90, 120,180,240,270,300

工作在 40MHz 信道上、保护间隔为 400ns、采用 MIMO4 流技术时,802.11n 的承载数据率可以达到 600Mb/s 的系统最大值。但是,后继的 802.11ac 标准采用了更为有效技术,产品也迅速推出,速率为 600Mb/s 的 802.11n 产品很少出现在市场上。

6. 802.11ac PHY

802.11ac—2013 定义了工作在 6GHz 以下频带的 VHT(Very Higher Throughput,超高吞吐率)增强 PMD PHY。

1) 802.11ac PHY 基本参数

- 工作频率:<6GHz,通常是工作在 5GHz 频段。
- 子信道带宽:20MHz、40MHz、80MHz,可选 160MHz。
- 空间流数目:1~8。
- 传输速率:
  单流可达 433.3Mb/s(基本要求);
  八流可达 6.9333Gb/s(选项)。

2) 802.11ac PHY 技术要点:

- 子信道带宽进一步拓宽,最高可达 160MHz。
- 调制效率进一步提高,最高可用 256QAM。
- MIMO 空间流可增至 8 个:
  强制性要求仅为单流,引入多用户 MIMO。
- 进一步强化编码,如 MIMO-STC 等。
- FEC 编码:强制性要求 BCC,可选 LDPC。

802.11ac 的帧格式有所调整,帧体最大长度增加到 11 414 个八位组。

802.11n 物理规范的主要参数如表 10-5 所示。

表 10-5　VHT PHY 速率相关参数

MCS	Mod.	R	20MHz		40MHz		80MHz	
			800ns	400ns	800ns	400ns	800ns	400ns
0	BPSK	½	6.5	7.2	13.5	15.0	29.3	32.5
1	QPSK	½	13.0	14.4	27.0	30.0	58.5	65.0

续表

MCS	Mod.	R	20MHz		40MHz		80MHz	
			800ns	400ns	800ns	400ns	800ns	400ns
2	QPSK	¾	19.5	21.7	40.5	45.0	87.8	97.5
3	16QAM	½	26.0	28.9	54.0	60.0	117.0	130.0
4	16QAM	¾	39.0	43.3	81.0	90.0	175.5	195.0
5	64QAM	2/3	52.0	57.8	108.0	120.0	234.0	260.0
6	64QAM	¾	58.5	65.0	121.5	135.0	263.3	292.5
7	64QAM	5/6	65.0	72.2	135.0	150.0	292.5	325.0
8	256QAM	¾	78.0	86.7	162.0	180.0	351.0	390.0
9	256QAM	5/6	—	—	180.0	200.0	390.0	433.3

表10-5仅列出了单流的速率相关参数。从表中可以推出，当信道带宽为80MHz和160MHz时，使用八流MIMO，最高载荷速率分别可达3.4667Gb/s和6.9333Gb/s。

802.11ac推出了MU-MIMO(多用户MIMO)来有效使用高达7Gb/s的八流传输。MU-MIMO站点具有多天线收发能力，允许多个站点同时收发相互独立的多数据流。这样，AP可提供大数目的空间流：单用户AP通常仅能使用小数目空间流，而多用户接入的AP则可提供大数目的多空间流以满足多用户共享。

802.11ac PHY速率强制性的要求达到433Mb/s，可选的最高速率将近7Gb/s，确实可以称为超高速率。

802.11ac产品在2015年在市场开始普及。

7. 802.11ad PHY

802.11ad标准于2012年获批，系统的最高数据率可达1Gb/s以上。

802.11ad PHY工作在不高于60GHz的毫米波(EHF)频带。这个频带干扰很小，容量巨大，多数国家的无线电主管部门对此尚未严格监管因而使用较为自由。

但由于毫米波器件相当昂贵，毫米波传播距离也相当短，预计802.11ad PHY的市场成熟还有一段时间。

8. 小结

在网络通信中，人们对网络速率的追逐是永无止境的。更快、更壮、更安全，这永远是令人心动不已的口号。人们面对开销越来越大的应用追求更快的网络速度，面对干扰越来越强的起伏不定的无线传输环境追求更健壮的通信，面对信息越来越重要和攻击越来越泛滥而追求更安全的信息保护。

802.11标准中的PHY、特别是PHY系统，从功能上定义了两个站点之间通过无线信道收发数据的方法及其特性。在PHY规范中不断采用无线通信技术进步的最新成果，合理组织这些技术以匹配WLAN的传输需求，是使网络通信更快速、更健壮、更安全的主要手段。

802.11标准各个PHY规范的进步一直是最受关注的。在802.11标准的发展中，无线通信中的新技术采用与多种技术的合理组合使WLAN的网络通信性能不断得以提高。

每一次在PHY规范中引入无线通信的新技术都给WLAN带来新的发展动力。802.11标准的第一个版本(1997版)中引入了扩频通信技术。扩频技术起源于军事通信领域，具有相当强的抗干扰能力和一定的防侦听能力。扩频技术特别是匹配数据通信的直接序列扩频技术(DSSS)引入使WLAN开始步入实际应用。OFDM技术使MCM(多载波调制)需要的子信道使用效率大幅提高。从802.11a启动的OFDM调制,延续到802.11g、802.11n和802.11ac,极大地提升了网络性能,使得802.11网络不但可以承载数据业务,也可承载视频、游戏等高带宽业务。

与其类似的技术变革同期发生在移动通信领域。移动通信的3G以扩频(CDMA)为标志性技术,启动了宽带业务;4G以OFDM为标志性技术,正在提供更流畅的宽带业务。

物理层技术的持续进步推进了网络的高速化,发展永无止境。

10.7 网络安全性

网络中的信息安全性是极为重要的问题,无线网络面临着尤为严重的安全隐患。

本节主要从安全环境、安全标准、安全技术、安全应用等方面讨论802.11网络中特有的安全问题。

10.7.1 无线网络的安全环境

与有线网络相比,无线网络更容易受到入侵、窃听甚至拦截,需要更严密的安全保护。

无线局域网与有线局域网有非常明显的区别,无线网络的信号在开放空间传播,而有线网络的信号则是在铜缆甚至光纤等相对封闭的物理介质中传输。空间传播的开放性导致信息的安全性更易受攻击,信息泄漏和网络侵入都严重得多。

在终端接入网络阶段,一个无线站点与无线AP的入网交互并不需要在AP设备上插拔线缆。若AP毫无防范,将会大开方便之门,让未经授权的站点接入内部网络,造成不可预料的安全隐患。

在终端之间数据传送阶段,两个站点的数据交换完全暴露于第三方眼前,若不采取传输加密等安全措施,双方通信的信息在第三方面前将会毫无私密性可言。

因此,不管是在接入阶段或传输阶段,WLAN都面临严重的安全隐患,都存在强烈的网络安全需求。

10.7.2 802.11的安全性标准

针对WLAN中的安全性,802.11标准采取了若干安全性增强措施,其中最主要的是802.11—1997和802.11i—2004。

802.11标准的初始版(1997版)曾经乐观地以为,WLAN的安全性并不难以解决,网络的安全需求仅是需要提供私密性(Privacy)服务即可。802.11—1997中定义了一个WEP(Wired Equivalent Privacy,有线等价保密)协议,认为使用WEP协议即可以达到与有线网络相当的安全强度。后来证明:WEP协议以及协议的基础算法(RC4)均有重大漏洞。于是启动了WLAN安全性增强标准802.11i的制订过程。

在802.11i—2004中,全面增强了WLAN的安全性。系统服务增强为功能全面强化的机密性(Confidentiality)服务,定义了性能有所改进的TKIP协议和新一代的CCMP协议,提出了需要采用全面的安全措施构建一个健壮的安全网络(RSN)。由于网络安全局面严峻，IEEE 802.11i 的制订、批准和发布，都显著呈现了流程的加速。

10.7.3　安全技术概述

本小节主要介绍 IEEE 802.11 标准中涉及的 WLAN 安全技术架构，讨论内容参照2007 版的标准，其中包括了 802.11—1997 和 802.11i—2004 中的内容。

本小节的讨论仅是一个概要性的简介，进一步讨论网络安全技术需要密码学等一系列基础知识，这已经大大超出了本书的范围。

1. 安全框架

802.11 标准为 WLAN 定义了前 RSNA(Pre-RSNA)和 RSNA 两个级别的安全架构。

前 RSNA 安全包括以下内容。

- WEP(Wired Equivalent Privacy)协议。
- 802.11 实体认证。

RSNA 安全包括以下算法。

- TKIP(Temporal Key Integrity Protocol)协议。
- CCMP(CTR with CBC-MAC Protocol)协议。
- RSNA(Robust Security Network Association)框架。
- 密钥管理过程。

下面概要介绍其中的主要内容。

2. 前 RSNA 安全

前 RSNA 安全方法是在 802.11—1997 中提出来的，包括加密和认证两部分内容。当年对无线网络存在的严重安全隐患认识不足，认为只需采用简单的 WEP 协议就可以使无线局域网的保密强度与有线局域网相当。

前 RSNA 中的加密算法是 WEP(有线等价保密)。WEP 协议基于 RC4 对称加密算法。RC4 算法最初采用 64 位加密，后来扩展到可以采用 128 位加密。64 位 WEP 算法采用 24 位的 IV(Initialization Vector，初始向量)和 40 位的密钥，因此 802.11 标准称之为 WEP-40。128 位 WEP 算法也使用 24 位的 IV 但使用 104 位的密钥，因此在 802.11 标准中称为 WEP-104。

在 WEP 协议中，一个服务组(BSS 或 ESS)内的所有站点都采用同一密钥。

WEP 协议在传输阶段使用同一密钥对数据加密，并且这一个密钥的使用一直贯穿整个传输阶段，除非通过管理员对所有站点的密钥重新配置，这一密钥将被长期使用。

在一个 ESS 中，一个非 AP 站点必须与 AP 完成 802.11 规定的认证交互方能建立关联。

前 RSNA 中的认证方法可以采用开放式系统认证(Open System authentication)或共享密钥认证(Shared Key authentication)两种方法。

开放式系统认证实质上是一种空认证算法。当一个站点设置为开放式系统认证时，其他任何一个站点的认证请求都会通过。开放式系统认证是前 RSNA 中的缺省设置，无须 WEP 协议的支持。

共享密钥认证仅当选用了 WEP 时方可使用。共享密钥认证启动 WEP 算法生成一个组内共享的密钥并使用这个密钥完成组内所有站点的入网认证。认证完成之后，在传输阶段 WEP 协议也使用同一个共享密钥对数据加密，并且这一个密钥的使用一直贯穿整个传输阶段，除非通过管理员对所有站点的密钥重新配置，这一密钥将被长期使用。

WEP 协议采用 RC4 加密算法，密钥由组内用户共享，密钥分配是静态的，认证加密和传输加密使用同一密钥，传输过程中密钥也不改变。这些特征使得密钥的破译并不困难，使 WEP 协议的加密强度十分低。

消息完整性校验(也称信息一致性校验)是信息安全的另一个重要措施，用以防止数据报文被中途拦截并被篡改后重发。在很多重要的数据交换中数据的部分篡改和重放会引发不可接受的破坏，例如金融交易中的篡改部分数值和重复播放都可能带来严重的后果。

WEP 协议定义了数据完整性校验(经常简称为 ICV)的功能，但 WEP 协议中的 ICV 校验并不能提供有价值的信息完整性校验功能。

启动 WEP 时，在每一个 MAC 帧(WEP MPDU)的帧体字段中，在承载 MSDU 的数据字段前后增加了 IV 和 ICV(Integrity Check Value，完整性校验值)两个子字段。ICV 校验的目的是为了保证数据在传输途中不会因为噪声等物理因素导致报文出错特别是报文的分片出错，因此采用相对简单高效的 CRC 算法。由于黑客很容易通过修改 ICV 值来使之与被篡改报文相吻合，因此 ICV 校验几乎没有任何信息安全的功能。

3. TKIP

针对 802.11—1997 标准中只有 WEP 这一种低强度的加密设施，IEEE 802.11 工作组开始了旨在安全性增强的 802.11i 标准的制订。最初，802.11i 任务组对 802 网络面临的安全形势颇为乐观，认为只需要制订 WEP 协议的增强——TKIP 协议就足以解除安全隐患。

TKIP 与 WEP 一样基于 RC4 加密算法。TKIP 改进了 WEP，追加了逐帧密钥生成、消息完整性检查、具有序列功能的初始向量、密钥生成和定期更新功能等 4 种算法，显著提高了加密强度。

TKIP 是一种时限密钥完整性协议，其基本思路是采用逐帧重构密钥的机制且分离认证密钥与传输密钥。在共享的无线介质上发出的每一帧(不管是认证帧还是数据帧)都使用一个新生成的密钥，这大大增加了破译密钥的难度。TKIP 协议同时引入了新的机制进行密钥生成和密钥管理，加强了密钥生成的动态性和密钥分发的私密性。与 WEP 协议的单一静态密钥配置不同，在 TKIP 协议中密钥由密钥管理中心动态生成并负责分发，密钥首部的长度也从 24 位增加到 48 位，这些方法都增强了加密强度。TKIP 中的密钥数量从 WEP 中的单一静态密钥增加到 500 万亿个可用的动态密钥。虽然 TKIP 协议与 WEP 协议一样，仍然是 RC4 加密算法，但是由于密钥的动态特性而大大提升了密钥破译的难度。

除了逐帧生成传输密钥外，TKIP 协议还采用了仅用于入网认证阶段的认证密钥。TKIP 协议中的认证密钥与传输密钥相互独立，而在 WEP 协议中的一个静态共享密钥既是认证密钥又是传输密钥。相比之下，窃取 TKIP 协议密钥的难度要高得多。

在消息完整性校验方面，TKIP 在 MPDU 中为每一个 MSDU 都增加了一个长度为 8 个八位组的 MIC(Message Integrity Code，消息完整性代码)。TKIP 协议采用 Michael 算法，具有防黑客篡改能力，从而显著提高了信息的安全强度。当 MIC 发生错误的时候，报文被篡改的可能性很高，系统很可能正在受到攻击。此时，TKIP 可能采取一系列的对策，例如立刻更换组密钥、暂停活动 60s 等，来阻止黑客的进一步攻击。

TKIP 协议还可以与 IEEE 802.1X 协同工作，这种协同工作既可以在认证阶段也可以在数据传输阶段。关于 802.1X 的进一步讨论请参见本书接入控制有关章节。

在认证阶段，802.1X认证系统中的认证服务器在认可了用户身份后将通知密钥管理中心产生一个唯一的用户主密钥，TKIP把这个密钥通过安全通道分发到AP和无线站点，802.1X将根据主密钥为每一通过认证的用户建立一个相应的密钥构架和管理系统，用于处理用户的本次会话。

在传输阶段，TKIP根据用户主密钥为每一个用户会话动态产生一个唯一的数据加密密钥，用以加密每一个无线通信数据报文。

在802.11i的制订过程中，密码学研究不断取得进展，对TKIP的协议机制提出了强烈的质疑。密钥动态生成的算法和更为基础的RC4加密算法都受到严重的挑战。

TKIP协议的基本思路是"一次性密钥"，即在传输过程中每一帧都使用一个新的密钥。原则上，一次性密钥具有极高的加密强度，但前提是前后密钥是相互独立的。而在TKIP中，逐帧密钥是通过一个伪随机过程产生的，密钥序列并不是一个真正的随机序列而仅是一个伪随机序列，密钥的序列值之间并不是相互"独立"而仅是统计意义上"无关"的，相互独立的值几乎不可能猜测，而统计独立的值是由一个算法生成，因而也可以使用一个算法恢复。TKIP协议中的逐帧密钥只是"好像是"一次性密钥而非"实质性的"一次性密钥，对提高加密强度的贡献十分有限。

更严重的是，当时的许多研究表明了WEP协议的安全漏洞不仅产生于WEP本身，WEP的基础——RC4算法从根本上就存在着重大的漏洞。TKIP的基础完全被动摇了。

为了追求更高的网络安全等级，802.11i任务组开始了安全级别更高的CCMP协议的制订。

TKIP算法与前RSNA中的WEP算法"前向兼容"。支持WEP的硬件，包括AP和网卡，都可以通过软件进行升级支持TKIP。

4. CCMP

CCMP协议是IEEE 802.11i—2004中提出的一种WLAN链路级安全性增强协议。CCMP协议的核心算法是AES(Advanced Encryption Standard，高级加密标准)加密算法。

AES是一种对称分组加密技术，使用128位分组加密数据，提供比RC4算法更高的加密强度。AES的加密码表和解密码表是分开的，并且支持子密钥加密，这种做法优于以前用一个特殊的密钥解密的做法。AES算法支持任意分组大小，对ROM和RAM的要求并不高，其初始时间快，其固有的并行性可以有效地利用处理器资源，有很好的软件性能。

802.11i标准中还定义了预认证(pre-authentication)。使用预认证机制，可以使无线站点用户在不同的BSS(基本服务组)之间漫游时，显著减少再入网的时间延迟。

AES具有应用范围广、等待时间短、相对容易隐藏、吞吐量高等优点。分析表明CCMP/AES算法在性能等各方面都优于WEP算法，利用此算法加密，WLAN的安全性将会获得大幅度提高。

CCMP/AES算法在IEEE 802.11i—2004标准中得到了最终确认，成为802.11标准的新一代的加密算法。

由于AES算法对硬件要求相当高，因此CCMP无法通过在原有部件上固件升级实现，必须重新设计计算能力更强的新芯片。

10.7.4 安全应用

为了应对无线局域网面临的安全威胁，在组建 WLAN 时可以采用多种网络安全技术和技术的组合，以可以接受的代价尽可能消除安全隐患。

本小节从网络建设的信息安全角度出发，讨论以 802.11 安全技术为主的网络组建安全措施。讨论的要点如下。

- SSID 匹配检查。
- MAC 地址过滤。
- WEP 的应用。
- TKIP 的应用。
- CCMP 的应用。
- 构建 RSN。

1. SSID 匹配检查

SSID(Service Set IDentifier，服务组标识)是一个最大长度为 32 的八位组，用以标识一个 BSS 或 ESS。

应当注意的是：SSID 与 BSSID 是不同的概念。BSSID 与 MAC 地址格式一样，长度固定为 48 位(6 个八位组)，可以认为是 BSS 的唯一标识符，通常用于 MAC 帧的地址段。SSID 则是一个长度可达 32 的字符串，用于表示 BSS 的身份，不具备唯一性，也根本无法填入 MAC 帧中的地址段。

站点扫描入网时，AP 将核对该站点的 SSID 是否与 AP 的 SSID 匹配，以决定是否与其建立关联。

在默认配置下，站点通过被动扫描入网。这种情况下，AP 周期性地发送信标帧向全网广播自身的 SSID 并邀请所有接收站点入网。

关闭 AP 的 SSID 广播可以提供初步的入网安全性检查。关闭 SSID 广播将置 802.11 网络于主动扫描模式。在主动扫描中，申请入网的站点无法收听 SSID 广播，站点必须发出含有 SSID 的探询请求，而 AP 仅对 SSID 匹配的请求回复探询响应。

SSID 匹配检查通常仅是一种无线站点的身份识别机制，安全防范的功能很弱。

SSID 匹配检查可以作为 WLAN 的入门级安全措施用于家庭网络等场合，防范不经意的站点进入造成对网络带宽的不当占用和干扰。

无线 AP 路由器出厂时，通常默认设置 SSID 为厂商名。若用户不改变默认 SSID，则 AP 设备将暴露于光天化日之下，很容易受到攻击。AP 设备启用时及时改变默认 SSID 是十分必要的。

2. MAC 地址过滤

与其他 802 网络(例如有线传输的以太网)一样，802.11 网络也可以采用 MAC 地址过滤技术来禁止未经注册的站点入网。

每个无线站点的网卡都有一个全球唯一的 48 位物理地址，站点 MAC 地址的默认值就与这个全球唯一的物理地址相同。可以在 AP 中配置维护一张 MAC 地址“访问控制表”(Access Control List)，实现 MAC 地址过滤。只有在表中列出的 MAC 地址才可以是合法入网的无线网卡，否则 AP 将拒绝接纳。

MAC 地址过滤的效率会随着终端数目的增加而急剧降低。非注册用户通过网络侦听不难获得合法的 MAC 地址表，同时修改 MAC 地址并不难，因而非注册用户不难通过盗用注册用户的 MAC 地址来实现闯入。

MAC 地址过滤可以用于用户数量不大的低安全等级场合。

3. WEP 应用

WEP 是 802.11 标准中最基本的无线安全加密措施。其主要作用如下。

- 提供入网控制，防止未授权用户接入网络。
- 在传输中实施数据加密，防止数据被窃听。
- 提供数据一致性校验，防止数据在传输途中被破坏。

WEP 协议采用静态密钥进行入网认证和传输加密。WEP 的认证强度和加密强度均不太高然而开销也不大，几乎所有的 AP 和网卡都能轻松支持 WEP 协议。

由于 WEP 密钥必须通过人工静态设置且加密强度不高，因此适用于用户数量不多且网络安全级别要求不高的场合。

WEP 协议特别适合在小型企业和家庭网络等小型环境中应用。启动 WEP 协议无需额外的设备支出、配置简单且有一定的安全防护性能，定义了包括终端接入控制和传输数据加密的解决方案。使用 WEP 技术有助于快速地建立一个安全的无线局域网，既节约成本又可具有入门级的安全防范，使 WLAN 的应用更为安全。

4. WPA 应用

WPA (Wi-Fi Protected Access，Wi-Fi 保护接入)是 Wi-Fi 联盟在 802.11i 标准正式完成前推出的一个代替 WEP 的无线安全协议，希望能为 802.11 网络提供比 WEP 更强的安全性能，其核心机制就是 TKIP 协议。

在 WPA 模式中使用 TKIP 协议大大强化了 WLAN 在认证阶段和传输阶段的安全性。

在小型网络中可以使用 WPA-PSK (WPA 预共享密钥)简化认证模式。WPA-PSK 模式无须配备专用的认证服务器，仅要求在 AP 和网卡中预先输入密钥。TKIP 检查 AP 与网卡二者中的密钥是否匹配，密钥吻合站点就可以入网。由于认证密钥仅用于入网认证而不用于传输加密，不像 WEP 站点共享密钥既用于认证又用于加密，因此增加了密钥窃取的难度。

WPA 还可以与完备的用户接入认证系统和密钥管理系统协同工作，这种模式可用于大型网络。在 RSN 的有关小节中会有进一步讨论。

5. WPA2 应用

在 802.11i 标准发布后，Wi-Fi 联盟推出了基于 802.11i 标准的 WPA2 协议。Wi-Fi 联盟命名了具有继承性的名称 WPA2，表示在实施 802.11 标准的安全级别提升时，从 WPA 升级到 WPA2 可以平稳进行。

WPA2 中采用了基于 AES 算法的 CCMP 协议。AES 是更好的加密算法，但是无法与 802.11 标准中原有的 WEP/TKIP 架构兼容，AES 的算法复杂度高，不可能在以前支持 WEP/TKIP 的硬件环境中完成，必须升级硬件以具备更强大的计算能力。

实施 CCMP 协议需要的硬件升级包括所有的 AP 和网卡等大量部件，这种代价高昂的升级近年来基本完成。

用于大型网络时，CCMP 强大功能的发挥有赖于多个系统的配置与协同。例如对

CCMP协议中的动态密钥和入网的强认证而言，大规模的密钥管理——包括密钥生成和密钥分发需要功能完备的密钥管理中心，用户入网的强认证和在不同AP间的移动接入也需要完备的用户接入认证系统。没有多个系统的协同CCMP很难独立支撑强大的网络安全功能。

在WLAN的建设与管理中实施从WPA到WPA2的升级成本高昂、协同复杂，是一个难度颇大的任务。

6. 构建RSN

802.11工作组已经认识到，只依靠802.11标准本身定义的加密算法等措施并不足以消除802.11网络面临的安全隐患。安全级别高的网络应当是一个健壮的安全网络(robust security network)。这个网络能够为网上信息提供足够的安全保障，这个网络能够承受高强度的安全攻击而不至于瘫痪。构建RSN必须综合采取多种措施，如图10-17所示。

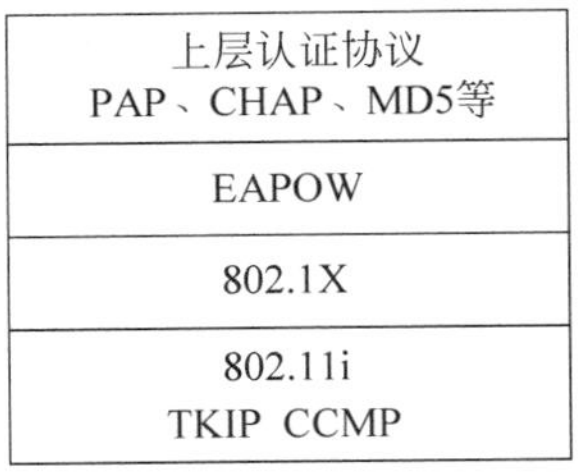

上层认证协议 PAP、CHAP、MD5等
EAPOW
802.1X
802.11i TKIP CCMP

图10-17 RSN体系示意图

构建RSN的主要措施如下。

- 借助802.1X认证体系构建完备的接入认证系统。
- 以密钥分发中心(KDC)为核心构建完备的密钥管理系统。

10.8 小结

WLAN的应用已经相当广泛并且正在快速推广，802.11标准正在持续发展。

为了大规模地构建无线局域网，为了成百上千地部署无线局域网的基础设施，IETF制订的CAPWAP(无线AP的控制与配置)协议族，采用AC/AP(AP控制器/AP)的集中分布式系统架构，由网络中心集中控制网络上安装分布的多个“瘦AP”，用以组建大规模的无线局域网，甚至“无线城市”。

达到一个新地点，在第一时间获得WiFi密码已经成为一种时尚。

无线局域网的发展方兴未艾。

10.9 参考文献

[1] IEEE 802.11—2016: WLAN MAC and PHY Specifications.

[2] IEEE 802.11—2012: A new release of the standard that includes amendments k, n, p, r, s, u, v, w, y, and z,2012.

[3] IEEE 802.11i: Enhanced security,2004.

第11章

无线广域接入技术

11.1 引言

在当今交通便捷和信息爆炸的时代，人们可能频繁处于快速移动中，如在飞奔的汽车上，或在航行的舰船上……。无论在哪里，人们都希望能通过身边携带的轻巧的接入设备随时随地接入网络，或收发 Email 或网上聊天或在线浏览等，移动接入与应用已经成了人们日常工作和生活必不可少的一部分。对于这种广域范围移动和快速移动的接入，用无线局域网是不可能实现的。为此，一种无线广域接入技术应运而生。

典型的无线广域技术包括基于卫星的空基无线接入系统和基于地面移动通信的陆基无线接入系统，目前主要是基于地面移动通信系统的陆基无线接入系统。移动通信系统包括基于 GSM(Global System for Mobile communication，全球移动通信系统）以及基于 GSM 的 GPRS(General Packet Radio Service，通用分组无线电业务）技术，CDMA2000-1X，以及 3G/4G 系统等。本章将首先介绍无线广域接入的基础知识，然后分别讨论几种成熟的基于陆地移动通信系统的无线广域接入技术——GPRS、CDMA2000-1X、UMTS（Universal Mobile Telecommunications System，全球通用移动通信系统）以及 LTE/4G 的技术特点、系统结构及数据传输的原理，最后简单介绍新一代的无线广域接入技术——5G 技术的特点、标准以及进展。

11.2 无线广域接入体系

11.2.1 无线广域接入的概念

所谓无线广域网（Wireless Wide Area Network，WWAN）接入是指用户只需用一个账号或身份，并在广域范围内可快速移动的接入。这里所说的广域范围可以是一个城市、一个国家乃至全球范围，快速移动下的接入包括两方面的含义：其一是指移动中的随时接入，其二是指移动中通信的连续性。因此，无线广域接入的目标是实现广域范围内随时随地的接入以及“动中通”。有了这种无线广域接入技术，实现个人通信的理想已不再是梦想，无论何时何地,无论何人与世界上任何人通信将成为现实。

为了更进一步理解无线广域接入的概念,与无线局域网作一个简单的比较,虽然两者都是面向移动用户的,但无论从技术还是应用的角度,两者都有明显的差别:从覆盖范围来看,无线局域网的范围通常只能在百米左右,而无线广域的范围宽至全球;从是否借助公共基础网络来看,无线局域网不需要借助公共网络,只需必要的 WLAN 设备,便可实现无线局域网的组网。而无线广域接入通常是基于现有基础网络实现的;从接入速率来看,由于 WWAN 受限于基础网络,且在大范围移动,其实现技术也要复杂得多。无线局域网目前最高接入速率可以达到 1Gb/s 或更高,目前商用的 4G 网络接入速率在静止情况下最高达到 1Gb/s。两种技术各有特点,选择何种技术则根据用户的需求和接入环境而定。目前,几乎所有的移动终端都支持 WLAN 接入和 WWAN 接入,根据具体的环境在两者之间切换使用。

11.2.2 无线广域接入的类型

无线广域接入的基本特征之一是需要依靠公众移动通信网络基础设施,根据中心转发站的类型不同,无线广域接入目前基于两种基础网络:其一是陆地移动通信网络,其二是移动卫星系统,因此,无线广域接入分为"陆基"广域接入和"空基"广域接入两类。

1. "陆基"广域接入

"陆基"广域接入一般采用蜂窝结构,每个蜂窝设置一个基站,基站位置固定不动,用户可在不同的蜂窝小区之间自由移动,并能保持通信的连续性。这种网络的特点是每个基站覆盖一个小的范围,由网络将这些基站互连起来,只要在基站能够覆盖的区域,用户就可随时随地接入网络,通常将这种方式形象地理解为一种"路灯式"的覆盖;这种网络的建设是有的放矢的,适合于密集用户小区。

典型的接入如第二代移动通信系统 GSM(Global System for Mobile communication,全球移动通信系统)接入系统、CDMA IS-95 接入系统;第三代移动通信系统如 WCDMA 系统、CDMA2000 系统,UMTS 系统、TD-SCDMA 系统等;第四代 LTE 系统和 4G(LTE-A)系统;以及正在研制并即将进入商用的 5G 系统。接入业务涵盖话音、数据、多媒体等全业务类型,新一代的移动通信系统将实现人-人通信、人-物通信以及物-物通信,实现万物互连。陆地通信系统发展迅速,拥有巨大的用户量,具有不可估量的潜在的市场。

2. "空基"广域接入

"空基"广域接入是基于卫星系统(主要基于低轨卫星)的,卫星和用户都是移动的,而相对卫星的快速移动而言,用户的移动可谓微不足道,因此,可以理解为用户是相对静止的,而卫星快速地移动以覆盖不同的用户区域,卫星覆盖的范围远大于地面蜂窝基站,通常也认为"空基"是一种"阳光式"的覆盖。根据卫星离地面的距离可分为对地静止轨道(Geostationary Earth Orbit,GEO)系统、中轨道(Medium Earth Orbit,MEO)系统、低轨道(Low Earth Orbit,LEO)系统,只有 LEO 适合用于接入。卫星接入覆盖辽阔的地域,只要在覆盖范围内的用户都可通过卫星接入。

典型的 LEO 接入系统如摩托罗拉公司的铱星(Iridium)系统、Loral 公司和 Qualcomm 公司的全球星(GlobalStar)系统以及 Teledesic 公司的 Teledesic 系统。铱星系统用 66 颗卫星覆盖全球,接入用户接入一颗卫星,通过星际网络路由传送到目的区域时才回传到地面。

由于复杂的技术、高昂的运维成本以及使用成本，铱星系统运行不久就停摆了。全球星系统采用48颗卫星，每个卫星都是独立的转发器，卫星与卫星之间没有星际链路互连，卫星收到信息后必须回传到地面，再到合适的地方上星。这种方式需要很多的地面关口站，成本很高。Teledesic拟建一个卫星PSTN网络，设计960颗卫星，为降低成本，后减少到240颗卫星，但一直没有实现部署商用。

由于运营商建设、运维成本以及用户使用成本都太高，LEO卫星接入几乎没有真正铺开商用。然而，“陆基”无线移动通信系统发展迅猛，顺应IP发展的浪潮，移动接入网和核心网IP化、分组化经历了不断演进的过程，并已经成为现实。因此，本章将主要介绍“陆基”广域无线接入技术。

11.2.3 无线广域数据业务

早期的无线广域业务主要是话音业务，随着技术的发展和人们不断增长的多业务需求，如今无线数据业务增长迅猛，越来越占据移动业务的主导地位。从技术体制上看，无线广域数据业务包括电路交换数据业务和分组交换数据业务两种。

1. 电路交换无线广域数据业务

电路交换无线广域数据业务完全依托移动电话网，数据终端通过无线调制解调器或数字接口(根据移动台的接口而定)与移动台相连，移动台通过无线接口接入基站，数据传输时占用话音信道，采用电路交换技术，对移动电话网没有任何特殊要求。与固定电话网中的使用话带Modem方式一样，将数据完全按数字话音的处理方式进行处理。电路交换方式采用连接式方式，适合传送恒速率、实时性要求高的数据业务，对于猝发和短暂的数据业务，电路交换并不适用。对于短暂的数据业务，由于数据的猝发性，会有相当多的空闲时间，造成极大的资源浪费，另外，数据的猝发性也希望能有短时的大的传输带宽支持，这些都是电路交换无法提供的。

2. 分组交换无线广域数据业务

分组交换数据业务的传输从目前的技术体制来看，可以通过两种方式进行，其一是依托移动电话网进行拓展，与话音业务共享无线资源或划分专用信道，并在原有移动电话网上增加必要的分组设备，实现分组业务的传输(如基于GSM的GPRS)；其二是基于下一代完全的分组交换网络(如4G、5G)。分组交换将每个消息分成较小的一定长度的数据单元(称为分组)进行传输。采用统计复用技术，允许多个用户共享一条物理线路，用户在传输数据时无须通过呼叫建立独占线路。

与电路交换相比，分组交换更适合传输猝发的或短暂的数据业务，因为分组交换并不需要一直占用网络资源，只有在发送和接收数据时才占用信道，数据传输完毕就释放信道以便其他用户使用。另外，分组交换还可以根据网络资源和用户数据动态地分配资源。这对于带宽受限的无线通信来说是十分有用的。

典型的陆地广域无线数据业务系统包括电路交换数据业务系统、扩充分组交换数据业务系统、下一代无线综合业务系统，将在下节中具体描述。

11.3 陆地广域无线数据通信系统

11.3.1 移动通信网的发展概况

移动通信网是无线广域接入的基础网络。移动通信网与其他陆地网络互连，形成了国家乃至世界范围内的互联网络。无线广域接入正是结合了移动通信和网络技术而快速发展起来的新技术。根据不同的移动通信系统，产生了不同的无线移动广域接入技术。在讨论具体的无线广域接入技术之前，有必要对移动通信网及其发展作一个简单的介绍。

随着移动通信技术的发展和日益增长的移动通信的需求，各种移动通信如移动电话、移动数据、移动多媒体等无线通信的应用越来越普及。近年来，全球移动用户正以前所未有的速度爆炸式增长，且增长的势头不减。近 10 年来，我国的移动通信进入快速发展阶段，目前我国的移动用户总量位居世界第一。

移动通信真正发展始于 20 世纪 70 年代，迄今为止，移动通信系统经历了第一代(1G)、第二代(2G)、第三代(3G)、第四代(4G)，并正在向第五代(5G)迈进，如图 11-1 所示。

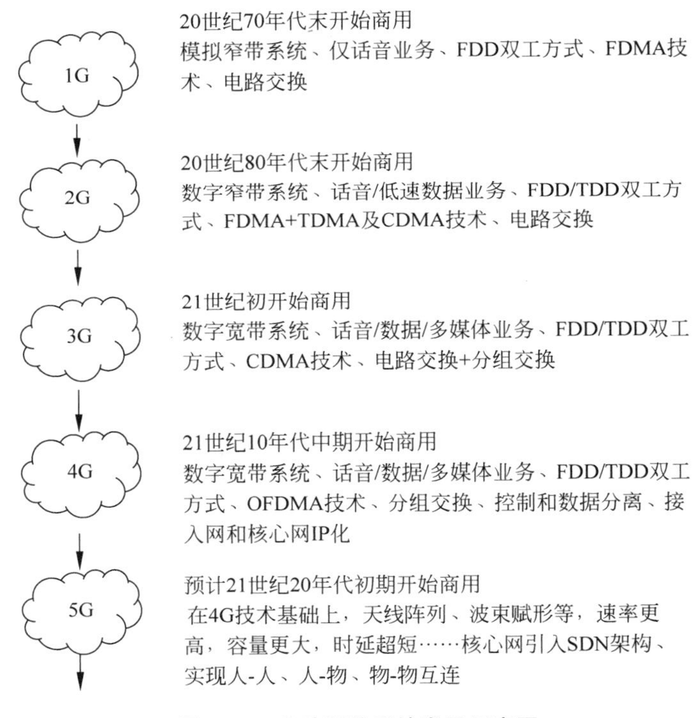

图 11-1　移动通信系统发展示意图

1. 1G 系统

第一代移动通信系统是一个模拟通信系统，主要传输话音信号，采用蜂窝结构，频带在相隔一定距离的蜂窝上可重复使用，以此来提高系统的容量。系统支持用户终端的移动性，为用户提供移动环境下的不间断通信。采用 FDD(Frequency Division Duplexing，频分双工)方式实现上下行的双向通信，采用 FDMA (Frequency Division Multiple Access，频分多址)方式实现多个用户的同时接入,采用空分模拟交换技术实现话音的交换。典型的系统是AMPS(Advanced Mobile Phone System,高级移动电话系统)。

第一代移动通信系统最重要的突破点是采用蜂窝结构,使频带可以重复使用,充分利用频率资源,另外,终端可以大范围地移动并能够在移动中保持连续的通信。这是在此之前任何通信系统都无法相比的。但模拟系统传输带宽有限,不能实现长途漫游,模拟传送抗干扰能力差,话音质量不佳,频率复用有限,容量受限,不能满足用户量增长的需求,因此,第二代移动通信系统应运而生。

2. 2G 系统

第二代移动通信系统始于 20 世纪 80 年代,主要采用数字交换和数字传输技术,是一种窄带的数字通信系统。2G 系统采用大规模集成电路、数字程控交换技术、数字编码技术,采用蜂窝结构,双工方式为 FDD,多址方式为 FDMA/TDMA 以及 CDMA。2G 系统支持切换与漫游,并且具有完善的移动用户管理机制和安全保密措施。2G 系统具有抗干扰能力强、频率利用率高的特点,可以向用户提供话音和低速数据服务。典型的第二代系统有 GSM 和 IS-95 系统。

GSM 最初是欧洲标准,随着 GSM 技术在全球的广泛应用,逐渐被认可为全球化的标准。GSM 规范的第二阶段增强版本(GSM Phase 2+),支持 14.4kb/s 的数据业务、高速电路交换数据(High Speed Circuit Switched Data,HSCSD)业务、GPRS 分组无线业务。GSM 采用 FDD 双工和 FDMA/TDMA 多址方式。

IS-95 是一个美国的移动通信网的标准,最早由美国 Qualcomm 公司推出。IS-95 采用码分多址(CDMA)技术、自动功率控制技术、软切换技术,使得 CDMA 网络的容量比 GSM 网络更大,通信质量更高。

与 1G 相比,2G 虽然在技术上有了很大的突破,容量也得到了很大的提高,但其主要业务仍然是话音,越来越不能满足人们日益增长的移动数据业务,为了缓解这一矛盾,在 GSM 网络上叠加了分组技术,实现了 GPRS 分组数据业务,业界称为 2.5G 技术。GPRS 的最高理论速率为 171.2kb/s,实际应用中,GPRS 速率不足 100kb/s。可见,GPRS 的速率不能完全满足日益增长的高速率多媒体通信的需求。因此,提高移动数据通信的速率势在必行。

3. 3G 系统

1992 年,ITU 提出了 IMT2000 的设想,IMT 全称是 International Mobile Telecommunications,2000 代表三个含义:希望在 2000 年投入使用;希望运行频率为 2000MHz;希望带宽达到 2000kHz。ITU 设想建设这样一个全球网络,全球标准统一,并建议各国都留出 2000MHz 频段,以便全球漫游。

IMT2000 拟向用户提供的服务包括以下方面。

- 高质量的话音通信。
- 消息传送服务。
- 多媒体业务。
- Internet 访问服务。

IMT2000 提出接入速率包括以下 3 种。

- 相对静止的速率 2Mb/s。
- 步行移动的速率 384kb/s。

- 车速移动的速率 144kb/s。

众多的提案提交到 ITU,ITU 通过筛选并接纳了其中的三个作为主流的 3G 标准。包括 WCDMA、CDMA2000 和 TD-SCDMA。

WCDMA 由瑞典爱立信公司提出,欧盟将其称之为 UMTS(Universal Mobile Telecommunications System,全球通用移动通信系统)。该系统采用直接序列扩频技术,频带 5MHz,支持 FDD 和 TDD 两种双工方式,向下兼容 GSM 系统。

CDMA2000 由美国 Qualcomm 公司提出,也采用直接序列扩频技术,带宽 5MHz,支持 FDD 和 TDD 两种双工方式。CDMA2000 是在 IS-95 基础上的扩展,因此向下兼容 IS-95。

TD-SCDMA 由中国电信科学技术研究院提出。信道带宽 1.6MHz,支持 TDD 双工方式,可以与 WCDMA TDD 混合组网。TD-SCDMA 集成了 FDMA、TDMA、CDMA 以及 SDMA 多址技术的优势,满足 IMT2000 要求。TD-SCDMA 是我国自主研发的具有完全知识产权的国际通信标准,是我国通信发展史上的标志性成果,具有里程碑的意义。

2007 年,ITU 接纳了 IEEE 802.16e 作为第 4 个 3G 标准。

3G 的发展并不尽如人意,没有像 ITU 的设想那样实现一个全球的通信系统。首先,全球 3G 系统没有如期部署,日本最早于 2000 年 12 月发放 3G 牌照,中国是一拖再拖,于 2009 年 1 月 7 日才终于分别向中国移动、中国联通和中国电信各发放了一张 3G 牌照;其次,3G 的接入速率依然不高,特别是在移动时速率还很低,不能满足高速业务需求,也不能满足多种速率及其业务的 QoS 要求。另外,3G 并没有对 2G 核心网进行实质性的更改。由于 3G 系统的延期部署以及性能不高等局限性,在 3G 还没部署之时,对 4G 的研究就已经全面展开,因此,3G 仅仅是一个过渡系统。

4. 4G 系统

3G 系统的性能差强人意,引发了业界和用户对 4G 的热切期待:希望在 3G 以后的移动通信系统能够提供更高的速率、更好的话音质量,业务多样化并保证 QoS,接入方式多样性、开放性以及高度智能化。

4G 是一种业务分组化、网络 IP 化、支持高速移动和全业务的宽带无线接入系统。

2003 年 7 月,ITU 对 4G 系统提出了如下要求。

- 静止条件下速率 1Gb/s。
- 移动条件下速率 100Mb/s。

ITU 广集提议,任何能满足要求的提议都可能被采纳。最后,ITU 采纳了两个提议作为 4G 的标准,一个是 3GPP(3rd Generation Partnership Project,第三代合作伙伴计划)的提案 LTE-Advanced(简称 LTE-A),另一个是 IEEE 的提案 IEEE 802.16m。

1) 3GPP 与 4G 标准的出台

在推动 4G 标准出台的过程中,3GPP 可谓功不可没。3GPP 是一个有合作协议的国际标准化组织,成立于 1998 年 12 月,该组织的主要成员包括 3 类:其一是组织伙伴,其二是市场代表伙伴,其三是个体会员。组织伙伴负责组织和协调工作,由多国电信标准机构组成,包括日本的 ARIB、中国的 CCSA、欧洲的 ETSI、北美的 ATIS、韩国的 TTA 和日本的 TTC;市场代表伙伴主要包括主流的行业协会、论坛,主要针对 3GPP 的一些新项目提出市场应用需求,包括 3G Ame 等 13 个协会论坛;独立会员主要由全球主要的电信运营商、设备制造商组成,目前有近 300 个单位,我国的中国移动、华为公司、中兴公司等在列。独立会员参与提案编写、讨论和建议。

3GPP的初衷是为3G(主要是UMTS)系统制定可以在全球适用的技术标准和规范，后来研究内容进行了扩展，增加了对UTRA(Universal Terrestrial Radio Access，通用地面无线接入)的LTE(Long Term Evolution，长期演进)标准化工作。从1999年最初的3G版本R99(以年代为版本编号，后续取消编号的时间含义)，紧随其后陆续发布了LTE标准化进程中演进版本R4、R5……，迄今，已发布到了R15版，平均每18个月就出台一个新版本，效率之高可见一斑。其中，2009年提交给ITU的LTE-Advanced版本获批为4G标准，2018年6月14日，R15被确定为5G第一阶段正式版本。

2) 4G的主要关键技术

与3G相比，4G系统在速率、容量、用户体验等方面得到了大幅提升，可以说，达到了量和质的飞跃。所有这些，离不开先进技术的使用。4G系统中的关键技术主要包括：

(1) OFDM和OFDMA。

OFDM(Orthogonal Frequency Division Multiplexing，正交频分复用)是一种多载波技术，目前在无线通信系统中广泛使用，基本思想是将信道分成若干正交子信道，每个子信道进行窄带调制并传输。因为子信道正交，故各子信道频率可以部分重叠，大大提高了频谱效率，同时，OFDM抗干扰能力强。OFDMA(Orthogonal Frequency Division Multiple Access，正交频分复用接入)是在OFDM基础上进一步对子信道进行分组，根据需要不同的组中所含子信道数可以不同，这样，很适合用于上下行不对称速率的移动数据业务。

(2) MIMO。

MIMO(Multiple Input Multiple Output，多输入多输出)技术在不增加带宽的情况下，能够成倍提高移动通信系统的容量和频谱利用率。采用MIMO技术，极大地提高了4G系统的容量。

(3) SDR。

SDR(Software Defined Radio，软件无线电)技术采用通用的系统结构，通过软件定义系统的底层功能，在硬件平台基本不变的情况下，通过改变软件定义可以实现新功能和新业务，因此实现灵活，升级更新方便。易于采用新的信号处理技术，同时也降低了设备制造与运维成本和周期。

5. 5G系统

人们通过4G系统下载电视电影，在线玩游戏和看视频似乎已经习以为常了，发消息聊天更是不在话下。然而，追求更高速率，更多新业务需求永无止境！4G系统必须继续演进才能满足越来越丰富的移动应用需求，于是，5G来了！

1) 5G标准的产生

2017年12月3日(北京时间)，3GPP批准冻结非独立组网(NSA)功能，即以现有4G LTE核心网为基础实现5G接入；2018年5月14日(北京时间)，3GPP批准冻结R15独立组网功能版，并将R15作为5G第一阶段正式标准。同时，3GPP对5G标准第二阶段标准R16的研究工作也已展开，预计2019年底完成R16，至此，完全符合ITU对5G(IMT-2020)要求的标准才全部完成。2020年开始，5G将进入全球商用阶段。

2) 5G应用的特点

5G究竟能给我们带来什么呢？参考了一些文献总结如下。

- 5G 的速率将极大提高：下行峰值速率 20Gb/s，上行峰值速率 10Gb/s，秒下电影已不再是梦想。
- 5G 不只是简单的速率提升，将从人与人的移动互联扩展到万物互连，打造全移动和全连接的数字化社会。
- 5G 应用不再只是手机，将面向未来的 VR/AR、智慧城市、智慧农业、车联网、智能家居、智慧医疗、无人机等多方面的应用。

11.3.2 陆地广域无线数据通信系统的组成

根据移动通信网发展的不同阶段，与之相对应的典型的陆地广域无线数据业务系统包括电路交换数据业务系统、扩充分组交换数据业务系统以及下一代无线综合业务系统。下面对这三种情况进行简要描述。

1. 电路交换数据业务系统

电路交换数据业务系统其数据业务的接入和传送完全基于第一代或第二代通信系统，对系统没有任何特殊要求，因此不需对系统进行任何改动。对于第一代模拟移动话音系统，移动台一般为模拟接口，数据终端与移动话音终端互连需要通过 Modem。而对于第二代系统，移动话音终端通常通过数字接口（如 RS-232 接口等）与数据终端相连，如图 11-2 所示。这两种系统都是基于电路交换的，主要提供话音业务，所能提供的数据业务十分有限，仅能提供传真、短消息以及速率最高为 9.6kb/s 的数据业务。

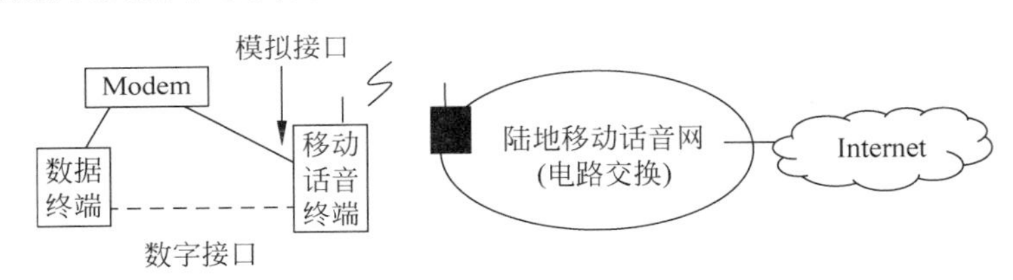

图 11-2 电路交换广域无线数据业务通信系统示意图

2. 扩充分组交换数据业务系统

扩充分组交换数据业务系统，是在原有移动话音网上增加适当的分组设备，并对原有系统的部分设备进行软硬件升级。分组数据终端与原有话音终端共享原有系统无线资源（如基站等），实现话音和分组数据的同时传送。在这种系统中，对话音的交换和传送完全按原系统电路交换技术体制进行，而对数据的交换和传送则按分组交换技术体制进行。示意图如图 11-3 所示。

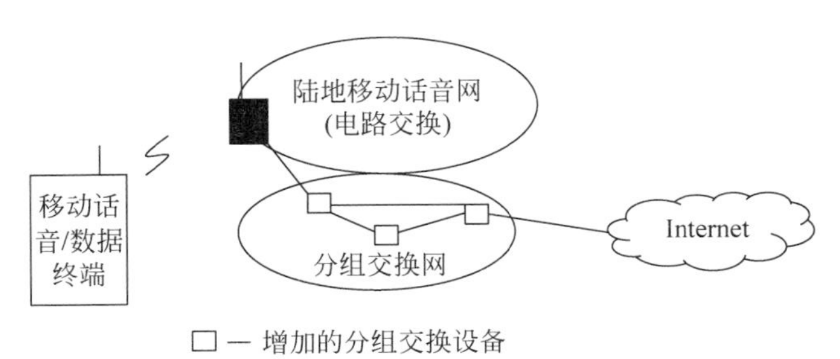

图 11-3 扩充分组交换广域无线数据业务通信系统示意图

典型的扩充分组交换数据业务系统如 GPRS 系统和 UMTS 系统。GPRS 基于第二代数字蜂窝系统 GSM，将分组交换技术叠加在 GSM 之上，并在原有 GSM 网络上增加必要的 GPRS 网络设备，从而实现分组数据业务的传输；GPRS 业务与话音业务共享无线资源，话音采用原有 GSM 的电路交换技术，GPRS 业务采用分组交换技术。

3. 下一代无线综合业务系统

下一代无线综合业务系统，全面采用分组交换技术，提供话音、数据、多媒体等综合业务，随着移动业务需求的发展，将以提供数据和多媒体业务为主。示意图如图 11-4 所示。

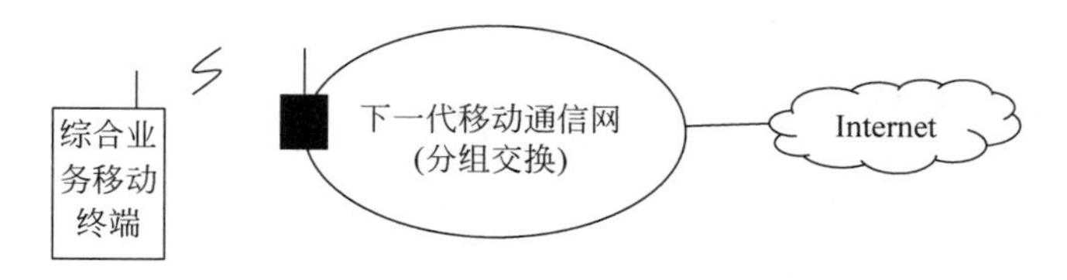

图 11-4　下一代广域无线数据业务通信系统示意图

如正在商用的 4G 系统以及试验中的 5G 系统，核心网已经完全取消电路交换(CS)域，全部建立分组交换(PS)域。

11.4　GPRS 接入技术

GPRS 是通用分组无线业务(General Packet Radio Service)的英文简称，是在现有 GSM 系统上发展起来的一种新的分组无线数据业务，被认为是第二代移动通信技术 GSM 开始走向第三代移动通信 3G 的一种过渡技术，因此也称为 2.5G 技术。

传统的 GSM 网络仅能传输 9.6kb/s 速率的数据业务，远远不能满足用户对高速无线数据业务的需求。

GPRS 技术在 GSM 网络上叠加了一个规模较小的分组交换网络，通过在原有 GSM 网络上增加少量的分组设备，向移动用户提供分组数据业务。基本思想是允许在 GSM/GPRS 网络上同时提供话音和数据业务：话音业务和 GPRS 业务共享 GSM 无线资源，话音业务仍采用原有 GSM 网的电路交换技术，数据业务采用通用的分组无线电技术。GPRS 在通信时不需要建立并保持电路，因而特别适用于间断的、猝发性的或频繁的、少量的数据传输，也适用于偶尔的大数据量传输。这一特点正适合移动数据业务的应用。

11.4.1　GPRS 的技术特点

与 GSM 相比，GPRS 具有许多独特的特点，具体表现在以下几个方面。

1. 分组交换技术

GPRS 是在 GSM 网络上叠加分组交换技术实现的，可以将 GPRS 网络看成是一个单独的分组数据网，数据的传输都采用分组交换。GPRS 支持 IP 和 X.25 等分组协议，可以与 IP 网实现无缝连接。

2. 频谱效率高

GPRS 采用分组交换就意味着只有当用户真正发送和接收数据时才会占用无线资源，而不是在某个固定时间内将一个无线信道固定分配给某个用户。可用的无线资源可以被多个用户共享，这样在一个小区内就能支持更多的GPRS用户。由此可见，GPRS具有很高的频谱利用率，运营商可以通过动态灵活的方式最大限度地使用网络资源。

3. 传输速率高

一个GPRS用户最多可以同时使用8个时隙，当采用CS-4编码时，可获得的理论最高速率为171.2kb/s，虽然实际中很少能让一个用户同时使用8个时隙，且实际速度受到编码的限制和手机终端的限制，可能会有所不同，但通常情况下也能达到几十kb/s，比GSM网络所能提供的9.6kb/s的电路交换业务速率高出许多。

4. 快速接入、随时在线

GPRS的用户一开机，就始终附着在GPRS网络上，每次使用时只需一个激活的过程，一般只需1～3s的时间马上就能登录到网络。GPRS一旦登录到网络就一直与网络保持逻辑上的连接，即随时在线，因此，在其有效覆盖范围内的GPRS用户可以随时收发数据，且只在收发数据时才占用信道。举例来讲，用户访问互联网时，单击一个超级链接，手机就在无线信道上发送和接收数据，主页下载到本地后，没有数据传送，手机就进入一种“准休眠”状态，手机释放所用的无线频道给其他用户使用，这时网络与用户之间还保持一种逻辑上的连接，当用户再次点击，手机立即向网络请求无线频道用来传送数据，而不像普通拨号上网那样断线后还得重新拨号才能上网。

5. 计费灵活

基于GSM的GPRS网络，并不损害原有的GSM的所有业务，包括话音业务和其他增值业务。一般情况下，GSM业务仍按使用时间收费，而GPRS业务可以按流量收费，即使用户一直在线，也只在发送和接收数据时才收取费用，没有数据流量传输时，用户即使挂在网上，也是不收费的。这正是分组交换与电路交换的本质区别。

6. 业务更多

GPRS突破了GSM电路交换和9.6kb/s传输速率的限制，可以提供比GSM更多的业务。具体包括：①Internet的接入，如浏览网页、收发邮件、聊天等；②移动商务，如移动银行、移动交易(股票)等；③多媒体业务，如可视电话、多媒体信息传送等。

11.4.2 GPRS的网络结构

GPRS是一种叠加在传统的GSM网络上的分组无线业务。在GSM网络上引入了三个主要的分组网络组件：分组控制单元(Packet Control Unit，PCU)，GPRS服务支持节点(Serving GPRS Support Node，SGSN)和GPRS网关支持节点(Gateway GPRS Support Node，GGSN)。GPRS与原有GSM共用频率资源，利用现有的基站实现无线覆盖，不单独增加GPRS基站。与GSM共享一部分链路，包括移动站(Mobile Station，MS)到基站(Base Station，BS)的无线链路以及基站到基站控制器(Base Station Controller，BSC)的链路。

BSC一方面与移动交换中心(Mobile Switching Center，MSC)相连，完成GSM业务的控制与转接；另一方面与PCU相连，用于GPRS分组数据的传输。PCU与SGSN之间通过帧中继互连，SGSN通过GPRS骨干传输网与GGSN连接，再由GGSN接入各种分组数据网(如Internet、Intranet、X.25网等)，从而达到GPRS移动终端访问外部分组网的目的。当GPRS移动终端需要互访时，则只需要GPRS的SGSN之间通过GPRS骨干网互连就能实现。需要注意的是，原有GSM终端不支持分组业务，因此必须更换，另外，原GSM网络中的一些实体如基站、HLR等都必须进行软件升级才能满足GPRS的传输。图11-5描述了这种基于GSM的GPRS的网络结构。

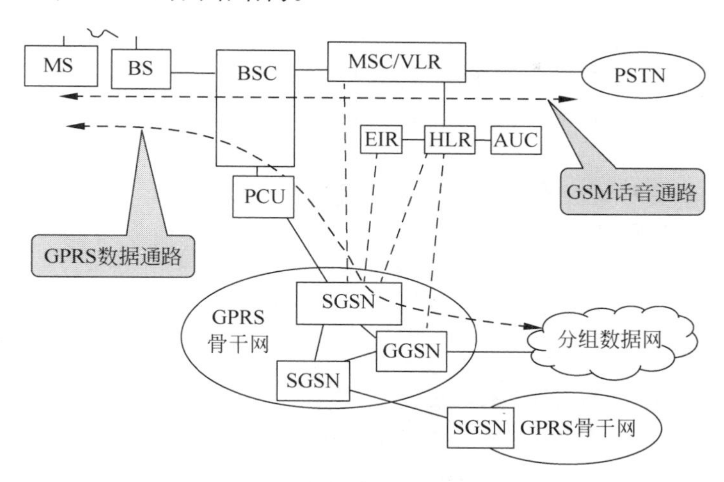

图11-5 基于GSM的GPRS网络结构

1. SGSN和GGSN

SGSN和GGSN是在原有GSM网络上增加的两个GPRS主要功能节点，包含了支持GPRS所需的功能。

SGSN负责实现对MS的接入控制功能，包括对MS身份的识别和设备的检查，负责将MS接入网络，并与MS保持逻辑上的连接，以便MS能随时与外网通信。当MS与SGSN建立逻辑连接后，SGSN建立起一个移动性管理环境，包含关于这个MS的移动性和安全性方面的信息。SGSN的主要作用就是记录移动台的当前位置信息，并且在移动台和SGSN之间完成移动分组数据的发送和接收。

GGSN是GPRS接入外网的网关，也被称作GPRS路由器。它存储属于这个节点的GPRS业务用户的路由信息，并根据该信息将PDU利用隧道技术发送到MS的当前业务接入点SGSN。GGSN可以经Gc接口从HLR查询该移动用户当前的地址信息。可以和多种不同的数据网络连接，如IP和X.25网等。

SGSN与GGSN的功能既可以由一个物理节点全部实现，也可以在不同的物理节点上分别实现。它们都具有IP路由功能，并能与IP路由器相连。当SGSN与GGSN位于不同的PLMN(公众陆地移动通信网)时，通过Gp接口互联。SGSN可以通过任意Gs接口向MSC/VLR发送定位信息，并可以经Gs接口接收来自MSC/VLR的寻呼请求。

2. MS

原有GSM的移动台不能用于GPRS网络，因此必须更换MS。在新的GPRS终端中，仍可使用原GSM终端的SIM卡以及原电话号码。GPRS定义了三种不同的MS类型。这三种MS类型分别是A类、B类和C类。

1) A类MS

支持GPRS业务和传统的GSM业务，且允许GSM业务和GPRS业务同时运行。即MS在通话的同时可以收发分组数据。

2) B类MS

支持GPRS业务和传统的GSM业务，但不允许GSM业务和GPRS业务同时运行。同一时刻只能运行一种业务，要么通话，要么传数。B类MS在收发数据的同时，监听是否有话音呼叫，如果在传数时收到一个来话指示，并且用户接听了呼叫，则数据传输暂时被“挂起”，当通话结束后才继续传输数据。

3) C类MS

分为两种情况，其一是MS只能应用于GPRS服务；其二是支持GPRS业务和传统的GSM业务。对于后一种情况，必须在两种业务间进行人工切换。当工作在GPRS模式时，不能运行GSM业务；同理，运行在GSM模式时，不能运行GPRS业务。两种工作模式是完全独立的。

3. 分组数据网

分组数据网即PDP(Packet Data Protocol)网，提供分组数据业务的外部网络。典型的PDP网为IP网络和X.25网络。移动终端通过GPRS接入不同的PDP网时，采用不同的分组数据协议地址。GPRS网络通过网关节点GGSN与PDP网相连。

11.4.3 GPRS的信道编码与数据速率

GPRS有四种信道编码方式，即CS1～CS4。不同信道编码的主要差别在于附加的冗余位数不同，因而具有不同的数据传输速率以及检错和纠错能力。不同的GPRS信道可采用不同的编码方案，GPRS分组业务信道可采用CS-1到CS-4方案进行编码。

CS-1编码方式，可达到的净数据传输速率为9.05kb/s；CS-2编码方式，其净数据传输速率可达到13.4kb/s；CS-3编码方式，净数据传输速率为15.6kb/s；CS-4编码方式，净数据传输速率为21.4kb/s。CS-1到CS-4编码方式，所能达到的速率虽然越来越高，但是以牺牲纠错能力为代价的。对于CS-4，没有前向纠错能力，因此速率能达到21.4kb/s，如果将8个时隙捆绑使用，最高可达到171.2kb/s的数据传输速率。

11.4.4 GPRS的资源分配与数话共存

GPRS建立在GSM网络之上，与GSM共享无线资源。在GSM系统中，一个蜂窝小区可分为多个扇区，每一个扇区最多可同时使用7个无线载频，每个载频又分为8个时隙，每一个时隙称为一个物理信道，一个物理信道可能对应一个或多个逻辑信道。当一个GSM用户与网络连接时，此时占用一个独立的时隙，只有断开连接时才释放资源，这就是电路交换技术的必然结果。GPRS采用分组交换，用户在资源的占用方面与GSM具有很大的差别，GPRS用户即使是一直挂在网上，也只有在收发数据时才占用信道，多个用户可以同时使用同一物理信道。显然，GPRS对信道的使用更加有效。不难看出，在同一个蜂窝小区，如果给GSM和GPRS分配的时隙数相等，那么，一个基站可以同时提供接入的GPRS用户数量远大于GSM的用户数。关于GPRS的信道分配方式描述如下。

1. 指定专用物理信道

在一个小区内指定物理信道用于GPRS传输：可以指定一个或多个载频的所有时隙，也可以指定一个载频的一个时隙或多个时隙。小区内的所有GPRS用户共享这些指定的时隙传送分组数据，而不会将某一个时隙固定分配给某个用户。这种分配方式下，至少必须保证分配一个物理信道(一个时隙)用于GPRS业务的信令和数据的传输。

2. 与GSM共享物理信道

没有为GPRS业务指定独享物理信道,GPRS业务只能与GSM共享信道,且GSM话音业务优先。系统可以指定所有时隙均为GPRS和GSM共享,也可以指定若干个时隙供GPRS数据和GSM话音共享,实际中一般采用后一种共享方式。在没有话音的情况下,这些时隙给GPRS用户使用,可提供较宽的数据传输带宽;当系统检测到新的话音呼叫请求时,自动减小GPRS数据传送带宽;空出一个时隙来处理这个话音请求。这样就可以在尽量不影响话音通信的情况下,最大限度地提高系统资源的利用率。

从保证数据传输的服务质量来看,分配独享GPRS信道比与GSM共享信道更好。GPRS支持这两种信道分配方式,具体选用何种方式,由小区无线资源的使用情况和GPRS用户的多少以及业务量来决定。无论采用哪一种分配方式,对于GPRS用户而言,占用信道都是动态的。根据用户不同时刻具体的业务情况不同,可以为一个GPRS用户同时分配一个或多个时隙;也可以为多个用户分配一个时隙,使多个GPRS用户共享同一物理信道。总之,GPRS采用动态信道分配技术,按需分配容量的准则。当GPRS业务负载过重且小区有剩余无线资源时,网络可以为GPRS业务分配更多的信道。GPRS业务信道分配由BTS的MAC层完成。

需要指出的是:虽然GPRS可以为一个用户提供多个时隙,但要真正实现此项功能,必须要有移动终端的支持。也就是说,MS还必须支持多个时隙的接收和发送,并不是所有的MS都支持多时隙收发的。另外,一个用户可以同时使用的上行时隙和下行时隙数可以不同,由于接入的不对称性,一般上行的时隙数小于下行的时隙数。

11.4.5 GPRS的协议模型

图11-6是GPRS网络实体互连的分层协议模型。

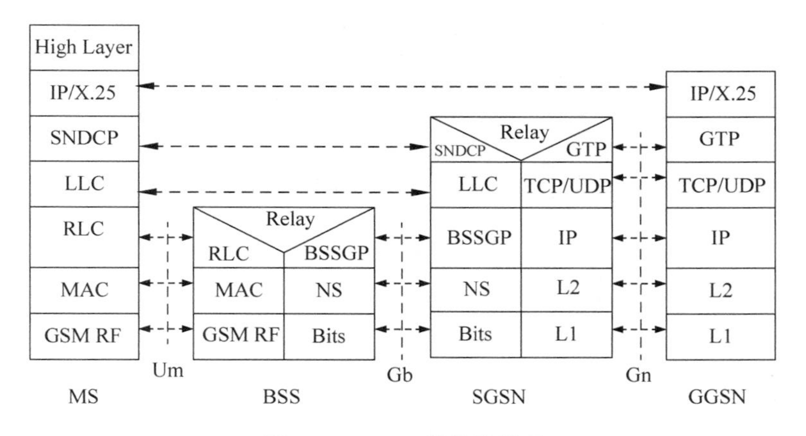

图11-6 GPRS的协议模型

• 子网相关汇聚协议

子网相关汇聚协议(Subnetwork Dependant Convergence Protocol,SNDCP)的主要功能是完成数据的分组、打包,确定TCP/IP地址以及加密方式。移动台和SGSN之间传送的数据在SNDCP层被分割成一个或多个SNDCP数据分组单元,并由下层的LLC帧封装后通过无线链路传送。

• 逻辑链路控制

逻辑链路控制(LLC),是一种基于高速数据链路规程HDLC的无线链路协议。主要功能是提供高可靠的加密逻辑链路,对SNDC数据单元进行封装,形成完整的LLC帧格式。

• 无线链路控制

无线链路控制(Radio Link Control,RLC)的主要功能是控制无线链路,提供一条独立于无线解决方案的可靠链路。

• 介质接入控制

介质接入控制(Medium Access Control,MAC)的主要作用是定义和分配空中接口的GPRS逻辑信道,使不同的移动台能共享这些信道。

• GSM RF

GSM RF为空中接口的射频接口部分,负责提供空中接口的各种逻辑信道。GSM空中接口的载频带宽为200kHz,一个载频分为8个物理信道。

• GPRS基站系统协议

BSSGP的主要功能是传输在BSS和SGSN之间与选路服务质量有关的信息。

• 网络服务

网络服务(Network Service,NS)主要是传输BSSGP数据。BSS和SGSN之间通过帧中继连接,因此网络服务是以帧中继为基础的。

• GPRS隧道协议

GPRS隧道协议(GPRS Tunnel Protocol,GTP)是GPRS骨干网中GSN节点之间的互连协议,用于传送GPRS骨干网中GSN间的用户数据和信令。所有的点对点PDP协议数据单元(PDU)都由GTP协议进行封装。

• TCP/UDP

用于封装隧道协议(GTP协议),根据具体情况可选用TCP或UDP来承载GTP PDU。

• IP

IP协议是GPRS骨干网络协议,主要完成对用户数据和控制信令的选路和转发。

• 中继转发(Relay)

在BSS中,这项功能中继转发Um和Gb接口间的LLC PDU,在SGSN中,是转发Gb和Gn接口间的PDP PDU。

11.4.6 GPRS的数据传输

GPRS用户以何种身份、何种网络地址、如何接入网络?如何将一个GPRS用户发起的呼叫传输到网络?一个GPRS用户又如何从网络中接收分组数据?这些都是与GPRS的数据传输有关的问题,也是GPRS网络的核心问题。本节将针对这些问题展开讨论。

1. 与GPRS数据传输有关的标识

在GPRS网络中定义了一系列的标识,用于唯一地标识一个GPRS用户。这些标识可以用于用户身份识别、鉴权、移动跟踪及管理等。各种标识如表11-1所示。

表 11-1　GPRS 标识

标识符	描述
IMSI(International Mobile Subscriber Identity,国际移动用户标识符)	分配给每个 GSM 用户的唯一号码,唯一标识一个 GPRS 用户
PTMSI(Packet Temporary Mobile Subscriber Identity,分组临时移动用户标识符)	为安全起见,分配给每个 GPRS 用户的一个对应 IMSI 的临时标识符,用以替代 IMSI
PDP 地址	标识一个用户的网络地址(IP 或 X.25 地址)
PSAPI(Packet Service Access Point Identity,分组服务接入点标识)	网络层服务接入点,用于标识 PDP 上下文
TLLI(Temporary Logic Link Identity,临时逻辑链路标识)	唯一标识 MS 与 SGSN 的逻辑连接,只在一个路由区有效。不同路由区可以有相同的 TLLI
TID(Tunnel Identity,隧道标识符)	由 IMSI 和 NSAPI 组合标识,唯一标识一个 PDP 上下文
GSN 地址	每个 GSN 都有一个属于 GPRS 骨干网的 IP 地址和一个主机名

2. GPRS 用户接入网络

GPRS 用户开机后,在传输 GPRS 分组业务之前,必须先注册并通过身份验证,与 SGSN 建立逻辑连接,此时,SGSN 建立了 MS 的信息,可对 MS 的位置进行跟踪和进行移动性管理。这时 MS 还不能访问外部网络,MS 还需要发起一个 PDP(Packet Data Protocal)激活过程,激活过程会使 MS 从 GGSN 处得到一个网络地址(如 IP 地址),并建立一个到 GGSN 的逻辑连接(即处于在线状态),此时,MS 就可以访问外部分组数据网了。

综上,GPRS 接入到网络分为两个过程:即 MS 首先接入 GPRS 网络,然后接入外部分组数据网。下面对这两个过程进行简要描述。

1) 接入到 GPRS 网络

GPRS 移动台(MS)开机后监听无线信道,从下行链路接收系统信息,并在指定的控制信道上发送接入请求。MS 从 BSS 处得到信道分配后便向 SGSN 发起注册请求,过程如下。

- MS 请求连接:MS 向 SGSN 发送一个 attach 消息,请求注册连接。
- MS 身份认证:SGSN 向 MS 请求 MS 的 IMSI;MS 返回 IMSI;SGSN 根据 IMSI 向 HLR 请求认证,并对 MS 进行鉴权;如果通过认证,则转入 MS 设备验证阶段;否则,MS 为非法用户,SGSN 拒绝注册连接。
- MS 设备验证:SGSN 向 MS 请求 MS 的 IMEI(International Mobile Equipment Identity,国际移动设备标识符);MS 返回 IMEI;SGSN 发送 IMEI 校验请求;MS 返回结果;结果正常,则执行位置更新操作;否则,结果表明设备不可用,SGSN 拒绝注册连接。
- 位置更新:SGSN 向 HLR 请求位置更新(请求参数为 IMSI);HLR 响应请求并返回有关用户信息;SGSN 确认;HLR 响应确认。
- MS 准许连接:SGSN 向 MS 返回一个接受连接的消息,消息中包含一个 MS 的分组临时身份标识 PTMSI。为安全起见,MS 使用临时身份。同时由 PTMIS 派生一个临时逻辑链路标识 TLLI,用于唯一标识一个 MS 与 SGSN 的连接;最后,MS 确认收到 PTMSI。

2）接入到外部数据网络(如 IP 网)

这一过程称为 PDP 上下文(Context)激活过程，具体步骤如下。

- MS 请求 PDP Context 激活：MS 向 SGSN 发送 PDP 激活请求消息。消息中带有 MS需要接入的接入点名称(Access Point Name，APN)、MS 的 PDP 地址(静态分配，为固定值；如动态分配，则为空，请求分配)、NSAPI 以及服质量参数等。APN 为 GGSN 与外部分组数据网的接口的符号名(一个 GGSN 接入不同的 PDN，则具有不同的 APN)。
- MS 身份认证与设备检查：过程与接入到 GPRS 网络中描述类似。
- SGSN 向 GGSN 请求"建立 PDP Context"：SGSN 通过 DNS 得到 APN 所对应的 GGSN 接口的 IP 地址，并向 GGSN 发送 PDP Context 请求，该请求中带有 MS 的 IP 地址请求以及建议使用的隧道标识(Tunnel Identity，TID)等。
- GGSN 响应"建立 PDP Context"：响应中包含为 MS 动态分配的 IP 地址及确认 TID 等。
- PDP Context 激活完成：SGSN 向 MS 返回一个 PDP Context 激活完成消息，该消息中含有 MS 的 IP 地址。

3. GPRS 的数据传输

GPRS 网络中的 GGSN 提供了与 IP 网络或 X. 25 等分组数据网的接口。GPRS 的 MS 可以支持 TCP/IP 协议和 X. 25 协议。因此，MS 通过 GPRS 接入到 IP 网络时，必须获得一个 IP 地址，而接入 X. 25 网络时，必须得到一个 X. 25 网络地址。目前的主要应用是接入 Internet，因此后续仅对接入 IP 网的情况进行描述。

从用户应用的角度看 GPRS 网络，可以理解为 GPRS 网络用户构成一个 IP 子网，而 GGSN 相当于路由器，作为 GPRS IP 子网接入外部分组数据网的网关，每个 MS 就像 GPRS 子网中的一台主机，通过 IP 地址来识别，如图 11-7 所示。MS 的 IP 地址可以是静态分配或是动态分配，可以是一个内部 IP 地址或是一个公用 IP 地址。具体的地址分配策略依具体情况而定。当 MS 的 IP 地址为内部地址时，则只能实现由 GPRS 用户终端向外部分组数据网发起的访问呼叫，GGSN 此时将 GPRS 用户终端的内部 IP 地址映射成公共 IP 地址。此种情况下，外部网络用户无法主动访问 GPRS 终端。

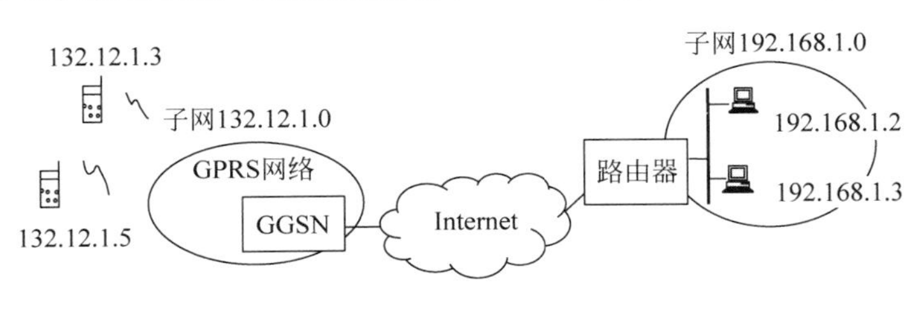

图 11-7 GPRS 网络为一个 IP 子网

GPRS 的数据传输涉及以下几个方面：

从通信对象来看：涉及 GPRS 用户之间的通信，或是 GPRS 用户与外部数据分组网中用户的通信。

从移动用户接入位置来看：涉及在归宿地接入和漫游地接入。

GPRS 用户之间的通信通过内部 GPRS 网络互连通信，具体细节不在此描述，请参考有关资料。在此仅对 GPRS 用户接入外部数据分组网的情况进行介绍(因为这是常见的应用模式)。图 11-8 描述了移动台与互联网上一台主机通信的数据传输过程。为了便于说明，假设 MS 有一个固定 IP 地址。

1) GPRS 用户(移动台 A)在归属地时与主机 B 的通信

当移动台 A 完成注册和 PDP Context 激活后,就可与 Internet 网上的主机 B 通信了。

通信的路径如图 11-8 左边标注所示。移动台向主机 B 发送 IP 分组时,由 MS 的 SNDCP 协议封装形成 SNDCP PDU,再由下层协议逐层封装,通过无线接口向 BSS 发送,最终 SNDCP PDU 到达 SGSN 的对等层。SGSN 去掉头部还原成 IP 分组,并用 GTP 协议封装形成 GTP PDU,通过隧道传输。GGSN 最后去掉隧道头部,还原成 IP 分组后发送到 IP 网络。IP 网络根据 IP 分组中的目的 IP 地址进行寻址,最终到达目的地。

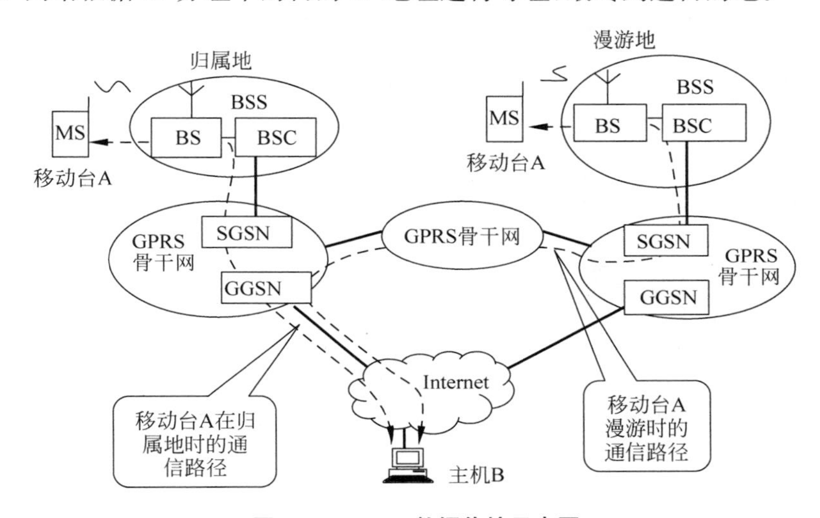

图 11-8　GPRS 数据传输示意图

当主机 B 发送数据给移动台 A 时,其通信的路由与上面相反,不再赘述。

2) GPRS 用户(移动台 A)漫游时与主机 B 的通信

当一个 GPRS 用户漫游到异地时,需要与漫游地的 SGSN 建立逻辑连接,并通过归属地的 SGSN 对其进行移动性管理,这里并不阐述如何对 GPRS 用户进行移动性管理的问题,只是为了说明,无论 GPRS 用户漫游到哪里,归属地的 SGSN 和 GGSN 都知道其所在的位置。

当移动台 A 到漫游地后,依然通过归宿地的 GGSN 接入互联网。当移动台 A 漫游时与主机 B 的通信路径如图 11-8 右边的标注。由图可知,无论是移动台 A 向主机 B 发送数据还是接收主机 B 发送的数据,都必须通过归宿地的 GGSN。

11.4.7　GPRS 的局限性

与 GSM 相比,GPRS 虽然在数据传输方面具有较大优势,但由于与现有 GSM 网络共用无线资源,从快速组网和节约成本来讲是优点,但却限制了系统的容量,再者,由于分组交换比电路交换对数据传输的可靠性要差一些,因此,GPRS 也有一些不足和局限性。

1. 容量受限

由于GSM和GPRS共享有限的无线资源，且话音和GPRS业务无法同时使用相同的信道，因此，用于专门提供GPRS使用的时隙数量越多，能够提供给话音通信的资源就越少，GPRS会对网络现有的小区容量产生影响，其对业务影响的程度主要取决于时隙的数量。

2. 速率依然不高

GPRS数据传输速率要达到理论上的最大值171.2kb/s，就必须只有一个用户占用一个载频所有的8个时隙，并且没有任何防错保护。将所有的8个时隙都给一个用户使用显然是不太可能的。另外，GPRS终端所能同时支持的时隙数，也会直接影响GPRS的传输速率，一些终端可能只支持1个、2个或3个时隙。因此GPRS实际能达到的传输速率将会受到网络和终端现实条件的制约。

3. 终端无无线终止功能

GPRS具有“一直在线，随时收发”，并只按实际通信流量计费的特点，这本是GPRS最诱人的地方，但遗憾的是未经授权的内容也会发送给终端用户，更糟糕的是用户要为这些垃圾内容付费，显然这是用户非常不情愿的。目前还几乎没有GPRS终端支持无线终止接收来电的功能。

4. 数据丢失与转发延时

GPRS采用分组交换技术，分组通过不同的路径达到相同的目的地，数据在通过无线链路传输的过程中就可能发生一个或几个分组丢失或出错的情况。有关标准组织认识到了无线分组技术的固有特性，因此引入了数据完整性和重发策略，不过也由此产生了潜在的转发时延问题。

11.5 CDMA2000-1X接入技术

由GSM网络演进的GPRS是GSM网络向第三代的过渡产品，通常也称第二代半产品，依然是一种窄带接入技术。而CDMA与GSM不同，没有第二代半产品。CDMA的二代标准为IS-95，是1995年美国TIA正式颁布的窄带CDMA(N-CDMA)标准，由IS-95演进的CDMA2000则是CDMA的第三代标准。CDAM2000包括CDMA2000-1X、CDMA2000-1XEV和CDMA2000-3X三个标准系列。通常称CDMA2000-1X为CDAM2000的第一阶段，能提供的最高速率为384kb/s，CDMA2000-1XEV是在CDMA2000-1X的基础上，使用相同的频带，提供的最高速率达2Mb/s，CDMA2000-3X称为CDMA2000的第三阶段，与CDMA2000-1X相比，前向CDMA信道采用3载波(CDMA2000-1X采用单载波)，因此通信速率最高可达2Mb/s，但所占用的带宽也更宽。本节主要介绍CDMA2000-1X技术。

11.5.1 CDMA2000-1X的网络结构

如图11-9所示，移动台MS、基站系统及MSC/VLR为移动用户提供话音业务及低速电路数据业务，PCF、PDSN构成分组数据网络，用于承载分组数据。

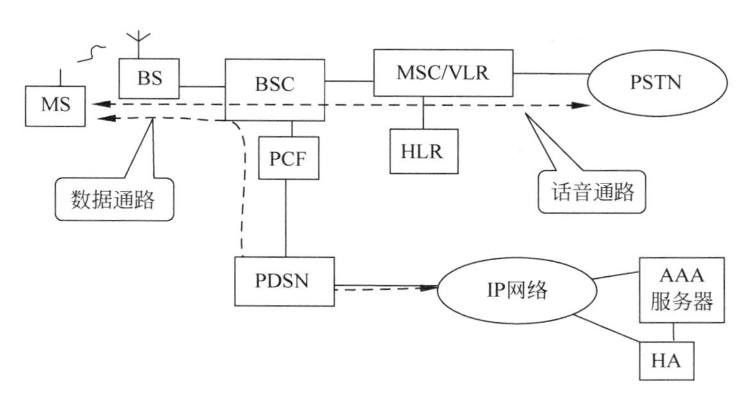

图 11-9 CDMA2000-1X 网络结构

1. PCF

PCF(Packet Control Function,分组控制功能)主要完成：无线资源的请求、管理，并记录无线资源的使用状况；建立、维护和终止与 PDSN 的第二层连接；缓存分组数据；收集与无线链路相关的计费信息等。

2. PDSN

PDSN(Packet Data Service Node,分组数据业务节点)主要完成：实现 PLMN(Public Land Mobile Network,公众陆地移动通信网)与外部 IP 网的连接。建立、维护和终止与移动用户的 PPP 连接，以及与 PCF 的第二层连接；为简单 IP(Simple IP,SIP)用户提供 IP 地址；为移动 IP(Mobile IP,MIP)用户提供外地代理(Foreign Agent,FA)功能。

3. AAA

AAA(Authentication,Authorization,Accounting,认证，授权，记账)主要对移动用户的身份合法性进行认证，对合法用户提供相应的服务，并对其使用网络的情况进行记录，而拒绝非法用户的接入。

4. HA

HA(Home Agent,归属代理)为移动用户归属网络上的一台路由器，对简单 IP 而言，并不需要 HA。而对于移动 IP,HA 负责对移动用户的注册请求进行认证，与 FA 一起，将目的 IP 为正在漫游的移动用户的 IP 分组转发给该用户。

11.5.2 CDMA2000-1X 的数据业务与传输

CDMA2000-1X 提供简单 IP(SIP)和移动 IP(MIP)两种分组数据业务。SIP 与我们熟悉的利用 Modem 拨号上网类似，SIP 不提供不同 PDSN 之间的漫游。MIP 采用移动 IP 技术，用户可以跨 PDSN 漫游，在无线网络覆盖的范围内获得不间断的移动通信服务。

1. SIP 业务

SIP 业务是 CDMA2000-1X 最基本的分组数据业务类型。SIP 的基本思想是移动台在接入网络时与 PDSN 建立 PPP 连接(类似于拨号)，进行身份认证，认证通过后，由 PDSN 给移动台动态分配一个 IP 地址，此时移动台就可通过 PDSN 接入 IP 网络了。只要移动台不移出该 PDSN 的服务范围，则该移动台的 IP 地址保持不变，并能在移动中保持通信的连续性。如果移动台在通信时进入到其他 PDSN 的服务区域，当前的网络连接将被中断。此时如果仍需获得网络服务，需要重新拨号并重新获得 IP 地址。由此可见，SIP 对移动用户的移动性支持具有一定的局限性，不支持移动用户跨 PDSN 的漫游。另外，由于移动台每次接入网络总是动态获得 IP 地址，不是固定的，因此，SIP 只能实现由移动台主动发起的呼叫，而不能实现由网络侧主动发起的呼叫。SIP 不需要 HA。图 11-10 描述了 SIP 的网络结构。

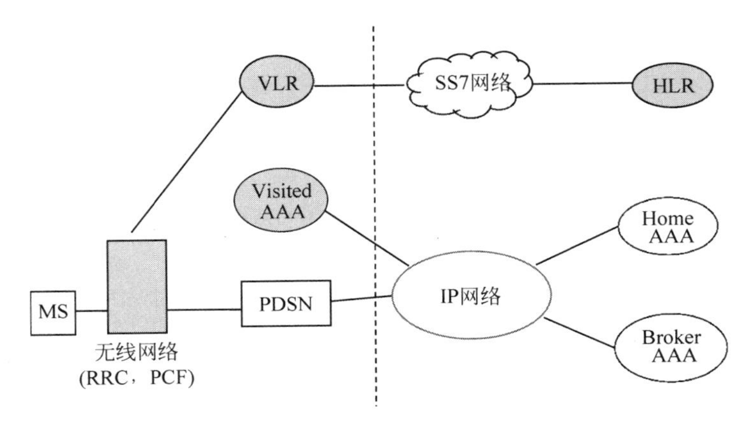

图 11-10 简单 IP 业务网络结构

以下是对 MS 主动发起业务的呼叫过程的描述。

1）移动用户在归属地

如果移动用户在归属地，则被访问网络就是归属地网络。首先，移动台与无线网络（含基站系统和 PCF）建立空中接口链路，PCF 向 PDSN 发送建立连接请求，PDSN 发送响应，随后，MS 与 PDSN 建立 PPP 连接，PDSN 向归属 AAA 发送接入请求（含用户名、密码等用户信息），归属 AAA 服务器（移动用户信息存放在归属 AAA 服务器中）对用户身份进行认证，AAA 服务器根据认证结果将授权信息反馈给 PDSN（用户合法则授权提供服务，否则拒绝提供服务），如果用户合法，则 PDSN 将授权信息转发给移动台，并给移动台动态分配一个 IP 地址，此时移动台就可以开始传输数据了。一旦移动用户断开连接，IP 地址就被收回，以便其他移动台使用。

2）移动用户在漫游地

如果移动用户离开归属网络，那么被访问网络就是漫游地网络。如果移动台要发送数据，则移动台与访问地 PDSN 建立 PPP 连接。用户的认证过程与用户在归属地时不同，首先，移动用户将接入请求信息发送到访问的 PDSN，PDSN 通过 AAA 协议将该用户请求接入信息发送到访问 AAA（Visited AAA）服务器，访问 AAA 作为代理，通过中间 AAA（Broker AAA）将移动用户认证信息转发到归属 AAA，由归属 AAA 对该用户身份进行认证，最终将授权信息通过 AAA 网络（通过 IP 互连）传回访问 AAA，进而反馈给访问 PDSN，访问 PDSN 为漫游移动用户动态分配一个 IP 地址，漫游用户便可通过访问 PDSN 接入外部 IP 网络了。

2. MIP 业务

MIP 业务是 CDMA2000-1X 支持的另一种分组业务。MIP 的主要特点是支持移动用户跨 PDSN 的漫游，移动用户在 CDMA2000-1X 网络中随意移动时，用户保持一个 IP 地址不变,并能保持不间断的通信。基本思想是在 SIP 的基础上增加一个 HA,PDSN 作为 FA,采用移动 IP 技术来保证通信的连续性。由于 MIP 采用静态 IP 地址,因此,MIP 既能实现由移动台主动发起的业务,也能实现由网络侧主动发起的业务。图 11-11 描述了 MIP 的网络结构。

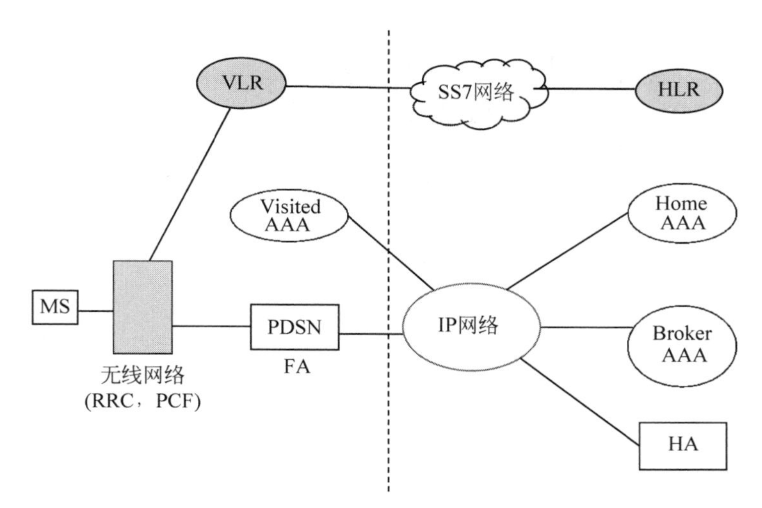

图 11-11　移动 IP 业务网络结构

下面将对 MIP 用户与 IP 网络上的主机进行互访的通信过程描述。假设 MS 已移出归属地网络。此时 PDSN 作为 MS 的外地代理。在描述通信过程之前,必须先明白:在 MIP 中,MS 的 IP 地址不再是由 PDSN 动态分配,而是由 HA 静态分配(注意是公共 IP 地址),移动用户在整个 CDMA2000-1X 网络中漫游,其 IP 地址都保持不变。

根据移动 IP 原理,当移动用户漫游到异地时,移动用户首先判断本机已移出归属地网络,通过代理发现找到一个外地代理 FA,并获取一个转交地址。然后漫游 MS 通过 FA 或直接向 HA 进行位置登记和注册。登记信息包括漫游 MS 的转交地址,以便 HA 随时掌握漫游用户当前所处的网络位置。有关移动 IP 的细节,请参考相关移动 IP 的资料,这里不作过多的解释。

1) 漫游用户主动发送数据

假设漫游 MS 已找到一个 FA,获得了一个转交地址,并已向 HA 登记。MS 主动发送数据只需通过 FA 转发即可。

2) 漫游用户接收数据

如果 IP 分组的目的地址为漫游主机的 IP 地址,则该 IP 分组首先被传送到归属地 HA,HA 查得该漫游主机的转交地址,再通过隧道协议将该 IP 分组转发到 FA,最后由 FA 转发到漫游主机。

需要提醒的是,漫游用户可能移动到不同的外地网络,每移动到一个网络都需要重新获得转交地址,并向 HA 登记;当漫游用户回到归属地时,移动用户应向 HA 注销其漫游时的转交地址。

11.6 LTE/4G 接入技术

如前所述,LTE 是 3GPP 对 3G 系统 UMTS 标准的长期演进,而作为 4G 标准的 LTE-Advance(LTE-A)是 LTE 的演进版本。通常,将 3GPP 的 R8、R9 版本称为 3.9G 或准 4G,而 R10 及后续的 R11、R12 版本才达到了 ITU 规定的 4G 标准的要求,因此被称为 LTE-A,LTE-A 在 LTE 的基础上采用了载波聚合、高阶 MIMO、多点协作传输等多项关键技术,因此,LTE-A 的空口峰值速率更高,下行 1Gb/s,上行 500Mb/s,频谱效率更高,网络容量更大。但 LTE 和 LTE-A(4G)主要是空口物理层有差别,但网络架构上几乎无区别,故本节命名为 LTE/4G 接入技术。

11.6.1 LTE/4G 的网络结构

如图 11-12 所示,是 LTE/4G 系统组成简图,包括三个部分。

- UE(User Equipment,用户终端)。
- E-UTRAN(Evolved UMTD Terrestrial Radio Access Network,演进的 UMTS 无线接入网)。
- EPC(Evolved Packet Core,演进的分组核心网)。

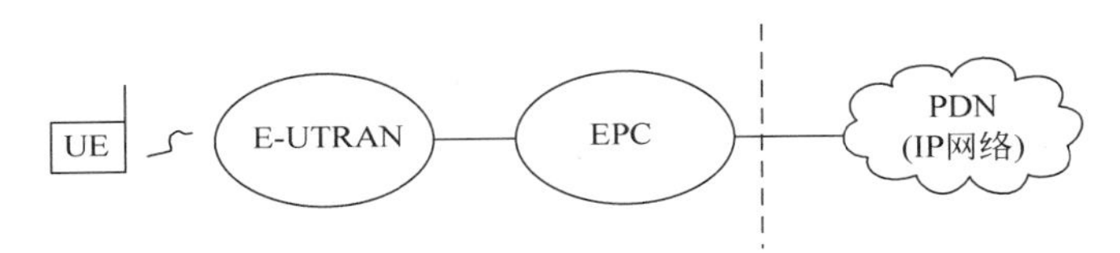

图 11-12 LTE/4G 系统简图

3GPP 在对移动通信系统的演进过程中,网络结构更简洁,并趋于扁平化:E-UTRAN 部分是对 UMTS 的无线接入部分的演进,主要由 eNode B 节点组成,与 2G/3G 相比,这里没有了基站控制器 BSC,结构更加简洁。核心网全部采用基于 IP 的分组交换方式,完全取消了 2G/3G 的 CS(Circuit Switch,电路交换)域。

虽然 PDN(Packet Data Network,分组数据网)不属于 LTE 网络部分,但 PDN 网络是用户主要获取业务的网络,因此与 LTE 紧密相连。目前 PDN 网络几乎都已经是 IP 网络。

对图 11-12 进行细化,各部分的网元以及互连如图 11-13 所示。

1. E-UTRAN

eNode B 是 UE 与 EPC 之间的桥梁。其主要功能是执行一系列空口协议完成所有与无线接入和无线通信相关的功能,具体包括如下内容。

- 空口物理层、MAC 层功能。
- 无线资源管理功能——无线承载控制、无线接入控制、连接移动性控制、UE 上下行资源的分配。
- IP 头压缩和用户数据流加密。
- UE 连接时,选择 MME。
- UE 传送数据时,将 UE 的数据信息转发到 S-GW。

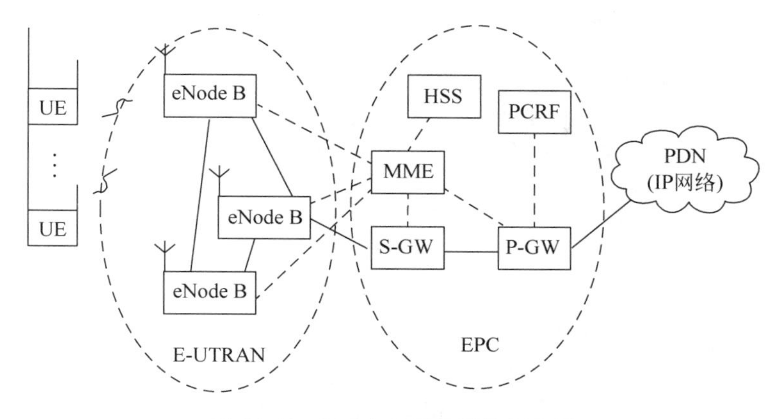

图 11-13　LTE/4G 网络结构示意图

- 调度和传送寻呼消息(由 MME 产生)。
- 调度和传送广播消息(由 MME 或 Q&M 产生)。
- 为移动性和调度,进行测量及测量报告的配置。

2. EPC

如图 11-13 所示,EPC 是演进的分组核心网,在 4G 网络中,核心网是全分组交换网络,负责对业务进行交换和路由,并将业务连接到外部 PDN。组成包括 MME(Mobility Management Entity,移动管理实体)、HSS(Home Subscriber Server,归属地签约用户服务器)、PCRF(Policy and Charging Rules Function,策略和计费规则功能)、S-GW(Servering Gate Way,服务网关)和 P-GW(PDN Gate Way,分组数据网关)。

1) MME

MME 是 EPC 的关键网元,主要功能是控制和管理,具体包括如下内容。

- NAS(Non Access Stratum,非接入层)信令。
- EPC 各信令节点之间的信令传输。
- UE 在 IDLE 模式下,UE 的可达性(包括控制和执行寻呼重传)。
- 跟踪区域的列表管理。
- 为 UE 的数据传送选择 S-GW 和 P-GW。
- MME 改变带来切换时,选择 MME。
- 从 LTE 切换到 2G/3G 网络时,选择 SGSN。
- 漫游管理。
- 承载管理,包括专用承载建立等。

2) HSS

HSS 是 EPS 的数据库,是在 GSM 中 HLR 的基础上的演进,主要存储 4G 签约用户的数据信息,以及位置信息。用于对接入用户进行身份认证和移动性管理。

3) PCRF

PCRF 是用来控制业务承载服务质量 QoS 的网元。主要包含策略控制决策和基于流计费控制功能。

4) S-GW

S-GW 类似于 GPRS 网络中 SGSN,完成移动性管理,以及业务数据的转发等。具体功能如下。

- 为 eNode 之间的切换,进行本地的移动定位。
- 在 LTE 网络之间进行移动性管理,建立移动安全机制。
- 在 UE 的 IDLE 模式下,进行下行分组缓存和网络初始化,这些需要有服务请求过程来触发。
- 授权侦听。
- 分组路由和前向转移。
- 对上行下行分组进行标记。
- 在运营商之间交换用户和 QCI(OoS Class Identifier,QoS 类别标识)有关计费信息。
- UE、PDN 和 QCI(QoS Class Identifier,QoS 等级标识)的上、下行费用信息等。

5) P-GW

P-GW 类似于 GPRS 网络中 GGSN,是 LTE 连接到 PDN 的网关,给认证后授权的 UE 分配 IP 地址,实现 LTE 的 UE 到 PDN 网络的路由等,具体功能如下。

- 用户的 IP 分组过滤。
- 授权侦听。
- 为 UE 分配 IP 地址。
- 对下行分组进行标记。
- 上下行服务级计费、门限控制及速率控制。
- 基于总计最大位速率(Aggregate Maximum Bit Rate,AMBR)的下行速率控制。

11.6.2 LTE/4G 的业务与信令概述

所有的通信系统的终极目标就是为用户传送业务信息,实现端到端的通信。而信令是所有通信系统必备的功能,在 LTE 系统中,信令主要用于传送控制信息,包括 UE 的入网控制,身份认证,呼叫建立、维护与拆除,资源调度,切换控制与漫游管理,移动性管理等,都是通过信令完成的,所有这些都是为传送业务服务的。

1. 业务与信令通道

在 LTE 中,控制和数据是分离的,控制平面传送信令,用户平面传送业务数据。业务与信令相关网元与互连如图 11-14 所示。虚线连接的通路为信令传送通道,实线连接的通路为业务数据传送通道。

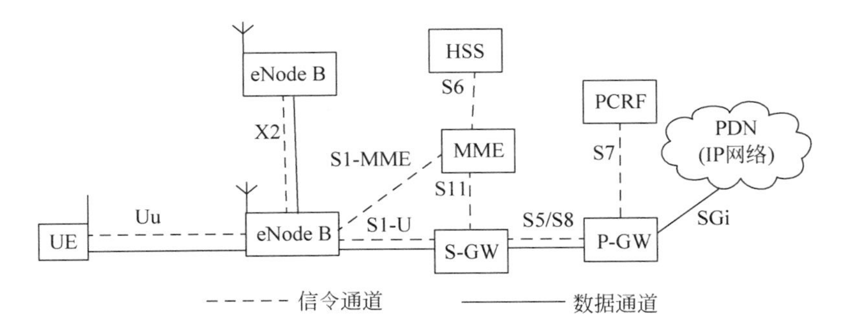

图 11-14 LTE/4G 信令与业务传送示意图

各网元之间的接口描述如表 11-2 所示。

表 11-2　LTE/4G 的主要接口

<table>
<tr><th>接口</th><th>连接网元</th><th>信息类型</th><th>协议</th><th colspan="2">主要功能</th></tr>
<tr><td rowspan="2">Uu</td><td rowspan="2">UE-eNode B</td><td>信令</td><td>RCC</td><td colspan="2">无线连接与资源控制和管理</td></tr>
<tr><td>业务</td><td>PDCP</td><td colspan="2">承载高层 IP 分组业务，压缩 IP 头部，加解密</td></tr>
<tr><td rowspan="2">X2</td><td rowspan="2">eNode B -eNode B</td><td>信令</td><td>X2-AP</td><td colspan="2">eNode B 之间的控制信息</td></tr>
<tr><td>业务</td><td>GTP-U</td><td colspan="2">eNode B 之间的数据业务信息</td></tr>
<tr><td>S1-MME</td><td>eNode B-MME</td><td>信令</td><td>S1-AP</td><td colspan="2">会话管理和移动性管理</td></tr>
<tr><td>S6</td><td>MME-HSS</td><td>信令</td><td>Diameter</td><td colspan="2">AAA 接口，签约用户信息管理(认证与授权)、用户位置信息管理</td></tr>
<tr><td>S7</td><td>P-GW-PCRF</td><td>信令</td><td>Diameter</td><td colspan="2">传送业务 QoS 和计费相关信息</td></tr>
<tr><td>S11</td><td>MME-S-GW</td><td>信令</td><td>GTPV2-C</td><td colspan="2">建立 MME 与 S-GW 之间的隧道，传送控制平面信令信息</td></tr>
<tr><td>S1-U</td><td>eNode B-S-GW</td><td>业务</td><td>GTP-U</td><td colspan="2">建立 eNode B 与 S-GW 之间的隧道，传送用户平面业务数据</td></tr>
<tr><td rowspan="2">S5/S8</td><td rowspan="2">S-GW-P-GW</td><td>信令</td><td>GTPV2-C</td><td>建立 S-GW 与 P-GW 之间的隧道，传送控制平面信息</td><td rowspan="2">本地 S-GW 与 P-GW 之间接口为 S5；漫游时，访问地 S-GW 与归属地 P-GW 之间接口为 S8</td></tr>
<tr><td>业务</td><td>GTP-U</td><td>建立 S-GW 与 P-GW 之间的隧道，传送用户平面业务数据</td></tr>
<tr><td>SGi</td><td>P-GW-PDN</td><td>业务</td><td>TCP/IP</td><td colspan="2">提供 P-GW 与外部 IP 网络的接口</td></tr>
</table>

2. 信令连接

在 LTE 网络中，MME 具有核心的控制和管理功能，而所有这些功能都是通过信令来实现的，MME 几乎跟所有网元都有信令交互。这里主要描述 UE、eNode B 和 MME 的信令连接，MME 与核心网中其他网元的信令请参考相关 3GPP 的标准。

1) NAS 信令

UE 与 MME 之间的信令称为 NAS(Non Access Stratum，非接入层信令)，NAS 是一种高层信令，逻辑上 UE 和 MME 之间对等实体之间的信令交互。NAS 信令用于 MME 对 UE 的身份认证及接入控制，主要负责端到端的业务承载的建立以及对用户进行移动性管理等。

2) RRC 信令

RRC 是 UE 与 eNode B 之间的信令，UE 与 eNode B 的 RRC 连接就是建立信令传送通道，因此也称为信令承载。RRC 信令用于 eNode B 对 UE 进行控制和管理，负责对 UE 进行无线资源的分配和管理。

3) X2-AP 信令

X2-AP(Application Protocol)信令是 eNode B 之间交互的控制信息。

3. 业务承载

UE 访问 PDN 的中业务服务器或业务提供者，需要建立端到端逻辑传送通路。在 LTE 网中，是由各个网元之间的逻辑通路建立起来，把 UE 到 P-GW 之间的承载称为 EPS 承载，也称 LTE 网络的业务承载。EPS 承载由无线承载 RB(Radio Bearer)和核心网业务承载

(也称 S1 承载)两部分组成。

LTE 的业务承载分为默认承载(Default EPS Bearer)和专用业务承载(Dedicated EPS Bearer)两种。

1) 默认承载

默认承载在 UE 初始入网时的附着(Attach)过程建立,一旦默认承载建立,就意味着 UE 已获得 IP 地址及默认的 QoS 参数设置,并建立了 UE 到 P-GW 之间的业务传输通道。默认承载只有当用户终端去附着时才会释放,因此可以认为去附着之前,UE 永久处于在线状态。带来的好处是显而易见的,终端要发送数据就可直接使用默认承载进行传送,大大节省了信令交互时间。

2) 专用业务承载

因为 UE 初始接入时建立的默认承载并没有针对具体的业务类型和 QoS 要求,因此默认承载设置的优先级最低。当有高优先级业务或有额外 QoS 要求的业务需要传送时,则需要临时建立专用业务承载。专用业务承载与具体的业务需求有关,一个用户终端根据需要可以建立多个专用业务承载,用于传送不同的业务,专用业务承载在业务结束后必须释放以节省资源。

11.6.3 LTE/4G 协议模型

在 LTE/4G 网络中,用户平面与控制平面完全独立,通过控制平面传送信令信息,通过用户平面传送业务信息。本小节分别从用户平面和控制平面描述 LTE/4G 的协议模型。

1. 用户平面协议模型

主要讨论 UE、eNode B、S-GW 以及 P-GW 的协议栈及相互的协议交互,如图 11-15 所示。

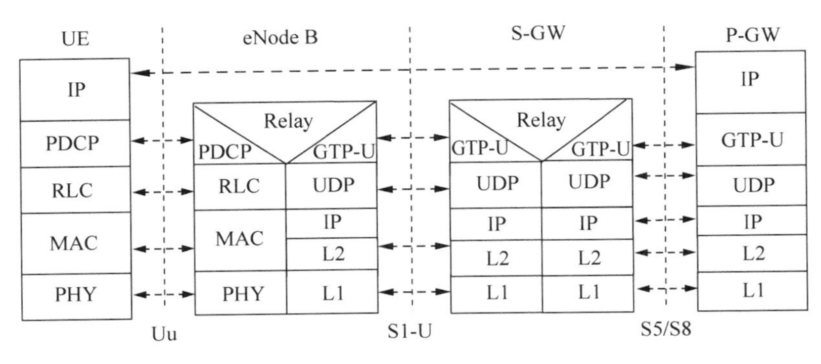

图 11-15 用户平面协议模型

Uu 接口两侧实体的协议栈自上而下包括 PDCP、RLC、MAC 以及 PHY。

- PDCP(Packet Data Convergence Protocol,分组数据汇聚协议):在用户平面对发送方 IP 业务分组进行头部压缩和加密,同时在接收方进行逆操作。在控制平面对 RCC 信息进行加密和承载。
- RLC(Radio Link Control,无线链路控制):主要功能是实现无线链路的连接控制,SDU 的分段与重装等。

- MAC：上下行 MAC 配合，实现逻辑信道与物理信道的映射，信道资源的调度与分配，HARQ 等。
- PHY：完成信号在信道上的传送。包括 OFDM、MIMO 等。

下面以一个 UE 访问外网业务服务器为例，描述业务信息在 LTE 网络中的通过用户平面承载和传送的过程。

- UE 的 IP 业务分组通过逐层封装处理，最后通过物理信道传送到 eNode B，逐层解封后最终递交到 PDCP，PDCP 协议解压 IP 头部恢复 IP 分组。
- eNode B 由 GTP-U(隧道协议)对 IP 分组进行封装，由 UDP 承载，再由 IP 协议进行封装，经由 eNode B 与 S-GW 之间的 IP in IP 隧道传送到 S-GW。
- S-GW 逐级向上层递交，最终递交到 GTP-U，去掉隧道头部，得到 IP 业务分组。S-GW 再通过 S-GW 和 P-GW 之间的 IP in IP 隧道将 IP 业务分组传送到 P-GW。
- 最后，P-GW 通过 NAT 技术，将 IP 业务分组的源 IP 改为 P-GW 的 PDN 侧的 IP 地址，将 IP 分组路由到 PDN(IP 网络)，按照 IP 路由及转发原理，最终达到 UE 要访问的外部业务服务器。

2. 控制平面协议模型

控制平面的协议模型包括信令通路中各实体的协议栈以及互连接口的协议交互，这里主要讨论 UE、eNode B、MME 的协议栈，以及 Uu、S1-MME 接口的协议交互，如图 11-16 所示。

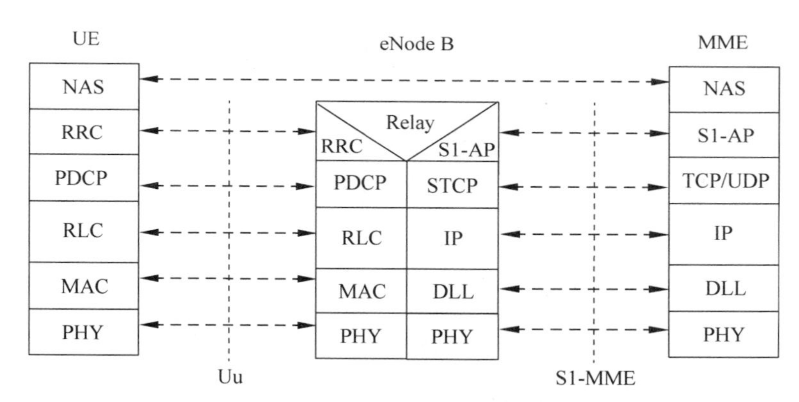

图 11-16 控制平面协议模型

1) Uu 接口实体与协议

LTE 的控制接口 Uu 定义了接口两端设备 UE 侧和 eNode B 侧的分层协议结构，从下到上分别是物理层、MAC 子层、RLC 子层、PDCP 子层、RRC 子层。

RRC 传送 UE 与 eNode B 之间的信令，主要用于 UE 与 eNode B 之间建立 RRC 连接。RRC 连接是 UE 后续接入 EPS 和传送业务数据的基础。RCC 连接上不仅传送 RRC 信令本身，同时承载 NAS 信令信息。

RRC 实体之下其他所有实体按照 OSI 参考模型的思想，逐层向下请求服务，并逐层封装，最终通过物理信道传送到对端物理实体，并逐层解封递交到上层对等实体。

2) S1-MME 接口实体与协议

S1-MME 接口是 eNode B 与 MME 之间控制平面的接口，其重要功能是传送 S1-AP 协议，该协议封装高层的 NAS 信令。为保证信令消息传输的可靠性，采用 SCTP 协议对 S1-AP 进行封装。

S1-AP 协议交互主要完成以下功能。

- 在 eNode B 与 MME 之间建立与 UE 相关的信令连接。
- 实现对用户的鉴权以及注册。
- MME 向 eNode B 传送 UE 的安全信息及 S1 承载(业务承载)的配置信息。

关于 eNode B 之间在控制平面的接口，使用 X2-AP 协议，也采用 STCP、IP 协议以及下层承载，与 S1-AP 协议的承载类似，略去。

11.6.4 LTE/4G 中 UE 的接入过程

一个 UE 开机后是如何接入网络的呢？在传输数据之前需要做哪些准备？本小节针对这些问题展开讨论。

在 LTE/4G 的标准中，将 UE 的接入过程称为附着(Attach)，附着是 UE 进行业务传送的先决条件。开机附着流程如图 11-17 所示，具体包括以下 3 个过程。

- UE 注册到 LTE 网络，选择并驻留到 PLMN 小区(Cell)。
- UE 的随机接入。
- UE 初始附着。

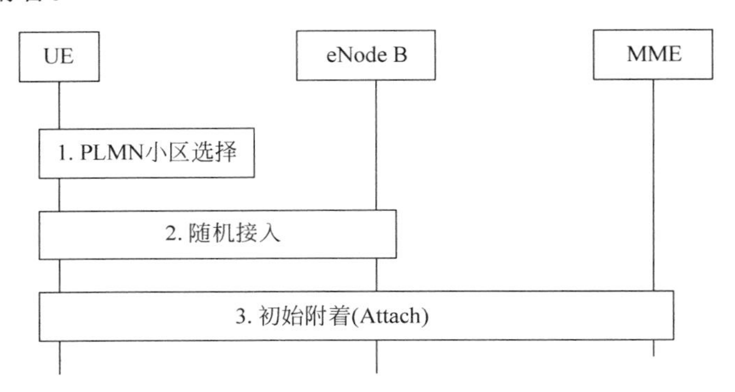

图 11-17 UE 初始附着流程示意图

1. UE 开机选择 PLMN 小区过程

PLMN(Public Land Mobile Network)通过无线网络为移动用户提供业务。小区(Cell)是无线网络的基本单元。通常在 PLMN 中部署众多基站(如 eNB)，而一个基站可以通过多个扇形天线覆盖多个小区。如图 11-18 所示是一个基站和小区划分案例示意图，图中，假设一个基站覆盖三个小区。通常将小区形状理想化为一个正六边形，俗称"蜂窝小区"。

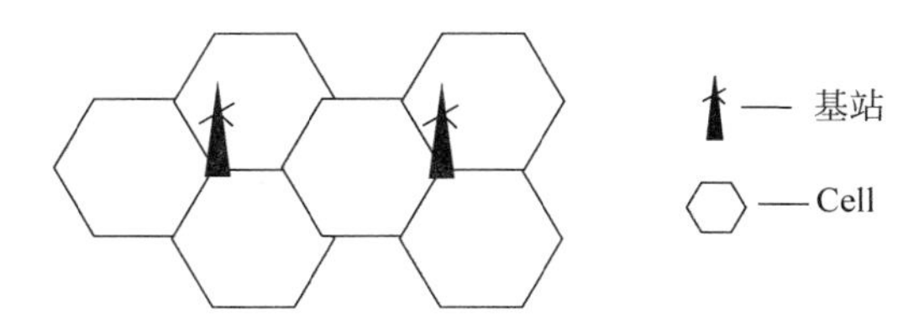

图 11-18 PLMN 小区示意图

UE 开机后，首先必须选择 PLMN，具体是落实到小区的选择，然后才能进行下一步的入网工作。

为了便于 UE 识别和选择 PLMN，基站会广播 PLMN 标识，该标识由 MCC（移动国家代码）和 MNC（移动网络代码）组成。

UE 在开通业务时，在 USIM（Universal Subscribers Identity Module）卡上写入了签约的 PLMN 和可访问的 PLMN 列表信息。便于 UE 开机时选择网络。例如，目前一个支持 4G 的 UE 通常也向下兼容 2G/3G 网络。因此在中国移动 4G 用户的 USIM 卡通常绑定了可访问的网络应包括中国移动的 4G/3G/2G 网络的列表。

UE 选择 PLMN 的过程描述如下：

通常，UE 开机后，首先读取存储在 USIM 卡和终端上的信息，主要关注的是上次成功注册的 PLMN 信息，包括 PLMN 标识、制式、频率等。

如果有上次注册的 PLMN 信息，则尝试直接注册该 PLMN；

如果无法得到上次注册的 PLMN 信息或不能注册到上次记录的 PLMN，则开始全频段搜索 PLMN，通过搜索得到一张可用的 PLMN 的列表，UE 从中选择一个合适的 PLMN 并驻留在 UE 所在小区，并注册到该 PLMN。

UE 选择 PLMN 小区可以类比 WLAN 中站点选择一个无线网络（SSID）。

2. UE 的随机接入过程

UE 成功选择小区后，紧接着进入随机接入过程，该过程的任务是建立 UE 与 eNB 之间的联系。只有完成随机接入后，UE 才能建立与 eNB 之间的信令链路和业务连接，eNB 才能承载并转发 UE 与 MME 之间的 NAS 信令，以及为 UE 转发业务信息。

根据发起接入时 UE 是否处于上行同步状态，随机接入过程可以分为异步随机接入过程和同步随机接入过程两种。异步随机接入过程指 UE 未取得上行同步或者失去了上行同步状态下的随机接入过程，同步随机接入过程指 UE 已取得上行同步时，在申请上行资源或者进行越区切换或者其他情况下的随机接入过程。

根据触发随机接入的场景不同，随机接入可以分为基于竞争的随机接入和基于非竞争的随机接入。基于非竞争的随机接入过程只适用于特定的触发场景，例如切换以及下行链路数据已经到达而 UE 尚未与 eNode B 建立上行同步的情况，其余情况均可使用基于竞争的随机接入过程。

这里讨论的是入网时初始随机接入，是一种竞争的随机接入方式。初始随机接入流程如图 11-19 所示。具体包括四个过程：MSG1、MSG2、MSG3 和 MSG4。

图 11-19　初始随机接入过程

1) MSG1

MSG1 随机接入过程中由 UE 向 eNode B 发出的第一条信令。MSG1 信令的主要内容就是一个伪随机序列码，每个小区有 64 个不同的伪随机序列，每个序列都对应一个 PAPID (Random Access Preamble Identity，随机接入前导码标识)。

UE 在发送 MSG1 信息前，需从 eNode B 发送的小区广播信息中获取关于 MSG1 的发送方式信息，包括发送功率配置信息、伪随机序列的生成方式以及 PRACH(Physical Random Access Chanel，物理随机接入信道)时频资源。

UE 根据从广播信息中获取的有关随机接入前导码发送方式，从中选择一个合适的前导码，采用合适的发送功率，选择一个 PRACH 发送 MGS1，然后等待 eNode B 的响应。

注意：可能有多个 UE 选用相同的前导码或是相同 PRACH 信道发送，这时就会产生冲突。

2) MSG2

MSG2 是 eNode B 通过 PDSCH(Physical Downlink Shared Channel，物理下行共享信道)向 UE 发送的随机接入响应(Random Access Response，RAR)。eNode B 正确收到了各 UE 所发送的 MSG1 后，将在 MSG2 中对这些 UE 进行响应。MSG2 信令由 MAC 头部(多个 MAC 子头：子头 1、子头 2 等)和多个 RAR(RAR1、RAR2 等)组成，子头 1 关联 RAR1，对应一个 UE 有效的 MSG1。

MAC 子头中包含 RAPID，用于发送了 MSG1 信令的 UE 进行匹配检查，若与自己发送前导码相符，则说明 UE 发送的 MSG1 没有冲突，已被 eNode B 成功接收。

RAR 消息中携带的信息如下。

- C-RNTI(Cell-Radio Network Temporary Identifier，小区级无线网临时标识)，C-RNTI 唯一标识在 eNode B 内的一个 UE。
- TA(Timing Advance，时间提前)，得到 TA 表示 UE 已经与 eNode B 实现上行同步。
- 上行许可：eNode B 为 UE 分配的上行资源，包括频率资源、调制、编码方式、功率控制等配置信息。

3) MSG3

UE 收到 MSG2 后，根据 MAC 子头中的 PAPID，找到对应的 RAR 信息中的上行许可，并在指定的 SRB0(信令无线承载 0)资源上发送 MSG3 信令，开始建立 RRC 连接过程。

MGS3 信令由 MAC 头、临时 C-RNTI 以及 RRC 连接请求(Connection Request)三部分组成。

其中 RRC 连接请求消息中包含以下主要信息。

- UEID：S-TMSI(SAE Temporary Mobile Subscriber Identify，SAE 移动用户临时标识)，该标识由 MME 分配，如果该 UE 从未注册过，则自行产生一个 40 位的随机数来代替。
- 建立连接的原因。

4) MSG4

eNode B 收到 MGS3 后，如果同意 RRC 连接请求，则发送 MGS4 信令，为 UE 分配相应的无线资源来建立 SRB1(信令无线承载 1)，通过 RRC 连接配置(Connection Setup)信息通告 UE。

MGS4 信令由 MAC 头、竞争解决标识和 RRC Connection Setup 组成。

eNode B 会填入竞争解决成功用户的 UEID,并发送其 RRC 连接配置信息,收到 MSG4 的用户通过对比竞争解决单元中 UEID 来得知是否竞争接入成功。如成功,随机接入过程就此结束;如失败,则放弃该次接入,按照退避算法进行退避;如连续失败超过最大接入尝试次数,则放弃本次随机接入。

RRC 连接建立完成,标志着随机接入过程结束。至此,UE 就从待机状态转为联机状态。

3. UE 的初始附着过程

UE 建立与 eNode B 的 RRC 连接后,进入初始附着过程。

1) 附着过程主要功能

- 对 UE 进行身份认证,实现合法用户在 LTE 网络中的注册。
- 建立 UE 与 MME 之间,eNode B 与 MME 之间的安全信息上下文(Context),具体包括两方面:信息的加密以及完整性保护。
- 建立业务的默认承载:意味着 UE 获得了由 P-GW 分配的 IP 地址,并建立好了 UE 到 P-GW 之间传送 IP 业务的数据通道。

2) 附着过程的主要步骤

初始附着过程是一个复杂的过程,其中最主要的是 NAS 信令的交互。NAS 信令主要交互过程如图 11-20 所示。共有七个步骤,包括请求附着、获得终端 ID(可选)、鉴权(认证)、NAS 信令安全通信、接受附着、建立 SRB2 及默认承载。

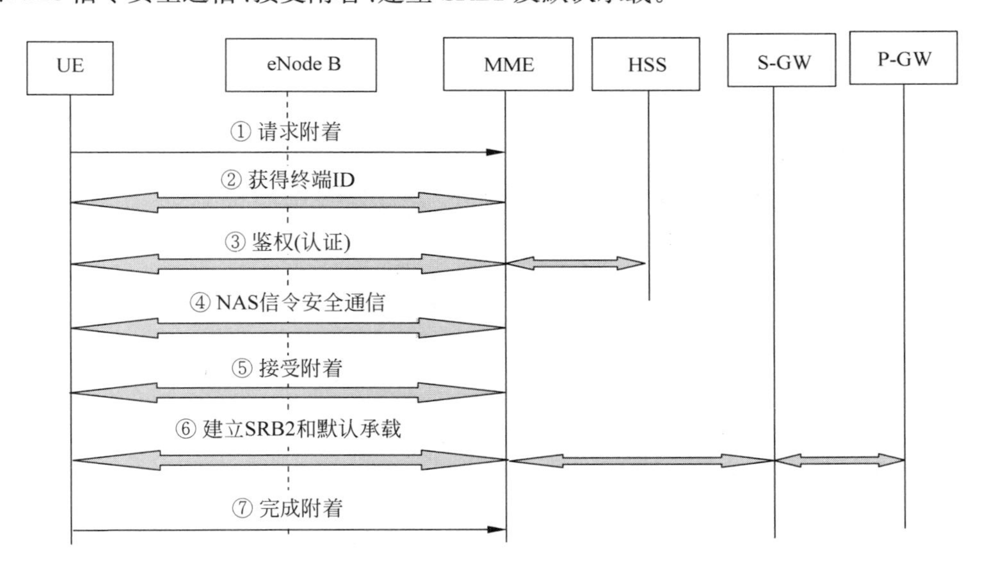

图 11-20 初始附的 NAS 信令交互过程

NAS 信令是 UE 与 MME 之间的信令交互,都需要通过 eNode B 的转发,在 UE 与 eNode B 之间,NAS 信令由 RRC 信令承载;在 eNode B 与 MME 之间,NAS 信令由 S1-AP 协议承载。

在第三步鉴权过程中,会涉及 MME 与 HHS 之间的交互,这是因为 HSS 作为归属签约用户信息数据库，存放着用户的身份信息和签约入网的网络标识，MME需要从HSS处获取这些信息以便与UE申请附着时自己声称的信息进行比对，如果两者一致，则认证通过，否则拒绝附着。鉴权分为两个方面：一是对用户身份鉴权，二是对网络进行鉴权。

在第六步建立默认承载时还涉及MME与S-GW、以及S-GW与P-GW的交互，因为建立默认承载就是建立一条UE到P-GW之间的传送IP分组业务的逻辑通路，是分段建立完成的。当MME通过鉴权确认用户合法并建立NAS安全信通信后，就为UE的业务通信选择合适的S-GW和P-GW，并将用户的请求信息(如需要访问的PDN类型是IPv4或是IPv6，IP地址申请等)通过GTPV2-C承载传送给S-GW，S-GW也通过控制平面GTPV2-C传送到P-GW，由P-GW完成对UE的IP地址分配等，逆向逐段回传，最终到达UE。

3) 附着过程的主要特点

与其他移动通信系统相比，LTE/4G的附着过程有以下显著特点：

• 对用户和网络进行双向认证

一方面要实施对接入用户进行认证，保证只有合法用户才被授权接入网络进行业务数据传输；同时，用户也要实施对网络的认证，确认网络身份，避免接入伪基站。

• 附着过程中建立默认承载

在附着过程中建立默认承载是LTE系统的特色。UE完成附着，就完成了数据传送前的准备工作，并处于在线状态。UE可以随时在默认承载上传送业务数据，大大节省了信令交互的信道资源，并降低了时延。

11.7 5G接入技术概述

我们进入4G时代似乎还并不太久，正体验着4G的移动应用带给我们的惊喜：移动支付、移动办公……随着3GPP在2018年6月14日(北京时间)宣布R15独立组网标准冻结，意味着5G的商用时代真正拉开了序幕。

本节主要对5G的标准进程、应用新特点和采用的新技术进行概述。

11.7.1 5G标准

3GPP研究统一的标准经ITU(国际电信联盟)认可颁布，就成为国际5G领域内的唯一标准。随后全球各厂商都要按照该标准来进行设备生产、组网、终端接入。不过标准下的专利权却掌握在少数厂商或公司手中，因此，其他公司都需要向拥有核心专利的厂商获取专利许。有的采用专利交叉许可的方式，有的采用花钱购买的方式。

按照3GPP的研究规划，5G标准将由R14、R15和R16共同完成。R14标准主要开展5G系统框架和关键技术研究；R15满足部分场景的5G需求，开启商用进程；R16则会完成全部标准化工作。

R14的研究工作已经完成；按照3GPP的规划，5G标准分为和NSA(Non-Standalone，非独立组网)和SA(Standalone，独立组网)两种。R15的NSA标准已经在2017年12月完成并冻结，R15的SA方案已于2018年6月完成并冻结。并将R15作为5G的第一阶段正式标准；5G第二阶段的标准R16的研究也已紧锣密鼓开展，按计划R16将在2019年完成。

5G NSA组网方式使用4G基站和4G核心网，以4G作为控制面的锚点，运营商利用现有 LTE 网络资源，实现 5G 快速部署。NSA 作为过渡方案，主要以提升热点区域带宽为主要目标，没有独立信令面。而独立组网才是真正的 5G 网络。于 2018 年 6 月发布的 5G R15 完整版本 SA 采用全新架构，在引入全新网元与接口的同时，还采用众多新技术，能更好地支持 5G 大带宽、低时延和大连接等各类业务，并可根据场景提供定制化服务，满足各类用户的业务需求，大力提升客户体验。

目前，5G 的试验网已在全球多国展开。预计 2019 年开始试商用，2020 年 5G 系统将开始投入商用。

11.7.2　5G 应用新特点

如果说 4G 的移动应用已经大大改变了我们的移动生活，那么，5G 的应用将会开启我们移动应用的新思维新模式。与之前的移动系统相比，5G 应用的新特点主要体现在以下几个方面。

- 极高的速率：空口下行峰值速率可达 20Gb/s；4G 约为 150Mb/s。
- 极低的时延：网络时延低于 1ms，4G 约为 30ms。
- 极大的容量：主流厂商预计，容量将是 4G 的 100 倍以上。
- 极广的应用：5G 以前，移动通信应用几乎都是人与人的通信，主要包括话音、数据以及多媒体等业务。1G 到 4G 应用的演进发展可以认为是“线”的发展，而 5G 系统的应用可以理解为从“线”到“面”的扩展。在 5G 系统中，目标是实现人-人，人-物的“万物互联”。新的应用涉及很广，如车联网应用、物联网应用、无人驾驶、虚拟现实等。

11.7.3　5G 新技术

5G 系统作为新一代的移动通信系统，采用了全新的设计思想和全新的网络架构，同时采用了一些关键技术和新技术，才能实现高速度、泛在网、低功耗、低时延、万物互联的目标。相关新技术总结如下。

1. 新型网络结构架构

1) 分布式核心网络结构

将核心网功能分离。核心网用户面部分功能下沉至 CO(中心主机房，相当于 4G 网络的 eNode B)，从原来的集中式的核心网演变成分布式核心网，这样，核心网功能在地理位置上更靠近终端，减小时延。

2) 分布式应用服务结构

分布式应用服务器(AS)。AS 部分功能下沉至 CO，并在 CO 部署 MEC(Mobile Edge Computing，移动网络边界计算平台)。MEC 有点类似于 CDN(内容分发网络)的缓存服务器功能，但不仅于此。它将应用、处理和存储推向移动边界，使得海量数据可以得到实时、快速处理，以减少时延、减轻网络负担。

2. 关键技术

1) 新型多天线技术

采用高阶 MIMO 以及大规模天线阵列，有望实现频谱效率提升数十倍甚至更高，进而大幅提升 5G 网络的容量。

2）同时全双工技术

利用同时同频全双工技术，在相同的频谱上，通信的收发双方同时发射和接收信号，与传统的TDD和FDD双工方式相比，从理论上可使空口频谱效率提高1倍。

3）D2D通信

D2D(Device to Device，终端到终端)能够实现较高的数据速率、较低的时延和较低的功耗。支持更灵活的网络架构和连接方法，提升链路灵活性和网络可靠性。

4）超密集网络部署

超密集网络能够改善网络覆盖，大幅度提升系统容量，并且对业务进行分流，具有更灵活的网络部署和更高效的频率复用。

3. 新技术应用

1）网络功能虚拟化NFV

NFV(Network Function Virtualization，网络功能虚拟化)就是将网络中的专用电信设备的软硬件功能(如4G中EPS的MME，S/P-GW和PCRF，无线接入网中的数字单元)转移到虚拟机(Virtual Machines，VMs)上，在通用的商用服务器上通过软件来实现网元功能。

2）软件定义网络(SDN)

SDN、NFV和云技术使网络从底层物理基础设施分开，变成更抽象灵活的以软件为中心的构架，可以通过编程来提供业务连接。

3）网络切片

5G网络将面向不同的应用场景，比如，超高清视频、虚拟现实、大规模物联网、车联网等，不同的场景对网络的移动性、安全性、时延、可靠性，甚至是计费方式的要求是不一样的，因此，需要将物理网络切割成多个虚拟网络，每个虚拟网络面向不同的应用场景需求。虚拟网络间是逻辑独立的，互不影响。

11.8 小结

建立在移动通信网络之上的WWAN，几乎可以实现全球覆盖。使用WWAN，即使远在异乡他国也很容易与远端的计算机联网。

传统的移动通信网络，不管是第一代还是第二代(1G/2G)，不管是使用模拟通信技术还是数字通信技术，都是为话音通信设计的，都基于电路交换技术的电路交换网络。这种网络是为承载话音业务而设计，并不适用于承载大量的数据业务。

在传统的移动通信网络上增添分组设备构建一个逻辑上的分组交换网，这就是1G网络上的CDPD业务、2G网络上的GPRS业务以及3G的分组数据业务，采用分组交换技术可以显著提高原有的电路交换网络传送数据业务的能力。

在3G之后，3GPP致力于LTE的标准化工作，研究取得了可喜的成果，LTE-A被ITU接受为4G标准并在全球广泛部署，4G空口速率在静止条件下可达1Gb/s，在运动条件下可达500Mb/s，核心网络已经取消了CS域全部基于PS域实现，实现了无线接入网(RAN)和核心网(CN)的IP化，实现了分组业务的高速传送。网络结构的彻底变革带来了业务类型和业务质量的大飞跃。与3G网络相比，4G网络无论话音质量、通信容量还是用户体验，都得到了本质性的提升。

在5G以前，移动通信主要还是人与人之间的通信。然而，随着物联网的发展，智能电子设备的不断涌现，5G的目标是实现人与人、人与物、物与物之间的通信，打造一个万物互联的移动数字社会，让我们拭目以待。

11.9　参考文献

[1] 3GPP TS36.401. E-UTRAN: Architecture description. 2007. Ref Type: Generic.
[2] 孙宇彤. LTE教程：业务与信令. 北京：电子工业出版社，2017.
[3] 张克平. LTE—B2G/4G移动通信系统无线技术. 北京：电子工业出版社，2009.
[4] 杨大成. CDMA2000 1x移动通信系统. 北京：机械工业出版社，2003.
[5] 吕捷. GPRS技术. 北京：北京邮电大学出版社，2001.

附录A

缩 略 语

缩 略 词	英 文 全 称	中 文 含 义
3GPP	3rd Generation Partnership Project	第三代合作伙伴计划
AAA	Authentication, Authorization, Accounting	认证、授权、记账
ADSL	Asymmetric Digital Subscriber Line	非对称数字用户线
ADSLAM	ADSL Access Multiplexer	ADSL 接入复用器
AES	Advanced Encryption Standard	高级加密标准
AF	Adaption Function	适配功能
AIFS	Arbitration Inter Frame Space	仲裁用 IFS
AMBR	Aggregate Maximum Bit Rate	总的最大位速率
AN	Access Network	接入网
AN	Auto-Negotiation	自动协商
AON	Active Optical Network	有源光网络
AP	Access Point	接入点
APON	ATM PON	基于 ATM 的 PON
ASON	Automatically Switched Optical Network	自动交换光网络
ATU-C	ADSL Transmission Unit-CO side	ADSL 局端传输单元
ATU-R	ADSL Transmission Unit-Remote side	ADSL 远端传输单元
BRI	Base Rate Interface	基本速率接口
BS	Base Station	基站
BSA	Basic Service Area	基本服务区
BSC	Base Station Controller	基站控制器
BSS	Basic Service Set	基本服务组
BSSID	Basic Service Set IDentification	基本服务组标识
BT	Britain Telecommunication	英国电信
CAP	Carrierless Amplitude/Phase modulation	无载波幅度/相位调制
CATV	Community Antenna Television	共用天线电视
CCA	Clear Channel Assessment	信道空闲评估
CCITT	International Telegraph & Telephone Consultative Committee	国际电报电话咨询委员会

续表

缩 略 词	英 文 全 称	中 文 含 义
CCK	Complementary Code Keying	补码键控
CDMA	Code Division Multiple Access	码分多路接入
CHAP	Challenge Handshake Authentication Protocol	质询交互认证协议
CM	Cable Modem	电缆调制解调器
CMTS	Cable Modem Termination System	电缆调制解调器端接系统
CPE	Customer Premises Equipment	用户驻地设备
CPN	Customer Premises Network	用户驻地网
CS	Circuit Switch	电路交换
CSMA/CA	Carrier Sense Multiple Access with Collision Avoidance	带冲突避免的载波侦听多路接入
CSMA/CD	Carrier Sense Multiple Access with Collision Detection	带冲突检测的载波侦听多路访问
CW	Contention Window	争用窗口
DA	Destination Address	宿地址
DBA	Dynamic Bandwidth Allocation	动态带宽分配
DCF	Distributed Coordination Function	分布式协调功能
DIFS	DCF Inter Frame Space	DCF 帧间间隔
DMT	Discrete Multi-Tone	离散多音
DOCSIS	Data Over Cable Service Interface Specifications	电缆数据服务接口规范
DS	Distribution System	分发系统
DSL	Digital Subscriber Line	数字用户线
DSLAM	DSL Access Multiplexer	DSL 接入复用器
DSS	Distribution System Service	分发系统服务
DSSS	Direct Sequence Spread Spectrum	直接序列扩频
DWDM	Dense Wavelength Division Multiplexing	密集波分复用
EAP	Extensible Authentication Protocol	可扩展认证协议
EAP-TLS	EAP-Transport Layer Security	EAP-安全传送层
ED	Energy Detection	能量检测
EDCA	Enhanced Distributed Channel Access	增强分布式信道接入
EFM	Ethernet in the First Mile	第一英里以太网
EIFS	Extended Interframe Space	扩展 IFS
E-ISS	Enhanced Interior sublayer service	增强的内部子层服务
EoC	Ethernet over Cable	以太网铜缆传输
EPC	Evolved Packet Core	演进的分组核心网
EPON	Ethernet PON	基于 Ethernet 的 PON
ERP	EAP Re-authentication Protocol	EAP 重认证协议
ES	End System	端系统
ESA	Extended Service Area	扩展服务区
ESS	Extended Service Set	扩展服务组
ESSID	Extended Service Set Identification	扩展服务组标识
E-UTRAN	Evolved UMTD Terrestrial Radio Access Network	演进的 UMTS 无线接入网
FA	Foreign Agent	外地代理
FCS	Frame Check Sequence	帧校验序列
FDD	Frequency Division Duplexing	频分双工

续表

缩　略　词	英 文 全 称	中 文 含 义
FDM	Frequency Division Multiplexing	频分复用
FDMA	Frequency Division Multiple Access	频分多路接入
FEC	Forward Error Correction	前向纠错
FHSS	Frequency-Hopping Spread Spectrum	跳频扩频
FN	Fragment Number	分片号
FTTB	Fiber to the building	光纤到大楼
FTTC	Fiber to the curb/Cab	光纤到路边
FTTH	Fiber to the home	光纤到家
FTTO	Fiber to the office	光纤到办公室
GEO	Geo-station Earth Orbit	对地静止轨道卫星
GGSN	Gateway GPRS Support Node	GPRS 网关支持节点
GI	Guard Interval	保护间隔
GII	Global Information Infrastructure	全球信息基础设施
CN	Core Network	核心网
GPON	Gigabit PON	吉比特无源光网络
GPRS	General Packet Radio Service	通用分组无线电业务
GSM	Global System for Mobile communication	全球移动通信系统
GTC	Generic Token Card	通用令牌卡
GTP	GPRS Tunnel Protocol	GPRS 隧道协议
GTP-U	User plane part of GPRS Tunnel Protocol	GPRS 隧道协议用户平面部分
HA	Home Agent	归属代理
HAA	Home-Agent-MIP-Answer	家乡代理 MIP 响应
HAN	Home Area Network	宅域网
HAR	Home-Agent-MIP-Request	家乡代理 MIP 请求
HARQ	Hybrid ARQ	混合的自动重传请求
HCF	Hybrid coordination function	混合协调功能
HCCA	HCF Controlled Channel Access	增强分布式信道接入
HDLC	High-level Data Link Control	高级数据链路控制
HFC	Hybrid Fiber Coaxial	光纤同轴混合
HSS	Home Subscriber Server	归属签约用户服务器
IBSS	Independent Basic Service Set	独立基本服务组
ICT	Information Communications Technology	信息通信技术
ICV	Integrity Check Value	完整性检查值
IFS	Inter Frame Space	帧间间隔
IMSI	International Mobile Subscriber Identity	国际移动用户标识符
IP-AF	IP Access Function	IP 接入功能
IPCP	IP Control Protocol	IP 控制协议
IS	Intermediate Systems	中继系统
ISDN	Integrated Services Digital Network	综合业务数字网
ISP	IP service provider	IP 服务提供者
ISP	Internet Service Provider	Internet 服务提供商
ISS	Interior sublayer service	内部子层服务

续表

缩 略 词	英 文 全 称	中 文 含 义
IV	Initialization Vector	初始化向量
LCP	Link Control Protocol	链路控制协议
LEO	Low Earth Orbit	低地球轨道卫星
LLID	Logical Link Identification	逻辑链路标识
LQR	Link Quality Report	链路质量报告
LTE	Long Term Evolution	长期演进
MAC	Medium Access Control	介质接入控制
MCM	Multiple Carrier Modulation	多载波调制
MDI	Medium dependent interface	介质相关接口
MEO	Medium Earth Orbit	中地球轨道卫星
MIC	Message Integrity Code	消息完整性代码
MII	Medium independent interface	介质无关接口
MIMO	Multiple Input Multiple Output	多输入多输出
MME	Mobility Management Entity	移动管理实体
MPCP	Multi-Point Control Protocol	多点控制协议
MPMC	Multi-Point MAC Control	多点 MAC 控制
MRU	Maximum Receive Unit	最大接收单元
MSC	Mobile Switching Center	移动交换中心
NAA	Network Access Authority	网络接入授权者
NAI	Network Access Identifier	网络接入标识符
NAR	Network Access Requestor	网络接入申请者
NAS	Network Access Server	网络接入服务者
NAS	Non Access Stratum	非接入层
NAV	Network Allocation Vector	网络分配向量
NCP	Network Control Protocol	网络控制协议
NEXT	Near End CrossTalk	近端串扰
NGN	Next Generation Network	下一代网络
NII	National Information Infrastructure	国家信息基础设施
OAM	Operation、Administration、Maintenance	运行、管理和维护
OAN	Optical Access Network	光接入网
ODN	Optical Distribution Network	光分配网
OFDM	Orthogonal Frequency Division Multiplexing	正交频分复用
OFDMA	Orthogonal Frequency Division Multiple Access	正交频分复用多路接入
OLT	Optical Line Terminal	光线路终端
ONT	Optical Network Terminal	光网络终端
ONU	Optical Network Unit	光网络单元
OSI	Open System Interconnection	开放系统互连
OTP	One-Time Password	一次口令
P2PE	Point to Point Emulation	点到点仿真
PADI	PPPoE Active Discovery Initiation	PPPoE 有效发现启动
PADO	PPPoE Active Discovery Offer	PPPoE 有效发现提供
PADR	PPPoE Active Discovery Request	PPPoE 有效发现请求

续表

缩　略　词	英 文 全 称	中 文 含 义
PADS	PPPoE Active Discovery Session-confirmation	PPPoE 有效发现会话证实
PADT	PPPoE Active Discovery Terminate	PPPoE 有效发现终止
PAE	Port Access Entity	端口接入实体
PAP	Password Authentication Protocol	口令认证协议
PCF	Point Coordination Function	点协调功能
PCRF	Policy and Charging Rules Function	策略和计费规则功能
PCS	Physical Coding Sublayer	物理编码子层
PD	Powered Device	受电设备
PDCP	Packet Data Convergence Protocol	分组数据汇聚协议
PDH	Plesiochronous Digital Hierarchy	准同步数字系列
PDN	Packet Data Network	分组数据网
PDU	Protocol Data Unit	协议数据单元
P-GW	PDN Gate Way	分组数据网关
PIFS	PCF Inter Frame Space	PCF 帧间间隔
PLCP	Physical Layer Convergence Procedure	物理层汇聚过程
PLD	Physical Layer Device	物理层组件
PLMN	Public Land Mobile Network	公众陆地移动通信网
PMA	Physical Media Attachment	物理介质联入
PMD	Physical Medium Dependent	物理介质相关
PON	Passive Optical Network	无源光网络
POS	Passive Optical Splitter	无源光分路器
POTS	Plain Old Telephone Service	普通老式电话业务
PPP	Point to Point Protocol	点到点协议
PPPoE	PPP over Ethernet	以太网上的 PPP 协议
PRI	Primary Rate Interface	基群速率接口
PS	Packet Switch	分组交换
PSAPI	Packet Service Access Point Identity	分组服务接入点标识
PSE	Power Sourcing Equipment	供电设备
PTM	Packet Transfer Mode	分组转移模式
PTMSI	Packet Temporary Mobile Subscriber Identity	分组临时移动用户标识符
QAM	Quadrature Amplitude Modulation	正交幅度调制
QCI	QoS Class Identifier	QoS 等级标识
QoS	Quality of Service	服务质量
RA	Receiver Address	接收地址
RADIUS	Remote Authentication Dial In User Service	远程拨号用户认证服务
RAN	Radio Access Network	无线接入网
RB	Radio Bearer	无线承载
RFI	Radio Frequency Interference	射频干扰
RLC	Radio Link Control	无线链路控制
RP	Reference Point	参考点
RR	Radio Resource	无线资源
RRC	Radio Resource Control	无线资源控制

续表

缩　略　词	英 文 全 称	中 文 含 义
RS	Relay System	中继系统
RS	Reconciliation Sublayer	协调子层
RSC	Remote Subscriber Concentrator	远端用户集线器
SA	Source Address	源地址
SAP	Service Access Point	服务访问点
SC	Sequence Control	序列控制
SCB	Single Copy Broadcast	单一拷贝广播
SCMA	SubCarrier Multiple Access	副载波多路
SDH	Synchronous Digital Hierarchy	同步数字系列
SDM	Space Division Multiplexing	空分复用
SDR	Software Defined Radio	软件无线电
SDU	Service Data Unit	服务数据单元
SFP	Small Form-factor Pluggable	小型可插拔
S-GW	Serving Gate Way	服务网关
SHDSL	Single-pair High-speed Digital Subscriber Line	单对高速用户数字线
SIFS	Short Inter Frame Space	短帧间间隔
SN	Sequence Number	序号
SNI	Service Node Interface	业务节点接口
SS	Station Service	站点服务
SS	Service Set	服务组
STM	Synchronous Transfer Mode	同步转移模式
STP	Spanning Tree Protocol	生成树协议
TA	Transmitter Address	发射地址
TACACS+	Terminal Access Controller Access Control System Plus	增强型终端接入控制器接入控制系统
TC	Transmission Convergence	传输汇聚
TCI	Tag Control Information	加标控制信息
TDM	Time Division Multiplexing	时分复用
TDMA	Time Division Multiple Access	时分多路接入
TFTP	Trivial File Transfer Protocol	简单文件传输协议
TKIP	Temporal Key Integrity Protocol	时限密钥完整性协议
TLLI	Temporary Logic Link Identity	临时逻辑链路标识
TLS	Transport Layer Security	安全传送层
TLV	Type-Length-Value	类型-长度-值
UB	Unlicensed band	免证波段
UE	User Equipment	用户终端
UI Frame	Unnumbered Information Frame	无编号信息帧
UMTS	Universal Mobile Telecommunications System	全球通用移动通信系统
UNI	User Network Interface	用户网络接口
VDSL	Very-high-speed Digital Subscriber Line	甚高速数字用户线
VLAN	Virtual Local Area Networks	虚拟局域网
VLAN ID	VLAN Identifier	VLAN 标识符

续表

缩　略　词	英 文 全 称	中 文 含 义
VoD	Video on Demand	视频点播
WDM	Wavelength Division Multiplexing	波分复用
WDMA	Wavelength Division Multiple Access	波分多路
WEP	Wired Equivalent Privacy	有线等价保密
WLAN	Wireless Local Area Network	无线局域网
WM	Wireless Medium	无线介质
WPA	Wi-Fi Protected Access	Wi-Fi 保护接入
WPAN	Wireless Personal Area Network	无线个域网
WWAN	Wireless Wide Area Network	无线广域网